岩土加固技术

李兆焱　薛志成　关　瑜　著

中国建材工业出版社

图书在版编目（CIP）数据

岩土加固技术 / 李兆焱，薛志成，关瑜著．—北京：中国建材工业出版社，2017.12（2024.3 重印）
ISBN 978-7-5160-1881-1

Ⅰ．①岩… Ⅱ．①李… ②薛… ③关… Ⅲ．①岩土工程—加固 Ⅳ．①TU472

中国版本图书馆 CIP 数据核字（2017）第 127482 号

内 容 简 介

本书是一本具有科学性 系统性、完整性与简明性的“岩土加固技术”专著。本书归纳和总结了岩土工程加固中的多种实用加固技术，可帮助读者掌握岩土工程的基础理论和典型实用的岩土工程加固的设计与施工组织方法，较好地扩大了知识面。全书共分为6章，内容包括绪论、地基加固技术、边坡稳定加固技术、隧道工程加固技术、岩土加固新技术及未来岩土加固技术的发展分析。

本书可供岩土工程设计和施工人员参考。

岩土加固技术

李兆焱　薛志成　关　瑜　著

出版发行：中国建材工业出版社
地　　址：北京市海淀区三里河路1号
邮　　编：100044
经　　销：全国各地新华书店
印　　刷：北京传奇佳彩数码印刷有限公司
开　　本：787 mm×1 092 mm　1/16
印　　张：17.5
字　　数：410 千字
版　　次：2024年3月第2版
印　　次：2024年3月第2次印刷
定　　价：88.00元

本社网址：www.jccbs.com

前　言

近年来，岩土加固技术广泛应用于水电工程、公路工程、铁路工程、建筑工程、矿山工程等领域，解决了大量工程病害和工程难题，并在岩土加固基本理论、设计方法、施工工艺等方面取得了突破和创新，形成了一系列成套的岩土加固新理论、新技术和新方法。为了帮助相关人员更好地了解岩土加固技术的具体内容，作者参阅了大量国内外的研究资料并结合多年从事岩土加固工程的实践经验，编写了此书。

本书共分为6章，具体内容为：第一章绪论，包括岩土概述、岩土加固技术概述；第二章地基加固技术，包括换填加固技术、强夯加固技术、排水固结法加固技术、高压喷射注浆加固技术、劲芯水泥土桩复合地基加固技术、振冲加固技术；第三章边坡稳定加固技术，包括边坡坡体加固技术、边坡病害加固技术、植被护坡加固技术；第四章隧道工程加固技术，包括锚喷支护加固技术、化学注浆加固技术、新奥法加固技术；第五章岩土加固新技术，包括柱锤冲扩桩加固技术、高喷插芯组合桩加固技术、大直径现浇混凝土薄壁筒桩加固技术；第六章未来岩土加固技术的发展分析，包括岩土加固技术的发展与展望、岩土工程施工与可持续发展。

本书编著成员近年来一直从事岩土工程支护与加固理论和技术的研究。如在不稳定回采巷道、软岩动压巷道、高应力破碎围岩巷道等的支护和加固中，逐步形成和完善了锚注支护理论与技术；在矿井水仓防渗加固、硐室与交岔点等加固研究中形成了一系列有效的锚固与注浆加固技术；另在高强度喷射混凝土、注浆材料等研究方面也取得了一些成果，并在公路边坡维护、滑坡治理、露天金矿边坡加固、矿山井巷支护等实践中积累了丰富的设计及施工组织方面的经验。本书希望能够促进相关支护与加固技术的发展。

由于编者水平有限，书中疏漏之处在所难免，敬请读者批评指正。

著　者

2017年9月

目　　录

第一章 绪论

第一节 岩土概述

一、岩土的工程性质[①]

岩石和土统称岩土。岩土的工程性质主要指岩土的物理性质、力学性质和水理性质。

(一) 物理性质

岩土常用的物理性质主要包括岩土的重量性质和空隙性质。表示重量性质的指标主要是密度和重度、颗粒密度和相对密度；表示空隙性质的指标主要是孔（裂）隙度和孔隙比。

1. 密度和重度

单位体积岩土的质量称岩土的质量密度，简称密度，用 ρ 表示，单位 g/cm^3。有如下计算公式

$$\rho = m/V \qquad (1-1)$$

常见岩石的密度见表 1－1，常见土的密度见表 1－2。

表 1－1 常见岩石的密度

岩石名称	密度/(g/cm^3)	岩石名称	密度/(g/cm^3)	岩石名称	密度/(g/cm^3)
花岗岩	2.52～2.81	砂岩	2.17～2.70	片麻岩	2.59～3.06
闪长岩	2.67～2.96	页岩	2.06～2.66	片岩	2.70～2.90
辉长岩	2.85～3.12	石灰岩	2.37～2.75	大理岩	2.75 左右
辉绿岩	2.80～3.11	白云岩	2.75～2.80	板岩	2.72～2.84

表 1－2 常见土的密度

土的种类	砂土	粉土	粉质黏土	黏土
密度/(g/cm^3)	1.90～2.05	1.95～2.10	1.80～2.10	1.75～1.90

① 谢强，郭永春. 土木工程地质［M］. 第 3 版. 成都：西南交通大学出版社，2015.

单位体积岩土的重力称岩土的重力密度，简称重度，用γ表示，单位kN/m^3。有如下计算公式

$$\gamma = \rho g = mg/V \tag{1-2}$$

式（1-1）和式（1-2）中，m为岩土质量；V为岩土体积；g为重力加速度。

天然状态下，单位体积岩土中包括固体颗粒、一定的水和孔（裂）隙三部分，此时测得的重度为岩土的天然重度。若水把所有空隙充满，则为岩土的饱和重度。若把全部水分烘干，则为岩土的干重度，此时岩石的质量仅为固体颗粒质量，而岩土的体积为固体颗粒体积和空隙体积之和。

2. 颗粒密度和相对密度

单位体积岩土固体颗粒的质量称岩土的颗粒密度（或固体密度），用ρ_s（g/cm^3）表示。岩土颗粒密度与水在4℃时的密度之比称为岩土的相对密度，用d_s（无量纲）表示。由于水在4℃时的密度近似为$1g/cm^3$，故岩土相对密度在数值上与颗粒密度相同。常见岩石的相对密度见表1-3，常见土的相对密度见表1-4。

表1-3　常见岩石的相对密度

岩石名称	相对密度	岩石名称	相对密度	岩石名称	相对密度
花岗岩	2.50～2.84	玄武岩	2.50～3.30	石英片岩	2.60～2.80
流纹岩	2.65左右	砂岩	2.60～2.75	绿泥石片岩	2.80～2.90
凝灰岩	2.56左右	页岩	2.63～2.73	角闪片麻岩	3.07左右
闪长岩	2.60～3.10	泥灰岩	2.70～2.80	花岗片麻岩	2.63左右
斑岩	2.30～2.80	石灰岩	2.48～2.76	石英岩	2.63～3.84
辉长岩	2.70～3.20	白云岩	2.78左右	大理岩	2.70～2.87
辉绿岩	2.60～3.10	板岩	2.70～2.84		

表1-4　常见土的相对密度

土的种类	砂土	粉土	粉质黏土	黏土
相对密度	2.65～2.69	2.70～2.71	2.71～2.73	2.74～2.76

3. 空隙性

岩土中颗粒之间的天然孔隙和后期受外部作用产生的内部破裂面（裂隙）合称空隙。空隙是岩土中水的赋存空间和流动的通道。

（1）孔隙度（n）与裂隙率（K_T）。岩土中孔隙体积与岩土总体积之比称孔隙度（多用百分数表示）；岩土中各种裂隙的体积与岩土总体积之比称裂隙率，即

$$n = K_T = V_V/V \tag{1-3}$$

式中，V_V为孔隙的体积；V为岩土总体积。这两个指标具有相同的含义，孔隙度多用于松散的土和以矿物颗粒的后期胶结形成的沉积岩石，裂隙率多用于结晶连接的坚硬岩石。

（2）孔隙比（e）。岩土中孔隙的体积与固体颗粒体积之比称岩土的孔隙比（常以小数表示），即

$$e = V_V/V_s \tag{1-4}$$

这里，e 和 n 可以用以下公式进行换算

$$n = e/(1+e) \tag{1-5}$$

（二）力学性质

岩土的力学性质主要包括岩土体的强度和变形两部分。

1. *岩石的力学性质*

岩石的强度是指岩石在外力作用下发生破坏时所能承受的最大应力。根据外力施加方式和在岩石内部引起的破坏的不同，岩石强度分为抗压强度、抗拉强度、抗剪强度、抗弯强度和双轴及三轴强度等。

岩石变形性质通常用岩石应力-应变曲线表示，如图 1-1 所示。一般情况下，变形曲线是通过在材料测验机上对岩石试样进行单轴压缩实验，量测岩石试样受压时的应力-应变关系得到的。如果在三轴压力机上进行试验，也可以得到应力差-轴向应变曲线。表示岩石变形性质的指标有弹性模量及泊松比。

（1）抗压强度（R_c）。抗压强度是指岩石的单轴抗压强度，是干燥岩石试样在单轴压缩下能够承受的最大压应力，也称单轴极限抗压强度。

（2）抗拉强度（R_t）。岩石试样在单轴拉伸下能够承受的最大拉应力称抗拉强度。抗拉强度须通过拉伸试验测得，但由于岩石大都具有易碎性，难以采用常规的夹具夹持岩石试样的方法进行试验，因此，岩石抗拉强度多采用劈裂试样、电荷载试样等间接方法测定。但在实际工程计算中，通常考虑岩石为不抗拉材料，除了某些特定情况外（如采用某些需要抗拉强度的强度准则时），才会用到岩石抗拉强度指标。

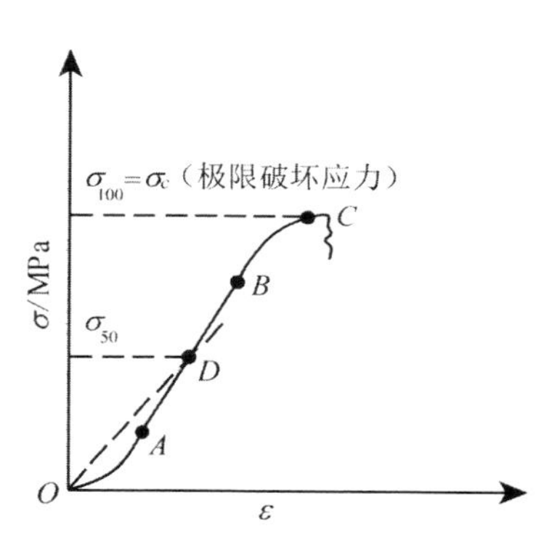

图 1-1　岩石应力-应变曲线

常见岩石的抗压强度和抗拉强度见表 1-5。

表 1-5　常见岩石抗压强度和抗拉强度

岩石名称	R_c/MPa	R_t/MPa	岩石名称	R_c/MPa	R_t/MPa
花岗岩	100～250	7～25	页岩	5～100	2～10
流纹岩	160～300	12～30	黏土岩	2～15	0.3～1
闪长岩	120～280	12～30	石灰岩	40～250	7～20
安山岩	140～300	10～20	白云岩	80～250	15～35
辉长岩	160～300	12～35	板岩	60～200	7～20
辉绿岩	150～350	15～35	片岩	10～100	1～10
玄武岩	150～300	10～30	片麻岩	50～200	5～20
砾岩	10～150	2～15	石英岩	150～350	10～30
砂岩	20～250	4～25	大理岩	100～250	7～20

（3）抗剪强度（τ）。抗剪强度是指岩石试样在一定法向压应力作用下能够承受的最大剪应力。剪切强度由下式表示

$$\tau = \sigma_n \tan\varphi + C \tag{1-6}$$

式中，τ 为岩石抗剪强度（MPa）；σ_n 为剪切面上的法向压应力（MPa）；φ 为岩石内摩擦角（°），$f=\tan\varphi$ 为摩擦系数；C 为岩石凝聚力（MPa）。

注：式（1－6）表达了摩擦角和凝聚力同时作用下的抗剪强度，此时的抗剪强度也称抗剪断强度。如果凝聚力为0，抗剪时仅有摩擦力作用，称为抗摩擦强度；如果在平直光滑面上剪切，仅有凝聚力起作用，摩擦角为0，称为抗切强度。常见岩石的抗剪强度指标见表1－6。

表1－6　常见岩石的抗剪强度指标

岩石名称	C/MPa	φ/°	岩石名称	C/MPa	φ/°
花岗岩	10～50	45～60	页岩	2～30	20～35
流纹岩	15～50	45～60	石灰岩	3～40	35～40
闪长岩	15～50	45～55	白云岩	4～45	35～50
安山岩	15～40	40～50	板岩	2～20	35～50
辉长岩	15～50	45～55	片岩	2～20	30～50
辉绿岩	20～60	45～60	片麻岩	8～40	35～55
玄武岩	20～60	45～55	石英岩	20～60	50～60
砂岩	4～40	35～50	大理岩	10～30	35～50

（4）弹性模量（E）。弹性模量源自于岩石变形试验。图1－1为一条理想化的岩石变形曲线。由图可见，岩石受力变形至破坏可分为三个阶段：OA 段为裂隙压密阶段，曲线斜率随应力增加而增大；AB 段为弹性变形阶段，应力与应变之间呈线性关系；BC 段为塑性变形、裂隙扩展阶段，岩石变形不再回复，裂隙扩展，达到 C 点岩石破坏。

岩石的弹性模量是变形曲线弹性段（直线段）的斜率。但大多数情况下难以获得理想的直线段，因此，可以采用不同方法定义应力-应变的比例系数，如曲线上任意一点的应力和应变之比，或者任意一点与坐标原点的连线的斜率等。此时得到的模量实际上是变形模量，但在工程应用中，变形模量也统称弹性模量。

（5）泊松比（μ）。单轴压缩下岩石横向应变与和纵向应变之比称为泊松比，通过单轴压缩试验可以得到岩石的泊松比。常见岩石的弹性模量和泊松比见表1－7。

表1－7　常见岩石的弹性模量与泊松比

岩石名称	$E/\times10^4$ MPa	μ	岩石名称	$E/\times10^4$ MPa	μ
花岗岩	5～10	0.1～0.3	页岩	0.2～8	0.2～0.4
流纹岩	5～10	0.1～0.25	石灰岩	5～10	0.2～0.35
闪长岩	7～15	0.1～0.3	白云岩	5～9.4	0.15～0.35
安山岩	5～12	0.2～0.3	板岩	2～8	0.2～0.3
辉长岩	7～15	0.1～0.3	片岩	1～8	0.2～0.4
玄武岩	6～12	0.1～0.35	片麻岩	1～10	0.1～0.35
砂岩	0.5～10	0.2～0.3	石英岩	6～20	0.08～0.25

（6）波速（V）。岩石中弹性波传播的速度称为波速。根据质点振动方向的不同，波速

又可分为纵波波速（V_p）和横波波速（V_s）。岩石的波速反映了岩石内部结构的完整性和传递能量的能力，可以用来衡量岩石某些特定的工程性质。常见岩石的波速见表1-8。

表1-8 常见岩石的弹性波速度

岩石名称	V_p/(m/s)	V_s/(m/s)	岩石名称	V_p/(m/s)	V_s/(m/s)
玄武岩	4 570～7 500	3 050～4 500	石灰岩	2 000～6 000	1 200～3 500
安山岩	4 200～5 600	2 500～3 300	石英岩	3 030～5 160	1 800～3 200
闪长岩	5 700～6 450	2 793～3 800	片岩	5 800～6 420	3 500～3 800
花岗岩	4 500～6 500	2 370～3 800	片麻岩	6 000～6 700	3 500～4 000
辉长岩	5 300～6 560	3 200～4 000	板岩	3 650～4 450	2 160～2 860
砂岩	1 500～4 000	915～2 400	大理岩	5 800～7 300	3 500～4 700
页岩	1 330～3 790	780～2 300	千枚岩	2 800～5 200	1 800～3 200
砾岩	1 500～2 500	900～1 500			

2. 土的力学性质

（1）压缩性。土的压缩性是土体在荷载的作用下产生变形的特性。土的压缩主要是土孔隙中的水受压排除，孔隙度降低，所以土的压缩称为固结。常见土的压缩模量见表1-9。

表1-9 常见土的压缩模量

土的种类	砂土	粉土	粉质黏土	黏土
压缩模量 E_s/MPa	24～46	11～23	8～45	11～28

（2）泊松比（μ）。在不存在侧向应力的情况下，土样在产生轴向压缩应变的同时，会产生侧向膨胀应变。侧向应变和轴向应变的比值称为土的泊松比，又称土的侧膨胀系数。常见土的泊松比见表1-10。

表1-10 常见土的泊松比

土的种类	碎石土	砂土	粉质黏土	软塑黏土
泊松比 μ	0.15～0.25	0.25～0.30	0.23～0.30	0.35～0.40

（3）抗剪强度（τ）。土在外力作用下在剪切面单位面积上所能承受的最大剪应力称为土的抗剪强度。土的抗剪强度是由颗粒间的内摩擦角以及由胶结物和水膜的分子引力所产生的黏聚力共同组成。常见土的抗剪强度指标见表1-11。

表1-11 常见土的抗剪强度指标

土的种类	砂土	粉土	粉质黏土	黏土
内摩擦角 φ/(°)	28～40	23～30	17～24	15～18
黏聚力 C/kPa	0～3	3～7	10～40	25～60

（4）剪切波速（V_s）。在土体中传播的横波在工程上称为剪切波。土的剪切波速是评价土的动力性能的指标。常见土的剪切波速见表1-12。

表 1-12　常见土的剪切波速

土的种类	填土	黏土	粉土	砂土（干）	碎石土
波速 V_s/(m/s)	100～150	100～230	130～230	170～260	200～240

（三）水理性质

水理性质是岩土与水作用时表现出来的特性。描述岩石和土的水理性质的指标并不相同。

1. 岩石的水理性质

(1) 吸水性（w）。表示岩石吸水性的指标有吸水率、饱和吸水率与饱和系数。

吸水率（w_1）：在常压条件下，岩石浸入水中充分吸水，被吸收的水质量与干燥岩石质量之比为吸水率。可按式（1-7）计算

$$w_1 = m_{w_1}/m_s \tag{1-7}$$

式中，w_1 为岩石的吸水率（%）；m_{w_1} 为吸水质量（g）；m_s 为干燥岩石的质量（g）。

岩石吸水率大小取决于孔隙度大小，特别是大孔隙的数量。常见岩石的吸水率见表 1-13。

表 1-13　常见岩石的吸水率

岩石名称	吸水率/(%)	岩石名称	吸水率/(%)	岩石名称	吸水率/(%)
花岗岩	0.10～0.70	石灰岩	0.10～4.45	云母片岩	0.10～0.20
辉绿岩	0.80～5.00	泥炭岩	2.14～8.16	板岩	0.10～0.30
玄武岩	0.3 左右	花岗片麻岩	0.10～0.70	大理岩	0.10～0.80
角砾岩	1.00～5.00	角闪片麻岩	0.10～3.11	石英岩	0.10～1.45
砂岩	0.20～7.00	石英片岩	0.10～0.20		

饱和吸水率（w_2）：干燥的岩石在相当大的压力（约 150MPa）下，或在真空中保存然后再浸水，使水浸入全部开口的孔隙中，此时的吸水率称为饱和吸水率，可按式（1-8）计算

$$w_2 = m_{w_2}/m_s \tag{1-8}$$

式中，m_{W_2} 为饱和吸水质量。

饱和系数 K_w：岩石的吸水率与饱和吸水率之比称为饱和系数，可按式（1-9）计算

$$K_w = w_1/w_2 \tag{1-9}$$

饱和系数是一个计算指标，一般为 0.5～0.9。岩石的吸水率、饱和吸水率和饱和系数愈大，岩石的工程性质愈差。

(2) 透水性（K）。透水性是岩石容许水透过的能力，用渗透系数 K 表示。渗透系数的大小与岩石孔隙大小以及裂隙的多少、连通度有关。水在岩石的孔隙、裂隙中渗透流动，大多服从达西定律，即

$$Q = KF\frac{dh}{dl} = KFI \tag{1-10}$$

式中，Q 为岩石中渗透流动的水量（m^3/s）；dh 为水流渗透断面两侧的水位差（m）；dl 为水的渗流途径（m）；F 为与渗流水方向垂直的断面面积（m^2）；K 为渗透系数（m/s）。

上式可改写为如下形式

$$v = KI \tag{1-11}$$

式中，v 为渗透速度（m/s），$v=Q/F$；I 为单位渗流途径上的水头损失，又称水力坡度，$I=dh/dl$。

由式（1-11）可知，当 $I=1$ 时，$v=K$，即渗透系数在数值上等于水力坡度为1时的渗透速度。

根据岩石的渗透系数可以预测基坑、隧道的涌水量大小。渗透系数 K 可由试验测得。常见岩石的渗透系数见表1-14。

表1-14 常见岩石的渗透系数

岩石名称	岩石渗透系数 K/(cm/s)	
	室内试验	野外试验
花岗岩	$10^{-11}\sim10^{-7}$	$10^{-9}\sim10^{-4}$
玄武岩	10^{-12}	$10^{-7}\sim10^{-2}$
砂岩	$8\times10^{-8}\sim3\times10^{-3}$	$3\times10^{-8}\sim1\times10^{-3}$
页岩	$5\times10^{-13}\sim10^{-9}$	$10^{-11}\sim10^{-8}$
石灰岩	$10^{-13}\sim10^{-5}$	$10^{-7}\sim10^{-3}$
白云岩	$10^{-13}\sim10^{-5}$	$10^{-7}\sim10^{-3}$
片岩	10^{-8}	2×10^{-7}

（3）软化性（K_R）。岩石浸水后强度降低的性能称为软化性。软化性用软化系数表示。它是岩石饱和状态下与天然风干状态下单轴抗压强度之比。即

$$K_R = R_c/R \tag{1-12}$$

式中，K_R 为岩石的软化系数；R_c 为饱和状态下岩石单轴极限抗压强度；R 为干燥状态下岩石单轴极限抗压强度。

软化性取决于岩石中矿物成分和孔隙性，富含黏土矿物、孔隙度大的岩石，软化性大，软化系数小。一般来说，软化系数小于0.75的岩石具有软化性。常见岩石软化系数见表1-15。

表1-15 常见岩石的软化系数

岩石名称	软化系数	岩石名称	软化系数	岩石名称	软化系数
花岗岩	0.72～0.97	砾岩	0.50～0.96	石英片岩、角闪片岩	0.44～0.84
闪长岩	0.60～0.80	砂岩	0.21～0.75	云母片岩、绿泥石片岩	0.53～0.69
辉绿岩	0.33～0.90	页岩	0.24～0.74	硅质板岩	0.75～0.79
流纹岩	0.75～0.95	泥岩	0.40～0.60	泥质板岩	0.39～0.52
安山岩	0.81～0.91	泥灰岩	0.44～0.54	石英岩	0.94～0.96
玄武岩	0.30～0.95	片麻岩	0.75～0.97	千枚岩	0.67～0.96
凝灰岩	0.52～0.86	石灰岩	0.70～0.94		

（4）抗冻性。岩石抵抗由水冻结造成破坏的能力称抗冻性。表示岩石抗冻性的指标有岩石强度损失率和岩石质量损失率。饱和岩石在一定负温度（通常为－25℃）条件下，冻

结融触 25 次以上，冻融前后抗压强度差值与冻融前抗压强度之比为强度损失率；冻融前后岩石质量（干燥岩石质量）差值与冻融前干燥岩石质量之比为质量损失率。强度损失率大于 25%或质量损失率大于 2%的岩石是不抗冻的。也可以用饱和系数间接表示岩石抗冻性，饱和系数大于 0.7 的岩石抗冻性差。

2. 土的水理性质

（1）含水率（w）。土的含水率是土中水的质量 m_w 与土粒质量 m_s 之比，即

$$w=\frac{m_w}{m_s}\times 100\% \qquad (1-13)$$

土的含水率是描述土干湿程度的重要指标，常以百分数表示。土的天然含水率变化范围很大，从接近零（如干砂的含水率）到百分之几百（如蒙脱土的含水率）。

（2）透水性（K）。透水性是指土体容许水透过的能力，用渗透系数 K 表示。渗透系数的大小与土体孔隙大小有关。孔隙大小与孔隙度大小是两个不同的概念，砂、砾石孔隙度约为 30%，但砂、砾之间的孔隙大，透水性好，渗透系数大；黏土孔隙度大 50%以上，但孔隙很小，水不易从中通过，渗透系数小，实际上可以认为是不透水的。常见土的渗透系数见表 1-16。

表 1-16　常见土的渗透系数

土类	渗透系数 K/(cm/s)	土类	渗透系数 K/(cm/s)	土类	渗透系数 K/(cm/s)
黏土	$<1.2\times10^{-6}$	黄土	$3.0\times10^{-4}\sim6.0\times10^{-4}$	中砂	$6.0\times10^{-3}\sim2.4\times10^{-2}$
粉质黏土	$1.2\times10^{-6}\sim6.0\times10^{-5}$	粉砂	$6.0\times10^{-4}\sim1.2\times10^{-3}$	粗砂	$2.4\times10^{-2}\sim6.0\times10^{-2}$
粉质粉土	$6.0\times10^{-5}\sim6.0\times10^{-4}$	细砂	$1.2\times10^{-3}\sim6.0\times10^{-3}$	砾砂	$6.0\times10^{-2}\sim1.8\times10^{-1}$

（3）黏性土的界限含水率。黏性土根据含水率的不同有不同的物理状态，可以从具有软黏的流动状态到坚硬的固体状态。黏性土从一种状态转到另一状态的分界含水率称为界限含水率。流动状态与可塑状态间的界限含水率称为液限 I_L；可塑状态与半固体状态间的界限含水率称为塑限 w_p；半固体状态与固体状态间的界限含水率称为缩限 w_s。

塑性指数 I_P：衡量土可塑性大小的指标，用黏性土液限、塑限含水率的差（不带%）来表征，即

$$I_P=w_L-w_P \qquad (1-14)$$

塑性指数越大，土的可塑性越好。

液性指数 I_L：黏性土的天然含水率和塑限的差值与塑性指数之比，即

$$I_L=(w-w_p)/I_P \qquad (1-15)$$

液性指数可被用来表示黏性土所处的软硬状态，其数值范围为 0～1。液性指数越大，表示土越软；液性指数大于 1 的土处于流动状态；液性指数小于 0 的土处于固体或半固体状态。黏性土状态的划分见表 1-17。

表 1-17　黏性土的状态划分

状态	坚硬	硬塑	可塑	软塑	流塑
液性指数 I_L 值	$I_L\leqslant0$	$0<I_L\leqslant0.25$	$0.25<I_L\leqslant0.75$	$0.75<I_L\leqslant1$	$I_L>1$

二、常见的特殊岩土[①]

（一）黄土和湿陷性土

湿陷性黄土是一种非饱和的欠压密土，具有大孔和垂直节理，在天然湿度下，其压缩性较低，强度较高；但遇水浸湿时，土的强度显著降低；在附加压力或在附加压力与土的自重压力往往具有下沉的性质，对建筑物危害性大。

我国湿陷性黄土主要分布在山西、陕西、甘肃的大部分地区，以及河南西部和宁夏、青海、河北的部分地区。此外，新疆维吾尔自治区、内蒙古自治区和山东、辽宁、黑龙江等省，局部地区亦分布有湿陷性黄土。

湿陷性土在我国分布广泛，除常见的湿陷性黄土外，在我国干旱和半干旱地区，特别是在山前洪、坡积扇（裙）中常遇到湿陷性碎石土、湿陷性砂土和其他湿陷性土等。这种土在一定压力下浸水也常呈现强烈的湿陷性。由于这类湿陷性土的特殊性质不同于湿陷性黄土，在评价方面尚不能完全沿用我国现行国家标准《湿陷性黄土地区建筑规范》（GB 50025—2004）的有关规定。

（二）红黏土

红黏土是我国红土的一个亚类，即母岩为碳酸盐岩系（包括间夹其间的非碳酸盐岩类岩石）经湿热条件下的红土化作用形成的高塑性黏土这一特殊土类。红黏土包括原生与次生红黏土。颜色为棕红或褐黄，覆盖于碳酸盐岩系之上，其液限大于或等于50%的高塑性黏土应判定为原生红黏土。原生红黏土经搬运、沉积后仍保留其基本特征，且其液限大于45%的黏土，可判定为次生红黏土。原生红黏土比较容易判定，次生红黏土则可能具备某种程度的过渡性质。

红黏土广泛分布在我国云贵高原、四川东部、两湖和两广北部一些地区，是一种区域性的特殊土。红黏土主要为残积、坡积类型，一般分布在山坡、山麓、盆地或洼地中。其厚度变化很大，且与原始地形和下伏基岩面的起伏变化密切相关。分布在盆地或洼地时，其厚度变化大体是边缘较薄，向中间逐渐增厚。当下伏基岩中溶沟、溶槽、石芽较发育时，上覆红黏土的厚度变化极大。就地区而论，贵州的红黏土厚度约3～6m，超过10m者较少；云南地区一般为7～8m，个别地段可达10～20m；湘西、鄂西、广西等地一般在10m左右。

红黏土的颗粒细而均匀，黏粒含量很高，尤以小于0.002mm的细黏粒为主。矿物成分以黏土矿物为主，游离氧化物含量也较高，碎屑矿物较少，水溶盐和有机质含量都很少。黏土矿物以高岭石和伊利石为主，含少量埃洛石、绿泥石、蒙脱石等，游离氧化物中Fe_2O_3多于Al_2O_3，碎屑矿物主要是石英。

红黏土由于黏粒含量较高，常呈蜂窝状和棉絮状结构，颗粒之间具有较牢固的铁质或铝质胶结。红黏土中常有很多裂隙、结核和土洞存在，从而影响土体的均一性。

---

① 吴圣林，姜振泉，郭建斌．岩土工程勘察［M］．徐州：中国矿业大学出版社，2008.

（三）软土

天然孔隙比大于或等于1.0，且天然含水量大于液限的细粒土应判定为软土，包括淤泥、淤泥质土、泥炭、泥炭质土等。淤泥为在静水或缓慢的流水环境沉积，并经生物化学作用形成，其天然含水量大于液限，天然孔隙比大于或等于1.5的黏性土。当天然含水量大于液限而天然孔隙比小于1.5但大于或等于1.0的黏性土或粉土为淤泥质土。泥炭和泥炭质土中含有大量未分解的腐殖质，有机质含量大于60％的为泥炭，有机质含量10％～60％的为泥炭质土。

软土是在水流不通畅、缺氧和饱水条件下形成的近代沉积物，物质组成和结构具有一定的特点。粒度成分主要为粉粒和黏粒，一般属黏土或粉质黏土、粉土。其矿物成分主要为石英、长石、白云母及大量蒙脱石、伊利石等黏土矿物，并含有少量水溶盐，有机质含量较高，一般为6％～15％，个别可达17％～25％。淤泥类土具有蜂窝状和絮状结构，疏松多孔，具有薄层状构造。厚度不大的淤泥类土常是淤泥质黏土、粉砂土、淤泥或泥炭交互成层或呈透镜体状夹层。

（四）混合土

由细粒土和粗粒土混杂且缺乏中间粒径的土称为混合土。

混合土在颗粒分布曲线形态上反映呈不连续状。主要成因有坡积、洪积、冰水沉积。经验和专门研究表明，黏性土、粉土中的碎石组分的质量只有超过总质量的25％时，才能起到改善土的工程性质的作用；而在碎石土中，黏粒组分的质量大于总质量的25％时，则对碎石土的工程性质有明显的影响，特别是当含水量较大时。因此规定：当碎石土中粒径小于0.075mm的细粒土质量超过总质量的25％时，为粗粒混合土；当粉土或黏性土中粒径大于2mm的粗粒土质量超过总质量的25％时，为细粒混合土。

（五）填土

填土系指由人类活动而堆积的土。填土根据物质组成和堆填方式，可分为下列4类。

（1）素填土：由碎石土、砂土、粉土和黏性土等一种或几种材料组成，不含或很少含杂物。

（2）杂填土：含有大量建筑垃圾、工业废料或生活垃圾等杂物。

（3）冲填土：由水力冲填泥砂形成。

（4）压实填土：按一定标准控制材料成分、密度、含水量，分层压实或夯实而成。

（六）多年冻土

含有固态水且冻结状态持续2年或2年以上的土，为多年冻土。我国多年冻土主要分布在青藏高原、帕米尔及西部高山（包括祁连山、阿尔泰山、天山等），东北的大小兴安岭和其他高山的顶部也有零星分布。多年冻土对工程的主要危害是其融沉性（或称融陷性）和冻胀性。多年冻土中如含易溶盐或有机质，对其热学性质和力学性质都会产生明显影响，前者称为盐渍化多年冻土，后者称为泥炭化多年冻土。

根据融化下沉系数的大小，多年冻土可分为不融沉、弱融沉、融沉、强融沉和融陷五级。根据冻土层的平均冻胀率的大小把地基土的冻胀性类别分为不冻胀、弱冻胀、冻胀、强冻胀和特强冻胀五类。

（七）膨胀岩土

含有大量亲水矿物，湿度变化时有较大体积变化，变形受约束时产生较大内应力的岩土，为膨胀岩土。膨胀岩土包括膨胀岩和膨胀土。

膨胀土是指随含水量的增加而膨胀，随含水量的减少而收缩，具有明显膨胀和收缩特性的细粒土。膨胀土在世界上分布很广，如印度、以色列、美国、加拿大、南非、加纳、澳大利亚、西班牙、英国等均有广泛分布。在我国，膨胀土也分布很广，如云南、广西、贵州、湖北、湖南、河北、河南、山东、山西、四川、陕西、安徽等省区不同程度地都有分布，其中尤以云南、广西、贵州、湖北等省区分布较多，且有代表性。

膨胀土中黏粒含量较高，常达35％以上。矿物成分以蒙脱石和伊利石为主，高岭石含量较少。膨胀土一般呈红、黄、褐、灰白等色，具斑状结构，常含铁、锰或钙质结核。土体常具有网状裂隙，裂隙面比较光滑。土体表层常出现各种纵横交错的裂隙和龟裂现象，使土体的完整性破坏，强度降低。

（八）盐渍岩土

岩土中易溶盐含量大于0.3％，并具有溶陷、盐胀、腐蚀等工程特性时，为盐渍岩土。

除了细粒盐渍土外，我国西北内陆盆地山前冲积扇的砂砾层中，盐分以层状或窝状聚集在细粒土夹层的层面上，形状为几厘米至十几厘米厚的结晶盐层或含盐砂砾透镜体，盐晶呈纤维状晶族。

盐渍岩按主要含盐矿物成分可分为石膏盐渍岩、芒硝盐渍岩等。当环境条件变化时，盐渍岩工程性质亦产生变化。盐渍岩一般见于湖相或深湖相沉积的中生界地层，如A垩系红色泥质粉砂岩、三叠系泥灰岩及页岩。

（九）风化岩和残积土

岩石在风化营力作用下，其结构、成分和性质已产生不同程度的变异，应定名为风化岩。已完全风化成土而未经搬运的为残积土。

不同的气候条件和不同的岩类具有不同风化特征，湿润气候以化学风化为主，干燥气候以物理风化为主。花岗岩类多沿节理风化，风化厚度大，且以球状风化为主。层状岩，多受岩性控制，硅质比黏土质不易风化，风化后层理尚较清晰，风化厚度较薄。可溶岩以溶蚀为主，有岩溶现象，不具完整的风化带，风化岩保持原岩结构和构造，而残积土则已全部风化成土，矿物结晶、结构、构造不易辨认，成碎屑状的松散体。

第二节 岩土加固技术概述

一、岩土加固主要技术介绍

（一）地基加固技术

1. 换土加固技术

在处理浅层地基的过程中，施工人员一般会采用换土加固技术，这是最常见的一种岩土加固方法。首先，需要将软弱土层彻底挖出，然后填入结构相对较好的土壤或者其他材料，如石屑、煤渣、工业废物等，将其制作成素土地基，最后再采用相关机械设备或者人工的方式将其夯实，提高其密实度。这种方法在基坑面积较大的工程中非常适用，在处理软弱土层方面具有非常好的效果。换土加固方法的处理深度一般为 2～3m，对于软弱土层、湿陷性黄土、季节性冻土等都有非常好的施工效果。

2. 振密加固技术

振密加固技术即施工人员采取有效的措施来减小地基土体的孔隙比，尽量提高其密实度与强度，从而达到设计的要求。该施工技术有压实法、夯实法、强夯法等多种施工方法，其中强夯法是振密加固技术中最为常见的一种。

强夯法主要是对软土地基的深层土壤进行加固，随着机械夯实能量的不断增大，地基加固的深度也会不断加深。也就是说，该方法采用的是大重量的重锤，从不同的高度自由落下，利用产生的较大冲击力来压实地基，从而提高地基的强度与密实度，降低其本身的压缩性。这种方法在砂土、黏土、碎石等多种土壤中具有非常重要的作用，能够有效地提高地基的强度，承载上部结构的荷载。

在大中型城市会进行一系列的旧城改造工作，由此会产生大量的建筑垃圾，从而形成大厚度的杂填土地基。孔内深层强夯法能就地消纳建筑工地的各类废渣、废土，甚至能把长期堆放的各类无机废料用来加固地基，变废为宝，形成渣土桩复合地基。这样，不仅可以节省大量钢材、水泥等宝贵的建筑材料，降低工程造价，而且可以大大减少车辆运输排出的废气和噪声，减少建筑工程对城市的再度污染。此外，利用孔内深层强夯法，在孔内填筑素土，形成孔内强夯素土桩，在素土桩的基础上进行钻孔灌注桩的施工，为大厚度杂填土地基上钻孔灌注桩的施工提供了条件。

3. 排水固结加固技术

在实际施工过程中如果遇到软土地基，施工人员则需要通过重力荷载将地基中多余的水分挤压出来，以减小地基的压缩性，提高密实度，这种方法就是排水固结法。在采用这种方法进行施工时，由于重力荷载的影响，软土地基中的水分会逐渐减少，而其有效应力就会不断增加，抗剪强度提高。施工人员一般是采用排水和加压的方式进行施工，而且在排水的过程中，施工人员可以将土壤的透水性充分利用起来，通过设置砂浆来提高软土地基的抗剪强度。

4. 高压喷射注浆加固技术

高压喷射注浆（旋喷）加固地基是利用高压泵通过特制的喷嘴，把浆液（一般为水泥浆）喷射到土中。浆液喷射流依靠自身的巨大能量，把一定范围内的土层射穿，使原状土破坏，并因喷嘴作旋转运动，被浆液射流切削的土粒与浆液进行强制性的搅拌混合，待胶结硬化后，便形成新的结构，达到加固地基的目的。旋喷法适用于粉质黏土、淤泥质土、新填土、饱和的粉细砂（即流砂层）及砂卵石层等的地基加固与补强。

压力灌浆加固在实施中要注意：①旋喷浆液前，应作压水压浆压气试验，检查各部件各部位的密封性和高压泵、钻机等的运转情况；②根据设计要求和地质条件，选用适合的旋喷方法、施工机具和桩位布置；③科学配浆，控制浆液的水灰比及稠度；④根据旋喷固结体的形状及桩身匀质性，调整喷嘴的旋转速度、提升速度、喷射压力和喷浆量。

5. CFG 桩复合地基加固技术①

CFG 桩复合地基是一种加固软弱地基的常用方法，已在国内得到了广泛应用。因其费用低、工期短、施工方便、质量容易控制和适应性强等优点，成为应用最普遍的地基处理技术之一。CFG 桩是水泥粉煤灰碎石桩的简称，由水泥、粉煤灰、碎石、石屑或砂加水拌合形成的具有高黏结强度的刚性桩，它和桩间土、褥垫层一起形成复合地基，共同承担上部荷载。适用于黏性土、粉质土、粉细砂、淤泥质土等软弱地基的加固处理。

CFG 桩具有以下优点：①具有一般碎石桩对地基土的挤密、加固和置换作用，通过设置柔性褥垫层，能使桩间土的承载力得到充分发挥，明显改善地基的变形状况，大大提高复合地基的承载力；②处理不均匀地基的效果非常明显，使地基承载力得到很大提高，具有很大的可调性；③工艺较成熟，施工速度快，桩体质量易于控制。

6. 桩-网复合地基加固技术

桩-网复合地基是桩—网—土协同工作、桩土共同承担荷载的地基体系，它能充分调动桩、网、土三者的潜力。桩-网复合地基特别适合于在天然软土地基上快速修筑路堤或堤坝类构筑物，能有效减少沉降量。

桩-网复合地基一般由 6 部分组成，即上部填土、加筋褥垫层、桩帽、桩体、桩间土、下卧层。基于桩网复合地基的组成，可以将整个桩-网复合体系由上到下分为三部分：加筋土（基础）、褥垫层、桩土加固区，如图 1 - 2 所示。

（二）边坡稳定技术

1. 边坡锚固技术②

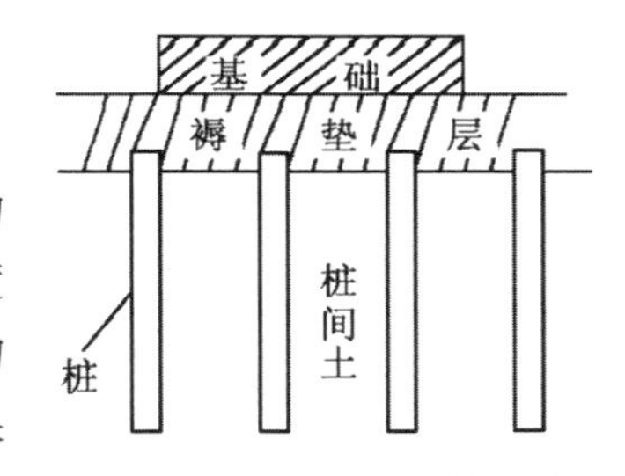

图 1 - 2 桩-网复合地基示意图

岩土锚固技术是通过埋设在岩土体中的锚杆，将结构物与岩土体紧紧地联锁在一起，依赖锚杆与岩土体的抗剪强度传递结构物的拉力或使岩土体自身得到加固，以保持结构物和岩土体的稳定。与完全依靠自身强度、重力而使结构物保持稳定的传统方法相比，岩土锚固技术尤其是预应力锚固技术表现出如下特点：①能在岩土体开挖后，立即提供支护抗力，有利于维持岩土体的固有强度，阻止岩土体的进一步扰动，控制岩土体变形的发展，提高施工过程的安全性；②提高岩土体软弱结构面、潜在滑移面的抗剪强度，改善岩土体的其他力学性能；③改善岩土体的应力状态，使其向有利于稳定的方向转化；④锚杆的作用部位、方向、结构参数、密度和施工时机可以根据需要方便地设定和调整，能以最小的支护抗力，获得最佳的稳定效果；⑤将结构物—岩土体紧密地联锁在一起，形成共同工作的体系；⑥伴随着结构的减小，能显著地节约工程材料，有效地提高土地利用率，经济效益十分显著；⑦对预防、整治滑坡，加固、抢修出现病害的结构物具有独特的功效，有利于保障人民生命财产的安全。

① 曾召田，吕海波，尹闯，等. CFG 桩复合地基加固机理及工程实例分析［J］. 铁道建筑，2014（1）：79 - 81.

② 郑州. 边坡锚固技术的研究与应用［D］. 中南大学硕士学位论文，2007.

2. 碎石桩加固技术①

碎石桩是软土地基加固处理的常用措施。边坡工程中人工填土以下的坡体基本饱和，土体组成物质力学指标较低，加之地下水的作用，在填土前已处于极限稳定状态，坡顶填土加荷后，易使坡体平衡失稳下滑，而坡体地形相对较缓，主要表现为蠕滑变形，后缘出现圆弧形拉裂缝，边坡滑动表现为多级多层滑动。可从增强边坡自身稳定能力的角度考虑，通过提高土体自身的力学性质，将抗剪强度较低的土体替换为强度较高的碎石。具体来说，可以采用碾压堆石压坡方案，以回填堆石压坡增稳为主，局部辅以振冲碎石桩置换。

3. 预应力锚索抗滑桩加固技术②

预应力锚索抗滑桩是一种有效的整治滑坡的手段，改变了普通抗滑桩的悬臂锚固梁柱结构为近似弹性支座简支梁柱结构，桩身受力状态更趋合理，并具有主动加固滑坡体的作用和功能，在同等边坡受力条件下，预应力抗滑桩比普通抗滑桩可以节约工程造价约15％～30％，是一种具有广泛发展前途的新一代抗滑结构。

4. 土工织物加筋加固技术③

软土地基的主要特征是天然含水量高、天然孔隙比大、抗剪强度低、压缩系数高、渗透系数小，在荷载作用下地基承载力低、变形大、不均匀变形大，且变形稳定历时较长，自然排水固结历时较长，工后变形较大，因此进行合理的地基加固处理十分重要。

土工织物加筋法能很好地应用在软土地基中，土工布具有较强的抗拉能力，一般将土工布铺设于软基表面或者垫层中作为加筋垫层，限制软土的侧向位移、提高地基承载力、均化应力分布以及减小不均匀沉降。

5. 抗滑桩联合土工格室加固技术

采用抗滑桩联合土工格室加固岸坡，即在传统抗滑桩加固岸坡的基础上，于坡顶或一定深度处的土中水平铺上一层或多层土工格室，并将其和抗滑桩相交处固定连接，以此利用土工格室和抗滑桩、土的相互作用联合加固岸坡。

6. 植被护坡加固技术④

植被护坡是指单独用植物或者植物与土木工程和非生命植物材料相结合，以减轻坡面的不稳定性和侵蚀。植被护坡是利用植被涵水固土的原理，稳定岩土边坡同时美化生态环境的一种新技术，是集岩土工程、恢复生态学、植物学、土壤肥料学等多种学科技术于一体的综合工程技术。由于植被的根系有一定的影响范围，一般小于2m，因此植被护坡只能防护浅层不稳定的边坡，植被覆盖良好的边坡比裸露的边坡出现滑坡的频率要低的多。

而对于岩质边坡，可通过锚杆土工网垫喷播植草护坡技术来达到稳定边坡、保护生态的目的。

---

① 杨石扣，任旭华，张继勋，等. 碎石桩加固土质边坡的机理及稳定性评价［J］. 三峡大学学报（自然科学版），2011（1）：46－50.

② 傅鹏，贺中统. 预应力锚索抗滑桩对某滑坡治理设计［J］. 黑龙江交通科技，2013（7）：47－48.

③ 王由国，李守德，仲曼，等. 土工织物加筋法加固软基边坡的效果分析［J］. 河南科学，2014（1）：61－67.

④ 刘怀星. 植被护坡加固机理试验研究［D］. 湖南大学硕士学位论文，2006.

（三）隧道工程加固技术

1. 地表注浆预加固技术①

在隧道工程埋深较浅、围岩破碎、节理裂隙发育、其自稳能力差、难以形成平衡拱效应、大管棚施作时出现成孔困难、卡钻、塌孔现象时，通过注浆管将浆液均匀地注入地层中，浆液以填充、渗透和挤密等方式，赶走碎石土及岩体裂隙中的水分和空气后占据其位置，使双浆液在劈裂的孔隙或裂隙中混合并迅速凝结，形成"结石体"，使原来松散围岩胶结成一个整体，改善隧道成拱稳定的条件，从而达到保证工程安全及顺利掘进的目的。

2. 地表锚网喷预加固技术

当隧道施工有坡面溜坍体且围岩软弱时，可采用锚网喷对地表进行预加固：在隧道通过溜塌体范围内，并向四周延伸一定距离打设注浆锚杆并紧贴隧道壁挂钢筋网，两者采用焊接连接。喷混凝土厚 15cm，喷混凝土采用湿喷工艺，严格按施工配合比。

3. 超前小导管＋水泥浆预加固技术

当隧道浅埋穿越极软弱破碎围岩时，此种浅埋段若采用大开挖，则施工土石量会增大，且开挖后新洞口须采取系统加固，成本较高。当采用洞内开挖时，防洞顶坍塌安全问题又成了施工的主要问题，必须有可靠的预支护措施。此时，除在隧道顶部地表进行地表预加固外，洞内可采用多层超前小导管注水泥浆进行预加固。需要注意的是，导管的长度和间距要经过严格计算。

4. 喷锚加固技术②

拱部围岩为页岩、砂岩夹页岩、砂页岩互层时，由于页岩易风化，开挖后强度降低较快，尤其是中厚层、薄层页岩，开挖排险后应立即进行初喷混凝土施工封闭围岩。当隧道施工情况复杂时，如隧道上下立体交叉或围岩完整性欠佳时，影响段内的隧道应加强加固，可在喷锚支护的基础上增加格栅支护或钢架。

5. 人工冻结加固技术

在我国，人工冻结法最早用于煤矿矿井的掘进施工，后被引入城市地铁隧道的施工中。冻结法既适用于松散不稳定的冲积层和裂隙发育的含水岩层，也适用于淤泥、松软泥岩以及饱和含水和水头特别高的地层。沿海地区地下土体含水丰富、强度低、流动性强，普通施工方法难以满足要求。人工冻结法通过冻结土体，提高其承载能力，从而使其满足施工要求。

二、岩土加固的目的与意义

随着近代建筑工程的迅猛发展，岩土加固技术作为一种能解决众多工程难题的技术在工程领域得到了广泛应用。在建造铁路、隧道、桥梁、公路等许多方面，都应用到了岩土加固技术。岩土加固技术随着科技的发展也在不断更新，技术变得更为先进。

---

① 任永胜，张志耕．隧道浅埋破碎带地表注浆预加固技术［J］．内蒙古公路与运输，2009（4）：35－37．

② 杨坚．隧道Ⅲ级围岩水平岩层稳定性及施工方法研究［J］．铁道建筑技术，2010（3）：44－48．

(一)地基加固的目的和意义

80年代以来，随着我国经济的发展，工程建设的数量与规模发展迅速，地基、基础的施工技术和组织管理水平有了较大的提高，但是工程实践中发生的各类地基基础问题及工程事故也不断增多。由于地基基础造价要占到全部建筑造价的1/5～1/3，这些地基基础问题不仅严重影响了工程的质量和进度，而且造成了较大的经济损失，同时补救起来也是一件非常困难的事情。万丈高楼平地起，地基的好坏是建筑工程安全性和耐久性得以保证的前提，因此，开展地基基础方面的研究，努力作好地基工程的施工质量，对于工程建设具有重要的意义。

我国土地辽阔、幅员广大，自然地理环境不同，土质各异，地基的区域性强，这使得地基基础这门学科具有较大的差异性和复杂性。随着我国国民经济建设的迅猛发展，城市建设不断拓宽，由于客观条件的限制，在进行工程建设过程中，不仅事先要选择地质条件良好的场地，而且有时也不得不在条件不好的地段进行建设，为此在地基工程施工中，当承载力和变形不能满足设计要求时，就需要对天然的不良地基进行处理或加固。

不良地基的主要表现有：土层软弱，承载力小，刚度小，压缩性大，湿陷性及胀缩性等。此外还表现有含水量大、土层不均、受冻胀、有孔洞等因素。这些不良表现对工程建设会产生极大的危害，是引起地基基础问题和事故发生的根本原因。由于不良地基造成的工程事故，直接影响到上部建筑物的安全性、耐久性、正常使用和工程造价。

地基加固的目的就是针对不良地基的各种表现进行人工处理，采取切实有效的措施改善地基的不良特性，以适应工程建设对地基的需要。具体来说，其主要工作可概括为以下几个方面：①提高软弱地基的强度，增加其稳定性；②减小不良地基的压缩性，减少基础的沉降尤其是不均匀沉降；③改善地基的渗透性，减少其渗漏或加强其渗透稳定；④改善地基的动力特性，提高其抗振性能，防止地基受到振动作用时产生液化现象；⑤消除湿陷性土的湿陷性和胀缩性土的胀缩性等[①]。

目前国内外地基处理的方法很多，概括起来有：换填法、预压法、强夯法、振冲法、土和灰土挤密桩法、砂桩法、水泥粉煤灰碎石桩法、深层搅拌法以及高压喷射注浆法等。这些地基处理方法的作用机理不同，且在不断发展中，每一种地基处理方法都有其各自的使用范围和一定的局限性。有时为了综合各种地基处理方法的优点，需要在一个工程中综合运用多种地基处理方法，这些地基处理方法就构成了复合地基处理。复合地基处理可以综合单种地基处理的优点，消除其不足之处，取得良好的加固效果，从而扩大工程建设选址的范围，获得良好的经济效益。

因此，对地基加固技术进行深入的理论和实践研究，总结并归纳出经济可行的复合地基加固方法，可以为工程建设提供一定的理论和实践基础。

(二)边坡加固的目的和意义

近年来，我国的工程边坡数量不断增加，并向高（如高边坡）、深（如深基坑）等方向发展，加之极端天气和自然灾害频发，各类工程和自然边坡出现大量滑坡等破坏，造成

---

① 吴立，左清军，李建锋．岩土加固技术与方法［M］．武汉：武汉大学出版社，2015.

了严重的人员伤亡和财产损失。例如：2008 年 5 月，四川汶川大地震诱发的大型、特大型滑坡达数百处；2009 年 6 月，重庆武隆山体滑坡淹没了山谷中的矿场和民居；2010 年 9 月，云南瓦马特大山体滑坡造成 16 人遇难、32 人失踪；2011 年 2 月，攀枝花米易由于前期地震和降雨导致突发滑坡，致 6 人被埋；2012 年 6 月，贵州省某镇发生山体滑坡灾害，造成 1 200 万立方米山石垮塌，形成 25 米堰高的堰塞湖等等。导致边坡破坏的主要因素包括降雨、地震、外部荷载、施工开挖和地下水等地质条件变化等。

为了治理和防止滑坡灾害，工程师提出了多种形式的边坡加固手段，常用的包括抗滑桩、挡墙、土钉、土工合成材料和各种护坡等。抗滑桩因为施工方便、加固效果好等优点在边坡加固工程中得到了广泛应用。例如，某边坡在汶川地震中发生了滑塌，但其附近采用抗滑桩加固的区域却很稳定。由于所处环境复杂、致灾因素多和加固方式多样等原因，加固边坡变形破坏特性规律复杂、影响因素多，主要表现在以下方面。

（1）边坡的破坏具有过程性，滑裂面上各点并不是同时达到破坏。

（2）加固结构使得边坡的破坏模式更趋多样：既可能发生滑裂面绕过加固结构的破坏，也可能加固结构本身发生破坏；既可能发生整体的滑动破坏，也可能发生局部的冲切破坏等。

（3）在加固边坡受载过程中，加固结构与边坡发生复杂的相互作用，加固结构的破损乃至失稳的过程与土坡的破坏过程既有各自的特征和规律，又存在着显著的耦联特性。因此，要揭示加固土坡的加固机理和破坏机理，合理描述加固边坡的变形破坏特性，需要在变形局部化、土与结构相互作用机理和渐进破坏理论等方面取得突破。

（三）隧道加固的目的和意义

随着工程技术水平的不断提高，资源开发、水利、交通和地下核工业试验等与地下工程密切相关事业在飞跃发展，地下工程的空间与数量在日益增多，规模也越来越大，部分世纪性的大型或特大型地下工程相继建设。

矿产资源的开发一般都是由浅部向深部逐步推进的。到 20 世纪 90 年代初期，有不少国家煤矿的开采深度超过了 1 000m，就开采深而言，德国达 1 450m，比利时达 1 415m，俄罗斯达 1 400m，英国达 1 200m，波兰达 1 100m。随着我国煤炭生产规模的日益扩大，煤炭资源的井工开采深度也越来越大。我国统配煤矿的平均开采深度大约 450m，开采深度超过 1 000m 的矿井有沈阳彩屯矿（1 197m），开滦赵各庄矿（1 159m），北票冠山矿（1 059m），新汉孙村矿（1 055m）和北京门头沟矿（1 008m）等。开采深度超过 800m 的有开滦、新汉、北票、沈阳、长广、鸡西、抚顺、阜新和徐州等 13 个矿区的 25 座煤矿。在地下资源的开发过程中，随着开采深度的加大，地层压力不断增加，出现了高地应力软岩巷道、洞室的稳定性问题。

深井巷道、洞室围岩应力作用极其复杂，且表现出如下特点：①常常是自重应力、构造应力和采动应力等多种应力因素的综合作用，且水平方向应力高；②高地压，围岩承受的应力水平高，不仅在工程施工过程应力集中阶段围岩变形破坏十分突出，而且在应力基本恒定阶段围岩变形破坏仍然比较剧烈，常常表现为破碎、松散、鼓胀、大变形、大流变特征。

在大埋深条件下，围岩处于高地应力环境中，而且围岩的强度低，因此围岩变形破坏非常强烈，常常表现为：①巷道收敛量大，往往超过巷道变形10%的巷道缩颈非常严重，有时甚至将整个巷道封闭；②这种高速收敛可以持续10天以上，巷道收敛速度高，初期收敛速度高达每天几十毫米；③巷道收敛持续时间长，一般都要持续几个月，有的甚至数年，围岩的变形破坏具有很强的时效性；④围岩破坏方式除洞顶坍塌外，还有片帮和底鼓，围岩破坏主要属于应力控制型。

当采深超过围岩软化临界后，围岩产生明显的塑性大变形而难以支护，围岩原有的弱面进一步扩展，产生新的节理裂隙，甚至松动、破碎，围岩岩性进一步恶化，给洞室的维护带来极大的困难。加之矿井洞室建成以后将服务于一个水平或整个矿井，其服务年限一般长达几年，甚至伴随着整个矿井，深井洞室围岩长期处在高地应力的作用下，而且由于其软岩的流变特性将发生蠕变，洞室将最终因为收敛变形而破坏。为了矿井的生产需要，某些洞室相距较近，形成洞室群，洞室之间应力相互叠加，相互影响，支护更加困难，只好重新返修，经常维护，不但造成大量人、财、物的浪费，而且影响了矿井的生产和安全。

第二章 地基加固技术

第一节 换填加固技术

一、换填加固技术概述

当建筑施工过程中地基土壤比较软弱，不能够满足上部荷载对地基强度和变形的要求时，常采用换填法来处理，且在处理过程中主要通过以下形式进行施工。

（1）挖。挖就是通过挖去表面的软土层，将基础埋置在承载力较大的基岩或坚硬的土层上。此种方法主要用于软土层不厚、上部结构荷载不大的情况。

（2）填。填是软土层很厚，而又不需要大面积地进行加固处理时，通过在原有的软土层上直接填上一定厚度的好土或者砂石、矿石等，实现土壤加固的处理措施和方法。

（3）换。将挖与填相结合，即换土垫层的方法。施工时，先将基础下一定范围内的软土挖去，然后使用人工填筑的垫层作为持力层（按其回填的材料不同可以分为砂垫层、石垫层、素土和灰土垫层等）。

换填法在建筑施工中适用范围较广，被广泛应用于淤泥、淤泥质土、膨胀土、冻胀土、素填土、杂填土及其暗沟、暗塘等地基处理和加固施工中。换填土垫层的处理深度应根据建筑物的要求，由基坑开挖的可能性等因素综合决定，一般用于上部荷载不大、基础埋深较浅的多层民用建筑的地基处理中，开挖深度不超过 3m。

（一）垫层施工①

砂石垫层应用范围在当前建筑施工中是非常广阔的，施工工艺简单，用机械化和人工都可以使地基密实，工期较短，造价低，适用于 3m 以内的软弱、透水性强的黏性土地基处理中，不适用于加固湿陷性黄土和不透水的黏性土地基施工中。

1. 材料要求

砂石垫层材料应当采用级配良好、质地坚硬的中砂、粗砂、石屑和碎石卵石等，含泥量不能够超过 5%，且不含植物残体、垃圾等杂质。若是采用排水固结地基，含泥量不能

① 赵立兵．换填法地基加固技术［J］．工程科技，2013（22）：213.

超过3%。在缺少中砂、粗砂的地区，若是用细砂或者石屑，因为其不容易压实而强度也不会太高，因此用来换做填材料时，应当掺入粒径不超过50mm、不少于总重量30%的碎石或者卵石并且搅拌均匀，若是在回填或碾压、挖、震地基时，其最大粒径不能超过80mm。

2. 施工技术要点

（1）在加固地基范围以外布孔、打井，孔距3～5m，孔径40cm，孔深2m。

（2）埋设水泥钨砂管，管口高程低于建基面0.5m，挖设排水沟50cm×50cm，沟内铺设塑料薄膜将井口连通。

（3）第一项：井内设置ϕ50潜水泵，每边4台，及时移位，排除积水，直至地下水降至建基面以下0.5m，专人排水并及时跟踪监测水位情况。第二项：基坑开挖应分层分段依次进行施工，层层下挖，避免原状土受到扰动，并加强基坑排水。第三项：采用15%水泥土（重量比），虚铺厚度30cm，挖实。干密度不小于1.7t/m^3，压实度不小96%。

（4）铺设垫层时应当验槽，将基地表面的浮土、淤泥、杂物等清理干净，两侧设置一定的坡度，防止振捣时坍塌，基坑内如发现有空洞、墓穴等，应当将其填实之后再做垫层。

（5）强挖施工前，应查明场地范围内的地下构筑物和各种地下管线的位置及标高等，并采取必要的措施，以免因强挖施工而造成破坏。

（6）当强挖施工所产生的振动对邻近建筑物或设备产生有害影响时，应采取防振或隔振措施。

（7）强挖施工可按下列步骤进行：①清理并平整施工场地；②标出第一遍挖点位置，并测量场地高程；③起重机就位，使挖锤对准挖点位置；④测量挖前锤顶高程；⑤将挖锤起吊到预定高度，待挖锤脱钩自由下落后，放下吊钩，测量锤顶高程，若发现因坑底倾斜而造成挖锤歪斜，应及时将坑底整平；⑥按设计规定的换填次数及控制标准，完成一个挖点的换填；重复步骤③至⑥，完成第一遍全部挖点的换填；⑦用推土机将挖坑填平，并测量场地高程；⑧按上述步骤逐次完成全部换填遍数，最后用低能量满挖，将场地表层松土挖实，并测量挖后场地高程。

（二）质量检验①

在碎石层的填充过程中，质量检查是随着当前施工的分层情况来进行的，其主要的检验方式和方法有灌入法和环刀法。在施工检验中应当首先针对当前的施工挖掘强度和施工技术参数进行综合分析与应用。换填前应先平整场地，周围做好排水沟，并且针对挖点和放线的中心点进行定位和标出，标出之后进行第一遍的开挖，对其位置进行严格的检查。起重机就位时，挖锤应对准挖点位置。发现由于当前场地的斜交和其他因素出现的场地不平现象应当及时整平。施工前应检查挖锤重和落距，以确保换填能符合要求。在检验中对每层填充前都进行严格的复查，避免填充位置的不准确等影响因素。应按设计要求对煤机的挖沉量和换填次数进行检查，严格核实施工情况，对各项参数要做好记录。为了保证工

① 王俊祥. 建筑工程中换填法地基加固施工技术的应用分析 [J]. 城市建设理论研究，2013 (23)：46-56.

程的质量和效益，在施工过程中一定要使用正确的检验方法，层层地进行质量监测，使偏差控制在允许的范围内。

（三）土垫层施工

在土垫层铺设之前应当首先检验基槽，发现坑内存在任何问题都应当及时处理，并保持基地的干净。灰土施工的前后应当搅拌均匀，控制其中的含水量。一般选择含水量为16%左右的水泥浆进行施工，如果水分过多或者不足，应当及时通过晾干和洒水方式保证施工质量的统一。在现场可以按照经验直接判断，方法是手握灰土成团，两指轻轻捏下就会碎，这时即可判定灰土达到最优含水量。

二、换填加固技术的适用范围和主要作用①

在建筑工程中，当地基持力层的承载力满足不了建筑物的要求，而软弱土层的厚度又不是很大时，可将基础底面以下一定范围的软弱土层部分全部挖去，然后分层换填强度较大的砂（碎石、素土、灰土、高炉干渣、粉煤灰）或其他性能稳定、无侵蚀性的材料，并压（夯、振）实至要求的密实度。这种加固技术应用范围广泛，尤其在住宅楼施工的地基换填及道路路基中应用最多。

（一）换填加固技术的适用范围

砂石（砂砾、砂卵石）换填层主要适用于中小型建筑工程的浜、塘、沟等的局部处理；适用于一般饱和、非饱和的软弱土和水下地基处理；不宜用于地下水位较高，且地下水流速快、流量大的地基处理；不宜用于大面积堆载、密集基础和动力基础的软土地基处理。对于房屋建筑工程，此法适用于3m内的软弱、透水性强的黏性土层处理；加固层厚度一般在0.5～2.5m之间为宜；若超过3m，则费工费料，施工难度也较大，经济费用高；若小于0.5m，则不起作用。

（二）换填加固技术的主要作用

1. 提高基础底面以下地基浅层的承载力

地基中的剪切破坏是从基础底面下边角处开始，随基底压力的增大而逐渐向纵深发展的。因此当基底面以下浅层范围内可能被剪切破坏的软弱土置换为强度较大的垫层材料后，可以提高地基承载能力。

2. 减少沉降量

一般情况，基础下浅层的沉降量在总沉降量中所占比例较大。由于土体侧向变形引起的沉降，理论上也是浅层部分占的比例较大。以砂石换填层材料代替软弱土层，可大大减少这部分的沉降量。

3. 加速地基的排水固结

用砂石作为垫层材料，由于其透水层大，在地基受压后便是良好的排水面，可使基础下面的空隙水压力迅速消散，避免地基土的塑性破坏，且可加速垫层下软弱土层的固结及

① 刘奇志，刘未．砂石垫层施工技术在软弱地基基础加固处理中的应用［J］．广东建材，2009（7）：160-163.

其强度的提高。

三、换填加固技术的设计与分析①

（一）设计资料

1. 工程概况

某公路桥头挡土墙为条形基础，基础宽度 b=1.5m，基础埋深 h=1.2m，作用于条形基础底面上的荷载为120kN/m。

2. 工程地质条件

换填加固法适用于浅层软弱地基及不均匀地基的处理。换填加固法被大量应用于各种工程建设中，下面以换填一段挡土墙下软土基础处理加固的例子来详细介绍换填加固法在工程建设中的应用。根据现场地质勘探，该场地有一条暗浜穿过，暗浜深度为2.5m，土质很差，强度很低。条形基础大部分落在暗浜中，地下水位埋深为0.8m。各土层的物理力学性质指标见表2－1。

表2－1　各土层物理力学性质指标

层序	土层名称	层厚（m）	重度（kN/m³）	孔隙比	塑性指数	压缩性指标		承载力（kPa）
						a_{1-2}（1/MPa）	$E_{si,1-2}$（1/MPa）	
1	浜填土	2.5	18.5	—	—	—	—	—
2	粉质黏土	1.7	18.7	0.969	14.5	0.51	3.94	80
3	淤泥黏土	6.3	18	1.142	15.7	1.19	2.12	65
4	淤泥黏土	8.6	17.3	1.37	21.1	1.26	1.92	60
5	粉质黏土	未贯穿	18.7	0.948	14.1	0.44	4.4	90

（二）软土地基加固方案

由于挡土墙基础大部分落在暗浜区域，因此必须对暗浜进行加固。采用砂垫层置换暗浜填土来进行加固，既可满足挡土墙基础对地基承载力的要求，又可达到改善软弱下卧层排水途径的目的。因此，对各种地基加固方案进行技术经济比较分析后，决定采用换填法对该软土地基进行加固处理。

（三）垫层设计与计算

1. 垫层设计

由于软土地基中地下水位较高，因此本例采用具有良好透水性能的砂石作为换填垫层材料。砂石应具有良好的级配，不含植物残体、垃圾等杂质。含泥量（质量比）不超过3%。若用细砂，应掺入30%～50%的碎石，碎石最大粒径不宜大于50mm。为使砂垫层

① 柴加兵，庄宋明．换填垫层法加固地基设计与分析［J］．北方交通，2014（5）：90－92.

自身承载力满足要求（≥120kPa），垫层应通过碾压或振动密实，压实系数应达到 0.94。垫层按分层铺设、分层密实的方式施工，每层虚铺厚度、碾压和振捣遍数、最佳含水量以及振捣密实动能等技术参数应通过试验确定。为保证分层压实质量，应控制机械碾压速度：平正碾为 2km/h；羊足碾 3km/h；振分碾 2km/h；振动压实机为 0.5km/h。

2. 垫层厚度计算

垫层厚度 h_s 应根据垫层底面下地基土的承载力来确定，应满足

$$P_z + P_{cz} \leqslant [\sigma] \tag{2-1}$$

式中，$[\sigma]$ 为垫层底面处经深度修正后的下卧土层地基容许承载力（kPa）；P_{cz} 为垫层底面处的自重压力（kPa）；P_z 为垫层底面处的附加压力（kPa），工程上常按压力扩散角方法计算。

$$P_z = \frac{b(P - P_c)}{(b + 2h_s \tan\theta)}\text{（条形基础）} \tag{2-2}$$

$$P_z = \frac{b(P - P_c)}{(b + 2h_s \tan\theta)(l + 2h_s \tan\theta)}\text{（矩形基础）} \tag{2-3}$$

式中，b 为矩形基础或条形基础底面的宽度（m）；l 为矩形基础底面的长度（m）；P 为基础底面压力（kPa）；P_c 为基础底面处的自重压力（kPa）；h_s 为基础底面下垫层厚度（m）；θ 为垫层的压力扩散角，可查《建筑地基处理技术规范》（JGJ 79—2012）。

对于本例砂垫层厚度采用试算法确定，可先假设一个厚度，然后再根据砂垫层下卧土层的地基承载力，按照公式（2-1）进行验算，若不符合要求，则改变调整厚度，重新计算，直到满足要求为止。

本工程由于暗浜深度为 2.5m，而基础埋深为 1.2m，因此，砂垫层厚度先设定为 h_s = 1.3m，垫层重度取 $\gamma_s = 20\text{kN/m}^3$。具体计算步骤如下：

（1）基础底面的平均压力 P。

$$P = \frac{(F + G)}{A} = \frac{F}{A} + \gamma_G h \tag{2-4}$$

式中，F 为上部结构作用于基础的荷载（kN）；G 为基础和回填土的平均重力（kN）；γ_G 为基础和回填土的平均重度，可取 $\gamma_G = 20\text{kN/m}^3$，地下水位以下部分应扣除浮力。

对于条形基础，取 1 延米进行计算，再将已知数据代入上式，可得

$$P = 120 \times 1/(1.5 \times 1) + 20 \times 0.8 + (20 - 9.8) \times (1.2 - 0.8) = 100.08\text{kPa}$$

（2）基础底面处土的自重压力 P_c。

$$P_c = 18.5 \times 0.8 + (18.5 - 9.8) \times (1.2 - 0.8) = 18.28\text{kPa}$$

（3）垫层底面处土的自重压力 P_{cz}。

$$P_{cz} = 18.5 \times 0.8 + (18.5 - 9.8) \times (1.2 - 0.8) + (20 - 9.8) \times 1.3 = 31.54\text{kPa}$$

（4）计算垫层底面处的附加应力 P_z。按式（2-2）计算，垫层的压力扩散角 θ 根据 $h_s/b = 1.3/1.5 = 0.876 > 0.5$，查规范（JGJ 79—2012）得 $\theta = 30°$。于是，有

$$P_z = 1.5 \times (100.08 - 18.28)/1.5 + 2 \times 1.3 \times \tan30°] = 40.9\text{kPa}$$

（5）砂垫层下地基容许承载力 $[\sigma]$。由物理力学性质指标表可得砂垫层底面处褐色粉质黏土的地基容许承载力 $[\sigma_0]$ = 80kPa，由于基础边宽＜2.0m，基础埋深＜3.0m，根据《公路桥涵地基与基础设计规范》，砂垫层地基容许承载力 $[\sigma]$ 不需修正，可取

$$[\sigma]=[\sigma_0]=80\text{kPa}$$

(6) 砂垫层下地基承载力验算。按式(2-1)验算，即有

$$P_z+P_{cz}=40.90+31.54=72.44\text{kPa}<[\sigma]=80\text{kPa}$$

满足设计要求，故砂垫层厚度确定为1.3m。

3. 垫层宽度计算

垫层的宽度按压力扩散角的方法进行确定，要求

$$b'\geqslant b+2h_s\tan\theta=1.5+2\times1.3\times\tan30^\circ=3.0\text{m}$$

取垫层宽度为3.0m。

4. 沉降量计算

换填垫层后的建筑物地基沉降由垫层自身的变形量和下卧土层的变形量两部分构成，即

$$S=S_1+S_2$$

式中，S 为基础沉降量(cm)；S_1 为垫层自身变形量(cm)；S_2 为压缩层厚度范围内，自垫层底面算起的各层土压缩变形量之和(cm)。

S_1 可按下式进行计算

$$S_1=\frac{(P+\beta P)}{2h_sE_s}$$

式中，E_s 为垫层压缩模量；β 为压力扩散系数，可由下式确定

$$\beta=\frac{b}{b+2h_s\tan\theta}\text{(条形基础)}\tag{2-5}$$

$$\beta=\frac{bl}{(b+2h_s\tan\theta)(1+2h_s\tan\theta)}\text{(矩形基础)}\tag{2-6}$$

对于本例的条形基础，有

$$\beta=1.5/(1.5+2\times1.3\times\tan30^\circ)=0.5$$

砂垫层压缩模量宜通过静荷载试验确定，当无试验资料时，可在15～25MPa范围内取用，此处取 $E_s=20\text{MPa}$。于是，砂垫层自身的变形量 S_1 为

$$S_1=(100.1+0.5\times100.08)/2\times1.3\times1\,000/(20\times1\,000)=4.88\text{mm}$$

S_2 可按分层总和法计算，即

$$S_2=\psi P_zb\sum_{i=1}^{n}\frac{(\delta_i-\delta_{i-1})}{E_{si,1-2}}\tag{2-7}$$

式中，ψ 为沉降计算经验系数；δ_i、δ_{i-1} 为垫层底面的计算点分别至第 i 层土和第 $i-1$ 层土底面的沉降系数；$E_{si,1-2}$ 为垫层底面下第 i 层土在100～200kPa压力作用时的压缩模量(kPa)。

沉降变形量计算至第4层淤泥质黏土底部，具体计算结果见表2-2。

所以，总沉降量为

$$S=S_1+S_2=4.88+105.43=110.31\text{mm}$$

表 2-2

层序	计算深度 z（m）	$2z/b'$	δ_i	δ_{i-1}	$Z_{si,1-2}$（MPa）	ψ	Δs_i（mm）	$\sum\Delta s_i$（mm）
1	1.7	1.13	0.521	0.521	3.94	1.1	17.82	17.82
2	5	3.33	1.102	0.581	2.12	1.1	36.98	54.8
3	8	5.33	1.388	0.286	2.12	1.1	18.09	72.89
4	11	7.33	1.589	0.201	1.92	1.1	14.17	87.06
5	14	9.33	1.743	0.154	1.92	1.1	10.8	97.86
6	16.6	11.07	1.85	0.107	1.92	1.1	7.56	105.43

5. 软弱下卧层承载力计算

《公路桥涵地基与基础设计规范》规定，持力层以下有软弱下卧层时，应验算软弱下卧层的承载力。验算要求软弱下卧层顶面 A 的总应力不得大于该处地基土的容许承载力，即

$$\sigma_{h}+z=\gamma_1(h+z)+a(\sigma-\gamma 2h)\leqslant[f_a] \tag{2-8}$$

式中，γ_1 为相应于深度（$h+z$）处以内土的换算重度（kN/m^3）；γ_2 为深度 h 范围内土层的换算重度（kN/m^3）；h 为基础埋深；z 为从基底到软弱土层顶面的距离（m）；σ 为由计算荷载产生的基底压力（kPa）；a 为基底中心下土中附加应力系数，可按土力学教材或规范提供系数查表获得；$[f_a]$ 为软弱下卧层顶面处的容许承载力（kPa）。

本例砂垫层下地基土中第 3 和第 4 层土的承载力均小于第 2 层土，应对其进行承载力验算。

淤泥质黏土（第 3 层）承载力验算。对于淤泥质黏土，$h=1.2$m，$z=3$m，相应于深度（$h+z$）以内土的换算重度 γ_1 为

$$\gamma_1=18.5\times0.8+(18.5-9.8)\times0.4+(20-9.8)\times1.3+(18.7-9.8)\times1.7/(0.8+0.4+1.3+1.7)=11.1kN/m^3$$

深度 h 范围内土的换算重度 γ_2 为

$$\gamma_2=[18.5\times0.8+(18.5-9.8)\times0.4]/(0.8+0.4)=15.23kN/m^3$$

由条形基础长宽比 $l/b\geqslant10$ 及深宽比 $z/b=3/1.5=2$，查《公路桥涵地基与基础设计规范》知道 $a=0.304$

$$f_a=11.1\times(1.2+3)+0.304\times(100.08-15.23\times1.2)=71.49kPa$$

而

$$[f_a]=65+11.1\times(1.2+3-3)=78.33>71.49kPa$$

由上述计算可以知道，第 3 层软弱土满足承载力要求。根据上述同样的计算可以得知第 4 层软弱土满足承载力要求。

在采用换填垫层法时，对换填法的适用范围应有明确的认识。超出换填范围时，应采取其他有效的方式进行地基加固；而对于重要建筑物采用换填垫层法时，应注意地基变形量的计算及软弱下卧层承载力的计算。

(四) 换填加固技术的设计要点

1. 厚度的确定

砂石换填层厚度 Z 应根据需要置换软弱土的深度或下卧土层的承载力确定（垫层内应力分布见图 2-1），并应符合下式要求：

$$P_z + P_{cz} \leqslant f_{az} \tag{2-9}$$

式中，P_z 为相应于荷载效应标准组合时，垫层底面处的附加压力设计值（kPa）；P_{cz} 为垫层底面处土自重压力值（kPa）；f_{az} 为经深度修正后垫层底面处的地基承载力特征值（kPa）。

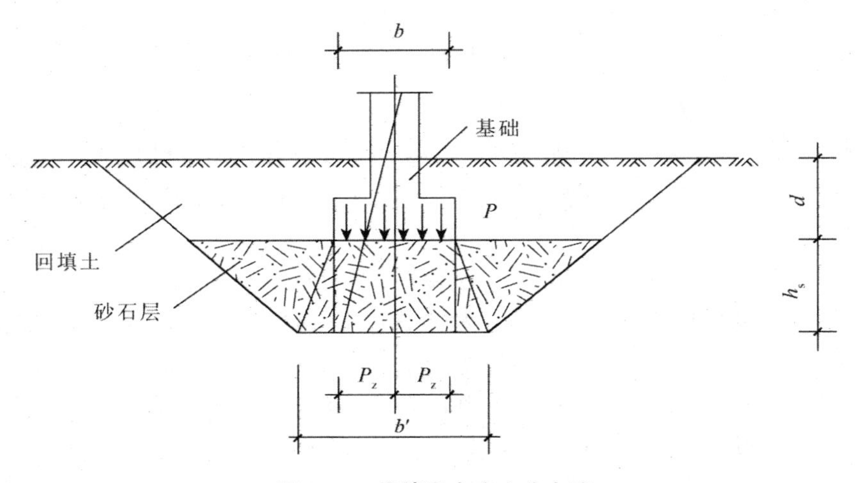

图 2-1 换填层内应力分布图

P_z 可根据基础不同形式按扩散角原理简化计算，可按公式（2-5）（2-6）计算。

2. 换填层宽度的确定

换填层的宽度应满足基础底面应力扩散角的要求，可按公式 $b'=b+2h_s\tan\theta$ 确定，其中 θ 为压力扩散角，b 为条形基础或矩形基础底面的宽度，b' 为换填底宽，h_s 为换填层厚度。底面宽度确定后，再根据开挖基坑要求的坡度延伸至底面，即得到换填层的设计断面，并应满足加固层顶面每边超出基础底面不宜小于 300mm，或从加固层底面两侧向上按当地经验要求放坡。

大面积整片砂石换填层底面宽度，常按自然倾斜角控制适当加宽（见图 2-2）。

3. 砂石层沉降量验算

建筑物基础沉降量等于加固层自身的变形量和软弱下卧层的变形量，总和为 S

$$S = S_c + S_p, \quad S_c = \frac{(P + aP)h_z}{2E_1}, \quad S_p = \psi P_z b \sum_{i=1}^{n} \frac{\delta_i - \delta_{i-1}}{E_{si}} \tag{2-10}$$

式中，S_c 为加固层自身变形量；S_p 为压缩层厚度范围内各土层压缩变形之和；a 为基底压力扩散系数；δ_i 为第 i 层土的平均压力系数与基础底到第 i 层底距离的乘积；ψ 为沉降计算经验系数；E_1 为垫层压缩模量；E_{si} 为软弱下卧层的压缩模量。

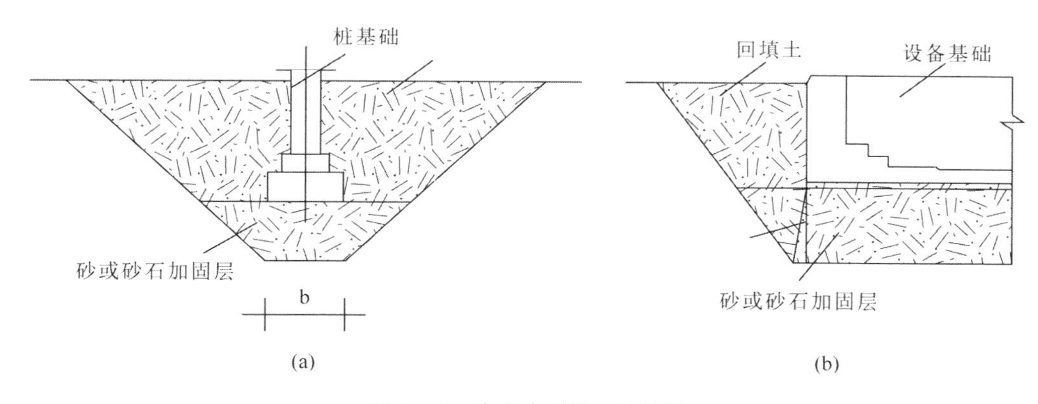

图 2-2　砂或砂石垫层示意图

（a）柱基础垫层；（b）设备基础垫层

四、换填加固技术的施工与检测[①]

（一）材料要求

在施工中一般采用级配良好的、质地坚硬的石屑、中砂、粗砂、跞砂、圆砂、角砾、卵石、碎石等材料，其颗粒的不均匀系数≥5，不含植物残体、垃圾等杂质、且含泥量不超过5%。为了保证基底土质具有良好渗透性，不宜使用含有淤泥杂质的土和砂，通常采用10～40%的普通碎石。施工时，为防止含尘过多，可事先冲洗干净后再与粗砂混合搅拌均匀使用。

砂石加固层是以置换有可能被剪切破坏的软弱地基土质，从而提高地基承载能力，所以它的构造要有一定的厚度，同时还应有足够的宽度，以防止向加固垫层两侧挤出。

（二）施工要点

（1）砂石均需机械拌和均匀后方可分层夯填。

（2）施工前要统一放置标高及清除基层的杂草浮土，同时应严禁搅动下卧层及周边土层。

（3）为防止下雨造成边坡塌方，施工作业前应在基坑内及四周采取排水措施，从而确保边坡稳定。

（4）如基底尚存在较小厚度淤泥质土，为防止夯实或碾压时冒出泥浆或脱层，可在施工前往该处抛石挤密，或将基层压入置换再作底层。

（5）应分层分级夯铺，每层铺设厚度应小于300mm，如采用大型碾压机械，其铺设厚度可控制在500mm以内。

（三）施工检测

砂石换填加固层的施工质量检验必须分层进行，即每夯压完一层，检验该层的平均压实系数。检验方法常用的有环刀法、贯入法、灌砂法、灌水法、静力试验等。当其干密度

① 刘奇志，刘未．砂石垫层施工技术在软弱地基基础加固处理中的应用［J］．广东建材，2009（7）：160-163.

或压实系数符合设计要求后，才能铺填上一层。

加固层施工完毕后，除检验施工质量外，还须对地基强度或承载力进行检验，检验方法可选择贯入试验、静（动）力触探、十字板剪切强度和静荷载试验，检验数量，对大基坑每 50～100m^2 不应少于 1 个检验点或每 100m^2 不少与 2 点；对基槽每 10～20m 不应少于 1 个点；每单位工程不应少于 3 点；每一独立基础下至少应有 1 点。

五、换填加固技术应用实例

湖南邵东某 5 层砖混结构住宅楼，设计等级为丙级，采用墙下钢筋混凝土条形基础，作用与基础顶面荷载为 $F_K=200$kPa，基础埋深 1.3m，地基形式为 32m×12m 矩形。土层分布情况是：第 1 层为黏性素填土，厚 1.3m，$\gamma=18$kN/m^3；第 2 层为淤泥质土，厚 10m，$\gamma=17$kN/m^3，$f_{ak}=80$kPa；第 3 层为粉土，厚 6m，$\gamma=19$kN/m^3，$f_{ak}=180$kPa。r_G 取 20kN/m^3，本例采取换填砂石法使地基承载力达到设计要求（设砂石层 $f_{ak}=150$kPa）。

1. 确定基础宽度

利用公式 $b=\dfrac{F_k}{f_a-r_G\cdot d}$ 计算基础宽度。

其中：

$$f_a=f_{ak}+\eta_d\cdot r_m(d-0.5)=150+18\times(1.3-0.5)=164.4$$

基础宽度：

$$b=\frac{200}{164.4-20\times 1.3}=\frac{200}{138.4}=1.445\approx 1.45(\text{m})$$

2. 计算垫层底面宽度 b'

设砂石层厚度为 1.0m，$h_s/b=0.69>0.50$，查表得 $\theta=30°$，$\tan\theta=0.58$，则

$$b'=b+2h_s\tan\theta=1.45+2\times 1.0\times 0.58=2.61(\text{m})$$

3. 验算能否满足 $P_z+P_{cz}\leqslant f_{az}$

基底处土的自重压力

$$P_c=18\times 1.3=23.4(\text{kPa})$$

所以，层底面处的附加压力

$$P_k=\frac{200+1.45\times 1.3\times 20}{1.45}=164(\text{kPa})$$

于是

$$P_z=\frac{b(p_k-p_c)}{b+2h_s\tan\theta}=\frac{1.45\times(164-23.40)}{2.61}=78.1(\text{kPa})$$

又

$$P_{cz}=18\times 1.3+17\times 1.0=40.4(\text{kPa})$$

而

$$f_{az}=80+\frac{18\times 1.3+17\times 1.0}{2.3}\times(2.3-0.5)=80+31.6=111.6(\text{kPa})$$

$$P_z+P_{cz}=78.1+40.4=118.5\text{kPa}>f_{az}=111.6(\text{kPa})$$

故加固层厚度为 1.0m，不能满足下卧层承载力要求。这样就需要重新假设加固层厚度，再重复以上 2、3 步计算，直到满足下卧层承载力要求，据此便算得最小层厚度为 1.20m，对应的层宽度 $b'=2.85$m。为便于施工，我们取基础宽度 $b=1.5$m，层宽度 $b'=3.0$m，层厚度 $h_s=1.20$m。

4. 变形计算

加固层的几何尺寸确定后，根据《建筑地基基础设计规范》(GB 50007—2011) 要求，该住宅楼地基应作变形（沉降）计算。由于本加固层换填材料—砂石为粗粒换填材料，所以在地基变形计算中，可忽略加固层自身部分的变形值，该住宅荷载作用下地基变形即为压缩层厚度范围内各土层压缩变形之和。于是可采用如下公式计算地基变形量

$$S=\psi P_z b\sum_{i=1}^{n}\frac{(\delta_i-\delta_{i-1})}{E_{si,1-2}} \tag{2-11}$$

式中，S 为地基变形量；δ_i 为第 i 层土的平均压力系数与基础底到第 i 层底距离的乘积；ψ 为沉降计算经验系数；b 为基础宽度；E_{si} 为软弱下卧层的压缩模量。

该住宅为砌体结构，其地基变形特征为基础的局部倾斜，变形允许值：局部倾斜＝0.002；根据该工程具体荷载情况选取 1、2、3、4、5、1′、2′、3′、4′、5′十个点作为沉降计算点（见图 2-3）。

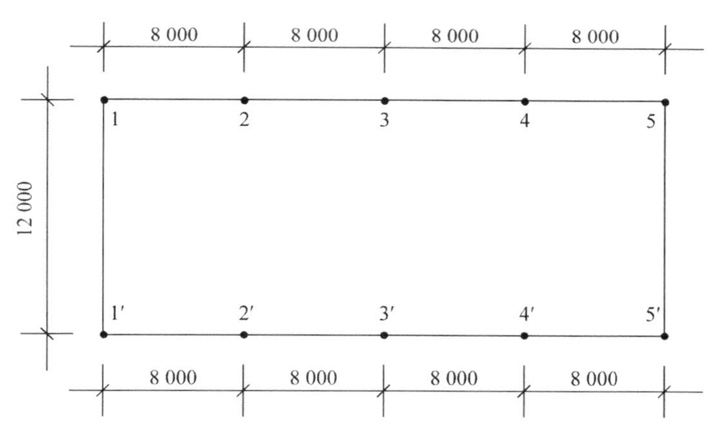

图 2-3　基础沉降点布置示意图

把算出的计算点地基沉降值、相邻两计算点地基沉降差、局部倾斜等数据填入表 2-3。

表 2-3　各基础沉降点计算取值

沉降计算点	对应于荷载效应准永久组合时基底附加压力 (kPa)	计算点地基沉降值 (mm)	相邻两计算点地基沉降差 (mm)	局部倾斜	局部倾斜最大值
1	$P_1=130$	$S_1=21.9$			
2	$P_2=175$	$S_2=29.4$	$S_2-S_1=7.5$	0.000 9	
3	$P_3=183$	$S_3=30.8$	$S_3-S_2=1.4$	0.000 2	

续表

沉降计算点	对应于荷载效应准永久组合时基底附加压力（kPa）	计算点地基沉降值（mm）	相邻两计算点地基沉降差（mm）	局部倾斜	局部倾斜最大值
4	$P_4=175$	$S_4=29.4$	$S_3-S_4=1.4$	0.000 2	
5	$P_5=130$	$S_5=21.9$	$S_4-S_5=7.6$	0.000 9	
1′	$P_{1'}=140$	$S_{1'}=23.6$			0.000 9
2′	$P_{2'}=180$	$S_{2'}=20.3$	$S_{2'}-S_{1'}=6.7$	0.000 8	
3′	$P_{3'}=192$	$S_{3'}=32.3$	$S_{3'}-S_{2'}=2.0$	0.000 3	
4′	$P_{4'}=180$	$S_{4'}=30.3$	$S_{3'}-S_{4'}=2.0$	0.000 3	
5′	$P_{5'}=140$	$S_{5'}=23.6$	$S_{4'}-S_{5'}=6.7$	0.000 8	

从计算结果可知：该住宅的局部倾斜最大值为 0.000 9，小于局部倾斜允许值 0.002，即地基基础设计满足地基变形要求。

（5）地基基础设计完成后，选用中砂掺和粒径为 20～40mm 的普通碎石 45%作为加固层铺设材料，施工前认真检查砂、石等材料质量及砂石拌和均匀程度；施工时加固层铺设材料的含水率严格控制在 10%～12%，加固层分层铺设，每层铺设厚度为 200mm，施工过程中及时检查并严格控制分层厚度、压实遍数、压实系数；采用重 200kg 的蛙式夯进行夯实，每层夯压 5 遍。该工程砂石加固层每层施工完毕后，对施工质量进行了检验，检验结果是压实系数均达到设计要求，整个砂石层施工完毕后，经载荷试验检验，地基承载力达到 210kPa，满足设计要求，且在该住宅正常使用两年后进行沉降实测，其局部倾斜为 0.000 5 低于设计的局部倾斜最大值 0.000 9，显然满足规范规定的地基变形要求。实践证明：砂石换填加固层在该工程软弱地基加固处理中取得了很好的效果。

换填加固法进行软土地基处理，应根据建筑物体型、结构特点、荷载性质和地质条件等综合分析，严格按国家有关规定进行换填材料选择、换填层设计（包括承载力和变形控制）及精心施工，这样才能使地基承载力得到较大的提高，使砂石换填加固层充分发挥它在工程软弱地基处理中的作用。

第二节　强夯加固技术

强夯法又叫动力固结法，是法国 Menard 技术公司于 1969 年首创的一种地基加固方法，它一般通过 8～30t 的重锤（最重可达 200t）提升至空中，以 8～20m（最高可达 40m）的落距自由下落，对地基土施加巨大冲击能，一般能量为 500～8 000kN·m。在地基土中所产生的冲击波和动应力，可提高地基土的强度、降低土的压缩性、改善砂土的抗液化条件、消除湿陷性黄土的湿陷性等。强夯法适用于碎石土、砂土，经多年的发展，已适用于低饱和度的粉土与黏性土、湿陷性黄土、杂填土、素填土等地基。对于饱和度较高的黏土通过辅以置换等措施也可取得一定的加固效果。

一、强夯法加固原理[①]

（一）强夯冲击引起的波动

强夯法处理地基是利用起重设备将夯锤（一般为8～25t）提升到很大的高度（一般为10～40m），然后使夯锤自由下落，以很大的冲击能量（2 000～8 000kN·m）作用在地基上，在土中产生极大的冲击波，以克服土颗粒间的各种阻力，使地基压密，从而提高强度，减少沉降，消除湿陷性、膨胀性，提高抗液化能力。因此冲击波（能量）在土中的传播过程是这种地基处理方法的基础。

1. 弹性半空间中的波体系

由冲击引起的振动，在土中是以振动波的形式向地下传播的。这种振动波可分为体波和面波两大类。体波包括压缩波和剪切波，可在土体内部传播；面波包括瑞利波、乐甫波等，只能在地表土层中传播。

如果将地基视为弹性半空间体，则夯锤自由下落过程就是势能转化为动能的过程，即随着夯锤下落势能越来越小，动能越来越大，在落到地面的瞬间，势能的极大部分都转换成动能。夯锤夯击地面时，这部分动能除一部分以声波形式向四周传播，一部分由于夯锤和土体摩擦而变成热能外，其余的大部分冲击动能则使土体产生自由振动，并以压缩波（亦称纵波、*P*波）、剪切波（横波、*S*波）和瑞利波（表面波、*R*波）的波体系联合在地基内传播，在地基中产生一个波场。

根据波的传播特性可知，瑞利波携带了约2/3的能量，以夯坑为中心沿地表向四周传播，使周围物体产生振动，但对地基压密没有效果；而余下的能量则由剪切波和压缩波携带向地下传播，当这部分能量释放在需要加固的土层时，土体就得到压密加固。也就是说，压缩波大部分通过液相运动，逐渐使孔隙水压力增加，使土体骨架解体，而随后到达的剪切波使解体的土颗粒处于更密实的状态，如图2-4所示。

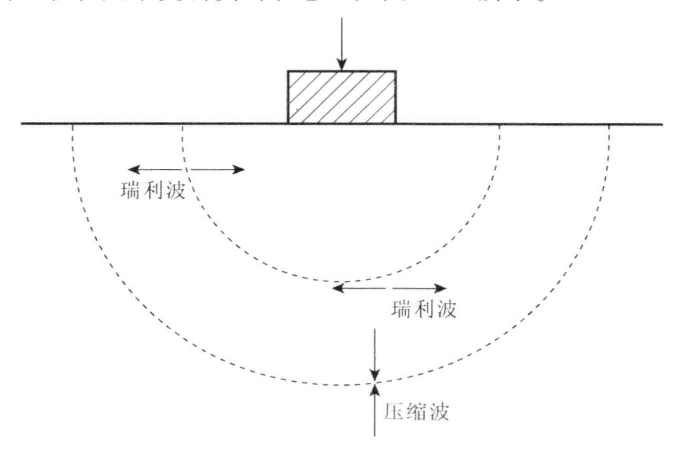

图2-4　强夯夯击在地基土中产生的波

① 米胜国．强夯法加固机理及在工程中的应用［D］．天津：天津大学，2010．

2. 波的传播

用强夯法加固的地基土通常是由数层性质不同的土层组成的，土层中的孔隙又为空气、水或其他液体所填充。地下水的存在更使地基土具有成层性。当波在成层地基的一个弹性介质中传播而遇到另一个弹性介质的分界面时，入射波能量的一部分将反射回到另一个弹性介质，另一部分能量则传递到第二个介质。当反射波回到地表面又被重锤挡住再次被反射进土体，遇到分层面时又一次反射回地面。因此在一个很短的时间内，波被多次上下反射，这就意味着夯击能的损失。因此在相同夯击能的情况下，单一均质土层的加固效果要比多层非均质土的加固效果好。另外，多次反射波会使地面某一深度内已被夯实的土层重新破坏而变松。这就是强夯过程中地表会有一层土反而变松的原因。另外地基土实际上是一种黏弹塑性体，在重锤夯击下，地面发生大量瞬时沉降，其中包括塑性变形和弹性变形。塑性变形是一种永久变形，不可恢复；而弹性变形冲击能量消散或重锤提起后即迅速恢复，使地面发生回弹。如此反复不断的夯实—回弹也会使地表形成一层松动层。

（二）强夯法加固非饱和土的机理

采用强夯法加固多孔隙、粗颗粒、非饱和土是基于动力压密的概念，即用冲击型动力荷载使土体中的孔隙体积减小，土体变得密实，从而提高强度。非饱和土的固相是由大小不一的颗粒组成，按其粒径大小可分为砂粒、粉粒和黏粒。砂粒（粒径为0.074～2mm）的形状可能是圆的（河沙），也可能是棱角状的（山砂）；粉粒（粒径为0.005～0.074mm）大部分是由石英和结晶硅酸盐细屑组成，形状也接近球形；非饱和土类中的黏粒（粒径小于0.005mm）含量不大于20%。在土体形成的漫长历史中，由于各种复杂的风化过程，各种土颗粒的表面通常包裹着一层矿物和有机物的多种新化合物或胶体物质的凝胶，使土颗粒形成一定大小的团粒，这种团粒具有相对的水稳定性和一定的强度。而土颗粒周围的孔隙被空气和液体（例如水）所充满，即土体是由固相、液相和气相三部分组成，在压缩波能的作用下，土颗粒互相靠拢，因为气相的压缩性比固相和液相的压缩性大的多，所以气体部分首先被排出，颗粒进行重新排列，由天然的紊乱状态进入稳定状态，孔隙大大减小。这种体积变化和塑性变化使土体在外荷作用下达到新的稳定状态。当然，在波动能量作用下，土颗粒和其间的液体也可能受力而变形，但这些变形相对土颗粒间的移动、孔隙减少来说是较小的。因此，可以认为对非饱和土的夯实变形主要是由于土颗粒的相对位移引起的。也可以说，非饱和土的夯实过程，就是土中的气相（空气）被挤出的过程。

单位体积土中的气体体积可按下式确定：

$$V_a = \left(\frac{e}{G} - \frac{\omega}{\gamma_w}\right)\gamma_d \qquad (2-12)$$

式中，e为孔隙比；G为土粒密度（kg/m^3）；ω为土粒含水量；γ_w为水的重度（kN/m^3）；γ_d为土的干重度（kN/m^3）。

当土体达到最密实时，据测定孔隙体积减少60%，土体接近二相状态，即饱和状态。而这些变化又直接和强夯参数，如单击能量、夯击次数、夯点间距等密切相关。

（三）强夯法加固饱和土的机理

强夯法能加固深层饱和软黏土，这是强夯法和重锤夯实法的根本区别。工程实践表明，用重锤夯实法夯击饱和软土只会产生无体积改变的塑性变形，形成“橡皮土”，所以要控制黏土的含水量接近于最优含水量，才能夯实。而强夯法，目前除了厚层的淤泥质黏土和淤泥以外，对大多数饱和土的强夯效果还是较好的，不严格受土层含水量的限制。对强夯法加固饱和软黏土原理的研究目前还很粗浅，有些理论尚建立在假设的基础上，还没有被试验和观察所证明，有待进一步深入研究。

理论上的饱和土可以被认为其土颗粒的周围为液体（例如水）所充填，但不能看成是土颗粒和水的机械混合体。饱和土的性质取决于固相和液相的特性、它们的含量以及相互作用的结果。

1. 土颗粒

组成细粒饱和土的黏土矿物大体上可分为三大组，即高岭土组、伊利土组和蒙脱土组。这三种矿物在化学结构上都是由基本的结晶单元构成的，即 Si－O 四面体与 Al－OH 八面体结晶。这些结晶叠在一起形成土颗粒晶格。土中的矿物成分对土的物理力学性质影响很大，如盐类可使土粒的胶结增强，压缩性减小；有机质又会使土的力学性质变坏，压缩性增加。

2. 土中水

土中水可以有不同的存在形态，如固态的冰，气态的水蒸气，液态的水，还有矿物颗粒晶格中的结晶水。饱和土中的液态水有机地参加到土的结构中，对土的性能影响很大，它是决定土的物理和力学性质的基本因素。而且土的性质不仅取决于土的绝对含水量，还和水的形态和结构有着密切的关系。而水的性质又随着它与土颗粒表面的距离不同而急剧发生变化。

土中的水按其结构形态可以分为三大类型。

（1）结合水。结合水是借土粒的电分子引力吸附在土粒表面上的水，它对土的工程性质影响极大。结合水可分成强结合水与弱结合水两种。

强结合水（吸附水）：土颗粒表面 Si－O 四面体能与相邻的水分子直接生成偏硅酸（H_2SiO_3），并能在水中再分解成 SiO_3^{2-} 和 H^+，因此具有很强的吸附活性。产生这层强结合水的主要原因是水分子引力场和氢键联结。研究表明，这些水分子呈四面体形式，氧原子位于中心，氢原子成双分布在角顶上。由于氢键联结的存在，相邻水分子彼此吸引，便有力地将颗粒联结在一起。这层水膜的厚度仅几个水分子直径，因此强结合水具有高黏滞度和高抗剪强度，在一般土压力作用下不能移动，仅在高压力或 105℃ 温度下将土烘干时才能排除。

弱结合水（扩散层水）：在强结合水的外层尚有厚度为几个水分子直径的一层薄膜水，它与土颗粒表面的联结较弱，但应定向排列，故具有较高的黏滞度和一定的抗剪强度。在较大的压力作用下弱结合水可以积压变形或在相邻土粒的水膜厚度不一致时由厚的地方向薄的地方转移，但这种变形所需的时间较长。在温度、压力的作用下，弱结合水联结强度会减小，但随着外力的消散、时间的增长，这种松散的联结又能恢复，所以具有触变性。

（2）毛细水。毛细水基本上处于土粒的电分子引力场以外，位于颗粒间孔隙的边角部位和填充于管状的孔隙中。毛细水大致可分成三种状态：毛细管状水、悬挂毛细水和毛细角边水。毛细水对土的工程性质的形成具有十分重大的意义，它能产生下述几种现象。

①产生毛细水压：由于水的表面张力，沿毛细管弯液面的切线方向，对土粒（即毛细管壁）产生一个内向的、使土颗粒相互挤紧的力，这个力称为毛细管水压力。其大小可按下式确定

$$P=\frac{2\sigma\cos\phi}{\gamma_k} \tag{2-13}$$

式中，P 为毛细管水压力（kPa）；σ 为液体表面张力系数；ϕ 为液体浸湿毛细管壁的角度（°）；γ_k 为毛细管直径（mm）。

②产生毛细水流：其速度取决于土的粒度、结构以及距水源的距离，一般为 $(3.5\sim8.2)\times10^{-3}$ cm/s。

③产生毛细水渗透压力和渗透运动：这是由于水中溶盐溶液的浓度不同所产生的，在极细小的孔隙中，此时的渗透压力可达 300～5 000kPa，在大孔隙中则可忽略。

（3）自由水：在饱和土中，自由水完全充满于各种大孔隙中，其运动受重力控制，如图 2－5 所示。自由水对水的作用是对土粒产生静水压力（或浮托力）。在静水压力作用下，土的结构体系中产生孔隙水压力 u，其值可由下式计算

$$u=G(h+H) \tag{2-14}$$

式中，G 为水的密度；H 为土面上水的高度；h 为 ab 线上饱和水层的厚度。

当饱和软黏土由于强夯荷载而产生压密实，孔隙中的水将传递部分外力，从而产生超孔隙水压力，其值在压缩固结过程中将不断变化。

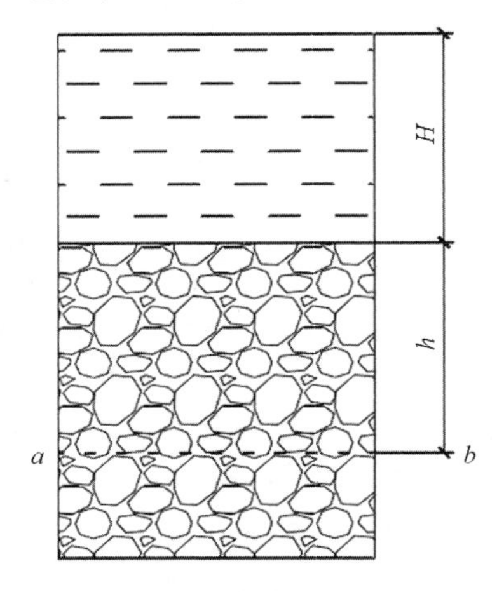

图 2－5　土体中产生孔隙水压力示意图

3. 饱和土中的气体

按理，饱和土应是仅有水和土颗粒的两相物质，但深入研究发现，由于毛细水的影响，在土颗粒的某些部位能形成密闭气体，由于密闭气体的存在大大降低了饱和土体的渗透性，使自由水的移动受到很大的阻力。另外在土的液相（水）中常存在一些溶解气体，如二氧化碳、氧气、甲烷、沼气等气体溶解在水中，其溶解度取决于温度、压力以及气体的物理化学特性等。当温度、压力增高时，它们可以从水中释放出来，形成小气泡，具有相当大比表面积和活性，能集结成大气泡从地表溢出。例如，当土的温度由 10℃上升到 20℃时，1L 孔隙水中能释放出的气体体积如表 2－4 所示。当饱和土中的气体总体积不断增加时，将导致土中形成裂隙。

表 2－4　1L 孔隙水释放的气体体积

气体	气体含量/cm²		当温度从 10℃上升到 20℃时的气体含量差/cm²
	t=10℃	t=20℃	
空气	22	18.7	3.3
氧气	47	36.8	10.2
二氧化碳	117	85.0	22.0

4. 饱和土加固机理

饱和土是二相土，由固体颗粒及液体（通常为水）组成。传统的饱和土固结理论为Terzaghi基固结理论。这一理论假设水和土粒本身是不可压缩的，当压力为100～600kPa时，土颗粒体积变化不足土体体积变化的1/400，故忽略土粒与水的压缩，认为固结就是孔隙体积减小及孔隙水排除。饱和土在冲击荷载作用下，水不能及时排除，故土体体积不变而只发生侧向变形，因此夯击时饱和土造成侧面隆起，重夯时形成“橡皮土”。与Terzaghi基固结理论不同，Menard根据强夯的实践认为，饱和二相土实际并非二相土，二相土的液体中存在一些封闭气泡，约占土体总体积的1%～3%。夯击时，这部分气体可压缩，因此土体积也可压缩。气体体积缩小的压力就符合波义尔—马特略定律，这一压力增量与孔隙水压力增量一致，因此冲击使土结构破坏，土体积减小，液体中气泡被压缩，孔隙水压力增加。孔隙水渗流排除，水压减小，气泡膨胀，土体可以二次夯击压缩。夯击使土结构破坏，孔压增加，这时土产生液化和触变，孔压消散，土触变恢复，强度增长。若一遍压密过小，则土结构破坏丧失的强度大，触变恢复增加的强度小，夯后的承载力反而减小；但若二遍夯击，土进一步压密，则触变恢复增长的强度大，一次增加遍数可以获得预想的加固效果，这就是强夯法加固饱和土的宏观机理。

梅纳（Menard）动力固结模型主要有以下特点。

(1) 有摩擦的活塞：夯击土被压缩后含有空气的孔隙水具有滞后现象，气相体积不能立即膨胀，也就是夯坑较深的压密土被外围土约束而不能膨胀，这一特征用有摩擦的活塞表示。而重夯时压密土很浅，侧向不能约束加固土，土发生侧向膨胀，气相立即恢复，不能形成孔压，土不能压密。

(2) 液体可压缩：由于土体中有机物的分解及土毛细管弯曲影响，土中总有微小气泡，其体积约为土体总体积的1%～3%，这是强夯时土体产生瞬间压密变形的条件。

(3) 不定比弹簧：夯击时的土体结构被破坏，土粒周围的弱结合水由于振动和温度影响，定向排列被打乱及束缚作用降低，弱结合水变为自由水，随孔隙水压力降低，结构恢复，强度增加，因此弹簧刚度是可变的。

(4) 变孔径排水活塞：夯击能以波的形式传播，同时夯锤下土体压缩，产生对外围土的挤压作用，使土中应力场重新分布，土中某点拉应力大于土的抗剪强度时，出现裂缝，形成树枝状排水网络，孔隙水排除。强夯时夯坑及邻近夯坑的涌水冒砂现象可表明这一现象，这就是变孔径排水的理论基础。

二、强夯法的加固深度

（一）强夯的影响深度

使用强夯法的目的主要是改良地基。对于不同的土质，有不同的改善目的：对湿陷性黄土地基，主要是用强夯法破坏黄土的大孔结构，将土体压密，消除土体的湿陷性；对饱和砂土地基，主要是改善土体的相对密度，提高土体的抗液化能力；对一般的软弱黏土地基，主要是提高土的强度，减少变形。有效加固深度也称有效影响深度，有效加固深度的标准由于不同地基、不同加固目的而有所不同。对于以抗震液化为主要目的的粉细砂地基，可以取经强夯后不再发生地震液化土层的最大深度；对于以消除湿陷性为目的的湿陷性黄土地基有效加固深度指的是消除黄土湿陷性的深度；对于其他以减小地基沉降为目的的地基，按建筑地基规范关于压缩层厚度的规定，取每米厚土层压缩量占强夯时地面平均沉降的2.5%之土层深度。总而言之，有效加固深度是指不完全满足工程要求的地基经过加固后达到设计要求的深度，具体的控制指标及临界值应结合工程要求和土质条件来确定。

“强夯的有效加固深度”既是反映地基处理效果的重要参数，也是选择地基处理方案的重要依据。所以强夯的有效加固深度不仅是上部结构基础设计的主要依据，而且对强夯夯击能量的确定、夯点布置、加固的均匀性等参数起着决定作用。

现行的规范《建筑地基处理技术规范》（JGJ 79—2012）虽然采用有效加固深度的用语，但没有给出明确的定义界限。国内外的文献资料在对强夯法的处理深度有各种各样的称呼如“加固深度”“影响深度”“处理深度”等。

（二）影响加固深度的因素

1. 强夯机具的工作效率

目前夯锤的提升和降落有两种方式：一种是夯锤与一根钢丝绳连接，这时强夯装置的工作效率大约有80%的能量用于地基加固；另一种方式是采用自动脱钩装置，使夯锤自由下落。对比这两种方式，可以发现，尽管自动脱钩装置使夯锤自由下落的方式可以减少能量损失，但是完成强夯所需要的时间可能要增加5～10倍，造成施工工期的延长。目前，大吨位的起重机已经广泛地使用于工程建设，所以可以适当的提高夯击能，弥补因采用单绳提升而造成的能量损失，而且该方式可以明显地提高工作效率，并提高施工的安全性。

2. 强夯施加的夯击能

强夯法利用冲击型动力荷载，使土体中的孔隙体积减小，土体变得密实，从而提高地基土的强度。对非饱和土的夯实过程，就是土中的气相（空气）被挤出的过程。此外，夯锤夯击土层时，巨大的冲击能量在土中产生很大的应力波，应力波的振动破坏了土体原有的结构，使土体局部发生液化并产生许多裂隙，增加了排水通道，使孔隙水顺利排出。同时夯锤夯击产生震动波，震动波向各个方向传播，它是以振动能量体现的。能量越大，传播的距离越大，强夯加固的范围就越大。

施加的总夯击能对强夯的有效加固深度具有明显的影响。对于砂土地基，土体渗透性好，只需夯击2～4次就可以达到预定深度；对于黏性土地基，土体的渗透性小，强夯时孔隙水压力消散慢，因此应分遍夯击，并且时间间隔以孔隙水压力完全消散为依据。特殊情况下应该设置排水通道。从夯击次数上讲，合理的夯击次数应介于7～15击之间。所以应针对不同地基土类型施加不同的夯击能。

3. 夯锤的形状

由于不同的土质、不同的地层结构，均采用相同的锤形，是很难取得同样的理想效果的。大多数的夯锤是平底，其夯底静压力值在25～40kPa之间。如果夯锤的静压力在该范围内，说明夯锤的取值是合适的；如果夯锤的静压力小于该范围，那么夯击能仅仅加固地基土表层形成一个硬壳层，从而阻碍了深部土体的密实；与之相反，夯锤的静压力过大，将造成夯锤深深陷入地基，使提锤困难。

4. 夯锤的底面积

从大量工程实践来看，强夯夯锤底面积的大小，一是与起重机本身的能力有关，底面积过大，受设备拨杆起吊角度的限制；二是与待加固地基土体类型有关。从动量定理或能量守恒原理角度研究强夯的加固范围，就考虑了夯锤底面积的影响。事实上，夯锤底面积的大小直接决定了夯锤落地时的动压力，从而决定了强夯的加固深度，夯锤底面积大小影响强夯震动的波动能量，也就影响了其加固范围。

5. 夯点布置

夯点布置是否合理、是否有针对性，对于夯实效果有直接影响。夯点布置的方式有多种，夯点布置的选择与夯击能、夯击遍数、地层的性质与结构等紧密相关。在大多数条件下，为了施工方便，夯点一般布置成为三角形或正方形。夯点间距为1.5～2.5倍的夯锤直径。

6. 土体的工程特性

强夯法可以加固砂土、黏性土、湿陷性黄土和人工填土等地基。对于不同的地基土其饱和度、初始相对密度和渗透系数等有很大的区别。如黄土地基，土体颗粒组成以粉粒为主，天然孔隙比较大，一般在0.9左右，天然含水量偏低。软黏土地基土颗粒细，触变性好，含水量大，固结时间长。即使同一类地基土，由于其沉积的历史不同，其物理、力学性质也不尽相同，因此在采用强夯法施工前，应充分了解土体的工程性质，制定有针对性的施工方案。

强夯加固的对象是地基土体，土体的被加固是整个强夯加固的最终目的。因此，土体本身的特征是决定强夯加固质量的重要因素。土体是固、液、气三相体，而液、气两相存在于固体颗粒之间的孔隙之中，加固土体的目的便是尽可能地缩小孔隙，排出液、气两相，使得固体颗粒更加靠近，甚至直接接触，其结果是土体的密实程度增加，强度提高，压缩性降低。而表述土体密实程度最为直接的指标是孔隙比（度）或土体的重度。与孔隙比（度）相比，土体的重度不仅反映了土体中固体颗粒排列的松紧程度，更能反映固体颗粒的矿物组成，特别是干重度愈大的土体，说明颗粒排列紧密，孔隙度低。重度的提高亦是土体强度提高的直接标志之一。土体重度反映了加固土体的组成和结构特征对强夯施工加固深度产生的影响，土体的含水量又是强夯施工中一直考虑的重要因素。土体含水量过低，即使很密实，固体颗粒本身由于水分的缺乏而处于单粒分散状态，夯击时，甚至由于振动而松动，强夯施工过后，地表层相对松散，密实程度不高便是由振动引起的。一方面，适当的含水量会使固体中的胶粒成分激活，使分散的颗粒可以胶结在一起；另一方面，有限的含水量如吸湿水还可使颗粒之间进行联接，从而提高土体的强度。但含水量过高，受夯击时易产生液化而使强度降低。

7. 地基土的地层结构

一般来说，强夯法对砂性土，非饱和的松散土地基处理效果较好，对饱和软土处理相对较差些，尤其是当表层存在黏性土，且地下水位接近地表时，对这种情况采用强夯处理效果较差，因为黏性软土排水不畅，必须对常规的强夯处理工艺进行改进。如果存在一个能量吸收层，比如在地基土间夹杂一层饱和软弱黏性土层，则有效加固深度将取决于该层的厚度和位置。如果软弱层相对较厚，并且位于加固地基土之间，有效加固深度将很难超过这个软弱层；如果软弱层位于地基土表层，且厚度不是很大，则夯击能可能穿透该软弱层，从而加固深部土体；同样，如果地基土表面存在一层坚硬层也将阻止大量夯击能传入深部土层，在这种情况下，挖出或松动坚硬层的工作是必要的。但是，如果坚硬层位于松散地基土体的底部，因为这个坚硬层可以反射回一部分夯击能，从而提高夯击能的使用效率，有利于强夯施工。

三、强夯加固地基设计

采用强夯法加固地基时，因加固目的不同，加固效果的判断也会不同。设计中应对强夯加固后可能达到的效果进行预先估计，以确定采用这种加固方法的可行性。目前采用强夯加固的目的有提高强度、减少沉降和不均匀沉降、增加土的密度，降低渗透性、消除土的湿陷性或胀缩性，以及消除土的振动液化可能性等。加固后的地基应达到事先规定的指标值，因而对不同的地基和工程有不同的加固要求。例如：对高填土地基，加固后以满足需要的地基容许承载力和消除不均匀变形为主；对地震液化地基，加固后应消除液化；对湿陷性黄土地基加固，要求消除湿陷性；对软弱土地基加固，着重于提高地基土的强度和减少变形。

（一）强夯设计要点

强夯法虽然已在工程中得到广泛的应用，但有关强夯机理的研究国内外至今尚未取得满意的结果。因此，到目前为止对于强夯设计也没有公认和成熟的设计计算方法。常规的做法是根据土质情况按经验进行设计，再根据试夯结果加以调整，具体分以下几步：①查明场地地质情况（用钻探或原位测试方法）和周围环境影响，以及工程规模的大小及重要性；②根据已查明的资料、加固用途及承载力与变形要求，初步计算夯击能量，确定加固深度，然后选择必要的锤重、落距、夯间距、夯击数等；③根据已确定的施工参数，制订施工计划和进行强夯布点设计及施工要求的说明；④施工前进行试夯，并进行加固效果的检验测试，通过对加固效果测试资料的分析，确定是否需要修改原强夯设计方案。其设计框图如图 2-6 所示。

（二）强夯参数的选择①

强夯法的主要设计参数包括：有效加固深度、夯击能、夯击次数、夯击遍数、间隔时间、夯击点布置等。

1. 有效加固深度

强夯法的有效加固深度既是反映处理效果的重要参数，又是选择地基处理方案的重要依据。强夯法引入我国后，在大量的试验研究和工程实测中发现，采用梅纳公式估算有效加固深度得出的值均偏大，将地基土中实测结果与梅纳公式估算值进行对比，得出表 2-5 所示结果。

① 高广运，时刚，冯世进．软土地基与深基础工程［M］．同济大学出版社，2008.

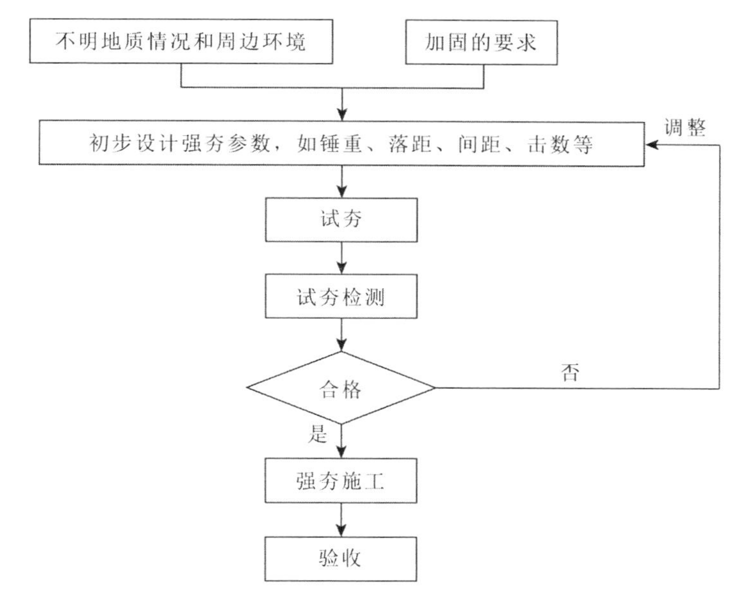

图 2-6　强夯设计施工步骤框图

表 2-5　强夯有效加固深度实测值与估算值的比较

地基土类别	夯锤重（t）	落距（m）	梅纳公式估算值（m）	实测值（m）
粉土	10	10	10	5.5
填土	8.5	8	8.2	4.2
砂土	8.25	13	10.4	6

由表 2-5 可知，有效加固深度实测值均比梅纳公式估算值小。

从梅纳公式中可以看出，有效加固深度仅与夯锤重和落距有关，而实际上影响有效加固深度的因素很多，除了夯锤重和落距以外，夯击次数、锤底单位压力、地基土性质、不同土层的厚度以及地下水位等，都与加固深度有着密切的关系。也就是说，在估算强夯加固深度的时候也要考虑其他的因素。

由于梅纳公式估算值较实测值大，自 1980 年起，国内外学者通过研究，建议对梅纳公式进行修正。如对砂土地基乘以 0.5 的修正系数，范围为 0.34～0.80。显然经过修正的梅纳公式与未修正的梅纳公式相比有了改进，其估算值接近实测值。但是大量工程实践表明，对于同一类土，采用不同能量夯击时，修正系数并不相同。单击夯击能越大，修正系数越小。因此，对于同一类土，采用一个修正系数，并不能得到满意的结果。

我国《建筑地基处理技术规范》（JGJ 79—2012）中规定，强夯法的有效加固深度应根据现场试夯或当地经验确定，在缺少资料或经验时可按表 2-6 预估。表 2-6 中将土分为粗颗粒土（包括碎石土、砂土等）和细颗粒土（包括粉土、黏性土、湿陷性黄土等）两类。单击夯击能范围为 1 000～18 000kN·m，满足了当前绝大多数工程的需要。表 2-6 中的数值是根据大量工程实测资料的归纳和工程经验的总结而制定的。

表 2-6 强夯法的有效加固深度（m）

单击夯击能（kN·m）	碎石土、砂土等粗颗粒土	粉土、黏性土、湿陷性黄土等细颗粒土
1 000	4.0～5.0	3.0～4.0
2 000	5.0～6.0	4.0～5.0
3 000	6.0～7.0	5.0～6.0
4 000	7.0～8.0	6.0～7.0
5 000	8.0～8.5	7.0～7.5
6 000	8.5～9.0	7.5～8.0
8 000	9.0～9.5	8.0～9.0
10 000	10.0～11.0	9.5～10.5
12 000	11.5～12.5	11.0～12.0
15 000	13.5～14.0	13.0～13.5
16 000	14.0～14.5	13.5～14.0
18 000	14.5～15.5	—

注：强夯法的有效加固深度应从起夯面算起。

2. 夯击能的确定

采用强夯法加固地基时，合理地选择夯击设备及夯击能量，对提高夯击效率很重要，若选择的夯击能过小，则难以达到预期的加固效果；若夯击能过大，不仅浪费能源，对饱和黏性土来说，有可能反而会降低强度。因此夯击能的确定主要依据场地的地质条件和工程使用要求，以及根据工程要求的加固深度和加固后需要的地基土承载力。由于目前尚没有成熟的计算方法来统一规范，因此，一般仍选择按梅纳公式来估算，即

$$H = k\sqrt{G} = k\sqrt{Mh} \tag{2-15}$$

式中，k 为按不同地基土的修正系数；G 为夯击能（kN·m）；h 为需要的加固深度（m）；M 为夯锤重（t）。

则可求得需要的夯击能为

$$G = \frac{H^2}{k^2} \tag{2-16}$$

根据已求得的夯击能，再根据设备来选定锤重、落距与相应的夯击设备。我国初期采用的单击夯击能大多为 1 000kN·m。随着起重机械工业的发展，可以采用的最大单击夯击能也在逐渐增长。国际上曾经采用过的最大单击夯击能为 50 000kN·m，设计加固深度达 40m。

夯击设备一般选用履带式起重机，其稳定性好，行走方便，施工速度快。为了适应锤重和落距的不断加大，国外不少工程用三脚架或专用起重机架起吊。强夯施工若采用自动脱钩装置，起重机能力应是锤重的 1.5 倍以上。若采用起重钢丝绳重锤上下起落，起重机能力应为锤重的 8～10 倍较合适，否则起吊不方便。选用履带式吊机施工时，落距一般为 8～25m。采用专门三脚架和门式起重架施工时，落距可达 25～40m。

锤重应根据有效加固深度选用：有效加固深度在 4～10m 时，可以选择 10～18t 重锤施工；若有效加固深度大于 10m，应选择大于 18t 的重锤施工较为适宜。国内外一些实践经验表明，根据土质种类和加固深度不同，一般填土和非饱和土地基加固，采用锤底面积

为 3.0～4.0m^2 较为合适，而对饱和的软土地基加固时，宜采用 4.0～6.0m^2 的锤底面积较为适宜。①

3. 夯击次数

夯击次数是强夯设计中的一个重要参数，夯击次数与地基加固要求有关，因为施加于单位面积上的夯击能大小直接影响加固效果，而夯击能量的大小是根据地基加固后应达到的规定指标来确定的，夯击要求使土体竖向压缩最大，侧向移动最小。国内外一般每夯击点夯 5～20 击，根据土的性质和土层的厚薄不同，夯击次数也不同。目前夯击次数一般通过现场试夯确定，常以夯坑的压缩量最大、夯坑周围隆起量最小为确定的原则。目前常通过现场试夯得到的夯击次数与夯沉量的关系曲线确定。

对于碎石土、砂土、低饱和度的湿陷性黄土和填土等地基，夯击时夯坑周围往往没有隆起或虽有隆起但其量很小，在这种情况下，应尽量增多夯击次数，以减少夯击遍数。但对于饱和度较高的黏性土地基，随着夯击次数的增加，土的孔隙体积因压缩而逐渐减小，但因为此类土的渗透性较差，故孔隙水压力将逐渐增长，并促使夯坑下的地基土产生较大的侧向挤出，而引起夯坑周围地面的明显隆起，此时如继续夯击，并不能使地基土得到有效的夯实，反而造成浪费。

目前，工程实践中除了按现场试夯得到的夯沉关系曲线确定夯击次数外，同时应满足规范（JGJ 79—2012）中的相关规定，即需要满足下列条件。

（1）最后两击的平均夯沉量不宜大于下列数值：当单击夯击能小于 3 000kN・m 时为 50mm；当单击夯击能不小于 3 000kN・m，不足 6 000kN・m 时为 100mm；当单击夯击能不小于 6 000kN・m，不足 10 000 时为 200mm；当单击夯击能不小于 10 000kN・m，不足 15 000kN・m 时为 250mm；当单击夯击能不小于 15 000kN・m 时为 300mm。

（2）夯坑周围地面不应发生过大的隆起。

（3）不因夯坑过深而发生锤困难。

此外，还要考虑施工方便，不能因夯坑过深而发生锤困难的情况。

4. 夯击遍数

夯击遍数应根据地基土的性质确定。一般来说，由粗颗粒土组成的渗透性强的地基，夯击遍数可少些。反之，由细颗粒土组成的渗透性弱的地基，夯击遍数要求多些。

对于碎石、砂砾、砂质土和垃圾土，夯击遍数以 2～3 遍为宜；黏性土为 3～8 遍，泥炭为 3～5 遍。最后再对全部场地进行低能量夯击（俗称满夯），使表层 1～2m 范围的土层得以夯实。根据我国工程实践，大多数工程可采用夯击遍数 2 遍，最后再以低能量满夯 1 遍，一般均能取得较好的夯击效果。对于渗透性弱的细颗粒土地基，必要时夯击遍数可适当增加。

5. 夯击点布置

夯击点布置是否合理，将影响强夯的加固效果，应综合建筑物（或构筑物）平面形状、基础类型、场地土情况及含水量大小和工程要求等因素来选择布点方案。夯击点位置

① 魏新江．地基处理［M］．杭州：浙江大学出版社，2007．

根据建筑结构类型一般可采用等边三角形、等腰三角形或正方形布点。对于某些基础面积较大的建筑物或构筑物（如油罐、筒仓等），为便于施工，可按等边三角形或正方形布置夯点；对于办公楼和住宅建筑，则根据承重墙的位置布置夯点更合适，如某住宅工程的夯点布置采用了等腰三角形布置，这样保证了横向承重墙以及纵墙和横墙交接处墙基下均有夯击点；对单层工业厂房来说，可按柱网来设置夯击点，这样既保证了重点，又可减少夯击面积。因此，夯击点的布置应视建筑结构类型、荷载大小、地基条件等具体情况，区别对待。

夯击点间距的确定，一般根据地基土性质和要求加固深度而定。对于细颗粒土，为便于超静孔隙水压力的消散，夯点间距不宜过小。当要求加固深度较大时，第一遍的夯点间距更不宜过小，以免夯击时在浅层形成密实层而影响夯击能往深层传递。

6. 间隔时间

两遍夯击之间应有一定的时间间隔，以利于土中超静孔隙水压力的消散，所以间隔时间取决于超静孔隙水压力的消散时间。但土中超静孔隙水压力的消散速率与土的类别、夯点间距等因素有关。对于渗透性好的砂土地基等，一般在数分钟至数小时内即可消散完，但对渗透性差的黏性土地基，一般需要数周才能消散完。夯点间距对孔压消散速率也有很大的影响，夯点间距小，孔压消散慢，反之孔压消散快。

当缺少实测孔压资料时，可根据地基土的渗透性确定间隔时间，对于渗透性较差的黏性土地基的间隔时间，一般应不少于3～4周；对于渗透性好的地基，则可连续夯击。

7. 处理范围

由于基础的应力扩散作用，强夯处理的范围应大于建筑物基础范围，具体放大范围可根据建筑结构类型和重要性等因素确定。根据国内经验，对于一般建筑物，每边超出基础外缘的宽度宜为设计处理深度的1/2～2/3，并不宜小于3m。

四、强夯加固的工程应用

（一）工程概况

奥林匹克水上公园建设地点位于北京市顺义区北小营镇的潮白河向阳闸东北侧。用地范围为滨河路左堤路以西，潮白河以东，怡生园国际会议中心以南，白马路以北。距离北京市中心48km，距离奥运村36km；占地面积1.626km^2；总建筑面积为31 850m^2（其中：永久建筑20 250m^2；临时建筑11 600m^2）。

奥林匹克水上公园体育设施部分分设两个赛场。其中，赛艇的静水比赛项目、皮划艇的静水比赛项目共用一个赛场，需设置15 000个座席，站位10 000个；激流回旋比赛单设一个赛场，需设置13 800个临时座席。场馆的设计和建设需符合国际奥委会、国际赛艇联合会及国际皮划艇联合会的有关技术要求。整个场地地基土层上部为人工填土层，其下为新近沉积土层和一般第四纪沉积土层，地层由砂质粉土、粉质黏土、粉细砂及卵石构成，场地分布两层地下水。根据整个场地地层的结构组成、水文地质条件及现场勘察的结果得出，此工程地基必须采取特殊处理。根据造价、工期、施工的难易程度等条件综合分析后采用地基强夯施工方案。

根据设计要求，不同用途的场地要求不同的承载力，该工程采取两种方案。方案一要求强夯后地基承载力应达到 120kPa；方案二要求强夯后地基承载力应达到 200kPa；加固深度初步估计为 6～8m。

（二）强夯参数的选择

1. 夯击能的确定

根据夯击能估算公式，已知加固深度是 6～8m，根据工程地质资料和已有强夯施工经验，对于本场地以砂质粉土和粉细砂为主，比较适合强夯，取修正系数 $k=0.6$，H 分别取 6m 和 8m 代入公式得夯击能为：①方案一：G_1 为 100t・m；②方案二：G_2 为 178t・m。

为了确保强夯施工质量，设计要求单击夯击能应大于计算值：方案一的单击夯击能应大于 100t・m；方案二的单击夯击能应大于 178t・m。该工程初步确定：方案一单击夯击能为 150t・m，即 1 500kN・m；方案二单击夯击能为 200t・m，即 2 000kN・m，并在现场选一场地进行两种方案的试夯试验。方案一和方案二均选用 16t 重锤进行夯实，只是落距不同：方案一落距 9.375m；方案二落距 12.5m。

2. 夯点布置和间距[①]

根据现场勘查报告，强夯层主要是砂质粉土和粉细砂，处理面积大，采用等边三角形布点。夯距的设计以强夯时对邻近的扩散情况进行计算，强夯时加固的影响宽度如图 2－7 所示。

强夯加固宽度 b 的计算值为

$$b = 2H\tan\theta + D \qquad (2-17)$$

式中，b 为加固宽度（m）；H 为加固深度（m）；θ 为压力扩散角，根据地基土的情况而定，一般取 $\theta=22°\sim30°$；D 为夯锤底面的直径（m），则强夯设计时的夯点间距为 L 为

$$L = 2h'\tan\theta + D \qquad (2-18)$$

式中，h' 为满夯时的有效影响深度（m），一般为 1～3m。

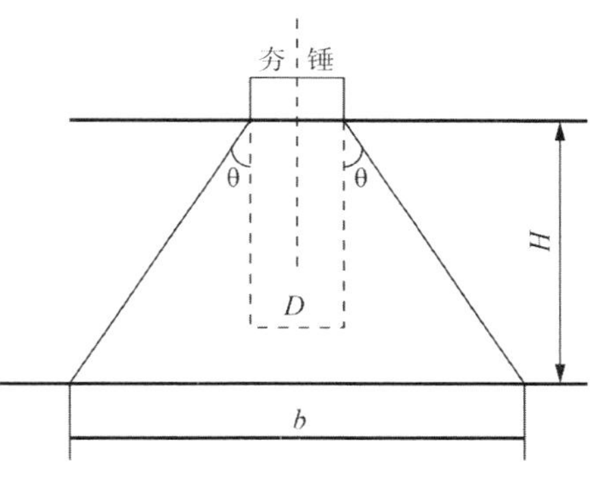

图 2－7　加固深度与宽度计算图

方案一夯击能 1 500kNm 时取 $h'=1$m，θ 为 30°，夯锤的直径 $D=2.2$m，代入公式得 $L=3.5$m。

方案二夯击能 2 000kNm 时取 $h'=1.5$m，θ 为 30°，夯锤的直径 $D=2.2$m，代入公式得 $L=4.0$m。

3. 夯击次数和夯击遍数

由于本次设计的地基土以填方后的砂质粉土和粉细砂为主，土体相对比较松散，一般情况下，开始每次夯击的夯沉量基本上都在 50cm 以上，每点的总体夯沉量在 2m 以上，因此一般都是边夯边填，夯击次数暂定为 9 击，夯击时夯坑周围往往以没有隆起为准，每个夯点的最后两击的平均夯沉量按规范不得大于 50mm。

---

① 陈孙文，唐名富．浅谈某国际集装箱中转站地基的强夯加固处理［J］．山西建筑，2007（21）：129－130．

对于碎石、砂砾、砂质土和垃圾土，夯击遍数以 2～3 遍为宜，所以设计点夯两遍，然后满夯一遍。

4. 间隔时间

对于每遍夯击间隔时间，由于砂土地基渗透性能较好，又相对比较松散，土中超静孔隙水压力可以在短时间内消散，因此不作具体规定，可连续夯击。

5. 试夯检测及设计修正

根据以上设计的强夯参数进行试夯，试夯范围为 2 392m²，试夯后 2 周进行检测，强夯后的地基承载力达到 120kPa 和 200kPa 以上，再根据检测结果进行验证设计参数是否合理，若检测合格，则按设计参数进行施工；若检测不合格则修正强夯参数后再进行试夯。

第三节　排水固结加固技术

排水固结法是在建筑物建造前，对天然地基或已设置竖向排水体的地基加载预压，使土体固结沉降基本结束或完成大部分，从而提高地基强度的一种加固方法。利用排水固结法处理地基，可以使相对于预压荷载的地基沉降，在处理期间部分消除或基本消除，使建筑物在使用期间不会产生过大的沉降或沉降差；通过排水固结，可以加速地基抗剪强度的增长，提高建筑地基的强度及稳定性。

排水固结法主要用于解决地基的沉降和稳定问题。为了加速固结，最有效的办法就是在天然土层中增加排水途径，缩短排水距离，设置竖向排水井（砂井或塑料排水袋），以加速地基的固结，缩短预压工程的预压期，使其在短时间内达到较好的固结效果，使沉降提前完成；并加速地基土抗剪强度的增长，使地基承载力提高的速率始终大于施工荷载增长的速率，以保证地基的稳定性。

排水固结法主要分为排水系统和加压系统两部分。排水系统由水平排水垫层和竖向排水体构成，可以改变地基原有的排水边界条件，增加孔隙水排出的通路，缩短排水距离。加压系统即施加起固结作用的荷载，使土中的孔隙水产生压差而渗流，最终使土固结。排水固结法加载方式可分为静荷载和动荷载两类。静荷载排水固结法主要包括真空预压法、降水预压法和堆载法等；动荷载排水固结法主要指动力排水固结法。

一、静动力联合排水固结法加固机理

传统强夯法被广泛应用于碎石土、砂土、低饱和度的粉土、黏性土、湿陷性黄土、素填土、杂填土等地基处理中，但对地下水位较高的饱和软黏土地基，尤其是淤泥或淤泥质土并不适用，主要原因在于这类软弱黏土含水量高、孔隙比大、渗透性差、强度低，在夯击动力作用下，土中形成的超静孔隙水压力难以及时消散，使土体抗剪强度丧失。为充分利用该法设备简单和加固快速的优点，通过改进施工工艺、增设竖向排水体或与其他加固方式相结合的办法，可以拓宽强夯法的应用范围。

（一）静动力联合排水固结法的作用原理

软黏土地基上强夯失败的原因，主要在于软黏土孔隙比大、含水量高、渗透性差、强

度低，在强夯动力作用下，要求瞬时从土体孔隙中排出大量水，而软土的低渗透性导致水来不及排出，孔压随之增高且难以消散，土体抗剪强度大大降低，以致出现“橡皮土”问题。[①] 可见，单一的强夯加固思路难以在软黏土地基中成功，为此本工程采用井点降水联合强夯的复合式加固技术，即经过降水预压阶段后再结合强夯法使用。

对于透水性极低的饱和黏性土，夯击能量的大小和土的透水性的高低，是影响饱和黏性土强夯加固效果的主要因素，此时在土中采取打设排水板等来改善土的透水性，并通过降低地下水位，促使新地下水位线以上软土层转变成非饱和土或临界状态，同时对原地下水位线以下的软土层起到增加有效应力的加固效果。然后再联合进行强夯，强夯法处理黏性土时，巨大的冲击能量在土中产生很大的应力波，破坏土体原有的结构，使土体局部发生液化，产生许多裂隙，增加了排水通道，使得孔隙水可以顺利逸出，当超孔隙水压力消散后，土体固结，软基得到了加固。

（二）静动力联合排水固结法的特点

1. 无加固范围限制的优势

对于大面积软基处理，堆载预压和真空预压一般都需要分区处理，井点降水联合强夯法则无此限制。

2. 工期快的优势

在排水条件相同的情况下，井点降水联合强夯法具有强夯快速加固的优势，工期最短，真空预压次之，堆载预压最慢。

3. 加固深度优势

堆载预压与堆载面积和荷载大小有关，真空预压与抽真空强度相关，井点降水受降水时间影响，强夯则与能级、击数等诸多因素相关。但从工程实践来看，三种排水固结法有效加固深度均大于强夯，可用于深厚淤泥地基处理，井点降水联合强夯法兼具井点降水预压和强夯的优点，能有效加固深部软土。

4. 加固效果有保障

类似本工程的低能级强夯对浅层土体强度的改善尤为明显，但对以下区域影响有限。堆载与真空预压对浅部和深部土体加固效果都较好，降水预压对于浅层土层的改善能力不足，但能显著提高深层土体强度，并减小浅层软黏土的含水量，使之转换为非饱和或临界状态。井点降水联合强夯法利用降水预压加固深部软土，强夯处理浅层地基，因此加固效果不会低于单一的降水预压法。

5. 适用范围

强夯法即使经过塑料排水板改善场地渗透性，仍难应用于地下水位较高的淤泥或淤泥质地基，这是限制该法发展的关键问题。而同属排水固结法范畴的堆载预压、真空预压和井点降水技术则对加固这类情况更为有效，井点降水联合强夯法具备传统排水固结法的优点，同样适用。

---

① 郑颖人，陆新．强夯加固软黏土地基的理论与工艺研究［J］．岩土工程学报，2000（1）：18－22．

6. 地下水位的变化特点

强夯的过程也是地下水位反复升降、孔隙水不断排出的过程，堆载预压地下水位变化较小，真空预压和井点降水联合强夯法均会降低地下水位。

二、静动力联合排水固结法施工工艺①

在强夯施工前需先进行降水施工，同时在地基中设置竖向和水平排水系统，改善地基土的渗透性，缩短渗透路径，加速强夯夯击能作用下孔隙水的排出和超静孔隙水压力的消散。其主要施工工序包括：砂垫层施工、塑料排水板插设、泥浆搅拌墙施工、井点打设、深水潜水泵安装、抽水预压及维护、强夯施工和场地整平，如图 2－8 所示。

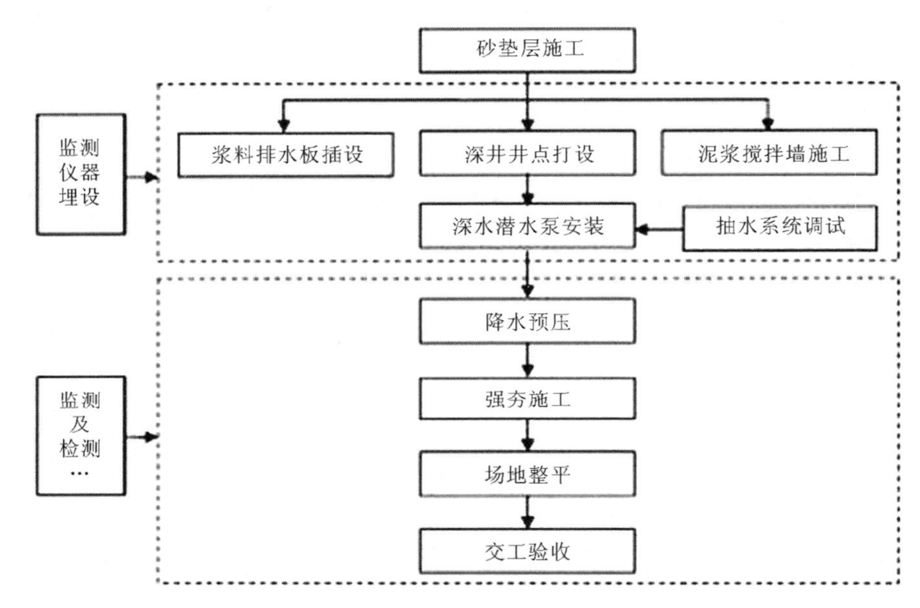

图 2－8　井点降水联合强夯法施工工艺流程

1. 砂垫层施工

砂垫层主要是作为水平排水通道和强夯时的垫层，采用吹填或回填工艺施工。一般铺设两层砂垫层，中细砂垫层（约 80cm）和中粗砂垫层（70cm）。中细砂垫层需选用粒径大于 0.075mm 的颗粒超过总质量 85%，含泥量小于 10%，级配良好，无杂质的中细砂料；中粗砂垫层要求含泥量小于 5%，级配良好，无杂质。

2. 塑料排水板插设

塑料排水板均按正方形布置，间距 1.1m，选用 SPB－B 型塑料排水板（当插设深度大于时 25m，采用 SPB－C），质量要求符合《排水板质量检验标准》规定，施工工艺流程见图 2－9。

---

① 陈健．静动力联合排水固结法在深厚软土地基加固中的工程应用［D］．广州：华南理工大学，2012.

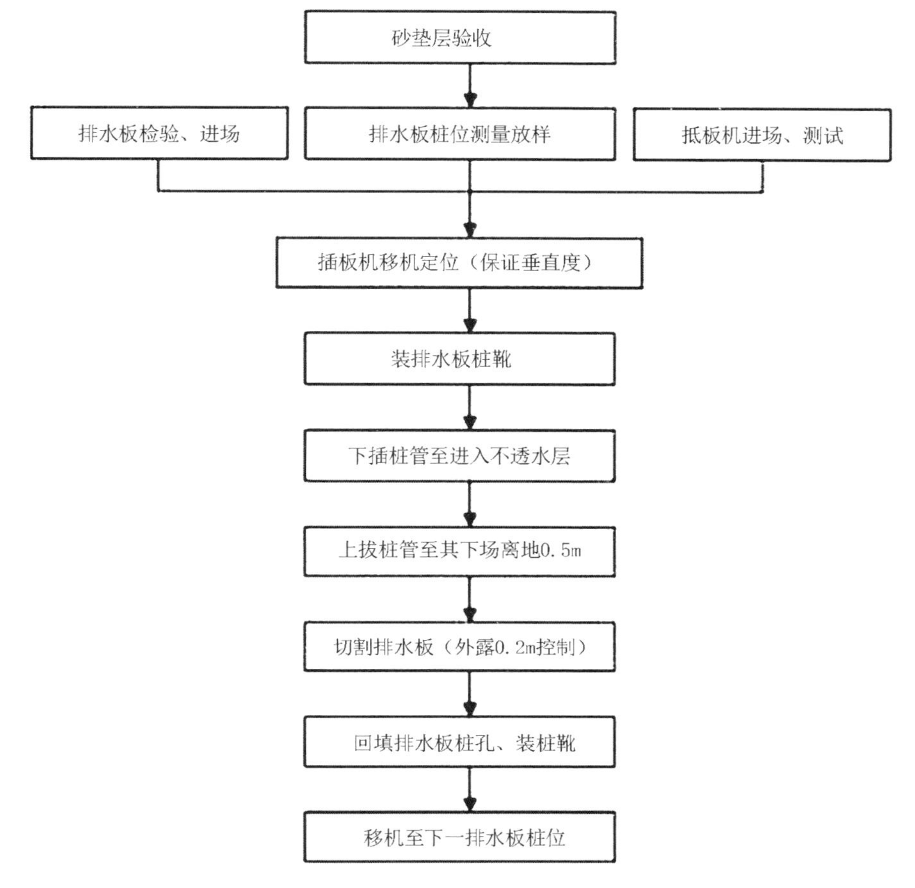

图 2－9　塑料排水板施工工艺流程

3. 泥浆搅拌墙施工

为封闭周边水源，保证顺利降低地下水位，须在场区周边采用泥浆搅拌桩止水幕墙进行密封，泥浆比重≥1.35。墙体采用双排桩形式，单桩直径 0.7m，两桩彼此搭接 0.2m，桩中心距 0.5m。搅拌桩必须穿透透气（水）层进入其下不透水层 0.5m，其深度探摸点按 50m 间距考虑，施工流程见图 2－10。

4. 井点打设

井点按 30m×30m 间距正方形布置，深度宜穿透软土层至少进入硬土层 0.5m，管径大小须满足安放潜水泵的要求。井点施工完成后须进行洗井。

5. 深水潜水泵安装

每台深水潜水泵均须配水位控制器，由于井内空间狭小，不宜采用浮球开关，选用感应探头式电子控制系统。潜水泵下放深度应比水位控制器上水位低 1m 左右，可以避免井中水位下降至预定深度后潜水泵频繁启动抽水。安装完毕后，应采取必要的防水措施防止水位控制器进水失灵。

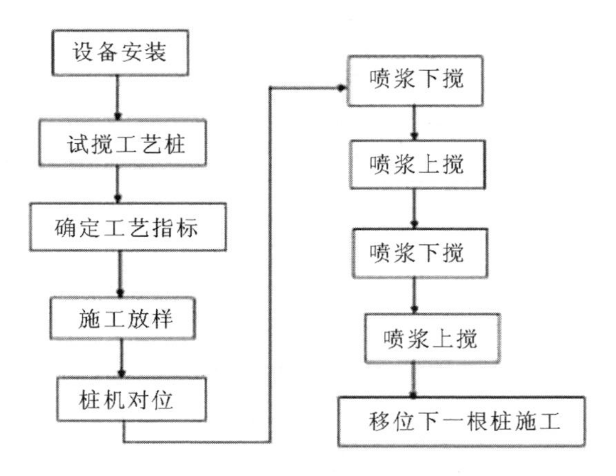

图 2－10　泥浆搅拌墙施工工艺流程

6. 强夯施工

当地下水位降深不低于 5m 时，可进行强夯施工。对于软黏土地基，按照“少击多遍”的原则，夯点按正方形跳夯布置，采用 4 遍点夯，1 遍普夯。单点夯击能 1 000～2 000kN・m，每点 4～6 击，随着遍数的增加逐渐增加。普夯夯击能 500～800kN・m，每点夯 1 击。强夯施工前应先进行试夯，根据试夯确定施工参数后进行大面积施工。夯点布置见图 2－11。

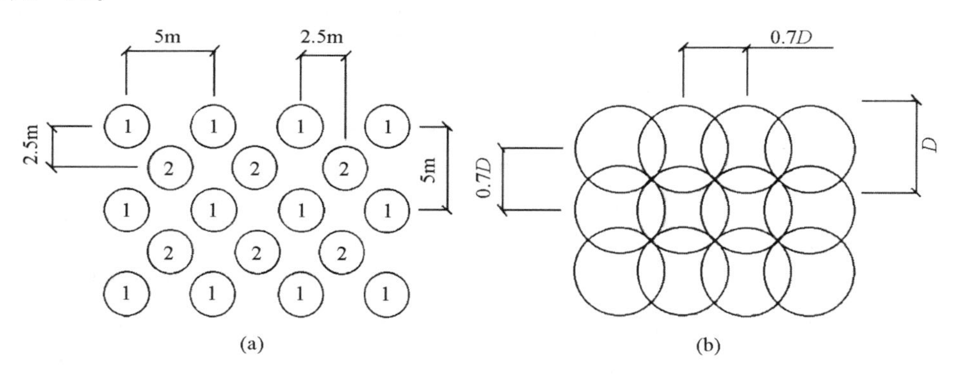

图 2－11

（a）点夯布图；（b）普夯布置图为夯锤直径

三、静动力联合排水固结法加固效果分析

软基加固的效果主要是通过监测及检测结果反映的。通过监测与检测，可以掌握软基处理工程施工中沉降、孔隙水、强度变化等有关信息，起到指导施工、验证设计、监控施工安全、检验加固效果的作用。

（一）监测仪器制作和埋设

1. 沉降标的制作与埋设

沉降标的制作有两种方式：①沉降标底板用厚度8mm的钢板，尺寸为50×50cm，中心部位安装一个螺丝接头，沉降杆用$\phi 40$的镀锌钢管制作，两头制作螺纹接头，钢管与底板连接，用四条$\phi 10$钢筋焊接牢固，钢管每条长1m，可在井点降水期间安装水尺，这种方式主要用于周边影响监测；②沉降标用直径约80mm、长度约1.2～1.5m的木桩打入砂垫层中制成，桩顶部打入粗铁钉作为观测点，具有观测结果可靠、便于保护（相对第一种）、制作简便等优点，主要用于区内降水期的沉降观测。

沉降标的布设：把沉降标固定在地上，用砂包袋压实，要求沉降标设置点地面平整，沉降杆不能晃动。木桩式测点则要求打入地下，露出地面部分长度5～10cm。

2. 孔压计的埋设

孔压计埋设深度分别为55m，10m，15m。

孔隙水压力计采用钻孔埋设法。埋设传感器前，将传感器上的透水石取下，放入水中煮沸15分钟，自然冷却后需一直浸泡在不含空气的水中至少24小时，安装时从水中提出，快速进行埋设。

用钻机钻至离孔压计设计标高50cm处，然后用钻杆将孔压计压入至设计标高，封孔材料使用膨润土制成的泥球，封孔的目的是隔断水压计上下水源。埋设关键是封孔，埋设时孔隙水压计应紧密贴合测点土层，采用干燥膨胀土泥球封孔密闭，使测点土层孔隙水与上部土层孔隙水完全隔绝。

钻孔埋设时，作好钻孔的详细记录。每一只孔压计埋设后，及时采用接收仪器检查孔压计是否正常；如发现异常应查明原因及时修正或补埋。

3. 分层沉降测点的布置

观测的目的在于测量不同深度的土层在加固过程中的沉降变化规律，从而了解各土层的压缩情况，进而判断加固达到的有效深度及各个深度土层的固结度，也可为计算沉降的研究及设计提供验证的资料。本试验区项目共设2组分层沉降仪，每组沉降仪沿沉降管每隔2～4m设置一个测点（沉降磁环），共设7个磁环，主要观测吹填淤泥层和天然淤泥层的压缩情况，观测时间为施工期全程监测。

4. 水位管的埋设

水位管的滤管段埋设到主含水层内，管径为50mm，管长约12m，其中滤管段4m，进入淤泥混砂层。滤管段身周围钻$\phi 5$mm多孔状透水孔（底端用锥头封牢）。用专用的水位观测仪进行观测，测量误差小于5mm。

用钻探成孔法钻孔（用$\phi 127$mm套管护孔）至设计孔深，在清干净孔内淤泥后，先放入水位管，然后用原状土回填。

5. 测斜管的埋设

测斜管采用直径为50mm塑料管，其弯曲性应以适应被测土体的位移情况为宜。测斜管内有纵向十字导槽，导槽润滑顺直，管端接口密合。

测斜管采用钻探成孔法导孔，导孔垂直偏差率不大于1.5%，要求测斜管埋设深度为

23.5m。在清干净孔内淤泥后，放入测斜管，用成孔时取出的土回填。测斜管十字导槽必须对准加固区的纵横方向。在深层侧向位移测点处设置醒目标志，并在四周打木桩塔设观测平台兼做保护。

（二）强夯振动监测方案

为分析强夯振动规律及强夯施工对周围环境的影响，在施工期进行振动测试，在远离夯点的不同距离处布置拾振器以采集夯击产生的加速度、速度和位移。每一个测点放置3个拾振器，分别采集 x，y 和 z 三个方向的数值。测试仪器采用中国地震局工程力学研究所研发的941B振动测试仪。

（三）地基加固效果检测方案

为评价井点降水联合强夯法不同时期的加固效果，现场开展静力触探、标准贯入试验和静载荷板试验评价地基加固效果。试验方案如下。

1. 静力触探试验

共进行5次检测：原场地、强夯前、强夯2遍后、强夯4遍后及普夯结束场地整平完，每次不少于3组，检测点位布置见图2-12。根据静力触探测试结果分析各区域地基处理前后比贯入阻力值 P_s 值变化，评价地基处理加固效果。

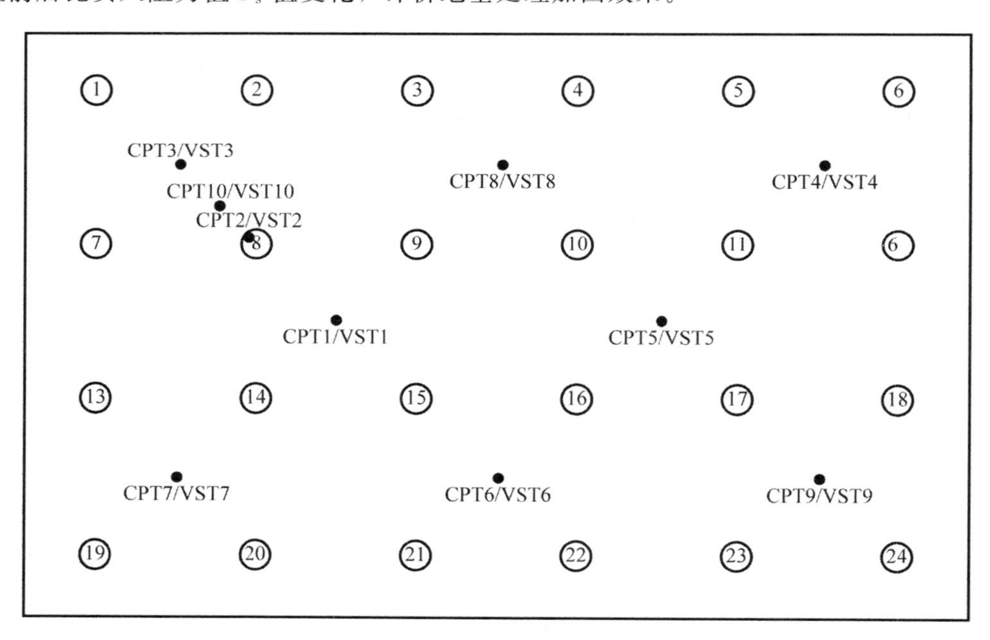

图2-12 静力触探及十字板剪切试验布点图

进行静力触探试验时，深度要穿过第二个软土层1m，即超过13m。十字板剪切试验与静力触探试验同步进行，在淤泥层中每隔1m做1次原状土和重塑土剪切试验，分别采取原状土和重塑土的Cu指标。

（1）仪器设备。选用国产CLD-3型静力触探—十字板剪切试验两用仪和DY-2000多用数字测试仪，其主要技术性能如下。

①型式：电阻应变式液晶数字显示（精度应为最大测量范围的±0.1%）。

②静探额定贯入力为30kN（3t）。

③入土方式：机械链条式直接压入土层。

④探头规格：$10cm^2$的单桥探头。

（2）试验前的准备。按仪器说明书，在工程使用前及使用后进行标定。

（3）测试方法和步骤。

①平整试验场地，接通电源，设置反力装置，将触探主机对准孔位，调平机座，并固定在反力装置上，保持接触杆垂直贯入。

②将选用的探头引线按一定顺序接到仪器上，打开电源开关预热，并调试至正常工作状态（仪器使用条件及预热时间应符合产品要求）。

③贯入前应试压探头，检查顶柱、锥头、摩擦筒工作是否正常，然后将探杆与探头连接，插入导向器内，调整并坚固导向轮，保证探头垂直贯入土中。

④设置深度标尺。将探头贯入土中1.0～2.0m左右，稍停后上提5cm，使探头处于不受力状态，待探头温度与地温平衡后，将仪器调零或记录初始读数，即可进行正常贯入；标准贯入速率一般为0.5m/min～1.0m/min。

⑤贯入过程中，每隔10cm记录一次读数，每贯入一定深度（一般为2m），要将探头提升5～10cm，测读一次初读数，以校核贯入过程初读数的变化情况。

⑥当贯入到预定深度或出现下列情况之一时，应停止贯入：触探主机达到最大允许贯入能力，探头阻力达到最大允许压力；反力装置失效时；发现探杆弯曲已达到不能容许的程度。

⑦试验完毕，及时起拔探杆，并记录回零情况。

（4）试验资料整理。

记录现场读数。当有零点漂移时，一般按回零段内以线性插法进行校正。校正值等于读数值减零读数内插值。

记录深度与实际深度有误差时，应按线性内插法进行调整。

按下式计算比贯入阻力P_s：

$$P_s = K_p(\varepsilon_p - \varepsilon_0) \tag{2-19}$$

式中，K_p为比贯阻力的率定系数，kPa/$\mu\varepsilon$，kPa/mV；ε_p为单桥探头传感器的应变量或输出电压，$\mu\varepsilon$，mV；ε_0为单桥探头传感器的零读数，$\mu\varepsilon$，mV。

绘制土层的比贯入阻力随深度变化的关系曲线。

2. 标准贯入试验

标准贯入试验（SPT）实质上也是一种动力触探试验，是国内外应用最广泛的一种地基现场原位测试方法。标准贯入试验设备装置，主要由贯入器（长810mm，内径35mm，外径51mm）、贯入探杆、穿心锤、锤垫、导向杆及自动落锤装置等组成。它适用范围较广，设备简单，操作简易，并已积累了大量的实践经验。其应用一般有以下几方面：①查明场地的地层剖面和各地层在垂直和水平方向的均匀程度及软弱夹层；②确定地基土的承载力、变形模量、物理力学指标及建筑物设计时所需参数等；③地基加固处理效果的检验和施工监测；④判定砂土的密实度、黏性土的稠度，判别砂土和粉土地震液化的可能性。

标准贯入试验分别在原场地未加强前、降水预压阶段后、2 遍点夯结束后、4 遍点夯结束后、普夯结束后、普夯 28 天后进行，在淤泥等软土层中每隔 1.5m 做一次。

试验方法如下：

（1）钻孔时，为防止扰动底土，一般先钻孔至试验土层标高以上 15cm 处，清除孔底的虚土和残土。为防止孔中发生流砂或塌孔，通常采用泥浆护壁。

（2）贯入前检查探杆与贯入器的接头是否已经连接稳妥，然后将贯入器和探杆放入孔内，并注意保持导向杆、探杆和贯入器的轴线在同一铅垂线上，以保持穿心锤的垂直施打。

（3）贯入时，穿心锤落距为 76cm，一般采用自动落锤装置。贯入速率为 15～30 击/min，并记录锤击数，包括先打入的 15cm 的预打击数、后 30cm 中每 10cm 的击数以及 30cm 的累计击数。后 30cm 的总击数 N 即为贯入击数。

如为密实土层，$N>50$ 时，记录下 50 击时的贯入深度即可，不必强行打入。其贯入击数按下式计算：

$$N=\frac{1\,500}{\Delta_s} \tag{2-20}$$

式中，Δ_s 为相应于 50 击时的贯入量（cm）。

（4）转动探杆，提出贯入器并取出贯入器中的土样进行鉴别、描述、记录，必要时送试验室分析。

（5）如需进行下一深度的试验，重复上述的步骤，并注意孔内水位应始终高于孔外。

（6）试验资料整理上报。

经过试验成果校正后，换算出相应贯入 0.3m 的锤击数 N，然后绘制锤击数（N）和贯入深度标高（H）关系曲线，总结试验报告。统计分层标贯击数平均值时，应剔除异常值。

3. 静载荷板试验

地基平板载荷试验主要用来测定承压板下应力主要影响范围内岩土的承载力和变形特性。它是模拟建筑物基础工作条件的一种测试方法。其方法是在保持地基土的天然状态下，在一定面积的承压板上向地基土逐级施加荷载，并观测每级荷载下地基土的变形特性，从而测定承压板下应力主要影响范围内岩土的承载力和变形特性。载荷试验共布置 3 组，荷载板面积大于 1×1m，各点试验均加载至地基破坏。根据荷载—沉降量关系曲线确定地基承载力，计算土体的变形模量 E_0 和基床系数 K_0。

1. 测试方法

（1）试验位置的选择。应根据场地均匀性，结合上部工程要求，选择有代表性的地点进行载荷试验。当基础影响深度范围内土层均匀时，可在基底标高处进行试验；当土层性质随深度变化或成为层土时，要考虑在不同深度上进行试验。

（2）试坑宽度。一般应为承压板直径的 4～5 倍，至少 3 倍，以满足半空间表面受荷边界条件的要求。

（3）超荷载影响。承压板的埋深对试验结果临塑荷载 p_{cr}、极限荷载 p_u、沉降 S 均有很大影响。为了模拟基础工作条件，可考虑使承压板埋深与宽度之比和基础埋深与宽度之比相等的原则进行试验。

（4）加荷方式。

①分级维持荷载沉降相对稳定法（常规慢速法）。分级加荷按等荷载增量均衡施加，荷载增量一般取预估试验土层极限荷载的1/8～1/10，或临塑荷载的1/4～1/5。

每加一级荷载，自加荷开始按时间间隔10、10、10、15、15min，以后每隔30min观测一次压板沉降，直至连续2h内每小时沉降量不超过0.1mm，或连续1h内每30min沉降量不超过0.05mm，即可施加下一级荷载。

②分级维持荷载沉降非稳定法（快速法）。分级加荷与慢速法同，但每加一级荷载按间隔15min观测一次沉降，每级荷载维持2h，即可施加下一级荷载。

③等沉降速率法。控制承压板以一定的沉降速率沉降，测读与沉降相应所施加的荷载，直至试验达破坏状态。

载荷试验加荷方式应采用分级维持荷载沉降相对稳定法（常规慢速法）。

（5）试验终止条件。一般应尽可能进行到试验土层达到破坏阶段，然后终止试验。当出现下列情况之一时，可认为已达到破坏阶段。

①承压板周边的土出现明显侧向挤出，周边岩土出现明显隆起或径向裂缝持续发展。

②本级荷载的沉降量大于前级荷载沉降量的5倍，荷载与沉降曲线出现明显陡降。

③在某级荷载下24h沉降速率不能达到相对稳定标准。

④总沉降量与承压板直径（或宽度）之比超过0.06。

2. 试验资料整理上报

根据观测得到的资料，绘制各级荷载与相应的稳定沉降量的$P-s$曲线，以及各级荷载与相应的沉降量的关系曲线，整理试验结果报告。

四、工程实例

依托广州港南沙港区粮食及通用码头工程软基处理试验区科研项目，通过理论分析和现场试验研究，提出井点降水联合强夯法新型软基加固技术，即将两种方法有效的组合，来缩短工期，提高经济效益，发挥各自的优势，以期对类似工程提供理论基础和可靠的借鉴方法。工程位于龙穴岛广州港南沙港区，北与中船造船基地相接，南与广州港南沙港区相邻，东临珠江，西侧为后方陆地。其处理范围是通用码头后方45m且距离中船基地东南角约180m范围，面积为125m×180m＝22 500m^2的四边形。

（一）地质概况[①]

根据地质勘探资料显示，该区淤泥及淤泥质土的总深度约20m，淤泥层间夹较多薄砂层或砂层。其中陆域吹填4.9m标高以下为砂性土为主的疏浚土，土层厚度8～100m，疏浚土表层有1～2m厚的中船基地弃土，为加固后的淤泥混夹砂、淤泥等。疏浚淤泥及原状海底淤泥形成的软土层总厚度10～15m，须加固后才能供使用，设计采用静动力联合排水固结法进行软基处理加固。

① 李军，谭锦荣．井点降水联合强夯法在某工程软基处理试验区的应用［J］．水运工程，2010（8）：119－125.

原场地自上而下地层分布情况为：①淤泥混砂为主的近期人工回填土；②淤泥或淤泥质土，层①＋②平均厚度 6m，为第一个软土层，标贯击数击；③混砂层，平均厚度 2m；④淤泥或淤泥质土，平均厚度 5m，为第二个软土层，标贯击数 2 击；⑤中粗或中细砂层，平均厚度 2m；⑥分布不均匀的粉质茹土、劲土、砂层及硬茹土混合层，标贯击数 4 击。地层中仅第一及第二个软土层需要加固，其状态多为流塑性淤泥，深度在 15m 范围内。

（二）关键施工技术参数

（1）软基加固技术参数。

①设计荷载：场地地面使用荷载按 60kPa 考虑。

②标高：场地控制标高：＋5.80m，结构层厚度暂按预留 70cm 考虑，交工面标高定为＋5.10m。

③残余沉降：地基处理后主固结残余沉降要求＜30cm。

④基层：交工面以下填料应为中细砂或中粗砂层，其含泥量不大于 10%，平均厚度不小于 1.5m。

⑤地基承载力：交工面以下 1m 处的地基容许承载力不小于 130kPa。

⑥地基土强度：加固后地基土强度由静力触探试验确定，要求比贯入阻力 P_s 不小于 600kPa。

⑦陆域形成填料：陆域吹填 4.9m 以下填土为砂性土为主的疏浚土。

（2）本工程处理范围是通用码头后方 45m 且距离中船基地东南角约 180m 范围，面积为 125m×180m＝22 500m^2 的四边形。地基软土层的总深度约 20m，主要软土层自上而下分别为疏浚淤泥层及原状海底淤泥层，这两层土底部均有薄砂层或砂层。其中陆域吹填 4.9m 标高以下为砂性土为主的疏浚土，土层厚度约 8～10m，疏浚土表层则有 1～2m 厚的前期相邻工程弃土，为加固后的淤泥混夹砂、淤泥等。疏浚淤泥及原状海底淤泥形成的软土层总厚度约 10～15m，须加固后才能使用，设计采用新工艺井点降水＋强夯法进行软基处理加固。

（3）静动力联合排水固结法的主要工序有：整平场地至＋4.90m 标高、吹砂围堰施工、吹填中细砂垫层、推填中粗砂垫层、插塑料排水板、泥浆密封搅拌墙与井点施工、井点降水预压及不间断维护、强夯（点夯和普夯）施工、场地整平（拆除设备）等。

（4）吹填中细砂厚度 0.8m，推填中粗砂厚度 0.7m，砂层总计 1.5m 厚。塑料排水板按正方形布置，间距 1.1m，插板深度为 20.5m。

（5）井点按正方形平面布置，间距 30m，深度按 21m 深度进行控制。井点直径为 750mm，其中滤管直径 273mm，滤管与井壁土层间填砂砾滤料。为进行施工工艺试验研究，21 口井点采用铁管作为滤管，3 口井点采用了 PVC 塑料管作为滤管材料。

滤管在运至现场后，进行滤孔打设工作。铁管使用石油液化气焰冲孔法进行滤孔打孔，PVC 塑料管使用电钻进行滤孔打孔，所有的滤孔直径均按 1cm 进行控制，滤孔间距（纵横向）按 7.5cm 进行控制。

（6）井点滤料及滤布：在井管与井壁间填充砂砾等过滤材料，其粒径大于滤网的孔径，为 3～12mm 的砂砾石。砂砾滤料符合级配要求，砂砾规格上、下限以外的颗粒在施工前进行了筛除作业，杂质含量很小。井管与滤料间采用 2 层尼龙网滤布过滤。

（7）水泵：采用高扬程井点潜水泵，泵的功率根据试验确定为 0.75kW，水泵放置深度离地表约为 18～20m，井中降水深度按 15m 进行控制。

（8）成孔设备：采用地质钻机成孔。

（9）供电：本工程井点降水供电以发电为主，使用了一台 50kW 的发电机供电。

（10）强夯：经过井点降水一段时间（约 16 天）后，施工区内地下水位降深达到 5m 左右，可以进行强夯施工。最终的施工参数如下：

①单击夯击能：单击夯击能第 1、2 遍点夯为 1 050～1 500kN·m（夯锤重 150kN，落距 7.0～10m）；第 3、4 遍点夯时加大了单击夯击能，采用能量为 2 025kN·m（夯锤重 150kN，落距 13.5m）；满夯时采用单击夯击能（低落距）500～800kN·m 进行夯击。

②夯击次数：确定点夯施工时单点夯击 4～6 击（场区内北侧每夯点夯击次数＞5 击，南侧因土质较软，易陷锤，多数夯点为 4 击）。

③夯击遍数：本工程采用点夯 4 遍，1 遍满夯。

④夯点布置：第 1、2 遍点夯均采用间距 5.0m（2.5 倍夯锤直径）的正方形布置夯击点。夯锤直径 2.0m，满夯时间距为 0.7 倍夯锤直径，锤印搭接 0.6m 可满足要求；第 3、4 遍夯击点布置与第 1、2 遍时相同。

⑤间隔时间：由于地基土渗透性较好，第 1 遍点夯完成后即开始进行第 2 遍点夯的施工（实际每点的施工间隔约在 6～8 天）。第 2 遍点夯完成后，间歇了 8 天后进行第 3、4 遍点夯施工。

（三）技术经济效益对比分析

将静动力联合排水固结法与真空预压法进行对比分析，并通过具体工程算例，阐述其技术优势和社会经济效益。

1. 国内外同类技术对比分析

静动力联合排水固结法采用“上、下”双层加固模式，以降低地下水位的形式提高新地下水位面以下软土层的有效应力，形成预压固结；而新地下水位面以上的浅层饱和软土由于降水作用，含水量及稠度状态随之改善。可利用强夯法进行快速加固，即通过降水预压处理深部地基，弥补饱和淤泥质地基低能量强夯加固深度不足的问题，同时又依靠强夯解决降水无法处理新地下水位面以上地基的问题。因此，井点降水联合强夯法将饱和淤泥质地基的工程地质条件进行了合理的分层处理，井点降水和低能量强夯形成了一种互补关系，前者加固深度大，后者加固快速的优点都得到了发挥。同时，经过较短时间的先期降水，待地下水位降低至设计水位之后，进入井点降水联合强夯施工阶段，两种工艺同期施工，加固工期较真空预压可节省 20%。

从对周围环境的影响来看，以广州港南沙港区粮食及通用码头工程软基处理工程试验区为例，静动力联合排水固结法施工期形成的最大不均匀沉降为 128mm，且区外土体逐步向区内移动，最大水平位移 144mm，不会造成严重的拉裂现象，施工安全距离仅 15m；而真空预压法在该地区的影响范围大于 30m。可见，静动力联合排水固结法的应用范围更广，尤其对于港口扩建或已有重要建筑物的地基处理工程优势显著。

2. 经济效益对比分析

静动力联合排水固结法与真空预压法在工期、造价和加固效果方面的比较，如表2-7所示。

表2-7 静动力联合排水固结法与传统施工方法效益对比表

序号	比较项目	井点降水联合强夯	真空预压	堆载预压
1	工期（d）	90～110	120～140	＞180
2	造价（元/m^2）	10	220	250
3	加固效果	效果良好	效果良好	效果良好
4	环境效益	良好	良好	一般

注：环境效益主要指是否需要考虑堆载料的卸除、堆放或排放及由此产生的环境污染或航道堵塞问题。

通过加固过程中及加固后的标准贯入试验、静力触探试验、十字板剪切试验及静载荷板试验检测，证明加固效果良好。井点降水联合强夯的软基处理技术，施工工艺简单，造价低廉，维护简便，不仅保证了工程质量，而且能进一步缩短工期，节约成本，与传统排水固结法相比优势突出。

综合应用砂垫层、塑料排水板、泥浆搅拌墙防渗、井点降水、强夯动力加固技术，结合现场工程地质条件成功实现了静动力联合排水固结法的这一新的软基加固技术，在周边密封技术、施工材料与设备方面形成较完善的一套施工工艺。

该技术施工工艺简便，对周边环境影响小，具有工期短、成本低和加固效果好等特点。

第四节 高压喷射注浆加固技术

低压的渗透注浆可使土体不变形，浆液充填土颗粒间孔隙，附加地应力较小；中压的压密注浆造成土体变形，浆液与土体共同形成似柱状固结体，附加地应力较大；较高压的劈裂注浆能够破坏土体，产生树状固结体，附加地应力较大；而高压喷射注浆利用高压将土体切割后部分或全部排出，浆液在切割范围内均匀搅拌或置换形成高强度的结构体，附加地应力小。高压喷射注浆技术的发展促进了注浆材料的发展，使成本低廉的水泥浆材逐步替代化学浆材，进一步减小了对环境的污染，降低了工程造价。

一、注浆技术概述①

注浆是将具有特定性质的材料或用其配制成的浆液，以一定的压力注入地基岩土体内使其渗透、充填或置换，经胶凝或固化后改善地基的物理力学性质，达到加固、防渗、堵漏等目的。

① 陈春生. 高压喷射注浆技术及其应用研究［D］. 南京：河海大学，2007.

注浆技术来源于岩土工程施工实践，因其施工简便、成本低、见效快、适用范围广等优势，目前已成为岩土工程学的一个重要分支，甚至有人提出了“岩土注浆工程学”的概念来加强其研究。注浆技术涉及物理、化学、流体力学、工程地质学、水文地质学、土力学、岩石力学、材料力学、工程机械学、勘探地球物理学等学科，与液压技术、泵技术、射流技术、电子技术息息相关。注浆技术理论研究仍欠成熟，注浆工程设计目前主要以工程试验及经验参数为依据，尚处于半理论、半经验状态。注浆技术现已广泛应用于土建、市政工程、水利电力、交通能源、隧道、地下铁路、矿井、地下建筑等领域，产生了良好的经济效益和社会效益。

（一）高压喷射注浆技术类型

高压喷射注浆法以压力较高（20MPa～70MPa）为特点，流体在喷嘴外呈射流状。根据喷射管类型将高压喷射注浆分为单管法、二重管法、三重管法和多重管法等；按喷射方式分为旋喷（提升旋转喷浆）、摆喷（提升摆动喷浆）和定喷（提升定向喷浆）三种；按持续时间又可分为复喷（重复喷射）和驻喷（只摆动不提升）。

高压喷射注浆法分类如表 2－8 所示。

表 2－8　高压喷射注浆法分类

分类依据	类别	主要特点
喷射流移动轨迹	旋喷	固结体为圆柱状
	定喷	固结体为板壁状
	摆喷	固结体为扇状
注浆管类型	单管	喷射高压水泥浆一种介质
	二重管	喷射高压水泥浆液与气流复合喷射流或喷射高压水流和灌注水泥浆等两种介质
	三重管	喷射高压水与气流复合喷射流及灌注低压水泥浆，或喷射高压水与气流复合喷射流及喷射高压水泥浆与气流复合喷射流等三种介质
	多重管	喷射高压水流并泥水抽出形成孔洞后以浆液、混凝土等物质填充
	多孔管	喷射高压水、高压水泥浆与气流的复合喷射流以及灌注速凝剂等四种介质
固结方式	喷射注浆	高压喷射流速进行注浆固结
	搅拌喷射注浆	固结体中心为搅拌固结，外侧为高压喷射注浆固结
置换程度	半置换	部分细小土粒带出地面，其余土粒与浆液混合固结
	全置换	土粒全部或绝大部分抽出地面，形成孔洞以浆液等材料填充

下面详细介绍喷射管类型的高压注浆方法，其他方法不再叙述。

1. 单管法

单管法（见图 2－13）利用高压泵等装置，以 20MPa 左右的压力，将浆液从喷嘴中喷射出去，冲击破坏土体，同时借助注浆管的提升和旋转，使浆液与从土体上崩落下来的土混合搅拌，经过一定时间的凝固，在土中形成圆柱状的固结体。日本称之为 CCP 工法(Chemical Churning Pile)。单管法施工的固结体直径较小，一般桩径为 0.4m～1.4m，单桩垂直极限荷载 500kN～600kN。

2. 二重管法

二重管法（见图 2－14）即日本的 JSG 工法（Jumbo Special Pile），利用双管同时输送两种介质，通过在管底部侧面的一个同轴双重喷嘴，同时喷射高压浆液（20MPa 左右）和空气（0.7MPa 左右）两种介质喷射流冲击破坏土体。固结体的直径比单管法有明显增加，一般桩径为 0.5m～1.9m，单桩垂直极限荷载 1 000kN～1 200kN。

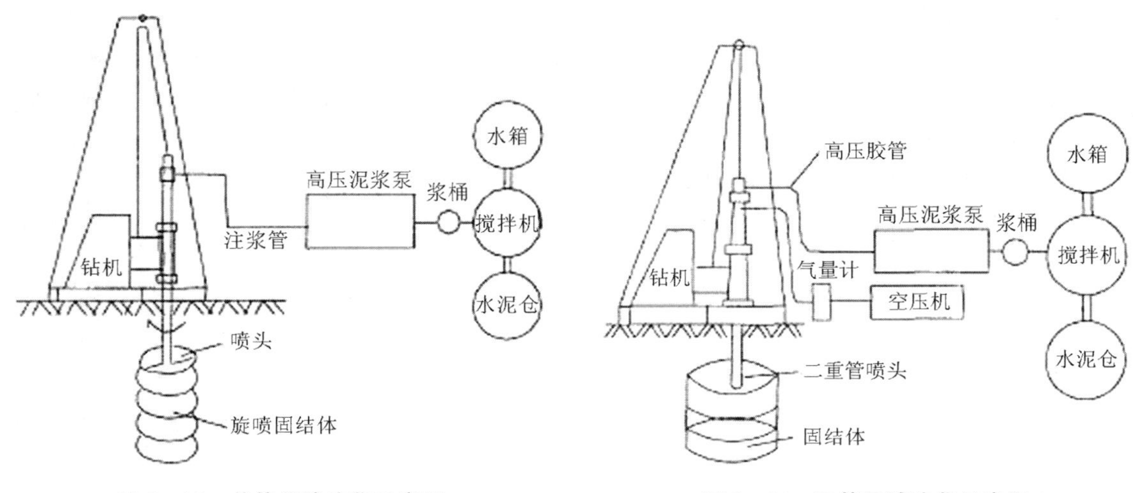

图 2－13　单管旋喷注浆示意图　　**图 2－14　二管旋喷注浆示意图**

当采用水为介质切割土体时，可克服单管法浆液黏度大、切割能力弱和高压喷嘴磨损易堵的缺点。

3. 三重管法

三重管法（见图 2－15）使用分别输送水、气、浆三种介质的三管（三重管或并行管），在压力 20MPa～50MPa 的高压或超高压水射流的周围环绕 0.7MPa 左右的圆筒状气流，利用高压水气同轴喷射流冲切土体，另由泥浆泵注入压力为 2MPa～5MPa 的浆液充填。当采用不同的喷射方式时，可形成各种形状的凝固体，该法日本称为 CJP 工法。固结体的直径旋喷一般达 0.9m～2.5m，定喷有效长度可达 1.0m～2.5m，单桩垂直极限荷载 2 000kN。

RJP 工法，分别采用水气、浆气两次切割，可形成直径 2.0m～3.2m 的旋喷桩。Super Jet 工法在 30MPa 的压力下，采用大流量（600L/min）浆液喷射，成桩直径达到 5.0m。

4. 多重管法

多重管法（见图 2－16）日本称之为 SSS－MAN 法，采用逐渐向上运动并同时摆动的超高压力水射流（约 40MPa）切削破坏四周土体，经高压水冲击下来的土水泥浆立即用真空泵从多重管内抽出地面。反复冲击土体和抽取泥浆，最后在地层中形成较大的空间，装在喷嘴附近的超声波传感器及时测出空间直径和形状，最后根据工程要求选用浆液、砂浆、砾石等材料充填。固结体的直径旋喷一般达 2.0～4.0m，该法在砂性土层中形成的柱状固结体最大直径可达 4.0m。

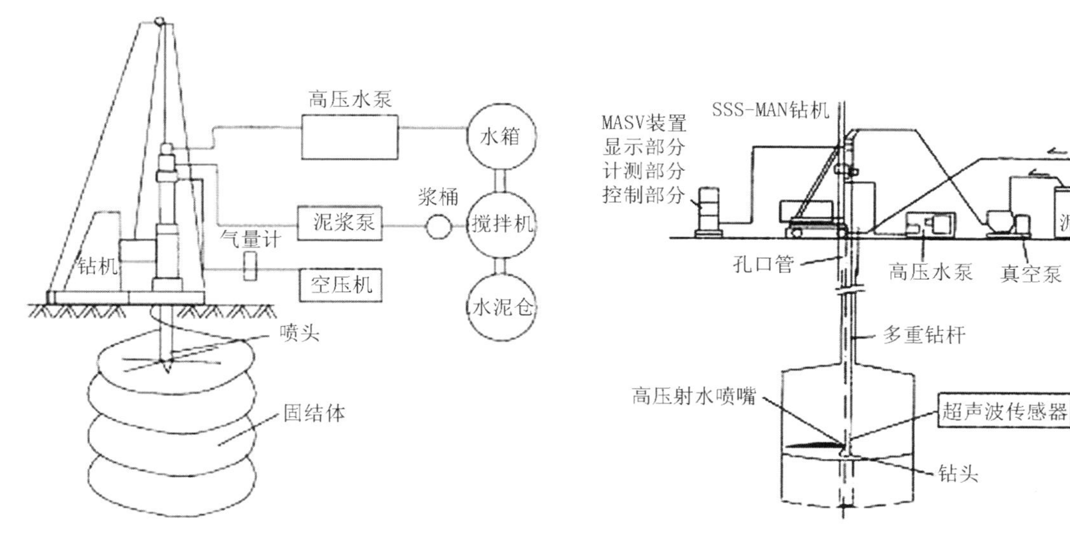

图 2－15　三管旋喷注浆示意图　　图 2－16　多管旋喷注浆示意图

（二）高压喷射注浆法的适用范围

高压喷射注浆技术将水力采煤技术与注浆技术结合起来，用水或浆切割土层形成空穴再将浆液与土层搅拌固结成形，克服了软土注浆难以控制的不足。

高压喷射注浆法加固地基时，浆液在喷切割土体极限范围之内固结，浆液可控性好，不易流失到加固区域之外，以置换土体方式固结，固结体强度高。

1. 适用土质条件

高压喷射注浆法主要适用于处理淤泥、淤泥质土、黏性土、粉土、黄土、砂土、人工填土和碎石土等地基。高压喷射加固软弱土层效果较好，但由于土中含有较多的大粒径块石、坚硬黏性土、卵砾石、大量植物根茎或有较多的有机质地层，喷射质量稍差，应根据现场试验结果确定其适用程度。

地下水流速过大，浆液无法在注浆管周围凝固的情况，无填充物的岩溶地段、永冻土以及对水泥有严重腐蚀的地基，不宜采用高压喷射注浆。

2. 工程使用范围

高压喷射注浆法可进行地基加固和基础防渗，有学者根据用途，将其分为 7 类工程 20 个方面，如表 2－9 和图 2－17～图 2－25 所示。

表 2－9　高压喷射注浆法适用工程种类一览表

高压喷射注浆加固土体	一、增加地基强度	1. 提高地基承载力
		2. 整治局部地表下沉
		3. 桩基础
		4. 应力扩散
	二、挡土围堰及地下工程建设	5. 保护邻近建筑物
		6. 地下工程建设
		7. 市政排水管道工程
		8. 防止基坑底部隆起
	三、增大土的摩擦力及黏聚力	9. 防止小型塌方滑坡
		10. 锚固基础
	四、减小振动防止液化	11. 减小设备基础振动
		12. 防止砂土液化
	五、降低土的含水量	13. 整治路基翻浆冒泥
		14. 防止地基冻胀
	六、防渗帷幕	15. 水库坝基防渗
		16. 矿山井巷帷幕
		17. 防止管道漏气
		18. 地下连续墙的补缺
		19. 防止涌砂冒水
	七、防止洪水冲刷	20. 防止桥渡、河堤及水工建筑物基础的冲刷

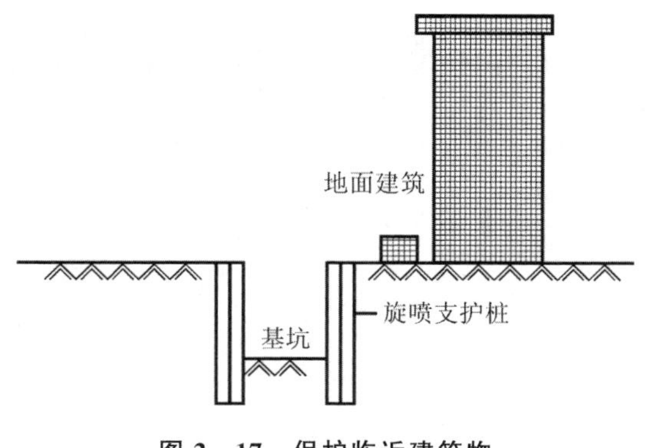

图 2－17　保护临近建筑物

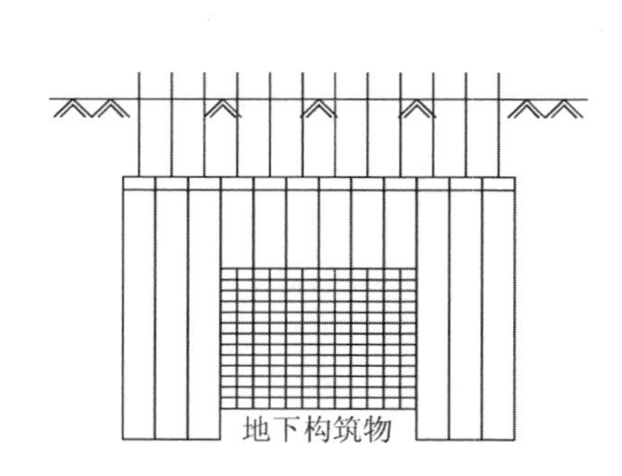

图 2－18　保护地下工程建设

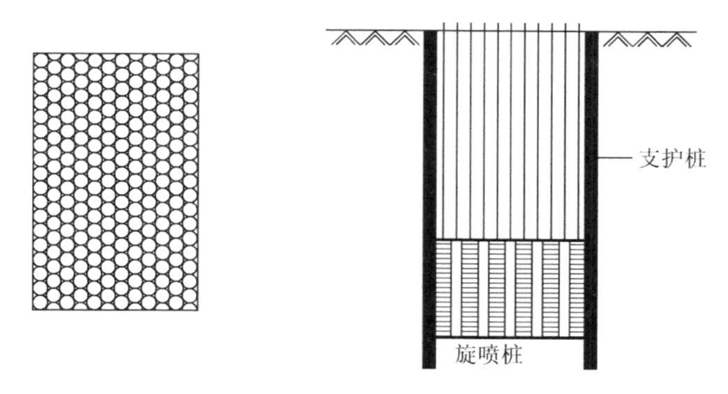

图 2－19　防止基坑底部隆起

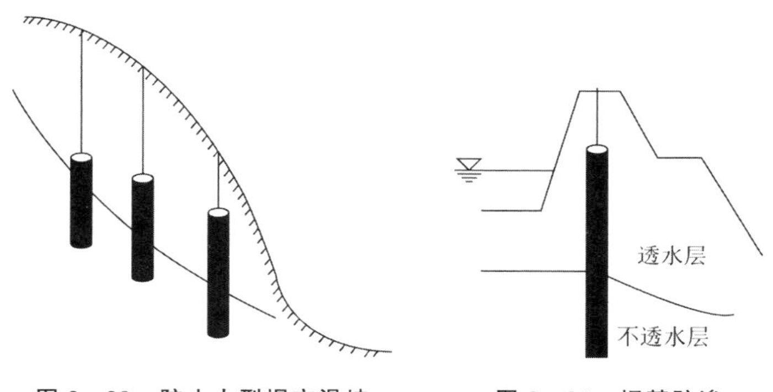

图 2－20　防止小型塌方滑坡　　图 2－21　坝基防渗

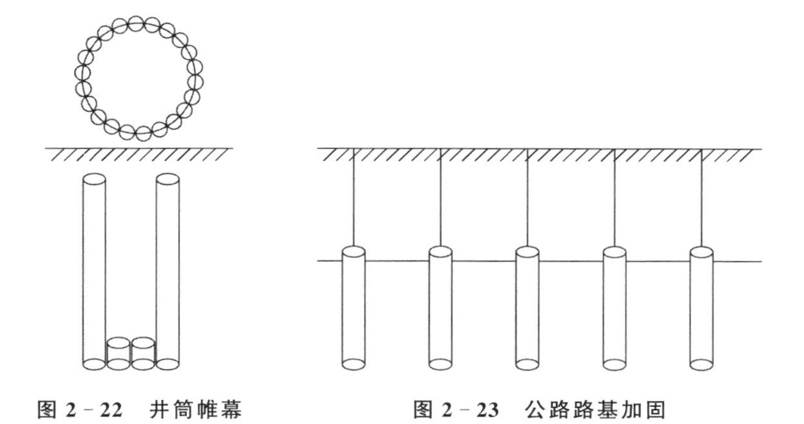

图 2－22　井筒帷幕　　图 2－23　公路路基加固

（三）高压喷射注浆法应用前景

高压喷射注浆技术首创于日本，并得到较快发展。其主要特点为：施工压力已达40MPa 以上，并细分成高压与超高压两种工法；高压施工深度可达 25m，超高压达 40m；加固体最大直径可大于 2m，且达到稳定的强度参数。

我国于 1975 年将高压喷射技术正式用于工程建设，现已在全国进行了推广应用，并在长江三峡、东风电站等大型水利工程中发挥了效能。

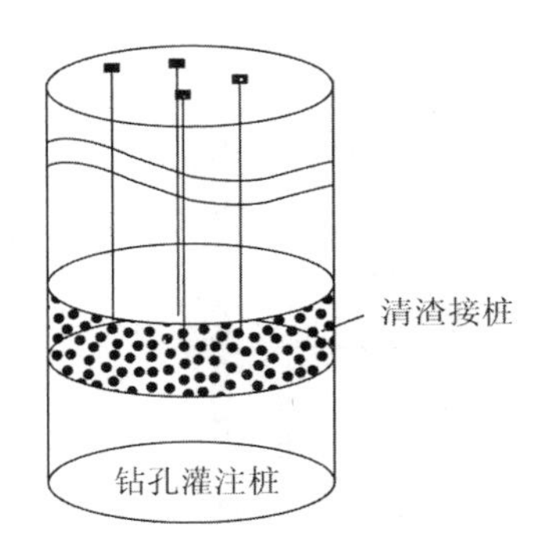

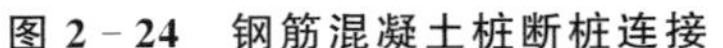

图 2-24 钢筋混凝土桩断桩连接

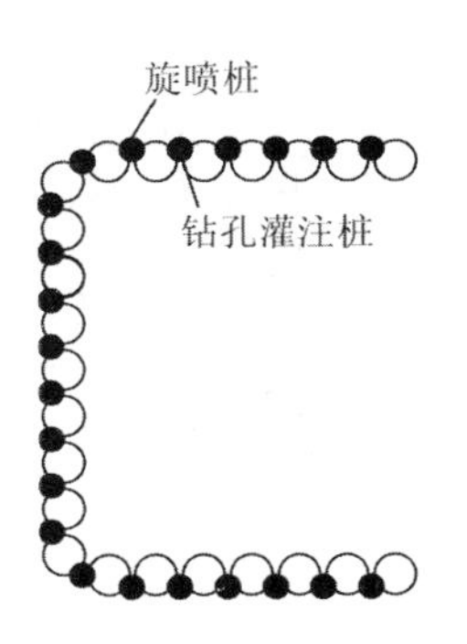

图 2-25 基坑止水防涌砂

重庆奉节库岸防护旋喷技术示范工程，采用高压旋喷注浆技术对松散堆积体进行了原位改性试验①。研究表明，高压旋喷注浆对崩积体地层进行改性后，岩土体工程力学性能有较大提高，旋喷固结体强度平均值 1.99MPa，远远高于岩土体强度，随工艺技术调整，强度还能有较大提高。旋喷固结体采用纯水泥浆，具有稳定的加固效果和较好的耐久、耐侵蚀性能；声波测试显示灌浆孔周围动弹模量有明显提高。利用 ϕ75mm 钻孔，便可旋喷出直径为 ϕ650～ϕ750mm 直径的旋喷固结体，施工简便。旋喷固结体具有透水透气性差等特点，具有一定的防渗能力。

三峡二期围堰的主要技术关键在于防渗墙施工。围堰堰基存在淤砂、砂砾石和残积块球体等覆盖层，基岩以前震旦系闪云斜长花岗岩为主，局部有花岗岩脉、辉绿岩脉穿插，基础地质条件复杂，生产性试验中通过单桩试验以了解不同高喷参数情况下旋喷桩直径和形态。试验采用二管法和新三管法两种高喷新工艺。新三管法是以水气浆为介质的喷射方法，系在老三管法的基础上，改低压注浆为高压射浆，形成高能介质高压喷射的新工艺（又称 RJP 工法）。高压旋喷灌浆生产性试验确定了适应三峡工程二期围堰特定地质条件下的施工参数，所形成的高压旋喷墙体渗透系数 1×10^{-5}cm/s。参加生产性试验成果评审的专家认为：三峡工程高压旋喷灌浆试验规模大，施工设备及工法先进，试验项目及获取的成果多，在国内处于领先水平。不仅为三峡二期围堰工程防渗体采取高压旋喷成墙取得了经验，亦为我国在复杂地层中采用高压旋喷技术进行防渗处理积累了宝贵经验，使我国高压旋喷技术迈上了一个新台阶。

江苏地质基桩工程公司也在大量注浆施工实践和试验的基础上，先后编制了单管法和三重管旋喷省级工法，喷射注浆技术水平得到了进一步发展。

由于高压喷射技术的实用性，能解决许多棘手的工程问题，理论研究发展较快，施工设备及应用领域等方面均得到不断发展、完善和拓展。特别是在大颗粒地层动水条件下的高喷注浆防渗技术和淤泥地层中的高喷注浆加固技术等方面均有了新的突破。我国不论是施工规模还是施工深度方面均已走在世界前列。

随着技术理论的发展，施工技术和设备的完善，高压喷射注浆法的应用领域和效能必将不断拓宽和提高，应用前景广阔。

---

① 段跃平，彭清元．三峡库区奉节库岸崩积物旋喷改性试验研究［J］．水文地质工程地质，2004，31（5）：1－6.

二、高压喷射注浆法加固机理

高压喷射注浆法利用钻机把带有喷嘴的注浆管钻进土层的预定位置后，以高压设备将浆液或水以20～40MPa的高压从喷嘴中喷射出来，冲击破坏土体。当能量大、速度快和脉动状的喷射流的动压超过土体结构强度时，土颗粒便从土体剥落下来，一部分细小的土粒随着浆液冒出水面，其余土粒在喷射流的冲击力、离心力和重力等作用下，与浆液搅拌混合，按一定的浆土比例和质量大小有规律地重新排列。浆液凝固后，便在土中形成固结体。

（一）高压喷射注浆法的特征

高压喷射注浆比一般的灌浆方法更易实现有效的控制，实用性强，所包含的各种工法各具特点，可根据工程要求和地质条件选用。因喷射流的高压能量大、速度快，几乎对各种土质的地层均能产生巨大的冲击破碎和搅拌作用，使灌入的浆液和土拌合均匀并凝固为新的凝固体。与其他工法相比，高压喷射注浆法具有其独特的优点。

1. 适用范围广

高压喷射注浆法适用于软土、黏性土、黄土、砂类土、砂砾卵石层等地层，除能强化地基外，还有防水止渗的作用，并可作水平、倾斜和垂直喷射，适用于各种土质条件下不同目的的固结处理工程。高压喷射注浆法适用于永久性工程，可与其他工法配合使用。

2. 施工简便

高压喷射注浆设备简单，全套设备结构紧凑，体积较小，操作简单，可在狭窄和低矮的空间内施工，且施工安全。施工时仅需在土层钻直径50～300mm的小孔，便可进行注浆作业，形成比孔径大8～10倍的大直径固结体，并可根据工程需要，控制加固范围。

3. 可控制固结体的形状

施工中可调整喷射速度、旋转角度和提升速度、增减喷射压力或更换喷嘴孔径改变流量，使固结体形成工程设计所需要的形状。随喷射参数的不同，固结体形状有均匀圆柱状、非均匀圆柱状、圆盘状、板墙状及扇形等。

4. 浆材来源广，性能好

喷射浆材以价格低廉、无公害、耐久性好的水泥为主，可根据工程需要和应用环境，在水泥浆液中掺加适量的外加剂（速凝剂、早强剂、膨胀剂、抗冻剂等）和添加剂（粉煤灰等），从而提高注浆体性能、扩展适用范围、改善施工缺陷、降低施工成本。

5. 桩身强度高

据冶金工业部建筑研究院所作的高压旋喷法加固土强度的本构关系研究报告，旋喷桩水泥土容重比土层的容重低，而强度比原地基土提高很大。高压旋喷桩有较高的强度，因而有较大的承载力，具有桩基功能，既可用于工程新建之前，也可进行已建建（构）筑物的加固。旋喷桩在黏性土中强度可达3～5MPa，粉土中可达5～8MPa，砂土中可达8～20MPa。由于桩身强度高，单桩承载力大，可较大幅度地提高地基承载力，用于中高层建筑地基处理或荷载较大的柱下基础的地基处理，具有质量可靠、施工速度快等优点。

6. 固结体渗透系数小

固结体内孔隙不贯通，且外有一层较致密的硬壳，其渗透系数达 10～6cm/s 或更小，故具有一定的防渗性能。

7. 固结体直径较大

对黏性土地基加固，单管旋喷注浆加固体直径一般为 0.3～0.8m；三重管旋喷注浆加固体直径可达 0.7～1.8m；二重管旋喷注浆加固体直径介于两者之间，多重管旋喷注浆加固体直径可达 2.0～4.0m。定喷和摆喷的有效长度约为旋喷桩直径的 1.0～1.5 倍。

8. 环保效果好

高压喷射注浆工艺施工机具振动小，噪声低，冒出的浆液如处理得当可回收再利用。

（二）喷射注浆材料

注浆材料是注浆技术中不可缺少的一个组成部分，浆材的品种和性能的好坏，直接关系到工程的质量和造价。其原材料包括主剂和助剂，助剂有固化剂、催化剂、速凝剂、缓凝剂、悬浮剂和膨胀剂等。近半个世纪以来，人们对注浆材料的开发和研究，投入了巨大的精力并取得了辉煌的成果。据 20 世纪 90 年代相关文献报道，经日本政府有关部门批准生产的有注册商标的注浆材料，仅水玻璃的品种就有 350 多种。

理想的注浆材料有如下要求：浆液黏度低、流动性好、可注性好；浆液凝固时间在短时间内可任意调节，并能准确控制；浆液的稳定性好；浆液无毒、无臭，不污染环境，对人体无害；浆液对注浆设备、建（构）筑物无腐蚀性，且容易清洗；浆液固化时无收缩，固化后有一定的黏结性；浆液结石率高，固结体有一定的强度和抗渗性；固结体耐老化、耐腐蚀；材料粒度细；浆液配置方便，原材料来源广、价格低。实际施工中，可根据具体情况和要求，选择最合适的一种或几种浆液配合使用，以达到预期的效果。

1. 注浆材料的分类

多年来，注浆材料经过水泥浆材、化学浆材及有机高分子浆材的发展，品种较多且性能各异，因此分类方法也较多。按浆液状态可分为真溶液、悬浮液和乳化液；按工艺性质可分为单浆液和双浆液；按浆液主剂性质分为无机系列和有机系列两大类，如图 2－26 所示。实际应用中，高压喷射注浆主剂以单液水泥浆液最为常见。

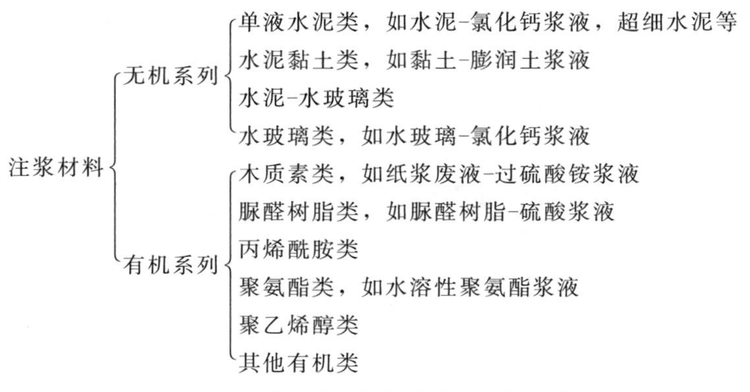

图 2－26　注浆材料按浆液主剂的性质分类

2. 单液水泥浆液的基本性能

单液水泥浆液以水泥为主剂，添加一定量的附加剂，用水配制成浆液。根据室内有关试验，随着水灰比的增大，纯水泥浆的黏度、密度、结石率、抗压强度等都有很明显的降低，初凝、终凝时间逐渐延长，如表 2－10 所示。①

表 2－10　纯水泥浆的基本性能

水灰比（重量比）	黏度（10^{-3}Pa・s）	密度（g/cm^3）	胶凝时间		结石率（%）	抗压强度（MPa）			
			初凝	终凝		3d	7d	14d	28d
0.5∶1	139	1.86	7h41min	12h36min	99	41.4	64.6	153.0	220.0
0.75∶1	33	1.62	10h47min	20h33min	97	24.3	26.0	55.4	112.7
1∶1	18	1.49	14h56min	24h27min	85	20.0	24.0	24.2	89.0
1.5∶1	17	1.37	16h52min	34h47min	67	20.4	23.3	17.8	22.2
2∶1	16	1.30	17h7min	48h15min	56	16.6	25.6	21.0	28.0

注：①利用普通硅酸盐水泥；②各种测定数据均采取平均值。

视实际工程特点，可采用加入适量附加剂的方法来调节水泥浆的性能，以满足工程的特殊要求。单液水泥浆液的基本性能如表 2－11 所示。常用水泥浆改性的附加剂及掺量如表 2－12 所示②。

表 2－11　单液水泥浆液基本性能

水灰比	附加剂		胶凝时间		抗压强度（MPa）				备注
	名称	用量（%）	初凝	终凝	1d	2d	7d	28d	
1∶1	水玻璃	3	7h20min	14h30min	1.0	1.8	5.5		①水泥为500号普通硅酸盐水泥；②附加剂用量为占水泥重量的百分数；③氯化钙用量一般占水泥重量5%以下；④水玻璃用量一般占水泥重量3%以下
1∶1	氯化钙	2	7h10min	15h04min	1.0	1.9	6.1	9.5	
1∶1	氯化钙	3	6h50min	13h08min	1.1	2.0	6.5	9.8	
0.4∶1	“711”	3	0h1min	0h2min	15.1	—	30.9	47.8	
0.4∶1	“711”	5	0h4min	0h5min	19.8	—	35.9	47.1	
0.4∶1	阳泉一型	2	0h3min	0h6min	0.6	—	—	34.1	
1∶1	三乙醇胺/氯化胺	0.05～0.5	6h45min	12h35min	2.4	3.9	7.2	14.3	
1∶1	三乙醇胺/氯化纳	0.1～1.0	7h23min	12h58min	2.3	4.6	9.8	15.2	
1∶1	三异丙醇胺/氯化纳	0.05～0.5	11h03min	18h22min	1.4	2.7	7.4	12.0	
1∶1	三异丙醇胺/氯化纳	0.1～1.0	9h36min	14h12min	1.8	3.5	8.2	13.1	

①②彭振斌．注浆工程设计计算与施工［M］．武汉：中国地质大学出版社，1997．

表 2-12　常用水泥浆改性的附加剂及掺量

名称	附加剂	掺量占水泥重量（%）	说明
缓凝剂	木质磺酸钙	0.2～0.5	可增加流动性
	酒石酸	0.1～0.5	
	糖	0.1～0.5	
流动剂	木质磺酸钙	0.2～0.3	
	去垢剂	0.05	产生空气
加气剂	松香树脂	0.1～0.2	产生约10%的空气
膨胀剂	铝粉	0.005～0.02	约膨胀15%
	饱和盐水	30～60	约膨胀1%
防析水剂	纤维素	0.2～0.3	
	硫酸铝	约20	产生空气

（三）高压喷射流的流体力学特性

1. 高压喷射流的性质

高压喷射流有单管、二重管、三重管和多重管喷射流四种类型，按其构造可划分为单液高压喷射流和水（浆）、气同轴喷射流两种类型。在高压、高速的条件下，喷射流具有很大的功率，其功率与速度和喷嘴压力的关系如表 2-13 所示。

表 2-13　喷射流的速度与功率和压力的关系

喷嘴压力 P_2（Pa）	喷嘴出口孔径 d_0（cm）	流速系数 φ	流量系数 μ	喷射流速度 v_0（m/s）	喷射流功率 N（kW）
10×10^6	0.30	0.963	0.946	136	8.5
20×10^6	0.30	0.963	0.946	192	24.1
30×10^6	0.30	0.963	0.946	243	44.1
40×10^6	0.30	0.963	0.946	280	68.3
50×10^6	0.30	0.963	0.946	313	95.4

2. 高压喷射流的构造

高压喷射流按喷射流距喷嘴的距离大致划分为初期区、迁移区、主要区以及终了区。

（1）初期区。喷射出口流速分布均匀，轴向动压为常数，该区称为喷射核，其速度等于喷嘴出口速度。随着距喷嘴距离的增大，喷射核的宽度逐渐缩小，直到迁移断面处喷射核汇聚成一点。初期区长度是喷射流的一个重要参数，决定了破碎土体和搅拌混合的效果。

（2）迁移区。迁移区为过渡区，位于喷射核末端，扩散宽度稍有增加，轴向动压有所减小。

（3）主要区。轴向动压陡然减弱，扩散率为常数，喷射流与土主要在该区内搅拌混合。

(4) 终了区。喷射流处于衰竭状态，喷射流宽度很大，喷射能量衰减也很大，浆液呈雾化状态。初期区与主要区长度越大，所形成的加固体的直径或有效长度就越大。

3. 高压喷射流的压力衰减

喷射流在一定的射程内保持很高的速度和动压力，但随着距喷嘴距离的增加，射流速度和压力均逐渐衰减，喷射流的动压在不同的喷射环境下有很大的差异。

在空气中喷射时：

$$\frac{P_m}{P_0}=\frac{X_c}{X} \tag{2-21}$$

在水中喷射时：

$$\frac{P_m}{P_0}=\left(\frac{X_c}{X}\right)^2 \tag{2-22}$$

式中，X_c 为初期区域的长度（m），根据试验结果，在空气中喷射时，$X_c=(75\sim100)d_0$；在水中喷射时，$X_c=(6\sim6.5)d_0$；X 为喷射流中心轴距喷嘴的距离（m）；P_0 为喷嘴出口压力（kPa）；P_m 为喷射流中心轴上距喷嘴 X 距离的压力（kPa）；d_0 为喷嘴直径（mm）。

当压力高达 10～40MPa 的喷射流在介质中喷射时，压力衰减规律可近似为

$$P_m=K\cdot d_0^{0.5}\frac{P_0}{X^n} \tag{2-23}$$

式中，K，n 为系数（适用于 $X=50\sim300d_0$），根据试验结果，在空气中喷射时，$K=8.3$，$n=0.2$；在水中喷射时，$K=0.16$，$n=2.4$。

$X=300d_0$ 时，射流变成水滴，因此 $300d_0$ 可称为高压喷射流的有效射程。由于射流的这种特性，高压喷射注浆法派生出了不同类型的喷射方式。

喷射流在水中喷射时，由于地下水存在，使喷射流的威力大大减弱。气水同轴喷射流利用空气包裹水中喷射条件下造成与在空气中喷射相似的环境，从而达到防止动压衰减的目的。

(四) 高压喷射流切削岩土的特性

高压喷射流对岩土体的切削破坏作用，理论上至今尚不完善。一般认为高速喷射流对岩土的破坏作用有：喷射流的动压力作用；水、液滴的冲击力；气蚀现象；喷射流的脉动负荷引起的地基土的破坏；水力楔形效应等。影响高速喷射流切削性质的主要因素有以下几种。

1. 高速喷射流的动压

喷射流的动压超过岩土颗粒结构的破坏极限时，岩土体即受到破坏，喷射流的破坏力 F（$kN\cdot m^2/s$）可由下式确定：

$$F=\rho\cdot Q\cdot V_m \tag{2-24}$$

$$Q=V_m\cdot A$$

故又可表示为

$$F=\rho\cdot A\cdot V_m^2 \tag{2-25}$$

式中，ρ 为喷射流介质的密度（kg/m^3）；Q 为喷射流流量（m^3/s）；A 为喷嘴的断面积

(m^2)；V_m 为喷射流的平均速度（m/s）。

由上式可见，当 ρ 和 A 一定时，破坏力与流速的平方成正比。要增加流速，就要增加喷射压力，使喷射流有足够的能量冲击破坏土体，压力愈高，流速愈大，则破坏力愈大，切削、搅拌土体的范围也愈大。喷射流的动压作用是破坏土体的主要作用。

2. 喷嘴移动速度

喷嘴的移动速度分旋转速度和提升速度，喷嘴移动速度越小，对岩土体的破坏越持久，喷射直径越大。

3. 岩土材料的物理力学性质

土体在喷射压力作用下是否破坏，与土的抗剪强度、渗透性、土颗粒粒径大小及土的密度等因素有关。如水射流在砂土中的有效距离大于黏性土中有效距离，是由于砂土孔隙大、黏性土黏聚力大，土颗粒在压力作用下移动能力差异所致。

4. 挤压作用

在喷射过程中，有效射流长度内的土体结构被破坏至喷射流的终期区域，能量衰减很大，不能切割土体，但能对有效射流边界的土产生挤压力，有挤密效果，并使部分浆液进入土粒之间的孔隙中，使固结体与周围土体联结紧密。

（五）高压喷射注浆的成桩（墙）作用

旋喷时，高压射流边旋转边缓慢提升，对周围土体进行切削破坏，被切削下来的一部分细小的土颗粒被喷射浆液置换，被液流携带到地表（冒浆），其余的土颗粒在喷射动压、离心力和重力的共同作用下，在横断面按质量大小重新分布，经凝固后，形成一种新的强度较高、渗透性较小的水泥-土网络结构，如图 2－27 所示。

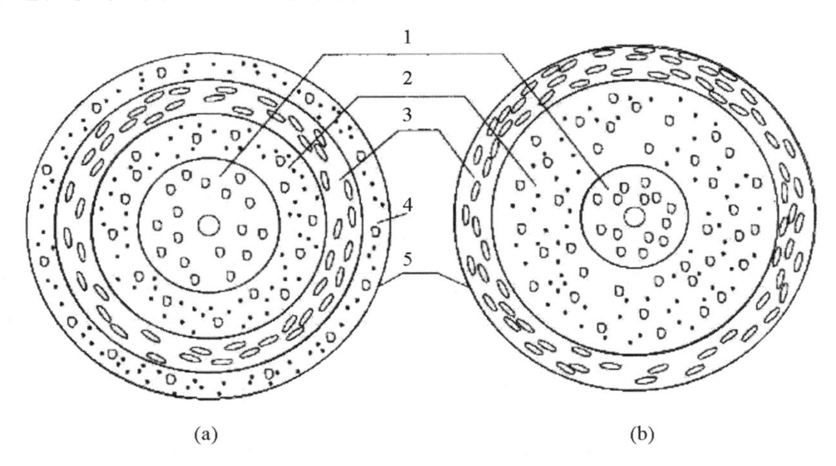

图 2－27　旋喷形成的水泥-土网络固结体横断面结构示意图

（a）砂土；（b）黏性土

1—浆液主体部分；2—搅拌混合部分；3—压缩部分；4—渗透部分；5—硬壳

定喷时，浆液只作固定方向喷射，并逐渐向上提升，将岩土体切削成一条沟槽，被冲下的土粒一部分被携带流出地面，其余土粒与浆液搅拌混合，最后形成一个板（墙）状固结体，如图 2－28 所示。

高压喷射注浆的成桩（墙）作用主要有以下几种。

（1）切削破坏。喷射流的动压以脉冲形式连续冲击土体造成土体破坏，射流边界紊流对土体的卷吸作用，增加土体破坏范围。

（2）混合搅拌。喷嘴的旋转提升，在射流后部形成空隙，形成的压力差，促使切削破坏的土粒与浆液移动混合组成新的混合体结构。

（3）升扬置换。喷射注浆时，一部分细小的土粒随孔口冒浆排出地面，其原位空间被水泥浆液置换充填。

（4）充填压密。高压喷射流破坏的空间及土粒间隙被水泥浆充填，喷射流终了区的挤压力对周边土产生挤压密实。

（5）渗透固结。在渗透性较好的地层中喷射注浆时，浆液可渗入未破坏土体一定的厚度，提高周围土体的强度。

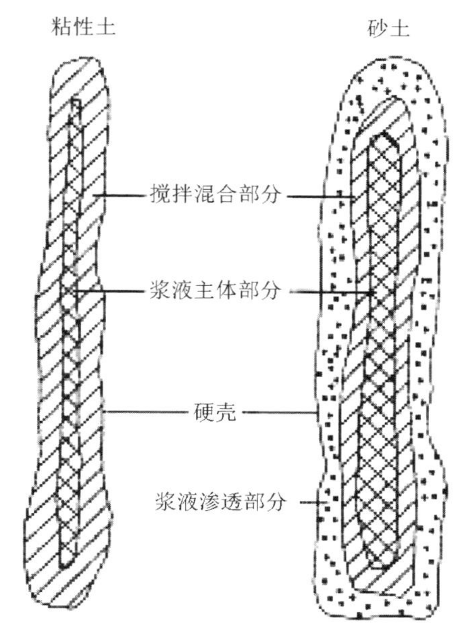

图 2－28　定喷形成的板（墙）固结体横断面结构示意图

三、高压喷射注浆设计

（一）设计原则

高压喷射注浆法适用于处理淤泥、淤泥质土、流塑、软塑可塑黏性土、粉土、砂土、黄土、素填土和碎石土等地基。当土中含有较多的大粒径块石、大量植物根茎或有较高的有机质时，以及地下水流速过大和已涌水的工程，应根据现场试验结果确定其适用性。高压喷射注浆法可用于既有建筑和新建建筑地基加固，深基坑、地铁等工程的土层加固或防水。加固形状可分为柱状、壁状、条状和块状。根据工程需要和土质条件，可分别采用单管法、双管法和三管法。高压喷射注浆法设计目前主要依据《建筑地基处理技术规范》JGJ 79—2012，J220—2012。

对既有建筑物在制定高压喷射注浆方案时应搜集有关的历史和现状资料、邻近建筑物和地下埋设物等资料。高压喷射注浆方案确定后，应结合工程情况进行现场试验、试验性施工或根据工程经验确定施工参数及工艺。形成的加固体强度和范围，应通过现场试验确定。当无现场试验资料时，可参照相似土质条件的工程经验。

竖向承载旋喷桩复合地基承载力特征值应通过现场复合地基载荷试验确定。单桩竖向承载力特征值可通过现场单桩载荷试验确定。竖向承载旋喷桩的平面布置可根据上部结构和基础特点确定。独立基础下的桩数一般不应少于 4 根。

当旋喷桩处理范围以下存在软弱下卧层时，应按现行国家标准《建筑地基基础设计规范》GB 50007—2011 的有关规定进行下卧层承载力验算。

高压喷射注浆法用于深基坑、地铁等工程形成连续体时，相邻桩搭接不宜小于

300mm，并应符合设计要求和国家现行的有关规范的规定。

（二）设计参数的确定

1. 压力参数的确定

喷射流的破坏力与射流速度的平方成正比，喷射注浆的压力愈大，射流流量及流速就愈大，喷射流的破坏力也愈大，处理地基的效果就愈好。根据国内实际工程的应用实例，高压水泥浆液流或高压水射流的压力宜大于20MPa，气流的压力以空气压缩机的最大压力为限，通常在0.7MPa左右，低压水泥浆的灌注压力通常为1.0MPa～2.0MPa。

2. 喷嘴移动方式或速度的确定

喷嘴移动方式有旋转提升、定向提升和摆动提升三种方式，视工程实际需要采用。一般地基加固选用旋转提升方式；抗渗加固采用旋转提升或摆动提升方式；为提高固结体直径或强度，可采取重复喷射的方式。采用旋转提升喷射方式时，一般提升速度为0.05～0.25m/min，旋转速度可取10～20r/min。

3. 固结体直径的确定

喷射固结体的直径，一般只能用半经验的方法来判断、确定。根据国内外的施工经验，旋喷桩设计直径可参考表2－14选用。定喷及摆喷的有效长度约为旋喷桩直径的1.0～1.5倍。

表2－14　旋喷桩的设计直径（m）

土质＼方法		单管法	二重管法	三重管法
黏性土	0＜N＜5	0.5～0.8	0.8～1.2	1.2～1.8
	6＜N＜10	0.4～0.7	0.7～1.1	1.0～1.6
砂土	0＜N＜10	0.6～1.0	1.0～1.4	1.5～2.0
	11＜N＜20	0.5～0.9	0.9～1.3	1.2～1.8
	21＜N＜30	0.4～0.8	0.8～1.2	0.9～1.5

注：N为标准贯入击数。

旋喷桩直径的估算是否合理，不仅直接牵涉到其工艺适用性，而且与工程的经济效益密切相关。对于大型或重要工程应通过现场喷射试验确定。

4. 固结体强度的估计

固结体的强度取决于土的性质、喷射的材料、水灰比等。对于大型或重要工程可通过室内试验确定；对于一般工程，若无试验资料可结合当地工程经验设定。

一般28天强度，黏性土中3～5MPa，粉土中5～8MPa，砂土中8～20MPa，28天后强度仍会继续增长，这种强度的增长可作为安全储备。选用桩身强度时，可根据土层的均匀性等因素综合考虑，一般土层较均匀时选高值，不均匀土层、杂填土、有机质含量高的土层选低值。

5. 桩长的确定

桩端一般按相对硬层埋深以及建筑物地基变形允许值确定。桩长与桩强度、桩承载力的综合，决定了高压喷射注浆法在实际工程设计中方案的选择。

6. 搭接长度的确定

需要相邻桩相互搭接形成整体时，应考虑施工垂直度误差等，设计桩径相互搭接不宜小于300mm。尤其在截水工程中尚需要采取可靠方案或措施保证相邻桩的搭接，防止截水失败。

（三）喷射注浆设计及工程布置

1. 地基承载力计算

进行初步设计时，可按下式估算竖向承载旋喷桩复合地基承载力：

$$f_{spk}=m\frac{R_a}{A_p}+\beta(1-m)f_{sk} \tag{2-26}$$

式中，f_{spk}为复合地基承载力特征值（kPa）；m为面积置换率；R_a为单桩竖向承载力特征值（kN）；A_p为桩的截面积（m^2）；β为桩间土承载力折减系数，可根据试验或类似土质条件工程经验确定，当无试验资料或经验时，可取0～0.5，承载力较低时取低值；f_{sk}为处理后桩间土承载力特征值（kPa），宜按当地经验取值，如无经验时，可取天然地基承载力特征值。

单桩竖向承载力特征值可通过现场单桩载荷试验确定。也可按下式估算，取其中较小值：

$$R_a=\eta f_{cu}A_p \tag{2-27}$$

$$R_a=u_p\sum_{i=1}^{n}q_{si}l_i+q_pA_p \tag{2-28}$$

式中，f_{cu}为与旋喷桩身水泥土配比相同的室内加固土试块（边长70.7mm的立方体）在标准养护条件下28天龄期的立方体抗压强度平均值（kPa）；η为桩身强度折减系数，可取0.33；n为桩长范围内所划分的土层数；l_i为桩周第i层土的厚度（m）；q_{si}为桩周第i层土的侧阻力特征值（kPa），可按现行国家标准《建筑地基基础设计规范》GB 50007—2011的有关规定或地区经验确定；q_p为桩端地基土未经修正的承载力特征值（kPa），可按现行国家标准《建筑地基基础设计规范》GB 50007—2011的有关规定或地区经验确定。

2. 地基变形计算

高压旋喷桩复合地基的变形计算时，地基内的应力分布可采用各向同性均质线性变形体理论。其最终变形量可按下式计算：

$$s=\psi_s s'=\psi_s\sum_{i=1}^{n}\frac{P_0}{E_{si}}(z_i\overline{\alpha_i}-z_{i-1}\overline{\alpha_{i-1}}) \tag{2-29}$$

式中，s为地基最终变形量；s'为按分层总和法计算出的地基变形量（mm）；ψ_s为沉降计算经验系数，根据地区沉降观测资料及经验确定，无地区经验时可在《建筑地基处理技术规范》（JGJ 79—2012）中查表得到；n为地基变形计算深度范围内所划分的土层数；P_0为对应于荷载效应准永久组合时的基础底面处的附加压力（kPa）；E_{si}为基础底面下第i层土的压缩模量（MPa），应取土的自重压力至土的自重压力与附加压力之和的压力段计算；

z_i，z_{i-1}分别为基础底面至第 i 层、第 $i-1$ 层土底面的距离（m）；$\overline{\alpha_i}$，$\overline{\alpha_{i-1}}$分别为基础底面计算点至第 i 层土、第 $i-1$ 层土底面范围内平均附加应力系数，可按《建筑地基基础设计规范》GB 50007—2011 附录的有关规定采用。

旋喷桩复合土层的压缩模量可按下式确定：

$$B_{sp} = \frac{E_c(A_e - A_p) + E_p A_p}{A_e} \tag{2-30}$$

式中，B_{sp}为旋喷桩复合土层的压缩模量（kPa）；E_c 为桩间土的压缩模量（kPa），可用天然地基土的压缩模量 E_S 代替；E_p 为桩体的压缩模量（kPa），可采用测定混凝土割线模量的方法确定；A_e 为一根桩承担的处理面积（m^2）；A_p 为旋喷桩的平均截面积（m^2）。

迄今为止，积累的旋喷桩沉降观测及分析资料仍很少，目前复合地基变形计算的模式均以土力学和混凝土材料性质的有关理论为基础。

3. 孔位布置设计

高压喷射孔位布置方式根据工程性质确定，地基处理按复合地基或桩基方式布置孔位，地基加固按桩基方式布置孔位，堵水防渗则采用帷幕形式布置孔位。

（1）地基处理。新建建（构）筑物地基处理时，根据基础面积和应力分布及各桩受力尽可能均等的原则布桩，一般取桩距为（6～8）d_0（d_0 为旋喷桩半径），布排方式选用矩形或梅花型。布置桩数按下式计算：

$$n = \frac{F + G}{R} \tag{2-31}$$

式中，F 为工程结构的荷载（kN）；G 为承台和承台上土体的自重（kN）；R 为单桩承载力标准值（kN）；n 为需要的桩数。在偏心荷载、桩基中各桩受力不均匀时，桩根数可适当增加到计算值的 1.1～1.2 倍。

（2）地基加固。既有建（构）筑物地基加固时，所需固结体总面积按下式计算：

$$A_{桩} = \frac{K(F + G) - R \cdot A}{\sigma_{桩} - R} \tag{2-32}$$

式中，K 为地基承载力安全系数，$K=1.15$～1.3；A 为单桩截面积（m^2）；$\sigma_{桩}$ 为桩的极限承载力（kN）。

对均匀下沉的地基，布孔尽可能与基础重心成轴对称或使各桩受力均等；对不均匀下沉的建（构）筑物，在下沉较严重的部位适当加密布孔；加固无承台基础时，孔位应紧邻基础。有条件时可采用定喷方式直接加固地基。

（3）堵水防渗。堵水防渗工程孔位布置以双排或三排布置为宜，相邻孔距应小于 $1.732R_0$（R_0 为旋喷桩半径，下同），排距一般取（1.3～1.4）R_0，理论孔距如图 2-29 所示，还可采用摆喷、定喷形成止水帷幕，以降低成本、提高整体连续性。在深基坑施工中作支护桩间的间隙填补形成连接体时，旋喷桩与支护桩的搭接宽度一般取 200～300mm。

4. 注浆量计算

目前注浆量计算有体积法和喷量法两种，实际计算时取其计算结果的较大值作为设计喷射注浆量。

（1）体积法。体积法按下式计算注浆量：

$$Q=\frac{\pi}{4}D_c^2Kh\alpha(1+\beta) \qquad (2-33)$$

式中，Q 为浆液用量（m^3）；D_c 为设计固结体直径（m）；K 为填充率（0.75～0.9）；h 为旋喷长度（m）；α 为折减系数，取 0.6～1.0；β 为损失系数，取 0.1～0.2。

（2）喷量法。喷量法适合于旋喷桩及喷射板墙注浆量的计算，以单位时间喷射的浆量及持续时间计算浆量，计算公式为

$$Q=\frac{H}{v}q(1+\beta) \qquad (2-34)$$

式中，Q 为浆液用量（m^3）；H 为旋喷长度（m）；v 为提升速度（m/min）；q 为单位时间喷浆量（m^3/min）；β 为损失系数，取 0.1～0.2。

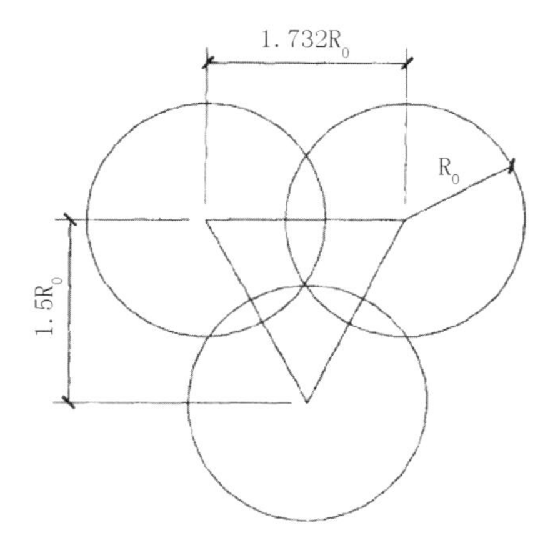

图 2－29　旋喷桩帷幕的理论孔距及排距

根据计算所需的喷浆量和设计的水灰比，可确定水泥的使用数量。

5. 防渗设计

在普通硅酸盐水泥浆中掺入 2%～4%的水玻璃，可显著提高固结体的抗渗性。工程以防渗为目的时，最好使用“柔性材料”，可在水泥浆液中掺入 10%～50%（重量比）的膨润土。截水帷幕的渗透系数宜小于 1.0×10^{-6}cm/s。

定喷和摆喷由于喷射出的板墙壁较长，成本较圆柱形的旋喷桩低，而且整体连续性也高，是一种理想的防渗堵漏方法，有条件时应优先选用。

四、高压喷射注浆施工①

高压喷射注浆施工前应根据现场环境和地下埋设物的位置等情况，复核高压喷射注浆的设计孔位。喷射注浆的施工参数应根据土质条件、加固要求，通过试验或根据工程经验确定，并在施工中严格加以控制。

（一）施工工艺参数

单管法及双管法的高压水泥浆和三管法高压水的压力原则上应大于 20MPa。高压喷射注浆的主要材料为水泥，宜采用强度等级为 32.5 级及以上的普通硅酸盐水泥。根据需要可加入适量的外加剂及掺合料。外加剂和掺合料的用量，通过试验确定。

水泥浆液的水灰比视工程地质特点或实际工程要求确定，可取 0.8～1.5，常用 1.0。高压喷射注浆的施工工序为机具就位、贯入喷射管、喷射注浆、拔管和冲洗等。喷射孔与高压注浆泵的距离不宜大于 50m，钻孔的位置与设计位置的偏差不得大于 50mm。实际孔位、孔深和每个钻孔内的地下障碍物、洞穴、涌水、漏水及与岩土工程勘察报告不符等情况均应详细记录。高压喷射注浆的主要工艺技术参数如表 2－15 所示。

① 陈春生. 高压喷射注浆技术及其应用研究［D］. 南京：河海大学，2007.

表 2-15　高压喷射注浆的主要工艺技术参数

高压喷射注浆种类			单管法	二重管法	三重管法
浆液材料及配方			以水泥为主要材料加入不同外加剂后具有速凝、早强、抗蚀、防冻等性能，常用水灰比 1∶1，也可用化学材料		
高压喷射注浆法参数值	水	压力（MPa）			20
		流量（L/min）			80～180
		喷嘴孔径（mm）及个数			ϕ2～ϕ3（1 或 2 个）
	空气	压力（MPa）		0.7	0.7
		流量（m^3/min）		1～2	1～2
		喷嘴间隙（mm）及个数		1～2（1 或 2 个）	1～2（1 或 2 个）
	浆液	压力（MPa）	20	20	20
		流量（L/min）	80～120	80～120	100～150
		喷嘴间隙（mm）及个数	ϕ2～ϕ3（2 个）	ϕ2～ϕ3（1 或 2 个）	ϕ10（2 个）～ϕ14（1 个）
	注浆管外径（mm）		ϕ42 或 ϕ45	ϕ42，ϕ50，ϕ75	ϕ75 或 ϕ90
	提升速度（cm/min）		20～25	约 10	约 10
	旋转速度（r/m）		约 20	约 10	约 10

当喷射注浆管贯入土中，喷嘴达到设计标高时，即可喷射注浆。在喷射注浆参数达到规定值后，随即分别按旋喷、定喷或摆喷的工艺要求，提升喷射管，由下而上喷射注浆。喷射管分段提升的搭接长度不得小于 100mm。根据国内实际工程的应用实例，高压水泥浆液流或高压水射流的压力宜大于 20MPa，气流的压力以空气压缩机的最大压力为限，通常在 0.7MPa 左右，低压水泥浆的灌注压力通常在 1.0～2.0MPa 左右。采用旋转提升喷射方式时，一般提升速度为 0.05～0.25m/min，旋转速度可取 10～20r/min。对需要局部扩大加固范围或提高强度的部位，可采用复喷措施。

（二）施工机具

高压喷射注浆的施工机具，由钻机、高压泵、特种钻杆和高压管路四部分组成。不同喷射方式所采用的机具类型和数量不同，如表 2-16 所示。

表 2-16　高压喷射注浆的主要施工机具汇总表

序号	设备名称	所用机具			
		单管法	二重管法	三重管法	多重管法
1	高压泥浆泵	★	★		
2	高压水泵			★	★
3	钻机	★	★	★	★
4	泥浆泵			★	★
5	真空泵				★

续表

序号	设备名称	所用机具			
		单管法	二重管法	三重管法	多重管法
6	空压机		★	★	
7	泥浆搅拌机	★	★	★	★
8	单管	★			
9	二重管		★		
10	三重管			★	
11	多重管				★
12	超声波传感器				★
13	高压胶管	★	★	★	★
14	使用机具总数	5	6	7	8

SNC－H 型黄河水泥浆注浆车是我国旋喷注浆施工中常用的设备之一，其动力 90kW。工作压力 30MPa 时，排量 65～145L/min；工作压力 40MPa 时，排量 50～110L/min。该泵的排量可在大范围内调节，既可用于单管法喷射水泥浆，又可用于三管法喷射高压水射流。

（三）施工程序及要点

尽管各种高压喷射注浆法所注入的介质种类和数量不同，但其施工程序却基本一致，均按照自下而上的工序进行施工。

1. 钻（引）孔

钻孔的目的是将喷射注浆管插入预定的地层中，钻孔方法视地层地质情况、加固深度、机具设备等条件而定。钻进深度可达 30m 以上，当遇到较坚硬的土层时宜采用地质钻机钻孔。一般在二重管和三重管旋喷法施工中，采用地质钻机钻孔。

2. 插管

钻孔完成后，应及时将喷射注浆管插入地层预定深度，插管与钻孔两道工序一般合二为一，但使用地质钻机钻孔完成后，必须拔出岩芯管，插入喷射管。在插管过程中，为防止泥沙堵塞喷嘴，可边射水、边插管，水压力一般不超过 1MPa，压力过高易将孔壁射塌。

3. 喷浆

根据土质、土类、地下水等环境调整喷浆压力、流量、旋转提升速度等，自下而上喷射注浆。根据工程需要进行原位第二次喷射（复喷）。复喷时喷射流冲击的对象为第一次喷射的浆土混合体，喷射流所遇阻力小于第一次喷射，有增加固结体直径的效果。

4. 补浆

喷射的浆液与土搅拌混合后的凝固过程中，由于浆液的析水作用，一般均有不同程度的收缩，造成固结体顶部凹陷，对地基的加固和防渗堵水极为不利。目前一般采用直接从喷射孔口注入浆液填满收缩空洞，或采用二次注浆的方法对固结体顶部进行第二次注浆。

（四）常见问题及其处理对策

1. 冒浆

在喷射注浆过程中，喷射冲击破坏土层所产生的部分细小土粒随一部分浆液沿着注浆管管壁冒出地面。通过对冒浆的观察，可以及时了解土层状况、喷射的大致效果和喷射参数的合理性等。根据经验，冒浆（内有土粒、水及浆液）量小于注浆量20%者为正常现象；超过20%或完全不冒浆时，应查明原因并采取相应措施。减小冒浆的措施有：①提高喷射压力；②适当减小喷嘴直径；③加快提升和旋转速度等。

出现不冒浆或断续冒浆时，若系土质松软则视为正常现象，可适当进行复喷；若系附近有空洞、通道，则应不提升注浆管继续注浆直至冒浆为止或拔出注浆管待浆液凝固后重新注浆。

2. 固结体不完整

高压喷射注浆完毕后，或在喷射注浆过程中因故中断，均可能产生加固地基与建筑物基础不密贴或脱空、桩体不连续现象。防止因浆液凝固收缩，可采用超高喷射（喷射处理地基的顶面超过建筑物基础底面，其超高量大于收缩高度）、回灌冒浆或第二次注浆等措施。防止因喷射注浆中断导致的断桩，可在每次卸管及重新下注浆管时，保证停顿部位的搭接长度不小于100mm，以保证固结体的整体性。

3. 固结体不垂直

固结体不垂直会导致其承载力降低，更为严重的是使防渗堵水失败。固结体不垂直主要是由钻孔不垂直引起的。实际施工时，钻机就位应准确、稳固、垂直。引孔前，采用水平尺校正钻机垂直度，确保钻机就位偏差不大于50mm，垂直度偏差不大于1/100。

4. 建筑物的附加沉降

高压喷射注浆处理地基时，在浆液未硬化前，有效范围内的地基因受到扰动而降低强度，容易产生附加变形。通常采用控制施工速度、顺序和加快浆液凝固时间等方法防止或减小附加变形。

5. 固结体强度不均

不同的土层特性对喷射注浆固结体的直径、强度影响较大，如较坚硬土层桩径偏小、含有机质阻碍固结体硬化造成强度偏低、砂类土中固结体强度较高等。实际工程施工中，宜根据不同土层深度和厚度及时调整喷射参数或进行复喷。

6. 喷射流压力偏低

高压泵压力偏低会造成喷射流破坏力较低而达不到处理效果，可能的原因有高压泵性能不足、高压泵摆放距离过远、浆液管路泄漏等。若因高压泵性能不足，不能产生设计要求的压力，应立即更换高压泵；高压泵摆放距离过远，增加了高压胶管的长度，使高压喷射流的沿程损失增大，导致实际喷射压力降低。实际施工中，钻机与高压泵的距离不宜大于50m；流量较大而压力偏低时，应检查各部位的泄漏情况，必要时拔出注浆管，检查密封性能。

（五）高压喷射注浆施工质量检验及检测

高压喷射注浆工程为隐蔽工程，其施工及成品均不可见，因此工程施工过程中和结束后，应加强施工效果的质量检验和检测，以确保建筑物的安全。

1. 施工质量检验

高压喷射注浆方案确定后，应结合工程情况进行现场试验、试验性施工或根据工程经验确定施工参数及工艺。形成的加固体强度和范围，应通过现场试验确定，并在施工中严格加以控制。

施工阶段质量检验的内容一般包括：注浆孔位置及喷射注浆起始标高，机具稳固性及钻具垂直度，注浆管的长度及旋转提升速度，制浆原材料质量及浆液配合比、水灰比，喷射灌浆压力，复喷次数及搭接长度等。

施工过程中，应严格按照施工参数和材料用量施工，实行工序控制，严格工序检查，每道工序设专人跟踪验收，并如实做好各项记录。

2. 固结体质量检测

高压喷射注浆可根据工程要求和当地经验采用开挖检查、取芯（常规取芯或软取芯）、标准贯入试验、载荷试验或围井注水试验等方法进行检验，并结合工程测试、观测资料及实际效果综合评价加固效果。

开挖检查法虽简单易行，通常在浅层进行，难以对整个固结体的质量做全面检查。钻孔取芯是检验单孔固结体质量的常用方法，选用时需以不破坏固结体和有代表性为前提，可在 28 天后取芯或在未凝以前软取芯（软弱黏性土地基）。载荷试验是建筑地基处理后检验地基承载力的良好方法。压水试验通常在工程有防渗要求时采用。

检验点的位置应重点布置在有代表性的加固区，通常应布置在下列部位：有代表性的桩位；施工中出现异常情况的部位；地基情况复杂，可能对高压喷射注浆质量产生影响的部位。

我国地基处理技术规范规定：检验点的数量为施工孔数的 1%，并不应少于 3 点。质量检验宜在高压喷射注浆结束 28 天后进行。竖向承载旋喷桩地基竣工验收时，承载力检验应采用复合地基载荷试验和单桩载荷试验。载荷试验必须在桩身强度满足试验条件时，并宜在成桩 28 天后进行。检验数量为桩总数的 0.5%～1%，且每项单体工程不应少于 3 点。

第五节　劲芯水泥土复合桩地基加固技术

劲芯水泥土复合桩是一种新型的地基处理和基坑支护技术，该技术是在水泥土搅拌桩的基础上发展而来的，即在水泥土搅拌桩成桩之后、水泥土初凝之前用压桩技术将刚性加强体（砼桩、型钢等）压入水泥土体内，形成刚性加强体与水泥土的复合桩共同作用承受上部荷载的一种新桩型。这种桩承载力同于钻孔灌注桩，造价低，施工中几乎无噪音，无挤土，无泥浆污染，施工工期短，可获得较高的经济效益和社会效益，目前在多层住宅和小高层建筑桩基试点工程中应用较多。

一、劲芯水泥土复合桩概论

（一）复合桩的构造

目前，国内常见的劲芯水泥土复合桩有4种类型：①将预制钢筋混凝土芯桩插入水泥土搅拌桩内，形成以钢筋混凝土预制桩为硬芯、水泥土为外桩的共同受力体，充分利用芯桩和水泥土两种材料，其材料强度得到较好的发挥，这是目前最常用的形式（见图2-30（a））；②采用预制混凝土中空管桩（或钢管桩）作为加强体，压入管桩后在管桩中部空腔内现浇混凝土，以增强上部桩体强度，提高单桩承载力（见图2-30（b））；③采用沉管灌注桩的设备在水泥搅拌桩中心成孔灌注混凝土形成复合桩（见图2-30（c））；④采用沉管灌注桩的设备（在沉管内加一小夯锤）在水泥搅拌桩中心成孔灌注混凝土，并在指定位置进行夯扩，进而形成夯扩式的复合桩（见图2-30（d））。[①]

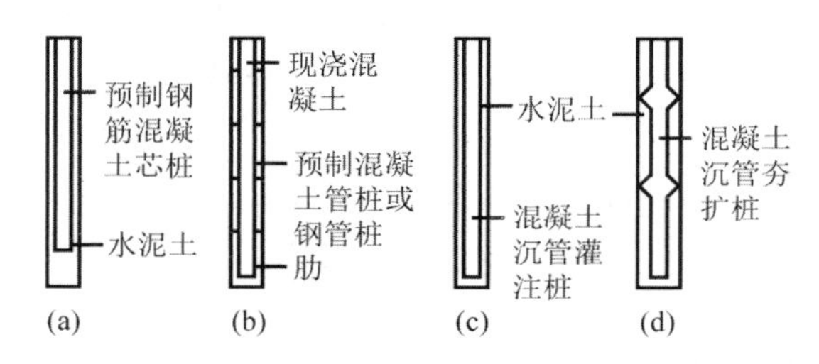

图2-30　劲芯水泥土复合桩的4种形式

下面以砼芯水泥土复合桩为例对复合桩的结构进行说明。在实际工程应用中，砼芯水泥土复合桩由水泥土搅拌桩外芯，小直径混凝土预制桩内芯和现浇增强混凝土桩帽三部分构成。

1. 预制砼桩芯

预制砼桩芯一般标号为C30，在工厂集中制作，若有蒸汽养护更好，混凝土桩型为变截面方桩。采用砼桩作为桩芯，利用了其高强度、低压缩性；砼桩与相当承载强度的钢管桩相比，不仅可节约钢材，提供更大的比表面积，混凝土侧边还能与水泥土搅拌桩外芯结合得更紧，桩内外芯界面上的摩阻更大，更有利于竖向荷载向桩周的传递。

2. 水泥土搅拌桩外芯

利用水泥浆作为固化剂的主剂，通过特制的深层搅拌机械在地基深处将软土和固化剂强制搅拌，利用固化剂和软土之间所产生的一系列物理—化学反应，使软土结硬成具有整体性、水稳定性和一定强度的良好地基。该法仅限于陆上加固，最大深度可达30m。典型的水泥掺入量为15％～20％，水灰比为0.8～1.2。

3. 现浇注增强混凝土桩帽

在插入混凝土桩后，将水泥土搅拌桩的上部除去30～50cm，同时现浇注增强混凝土形成复合桩桩帽，桩帽一般用C40混凝土，并需横向配筋。高强度的桩帽对于保证复合桩

① 张振，李广智，窦远明，等．劲芯水泥土组合桩施工工艺及质量控制［J］．施工技术，203，32（5）：33-35.

内外芯的正常工作有重要作用。

（二）复合桩的工作机理[①]

劲芯复合桩的荷载传递机理是由刚性的桩芯将荷载传递给周围的水泥土，然后由水泥土搅拌桩与周围土层发生侧向摩擦，即上部荷载主要由劲芯承担，该荷载向下传递的同时，也逐步向外扩散，通过水泥土外芯扩散到整个基础持力层中，最终形成荷载扩散的双层模式。

水泥土传力途径首先通过预制砼劲芯传递给周围的水泥土。由于水泥土分布均匀，离散性小，具有较高的强度和抗剪强度，可以充分地通过侧摩阻力和黏结力把预制砼劲芯所受的荷载传递到较深处，提高了预制砼方桩的侧摩阻力；由于水泥土弹性模量较软土的弹性模量大大提高，通过桩帽的作用，水泥土也会承担一小部分荷载；预制桩劲芯端承面减小，承受的端承力也较小。其次，由于水泥土具有较大的截面积，大大增大了水泥土与土体的摩擦面积，使得水泥土与软土的总侧摩阻力增加，相应提高了软土对桩的承载力；水泥土有较大的端承面积，增加了复合桩桩端的极限承载力。

1. 复合桩的承载力来源

（1）水泥土的固化效应。深层搅拌法成桩时水泥浆和黏土在一定比例下混合发生复杂的物理化学反应形成水泥土，所形成的水泥土桩柱的强度远高于原地基土；而且加压喷浆时也会在水泥土桩和土层间形成一个过渡带，该过渡带的存在能有效地提高桩土界面的剪切强度。

（2）挤土效应。预制混凝土桩芯是通过压桩技术插入水泥土搅拌桩，其桩芯会向外挤扩水泥土搅拌桩外芯，并随之排开桩侧和桩端土体，使其强度增加，从而明显地提高复合桩的侧摩阻。

（3）高弹模内芯。砼芯水泥土复合桩的桩身轴向复合弹模由预制砼桩芯控制，预制砼桩芯与水泥土搅拌桩的模量比一般为10～20，故砼芯水泥土复合桩的压缩模量远大于一般的水泥土搅拌桩，故而桩身压缩量小，桩侧摩阻力发挥值高。

2. 破坏形式

桩基的破坏形式有2种：地基土破坏和桩身强度破坏。对于地基土破坏，随着时间的增长，桩周土体逐步固结，桩的承载力会逐步提高，而桩身破坏除了进行桩身增强修补外，一般不能再行利用。

3. 复合桩设计计算方法

复合桩的承载力由桩身和土层共同控制，因此砼芯水泥土复合桩的单桩竖向承载力设计值应取单桩竖向承载力式（2-35）和混凝土劲芯轴压强度式（2-36）中较小值：复合桩单桩竖向承载力可按下式计算：

$$R=\frac{Q_{uk}}{\gamma_{sp}} \qquad (2-35)$$

式中，R 为单桩竖向承载力设计值（kN）；Q_{uk} 为单桩竖向极限承载力标准值（kN）；γ_{sp} 为

① 江强，朱建明，张忠苗，等。劲芯水泥土复合桩的作用机理及使用效果分析［J］. 工程地质学报，2004.

桩侧端阻综合抗力分项系数。其中单桩竖向极限承载力标准值根据静载荷试验确定，或可按式（2－36）确定。

$$Q_{uk}=Q_{sk}+Q_{pk}=u\cdot\sum q_{sik}l_i+A_p\cdot q_{pk} \qquad (2-36)$$

式中，Q_{sk}为单桩总极限侧阻力标准值（kN）；Q_{pk}为单桩总极限端阻力标准值（kN）；u为复合桩桩身截面周长（kN）；q_{sik}为复合桩水泥土与第i层土的极限侧阻力标准值（kN）；l_i为复合桩桩端土的极限端阻力标准值（kN）；q_{pk}为复合桩桩端土的极限端阻力标准值（kN）；A_p为复合桩桩端截面面积（m^2）。

钢筋混凝土劲芯的轴心抗压强度设计值按式（2－37）计算：

$$R=\varphi(f_cA_c+f'_cA'_c) \qquad (2-37)$$

式中，A_c为混凝土劲芯截面面积（m^2）；R为混凝土轴心抗压强度设计值（MPa）；A'_c为劲芯全部纵向钢筋截面积（m^2）；f_c为纵向钢筋强度设计值（MPa）；φ为钢筋混凝土劲芯稳定系数，考虑到水泥土对砼劲芯的约束和劲芯的力向水泥土传递，φ一般取1。

二、混凝土劲芯水泥土复合桩施工介绍

混凝土劲芯水泥土复合桩是一种将楔型混凝土预制小桩作为受力核心插入水泥土搅拌桩中形成一种复合桩。该桩充分发挥了混凝土预制桩和水泥土桩各自的优点，是预制桩和水泥土桩二者较完善的结合，充分发挥了桩侧摩阻力和桩端阻力，大大提高了单桩承载力。对比试验表明，该桩承载力比水泥土桩提高了3倍多，在多层住宅和小高层桩基工程中获得了较高经济效益和社会效益。

（一）混凝土劲芯水泥土复合桩中劲芯的作用

（1）挤密作用。劲芯的打入能挤密水泥土体，消除搅拌桩中心软芯现象，并挤扩水泥土体，使之与桩周土体的侧摩阻力大幅度提高。同时软弱土体中搅拌桩先行施工会改变土体的软弱状态，水泥土体会在劲芯打入时起到护壁作用，混凝土劲芯一般不会发生“缩径”现象。

（2）改善荷载传递途径及深度。水泥搅拌桩受力范围一般在桩顶下5～7倍桩径，而复合桩中由于劲芯的刚度和强度较高，在上部荷载作用下，应力会集中在劲芯部位，再由劲芯传递到其侧壁和桩端的水泥土体，成倍地增大了荷载作用于水泥土体的面积。

（二）混凝土劲芯水泥土复合桩与同类型桩相比特点

我国建筑物基桩目前多采用预制桩、泥浆护壁钻孔灌注桩、长螺旋CFG桩、沉管灌注桩，其中预制桩有静压式或打入式，打入法施工噪音大，几乎不能在城市市区应用，静压法施工设备笨重，转场运输费用高，增加了工程成本；钻孔灌注桩施工工期长，泥浆污染严重，泥浆护壁泥皮及桩端虚土边会严重影响承载力；长螺旋CFG桩受地下水影响较大，泥土外运也限制其大面积使用；沉管灌注桩振动噪音、断桩、缩径现象严重，工程质量较难保证。与上述几种基桩相比，混凝土劲芯水泥土复合桩有如下特点。

（1）复合桩桩身结构具有由强到弱的渐变性，中间高强的预制桩芯承受桩顶荷载并通过与水泥土之间的作用传递给水泥土，进一步传递给地基土，这种过渡结构比较合理，充分发挥桩身材料强度的潜力，提高了承载力。

(2) 复合桩施工无噪音、无振动，非常适合城市市区施工。

(3) 根据桩身轴力随深度方向逐渐减小的特性，其截面在深度方向也逐渐减小，即桩芯上大下小，不但节省复合桩造价，而且由于水泥土对锥形体产生向上的约束反力，充分利用了水泥土抗压强度。

(4) 复合桩中搅拌桩被挤增大了侧摩阻力，预制桩芯集中预制，不存在断桩缩径现象，质量易保证。

(三) 混凝土劲芯水泥土复合桩的用途

作为承载桩基，混凝土劲芯水泥土复合桩可在众多类型的基础工程和不同地质、工况下施工应用，在深基坑开挖中可作为支撑立柱，在多层建筑中可作为承载桩，在水利发电站工程、高速公路和高架立交等工程中均可作为承载桩使用。对于不同的地质、工况条件，由于水泥土搅拌桩施工范围的广泛性，该复合桩也具备了同等施工条件。因此，混凝土劲芯水泥土复合桩具有广泛的施工范围和用途，可满足复合地基、桩基础、基坑支护等具有提高承载力降低沉降，减小侧移特点，使工程质量和安全得到可靠的保证。在使用条件可比前提下，较大降低工程造价。

(四) 混凝土劲芯水泥土复合桩施工

1. 工艺流程

场地平整→定位放线→搅拌和定位→预搅下沉（喷浆）→提升搅拌→二次下沉（喷浆）→提升搅拌→插入预制桩。

2. 预制混凝土桩制作

混凝土劲芯桩采用方楔形，芯桩底端尺寸 90mm×90mm～220mm×220mm，可以现场预制，但最好是工厂集中预制，以定型钢模成模型养护为最好。钢筋混凝土桩芯应对的强度、所用钢筋的品种、直径及钢筋笼的成型等，在预制厂进行必要的抽查，并对进场的桩芯的外观形状、几何尺寸、轴线弯曲度进行逐根检查，其检查的标准应按照预制桩的相关技术标准进行。预制厂应提供该批桩芯的材质检验报告及桩芯的产品合格证。桩芯的堆放场地，应适当平整，并有相应的强度。应根据桩芯的长度，在其桩长 15%～20%的两端设置垫木，再把桩芯从悬吊状态徐缓地搁置在垫木上。桩芯可层层堆码，但每层均应设置垫木，而且上下层的垫木位置应在同一竖直线上。为了堆码及起吊移位安全，堆码高度不宜超过四层。在桩芯起吊移位前，应按单点绑扎起吊的方式对其桩芯的强度进行复核。在起吊过程中，应慢吊、轻起、轻放；在移位过程中，要有人力牵引扶位，避免与其他刚性物体发生剧烈撞击，造成构件的缺楞掉角甚至桩芯断裂毁损。

3. 搅拌桩施工

桩机由地表搅至设计深度，压入水泥浆液，然后搅拌提升，如此再反复进行一次。在喷浆搅拌的过程中，要控制深搅桩机钻杆的升降速度不大于 1.0m/min，使压入的水泥浆量与机械的提升速度相适应，以确保水泥土混合均匀、充分。在最后一个回次的搅拌、喷浆结束，边搅边提升钻杆至地面以后，立即将钻杆平移，然后用桩机上的起吊设备吊起桩芯，正确对正搅拌桩的中心，用桩机上自带的加压装置，将桩芯徐徐压入尚未凝固的水泥土中，桩顶标高偏差不大于 50mm。

4. 预制桩的插入

在压入桩芯时，要把握桩芯压到深搅桩的截面中心位置及设计深度。为了使水泥土加芯桩的力学性能良好，桩芯截面的中心宜与深搅桩的几何中心吻合。但由于机械及人工操作的因素，有一定偏差是难免的，其偏差应小于5cm，以确保周边有足够的水泥土将桩芯包裹。同时，桩芯在深搅桩内的插入深度，要时时进行监控，使桩芯顶部的标高与其要求的标高偏差不超过5cm。要对已经完成的水泥土加芯桩妥善保护。水泥土加芯桩完成后，其水泥土尚处于可塑状态，要注意对其保护。在深搅桩机移位时，要避免对桩芯的碰撞、推挤及绳索对桩芯的牵拉。为此，打桩前，在施工方案中要认真设计并详细注明打桩机的行走路线，并认真按方案组织施工。

（五）混凝土劲芯水泥土复合桩施工设备

混凝土劲芯水泥土复合桩施工设备的主要特点是在满足喷浆深层搅拌桩施工前提下具有插预制桩的功能，为此，武汉市天宝工程机械有限责任公司针对劲芯复合桩的特点开发了混凝土劲芯水泥土复合桩机。该机主要有如下特点。

（1）该设备为机械传动，液压操纵，操作方便可靠。

（2）该机采用液压步履式，纵向、横向移动、对孔、就位方便，机动性强。

（3）预制桩起吊采用单独卷扬机起吊，预制桩的压入采用链条式加压。

（4）搅拌桩与后插预制桩一机即可完成施工，两者传动加压分别进行互不干扰。

（5）可根据要求调整立架钻杆长度。

（6）钻机喷浆系统采用电子计量，数码显示，浆泵无极调速，可任意调节喷浆量的大小。

（六）混凝土劲芯水泥土复合桩承载力

1. 复合桩承载力的影响因素

（1）水泥土搅拌桩桩身强度：与水泥掺入量、浆液水灰比的匹配及水泥土搅拌均匀性和连续性有关。

（2）复合桩成桩设备和施工工艺：先进高效的施工工艺是确保复合桩质量的主要条件之一，如桩的垂直度、施工连续性等。

（3）水泥土与劲芯的外周表面积：桩周表面积的大小决定着桩的摩阻力大小。

（4）劲芯预制桩的强度：如混凝土标号、钢筋大小用量等。

（5）桩周天然地基的地质情况。

2. 复合桩基极限承载力的确定与设计原则

（1）劲芯桩周侧向摩阻力≥水泥土桩周侧向摩阻力。

（2）劲芯桩顶部与水泥土桩顶部许用承载力之和≥复合桩极限承载力。

（3）水泥土的摩阻系数应科学取值，按经验或大量的工程试验来合理取值。

三、劲性水泥土桩嵌合钻孔桩联合支护系统

下列以劲芯水泥土桩嵌合钻孔桩联合支护系统为例进行说明。

(一) 可行性分析

通过分析，劲芯水泥土桩嵌合钻孔桩联合支护系统具有以下优点：一方面，这种支护结构具有工期短、成本低、操作性强、止水性能强、刚度较大的优点；另一方面，能适应该基坑无法提供内支撑的环境条件，且能够提供足够的支护强度，较好地保证基坑周边的建筑物及构筑物的安全。

随后，利用基坑支护结构技术指标，确定该支护结构的参数并进行稳定性验算。

(1) 按照“支护结构的嵌固深度 D，基坑开挖深度 H，支护结构将不会发生倾覆破坏”的原则来确定支护结构长度，即钻孔桩和水泥搅拌桩的长度。

(2) 根据“工字钢插入桩内长度以深入支护结构嵌固深度的 1/3，或达到水泥搅拌桩总长度的 2/3 为宜”的原则来确定工字钢的长度。

(3) 选取钻孔桩的直径 R（一般为 100cm）及配筋，进而得出钻孔桩的抗力值，与支护结构设计抗力标准值（即支护结构可靠度公式中的纳、值）进行比较，即可得出钻孔桩的间距 $R(E/\mu_R-1)$。在钻孔桩之间配合适当数量的插筋（$I16$ 工字钢）水泥搅拌桩，但钻孔桩之间的水泥搅拌桩数量不宜过多，一般为 1～4 根。毕竟插筋水泥搅拌桩的抗弯能力要弱得多，若支护结构设计要求的抗力值较小，可通过减少钻孔桩配筋进行调节。

(4) 最后，再增加一定数量的起止水作用的相互咬合的水泥搅拌桩，即为该基坑的支护结构。

将项目的各项基础指标带入公式计算，如本工程设计要求基坑开挖深 7.2m，基坑采用劲芯水泥土桩嵌合钻孔桩支护结构，钻孔桩直径为 1m，桩长为 15m，钻孔桩之间布置劲芯水泥土桩。在不考虑劲芯水泥土桩受力的情况下，钻孔桩的抗弯值为 $E=1\,500\text{kN}\cdot\text{m}$，根据设计单位提供的弯矩值 $M_{max}=309.26\text{kN}\cdot\text{m}$，进行支护结构的可靠性指标分析和参数确定，结果如下：

(1) 嵌固深度 $D=15\text{m}-7.2\text{m}=7.8\text{m}$，基坑开挖深度 $H=7.2\text{m}$，$D>H$，支护结构不会倾覆。

(2) 分析参数的确定。选取支护结构的可靠度指标 $\beta=3.0$；抗力变异系数 $\delta_R=0.1$；支护结构上土压力作业变异系数 $\delta_S=0.25$。

(3) 将上述参数和 $\mu_S=309.26$ 代入可靠度计算公式，可得 $\mu_R=669.03$，即支护结构的抗力标准值为 669.03kN·m。

(4) 因该钻孔桩的抗弯值为 $E=1\,500\text{kN}\cdot\text{m}$，则 $R(E/\mu_R-1)=100\text{cm}\times(2.242-1)=124\text{cm}$，则可以考虑设计钻孔桩的间距为 110cm，配合 2 根直径为 60cm、相互咬合 10cm 的插筋（$I16$ 工字钢）水泥搅拌桩。

(5) 再在钻孔桩和插筋（$I16$ 工字钢）水泥搅拌桩后，增加一定数量的起止水作用的相互咬合的水泥搅拌桩，即为该基坑的支护结构。

以上分别从抗整体失稳指标分析和施工可行性角度确定了该基坑支护采用劲芯水泥土桩配合钻孔桩联合支护的可行性。

（二）施工方案①

1. 施工工艺

根据设计图纸，测量放样，预留出钻孔桩的位置，先进行水泥搅拌桩的施工。这种水泥搅拌桩常常是相互咬合的。在成桩后、水泥浆初凝前，按设计的位置在水泥搅拌桩中插入型钢，并按设计标高固定型钢。水泥搅拌桩达到一定龄期后（一般为 14 天），在预留位置进行钻孔桩的施工。钻孔桩施工完毕，凿出钻孔桩桩头钢筋，插入水泥搅拌桩的型钢顶部，并用钢筋混凝土浇筑成条形带，即形成了钻孔桩与相互咬合的水泥搅拌桩（单排或多排）间隔分布的支挡整体，见图 2－31。

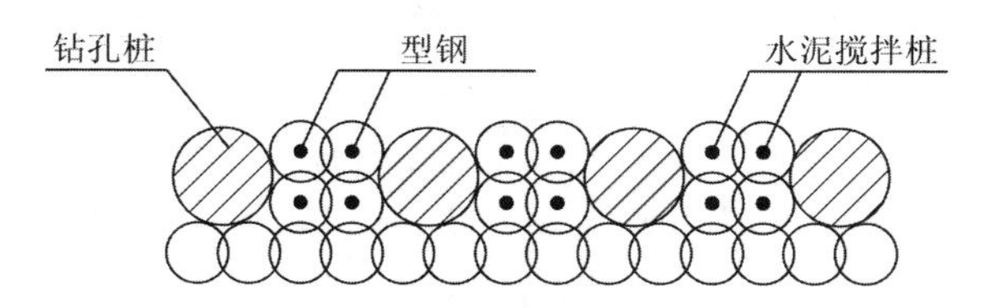

图 2－31 劲性水泥土桩嵌合钻孔桩示意图

2. 基坑支护结构的布置及设计

该基坑支护范围分布的土层有：黏土、淤泥。淤泥为软土，工程性质差。为防止地表水流入基坑内，造成支护结构的坍塌，采用截水沟坑外和坑内截水。

控制基坑的变形和支挡侧向土压力是该基坑支护要解决的重要问题，特别是列车经过邻近铁路线时，对基坑带来的动荷载影响。基坑北面 AB 段，离铁路最近，是基坑支护的关键部位，采用 ϕ600mm 间距 500mm 多排深层水泥搅拌桩＋钻孔桩＋钢管支撑进行支护，以有效控制基坑的变形，确保周边铁路的安全和正常使用。基坑北面除 AB 段外，其他距离铁路稍远部位均采用钻孔桩配合 SMW 工法进行支护，以有效控制基坑的变形，钻孔桩间距为 2.1m。基坑南面，场地空阔，采用放坡开挖，见图 2－32。

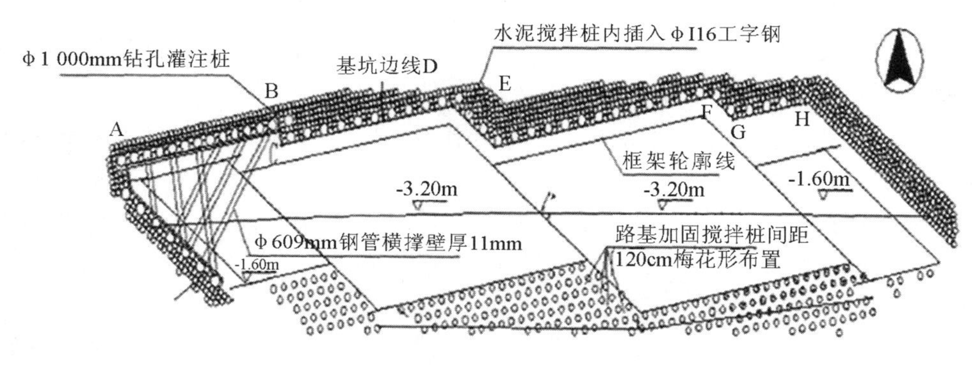

图 2－32 基坑支护平面图

钻孔桩施工完毕，凿出全部钻孔桩桩头钢筋，出露长度 45cm，同时凿出相邻的水泥搅拌桩中的型钢，用钢筋笼浇筑一条东西向的、截面为 1 000mm（宽）×500mm（高）、

① 胡仲春. 劲性水泥土桩嵌合钻孔桩软基支护系统的稳定性研究［D］. 武汉：武汉理工大学，2011.

配筋为 Φ8mm、间距 300mm 的 C25 钢筋混凝土条形带，使钻孔桩与插入型钢的水泥搅拌桩顶部连为一个整体。这样，钻孔桩配合 SMW 工法进行的支护便成为一个体系。条形带还为截水沟提供了保障，为基坑变形监测点的布设提供了方便。

3. 基坑支护施工技术要求

（1）劲芯水泥土桩中水泥搅拌桩的一般要求。

①水泥搅拌桩的桩底高程原则上按图纸设计的高程施工，有效桩长 16～20m。

②支护结构的水泥搅拌桩直径 600mm，桩相互咬合 100mm。

③各土层中单排水泥搅拌桩 28 天龄期的无侧限抗压强度要求在淤泥质土中为 0.8MPa，在黏土中为 1.4MPa。

④桩身材料采用 842.5 普通硅酸盐水泥，按水灰比 0.6：1 配制水泥浆。

⑤采用四搅二喷法施工，一般压力为 0.6MPa，提升速度 0.5m/min。

（2）劲芯水泥土桩插工字钢的一般要求。

①靠基坑前 2 排的搅拌桩，在每根的中心插一根 *I*16 工字钢，工字钢插入桩内不少于 12.0m。

②工字钢必须在搅拌桩初凝之前插入，并按设计标高固定型钢。

③工字钢采用热轧普通工字钢。

（3）钢管横撑的一般要求。

①钢管横撑采用 Φ609mm 钢管，管壁厚度 11mm。

②钢管横撑放置在预留槽内，两端头各设置 630mm×630mm×2mm 钢垫板，剩余空间用木板塞实。

③钢管横撑安设后，先预加 300kN 支撑力。

（4）钻孔桩的一般要求。

①钻孔桩采用直径为 1m 的 C20 钢筋混凝土。

②每根钻孔桩混凝土必须一次浇注完成。

③钻孔桩入土深度要略大于实际开挖深度。

④钻孔桩配筋，主筋采用 Φ25mm、间距 150mm；箍筋采用 Φ8mm、间距 200mm。

（5）质量检验。

①水泥搅拌桩。所用材料必须有出厂合格证、使用许可证及质量检验合格报告。采用钻孔取芯试验，要求抗压强度不小于设计强度，检验桩数按规范抽取。

②型钢、钢筋。所用材料必须有出厂合格证、使用许可证及质量检验合格报告。

4. 主要施工技术措施

（1）劲芯水泥土桩施工。

①施工时应准确定位，保证水泥搅拌桩互相咬合 100mm，其偏差为 50mm，严禁漏桩；施工前在现场选点进行试搅，检验水泥搅拌效果，校核水泥搅拌桩施工设计参数，最终确定参数。

②水泥搅拌桩成桩时宜均匀上提喷嘴，无论何种原因停喷，再喷时，必须下钻到停喷位置 1m 以下进行搭接，以防止桩体夹泥夹砂、断桩。

③水泥搅拌桩成桩后，立即插入型钢，保证其垂直度与平行度，插入的型钢制作必须

平直，不得发生扭曲和弯曲。

④水泥搅拌桩必须达到强度的70%～80%，方可分步开挖，严防施工机械对支护结构的破坏。

（2）土方开挖。土方开挖时，按东部中孔框架—西部中孔框架—东部边孔框架—西部边孔框架的顺序，分区域边开挖边浇筑框架。先开挖部分两侧的土方，按1∶1比例放坡，不得超挖，如遇到两侧土方倒塌，需采取木桩支挡措施。基坑挖至坑底标高后迅速封底，尽量减少基底暴露时间，并尽快完成框架底部、侧墙及顶部钢筋混凝土的施工，然后再开挖下一部位的土方，严格按“分段、分块、盆式、限时”的开挖原则，进行上方的开挖施工，尽量减少基坑变形的诱因。基坑周围不得堆放超重荷载，垂直开挖段基坑坡顶地面15m范围内不得堆载和行驶车辆；在基坑坡顶、坡底及时修砌排水沟和集水坑，及时将基坑内的积水抽进排水沟，经沉淀后，再排入相邻的市政下水管内。雨季开挖应及时排水，防止地表水侵入。

（3）施工监测。为防止支护结构变形对铁路线、道路及管线的影响，采用信息化施工，边开挖，边监测，及时反馈监测到的信息，指导开挖的顺利进行，杜绝安全事故的发生。

四、工程应用实例

混凝土劲芯水泥土复合桩是在水泥搅拌桩成桩之初，立即将刚性的预制钢筋混凝土桩芯压入搅拌桩的中心部位，待水泥土凝固后，桩芯与水泥土共同作用，承受上部荷载的一种新型复合桩。在某住宅的基础工作中，采用了这种桩型。

（一）工程概况及地质条件

该住宅位于城市中心区域，周边居民稠密，其建筑场地为拆除旧有建筑后形成。该住宅为框架结构，八层，建筑高度23.7m，按抗震烈度八度设防，建筑面积4 276m^2。

从钻探揭示的该场地的地质资料看，其地基土属古滇池湖积地层，表层为杂填土，其下依次为：粉质黏土（硬塑），厚0.5～2.2m；粉质黏土（可塑），厚0.5～1.3m；粉土，厚0.3～2.5m；粉砂，厚1.3～7.5m；圆砾，厚14.4～20.4m。地下水较浅，距地表仅1.0m，属Ⅲ类建筑场地。鉴于第6层圆砾的粒径大者20mm，亚园形，一般为2～9mm，充填砂10～20%，呈稍密至中密状态，且土层厚，埋深在8.5～10.0m范围内，故设计将该圆砾层定为桩基的持力层。

（二）桩基的主要设计参数

设计根据该场地的土层性状和对上部荷载的分析，确定其混凝土劲芯水泥土桩的桩土置换率为14%。该工程共布设了238棵工程桩，桩径Φ500mm，设计桩长9.2m，进入圆砾层不小于0.5m；桩芯为C20预制钢筋混凝土构件，横截面为正方形，上口尺寸220×220mm，下口130×130mm，芯长6.0m配有412纵向钢筋和Φ6.5@200的箍筋。设计要求水泥土无侧限抗压强度为1.5MPa，单桩承载力标准值不小于450kN，其极限值应大于765kN。

（三）单桩承载力试验及建筑物的沉降观测结果

本工程共有工程桩238棵，加上施打的3棵试桩，共打混凝土劲芯水泥土桩241棵，其桩长在9～11.0m之间，桩的总长为2 401m。土方开挖后对桩径进行检查，均符合设计和规范要求。在龄期达到30天后，随机抽取了桩长为9.3、10.1和10.5m的三棵工程桩进行非破坏性的单桩静荷载试验，其承载力实测值均已达550kN以上，超过了设计承载力极限值的70%。

在混凝土劲芯水泥土桩龄期达到90天时，对三组试桩进行了单桩静荷载试验，其结果如表2-17所示。

表2-17

试桩号	试验静荷载（kN）	最终沉降量（mm）
1＃试桩	1 100	12.83
2＃试桩	1 100	19.99
3＃试桩	1 100	16.24

从上列三组试桩的结果看，其试验静荷载均已达到设计要求的极限承载力765kN的144%，而最终沉降量尚不足20mm，桩尚未破坏。试验资料表明，桩的力学性能良好，沉降量较小。

由于混凝土劲芯水泥土桩是一种新桩型，在工程实践中使用尚不多。为对该工程桩基的沉降状况做出正确、客观的评价，以积累数据，获取经验，业主另行委托有相应资质的第三方，在施工期间及竣工后一段时间内，对该住宅进行沉降观测。观测单位先在建筑物外围引测了4个水准基点，形成环形闭合水准路线，之后在建筑物四大角及有关部位设置了8个沉降观测点，并遵照规范要求的观测方法和周期，对观测点进行了13期（14次）沉降观测，其中的最后三期观测，历时三个月，到第13期观测时，其沉降速率已在0.02～0.04mm/d之间，进入稳定阶段。其最终沉降值为：最小沉降量—3.43mm，最大沉降量—8.37mm，两相邻桩基间的沉降差仅为万分之二。沉降观测数据表明：该建筑物沉降均匀，桩基安全可靠。

（四）混凝土劲芯水泥土桩的工程效果

该住宅桩基以上部份的施工，于2002年3月22日开始，全部工程于2002年12月4日竣工验收，施工历时约8个月余。工程实践证明，混凝土劲芯水泥土桩施工工艺简单，质量易于控制，施工中噪声低，震动小，对环境基本无污染，加之单桩承载力高，建筑物沉降相对较小，而造价仅为使用震动沉管灌注桩桩基的55%～65%，效果十分显著。

第六节　振冲加固技术

振冲法是一种利用振动冲击力和水压冲击力来加固地基土体的方法。这种地基处理的方法最早是在1936年由德国斯特尔曼提出，用来振冲加密松散的砂土地基，意思是利用机械在土体中的振动力加上射水压力来加固地基的处理方法。我国将这种地基处理的方法称为“振动水冲法”，简称“振冲法”。

随着振冲法地基处理施工经验的逐步积累和人们对这种地基处理方法认知力的提高，这种地基处理的方法逐步应用到黏性土地基。通过振动冲击在黏性土中形成一系列的桩体，与原来的地基一起构成新的复合型地基，从而提高原地基土体的承载力，减少原地基土体的沉降。

一、振冲法加固机理概述

用块石、砂砾等散粒料通过振冲成桩与原地基土体共同构成复合地基的软基加固方法是在传统振冲法应用基础上的创新。这种复合型地基的加固机理与振冲法加密原土地基加固机理并不完全一样，它是利用振冲的方法在原土地基中，用密实的桩体置换部分地基软土，振冲加密方法是利用振冲的方法使原本比较松散砂粒土通过振冲变得密实。现在振冲地基处理方法已经演变为两个分支，一是用来加固砂土地基的“振冲挤密法”，二是用来加固黏性土类地基的“振冲置换法”。

（一）振冲挤密法加固机理

目前振冲挤密法加固砂土地基的加固机理研究主要有从两个方面入手：①依靠振冲器产生的强大振冲力，液化饱和状态的砂层，重新排列地基中砂层的砂粒料，减少砂层中的孔隙，降低砂层的孔隙率，达到地基加固效果；②通过振冲器工作时产生的水平方向的振动力，在加回填料基础上，通过回填料侧向挤压来挤密砂层，达到地基加固目的。

在加固地基过程中，振冲器工作会产生反复的水平方向的振动力和侧向方向的挤压力，逐步破坏地基中砂土的原始结构，迅速增大地基砂层中的孔隙水压力。地基中的砂土原始结构破坏，土体就会沿着低势能的地方移动，从而使地基中的土粒由松变密，地基得到加密，承载力得到大幅度的提高。

在振冲器工作时产生的振动力作用土体，加密地基时，地基土体内孔隙水压力会慢慢变大，当大到超过土体的主应力值时，土体就会发生流动，变为流动体。流动状态下的土体颗粒会不时地相互连接，又会不时被振动外力干扰而破坏，所以土体变密的可能性在过大的振动能量作用下会大大减少。

现阶段多方面的研究结果表明：当振冲器工作时的振动加速度达到0.5g时，就开始破坏砂土原始结构；当振动加速度达到1.0～1.5g时，土体会以流体状态存在；当振动加速度超过3.0g时，土体将会发生剪胀破坏，这种状态下的土体会由密变松，地基土承载力得不到提高，反而会降低。

实验检测资料显示，振冲器工作时产生的振动加速度会随着与振冲器间距的增大而呈现指数型衰减现象。由振冲器侧壁向外，根据加速度变化可以依次划几个区间，分别为靠侧壁的流态区间、远一点的过渡区间、再远一点的挤密区间和挤密区间外部的弹性区间。数据显示：过渡区间和挤压区间的土体有明显的挤密加固效果，砂土的物理力学特性和振冲器的性能都会不同程度地影响过渡区间和挤密区间的范围。

如果能用卵石和碎石等强透水填料在地基砂层土振冲施工过程中，通过振冲成孔制成一系列具有排水作用桩体，振冲器振动时引起的超静孔隙水压力就能显著地消除，大大降低地基砂层土的液化，地基加固效果更好。

（二）振冲置换法加固机理

目前主要是用“复合地基”原理来研究振冲置换法加固黏性土体地基的作用机理。

如果软弱黏土层不厚，组成黏性土体中的“复合地基”的桩体贯穿了整个软弱土层，达到了相对的硬土层，这种情况下，荷载作用下引起的应力集中主要作用在复合土层中的桩体上。通过建筑物的基础传递到复合地基上的外加应力，会因桩体的压缩模量远大于软弱土，而随着地基中的桩和土的等量变形逐渐汇聚到桩体，大大地减少软土负担的压力。经处理后的“复合地基”承载力会增大，减少地基土的压缩性。

当桩体不贯穿相对厚度较厚的软土层时，振冲法的作用机理主要是建立在垫层扩散和均匀应力基础之上。在桩体穿越部分由桩体和软土层共同组成新的复合土层，没有桩体的部分仍以原来的状态存在。此时复合地基主要是用作垫层，它主要是向四周横向扩散荷载引起的应力，均匀分布荷载引起的应力，提高地基的整体承载力，减少地基的沉降量。

在复合地基中，振冲形成的桩体还有排水作用。在振冲制桩过程中由于振冲器的振动和挤压，较大的附加孔隙水压力会在地基中产生，逐步降低原土的强度。当振冲施工完成后，过一段时间，会自然地一定程度地恢复原地基土的结构强度，向桩体转移进而消散地基土中的孔隙水压力，土体的有效应力最终会有效地增大，显著提高地基的承载力。

二、振冲法简介

根据振冲法对地基土的加固作用机理的不同，一般将振冲法划分为振冲挤密法和振冲置换法两种。

（一）振冲挤密法

振冲挤密法是利用振冲器振动过程中产生的水流冲击力和水平方向的激振力来成孔。其作用机理为：一方面由振冲器工作时产生的强大振动力，液化地基中饱和性砂土，使砂土颗粒在外力作用下得以重新组合成更加密实结构，达到地基土加固效果；另一方面振冲器在振实孔内回填料或孔壁自行坍落的粗砂时，振冲器工作时产生的强大水平方向的振动力会进一步挤实砂层，在振冲施工过程中形成的碎石桩体与原地基土体结合成复合地基，还起到一定的复合地基的作用，一定程度上有利于消散处理后的地基土的孔隙水压力，防止地基土体液化。

用振冲挤密法加固处理的砂基如果没有抗液化方面的要求，处理范围一般不超出或稍超出基底的覆盖面积即可。如果建筑物位于地震区有抗液化方面要求，应在基底轮廓线外加 2～4 排的边缘保护桩。

（二）振冲置换法

振冲置换法也是利用振冲器振动过程中产生的水流冲击力和水平方向的振动作用力来成孔，用振冲器对孔洞内的制桩回填材料进行振实，在地基土中制成一系列桩体，置换地基土中的部分软黏土，形成复合地基，由振冲制成的碎石桩和原地基上软黏土共同组成，这时的碎石桩不但具有桩基承重的作用，同时还可以起到一定的排水作用，加快地基土的排水固结。

在振冲法制桩过程中，振冲器工作时产生的水平方向的激振力会将孔洞内的回填料向外挤压，挤向孔壁四周的软土层中，使桩体直径进一步扩大，当土体自身的约束力平衡振冲所产生的外加挤入力时，桩体的桩径就固定了。

注意：如果地基中原土体强度低的话，它所能抵制回填料在外力作用下挤入的约束力就相对变小，回填料进一步向孔洞周围扩散会使桩体变得更加粗大。如果地基中原土体强度太低，低到不能与振冲所产生的使填料挤入孔壁外加挤入力平衡时，回填料就会无限制地向孔洞周围扩散，桩体不能生成，振冲置换法不能振冲加固过于软弱的地基土体。

三、振冲材料①

振冲地基加固需要一定数量的砾石、粗砂、碎石或矿渣等材料作回填，其作用主要有两个：①振冲器冲击成孔，振动体向上提升后可能会在地基土体留下孔洞，回镇料用来回填这部分孔洞；②振冲器在运行过程中所产生的水平方向激振力将回填料振冲密实，连续填入孔洞中的回填料时会起到传力介质的作用，进一步通过挤压来密实地基的土体。

在中砂和粗砂地基加固时，如使用振冲挤密法，一般情况下无需回填料，中粗砂孔壁会自行坍落填充振冲器上提后形成的孔洞，振冲器产生的振动力会使原地基松散砂粒料通过振冲挤压而密实，达到就地振密的效果。

在用振冲法加固粉细砂地基时，要使地基土达到较好的挤密加固效果，就需要向孔洞中加入回填料。用振冲法加密加固粉砂、细砂和黏质粉土地基，最好在振冲制桩过程中一边振动一边加入回填料，防止孔壁在振冲器向上提升和提出地面过程中产生塌方，这时要控制好振冲作业过程中的振动时间和射水量。

砾石、粗砂、碎石或矿渣等材料都可以用作振冲施工的回填料，一般来讲，地基经振冲处理达到的挤密加固效果与回填料颗粒径值有关，回填料颗粒径值越粗，加密加固效果越好，但也不能太粗。用 ZCQ30 振冲器振冲加固地基土时，要控制好回填料粒径，不要超过 50mm，用 ZCQ70 振冲器或更大的大功率振冲器，可适当地加大回填料粒径，但不要超过 100mm。

1977 年布劳恩总结了多项工程施工经验成果，提出一个叫“适宜数”的振冲指标，振冲施工过程中的回填料级配合适程度可以用这个指标来加以判别，适宜数按公式（2－38）计算：

$$S_n = 1.7\sqrt{\frac{3}{{D_{50}}^2}+\frac{1}{{D_{20}}^2}+\frac{1}{{D_{10}}^2}} \qquad (2-38)$$

式中，$D50$、$D20$、$D10$ 分别为颗粒大小分配曲线上对应于 50%、20%、10%的颗粒直径（mm）。

表 2－18 列出了适宜数振冲指标对振冲回填料级配的判别准则，适宜数越小，桩体挤密加固性能就越高，就能以更快速度达到振冲密实效果。

---

① 贾义斌．振冲法在软基处理中的应用研究［D］．长沙：中南大学，2011.

表 2-18　填料的 S_n 评价

S_n	0～10	10～20	20～30	30～50	>50
评价	很好	好	一般	不好	不适用

在振冲施工中如用碎石作回填料，尽可能地不要使用风化碎石或半风化碎石，在振冲施工过程中，振冲所形成的桩体的强度和透水性会因受到振冲挤压而破碎的风化碎石和半风化碎石影响强度变低，透水性变差。

公式（2-39）可估算砂土地基的单位体积内所要回填的回填料数量：

$$V=\frac{(1+e_p)(e_0-e_1)}{(1+e_0)(1+e_1)} \tag{2-39}$$

式中，V 为砂基单位体积所需的填料量；e_0 为振冲前砂层的原始孔隙比；e_p 为桩体的孔隙比；e_1 为振冲后要求达到的孔隙比。

在振冲置换法施工过程中，砂砾、碎砖头、碎石、矿渣、卵石等都可以用作制作桩体的材料，就地取材是较为经济的一种选择。但不管使用哪种材料作回填料，都不能有大于10%的含泥量。一般情况下不会特别要求回填料级配，但最大粒径大于 50mm 回填料不仅可能造成孔洞的卡孔问题，同时会强烈磨损振冲器外壳，对机械损耗较大，所以不要轻易选用。

待加固处理的地基土强度是振冲置换成桩直径的重要决定因素，一般来讲，地基土本身的强度越低，桩体的直径越大。对于用 ZCQ-30 型振冲机械施工的软黏土地基，0.6～0.8m^3 碎石料回填量较为合适，整个工程所需总填料量可由公式（2-40）进行估算：

$$V=\mu MV_pl \tag{2-40}$$

式中，V 为填料总量（m^3）；M 为桩的数量；l 为桩长（m）；V_P 为制一根桩所需填料量（m^3）；μ 为富余系数，一般取 1.1～1.2。V_p 与地基的抗剪强度和振冲器的振动力大小有关，对软土地基，如采用 ZCQ-30 型振冲器制桩，V_P 可取 0.6～0.8m^3。

振冲法对地基挤密加固施工完成后，由于地基土体的上覆压力较小，一般难以让桩体顶部约 1m 范围内的桩体达到设计需要达到的密实度，现在常用的处理方法是挖除这一部分桩体，铺设碎石垫层，厚度 300～500mm，振动碾压密实垫层在桩顶有排水效果，也可以直接用振动或碾压方法对这部分松散土体作压实处理。

四、振冲法效果检验[①]

（一）振冲挤密法加固地基效果检验

检测振冲挤密法加固地基的效果，一般是在地基处理现场开挖取样，在实验室内测定和计算振冲挤密后样本的容重、孔隙比、相对密度等力学参数指标。在现场通过动力触探试验、标准贯入试验、旁压试验等求出地基砂土密实度。通过振冲前后各种实验数据对比，可以明确地基处理的效果。

① 贾义斌. 振冲法在软基处理中的应用研究［D］. 长沙：中南大学，2011.

公式（2－41）可估算出大面积砂基挤密加固后的平均孔隙比：

$$e' = \frac{\zeta d^2(H \pm h)}{\frac{\zeta d^2 H}{(1+e_0)} + \frac{V_p}{(1+e_p)}} \tag{2-41}$$

式中，e'为砂层在挤密后的平均孔隙比；ζ为面积系数，正方形布置时为1，等边三角形布置时为0.866；d为振冲孔间距；H为砂层厚度；h为振密后砂层隆起量（取＋号）或下沉量（取－号）；V_p为每根振冲桩的填料量；e_0为砂层的原有孔隙比；e_p为桩体的孔隙比。

（二）振冲置换法加固地基效果检验

在砂土地基外的其他地基土上用振冲置换法施工，振冲施工完成后的质量检验需要一定时间间隔，一般情况下黏性土地基为3～4周，粉土地基为2～3周。常用的质量检验方式有2种：第一种是振冲施工质量的检验，主要是检验桩体质量符不符合相关规定；第二种是在第一种施工质量检验基础上，进行地基振冲加固效果检验，即进一步验证振冲置换而成的复合地基的各种力学性能是否满足设计要求。对地基土层的土质条件简单的中小型工程的地基，一般进行施工质量检验即可。

动力触探试验和单桩载荷试验是目前振冲置换桩体施工质量检验的常用方法，多桩复合地基大型载荷试验和单桩复合地基试验是振冲地基加固效果检验常用方法，常用原位大型剪切试验检验土坡体的抗滑能力。

检验的桩体样本一般随机抽样，要求每200～400根桩群中至少要抽取一根，每个工程中抽检桩体总量至少3根。

1. 振冲置换法加固地基载荷试验

载荷试验分为三种：单桩复合地基载荷试验、单桩载荷试验、多桩复合地基载荷试验。有的工程需要在天然地基上进行载荷试验来进一步验证地基制桩前与制桩后两种状态下的压力与沉降比关系的变化。

如图2－33所示，单桩复合地基载荷试验和单桩载荷试验大多用钢筋混凝土圆形压板或钢质圆形压板，钢筋混凝土压板直径与桩径一致，钢质圆形压板直径与等效影响圆直径一致，如有工程需要还可在天然地基上或桩间土上用同一尺寸的压板进行补充试验。

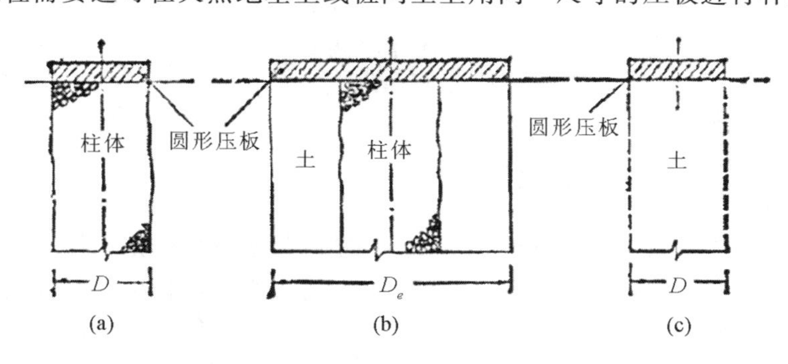

图2－33　单桩和天然地基载荷试验

（a）单桩载荷试验；（b）单桩复合地基载荷试验；（c）天然地基载荷试验

钢筋混凝上压板和钢质方形、矩形压板常常被用于多桩复合地基载荷试验，桩体布置和桩体间距决定了压板尺寸。

两倍见方、覆盖四根桩的压板较为常见，为方便比较，有时在天然地基上也用同一尺寸的压板进行载荷试验。

通过对复合地基载荷试验资料收集整理，研究后发现压力—沉降关系曲线其实是一条比较平缓的光滑曲线，没有明显的拐点，相邻两级压力所对应的沉降量之比无明显规律。

建议复合地基的容许承载力按规定的沉降比来确定。一般来说，对以黏土为主的地基，规定沉降比为 0.02～0.03；对以砂土或粉土为主的地基，规定沉降比为 0.15～0.20。

2. 动力触探试验

振冲法加固处理地基施工质量可在现场用动力触探试验进行检测，有单位提出要检测桩的密实程度，可在桩的轴心位置进行动力触探，判别准则见表 2-19。规定出现以下两种情况桩体要采取补强措：一是连续出现下沉量大于 7cm 的桩，如果桩长达到了 0.5m 的桩；二是间断出现下沉量大于 7cm 的桩，下沉量累计长度在 1m 以上的桩。

表 2-19　碎石桩振冲密实程度判别准则

连续 5 击下沉量（cm）	密实程度	连续 5 击下沉量（cm）	密实程度
＜7	密实	10～13	不密实
7～10	不够密实	＞13	松散

3. 振冲置换法加固地基大型原位剪切试验

对于有抗滑稳定要求的用振冲置换法加固的地基，可在现场选有代表性的桩体进行大型剪切试验，常常采用单桩剪切试验和单桩复合土剪切试验两种实验方式。单桩剪切试验要求环卫直径与桩的直径相同，单桩复合土剪切试验环刀直径与等效影响圆直径相同。1975 年英格哈特（Engelhart）和葛丁（Golding）比较详细地描述了该项试验所用设备和操作方法，可以用作参考。

五、振冲法适用范围

（一）振冲挤密法加固地基适用范围

振冲挤密法加固处理地基的方法只是对砂性土地基比较适用，一般来讲，只要控制好不大于 0.005mm 的黏粒含量，让这种黏粒所占的比例不大于 10%，从粉细砂到含砾粗砂地基用振冲挤法（不加回填料）进行加固加密处理，效果都是比较显著的。如果让这种黏粒所占的比例大于 30%，用振冲挤法进行加固加密地基处理，效果就不太显著了。

图 2-34 显示了适用于振冲挤密法进行地基加密加固的颗粒级配曲线，图中将振冲挤密法进行地基加密加固的颗粒范围划为三个区间：A 区间、B 区间和 C 区间。用振冲挤密法挤密加固的级配曲线位于 B 区间的砂土的效果最显著，当有薄层黏土夹杂在砂层中时，在黏土层含较多有机质或细粒情况下，会降低振冲挤密法挤密加固地基效果。用振冲挤密法挤密加固级配曲线位于 C 区间的砂土的比较困难，但可以用振冲挤密法来加密加固级配曲线部分位于 B 区间的砂土地基。用振冲挤密法来加密加固紧砂、胶结砂、砾石或地下水

位过深的位于级配曲线A区间的地基土，振冲器的贯入速度会很大程度地降低，该类地基用振冲挤密法加密加固并不经济。

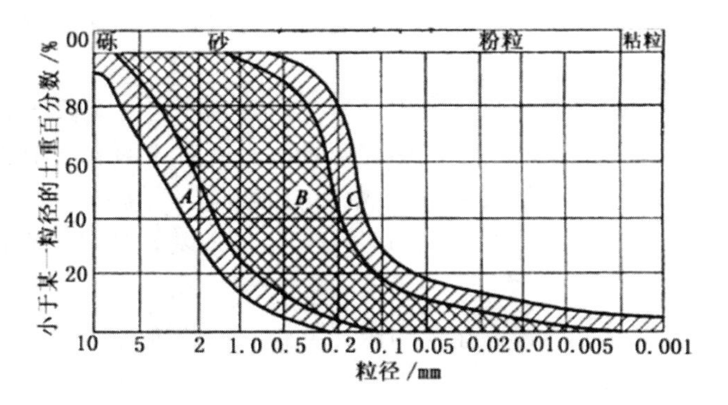

图2-34 振冲挤密加固的地基土颗粒级配曲线

（二）振冲置换法加固地基适用范围

一般情况下不排水的抗剪强度大于20kPa的粉土、饱和黄土、人工填土和黏土等地基用振冲置换法加固处理比较适用。有些情况下粉煤灰地基也用振冲置换法加密加固的方法来处理。

国外有很多研究人员指出，对于抗剪强度在15～50kPa范围内的土体和位于高地下水位的土体，也可以用振冲置换法对此类地基进行加固处理。黏性土在不排水和抗剪强度小于7kPa条件下，也可以用振冲置换法对此类地基进行加固处理。

现阶段国内也有多项用振冲置换法在抗剪强度小于20kPa天然地基土上进行地基加固处理案例，并达到了较好的加固效果。如果地基是淤泥质土或淤泥等不排水且抗剪强度小于20kPa的土层，正式施工前要确定其适用与否，可通过场地试验来现场验证。在昆明用振冲置换法成功加固了含水量为50%～90%的淤泥地基，建成了12层高楼。

在无排污泥条件施工场所或人口稠密的城市中心区，振冲法施工的排污比较困难，不用水的干振法施工就比较合适。

现阶段对于地下水位以上的非饱和和松软的黏土可用干振法施工；经过施工经验的不断积累，对以炉渣、建筑垃圾、炉灰为主杂填土和二级以上湿陷性土、较为松散的素填土以及其他的高压缩性土地基，干振挤密法也能达到较为理想的地基加固效果。

干振挤密法已成功应用在我国多个地区的100多项地基加固工程中，加固处理后地基载荷试验数据显示，处理后地基可达200kPa容许承载力，建筑建成后，沉降已大部分完成，达到最终沉降的70%～80%。

六、振冲法设计纲要

（一）振冲密实法处理地基设计纲要①

1. 一般原则

用振冲挤密法加固加密砂土地基后，会很大程度地提高砂土地基承载力。一般情况下不需考虑振冲制成砂桩高承载力，桩间砂土自身的容许承载力已能满足设计要求，无需对其进行地基容许承载力和最终沉降量验算，只要验算它的抗液化能力即可。但对于荷重大、覆盖面积广的建筑物下的砂土地基，则需要将桩间砂土和桩体分别取值，按复合地基理论进行地基的容许承载力和最终沉降量方面的验算。

松散砂基如果有抗震方面的要求，则要根据地基砂土的颗粒组成、密实度、防震烈度、地下水位等方面资料，计算地基振冲加固处理的间距、深度、挤密标准和布孔方式。地基振冲处理深度是设计关键，可根据抗震要求综合考虑。

2. 处理范围

对于无抗液化要求的砂基，振冲挤密加固的范围一般在基底的覆盖面积之内，有时也可以稍稍超出一点，无特殊性要求。对于有抗液化要求的砂基，应在基底轮廓线以外部分外加 2～3 排保护桩。

3. 孔位布置和间距

对于大范围砂基振冲加固，振冲挤密法一般采用等边三角形和正方形两种孔位布置方式，而采用等边三角形孔位布置比正方形孔位布置能够更好地挤密加固地基。等腰三角形或矩形布置方式常用于单独基础和条形基础。对于大面积挤密处理，振冲孔位的间距一般决定于砂土颗粒组成、振冲器功率、处理后地基所要达到的密实度要求等指标。砂土的粒径越细，处理后地基所要达到的密实要求越高，间距就越小。一般情况下，使用 30kW 振冲器，桩间距可设为 1.8～2.5m；使用 75kW 振冲器，桩间距可设为 2.5～3.5m。

对大范围砂层地基进行振冲挤密加固处理时，振冲孔的间距可用公式（2－42）进行估算：

$$d = a\sqrt{\frac{V_P}{V}} \tag{2-42}$$

式中，d 为振冲孔间距（m）；a 为系数，正方形布置为 1，等边三角形布置为 1.075；V_P 为单位桩长的平均填料量（m^3），一般为 0.3～0.5m^3；V 为砂基单位体积所需的填料量（m^3）；单位体积地基内所需的填料量可按公式（2－43）计算：

$$V = \frac{(1+e_p)(e_0-e_1)}{(1+e_0)(1+e_1)} \tag{2-43}$$

式中，e_0 为振冲前砂层的原始孔隙比；e_p 为桩体的孔隙比；e_1 为振冲后要求达到的孔隙比。

① 贾义斌．振冲法在软基处理中的应用研究［D］．长沙：中南大学，2011.

4. 液化判别

对于砂土地基液化判别，常采用标准贯入试验法，对于液化土，在地面下 15m 深度范围内的标准贯入试验击数应符合公式（2－44）要求：

$$N_{63.5} > N_{cr} \tag{2-44}$$

$$N_{cr} = N_0[0.9 + 0.1(d_s - d_w)]\sqrt{\frac{3\%}{P_c}} \tag{2-45}$$

式中，$N_{63.5}$为饱和土标准贯入锤击数实测值（未经杆长修正）；N_{cr}为液化判别标准贯入锤击数临界值；N_0 为液化判别标准贯入锤击数基准值，应按表 2－20 采用；d_s 为饱和土标准贯入点深度（m）；d_w 为地下水位深度（m），应按建筑使用期内年平均最高水位采用，也可按近期内年最高水位采用；P_c 为黏粒含量百分率，当小于 3 或为砂土时，均取 3。

表 2－20　标准贯入锤击数基准值

近、远震	烈度		
	9	8	7
近震	16	10	6
远震	—	12	8

（二）振冲置换法处理地基设计纲要

1. 一般原则

目前振冲置换法地基加固的设计还不太成熟，处于半理论阶段，一般情况下需凭经验选定某些设计参数，对一些复杂土质和比较重要的工程，要在地基处理施工现场制桩试验，然后再根据现场试验取得的数据反过来修改设计，指导施工。

（1）加固范围。一般是根据建筑物基础形式来设计地基振冲加固处理范围，通常情况下可参照表 2－21 规定执行。

表 2－21　振冲置换法地基处理加固范围

基础形式	加固范围
单独	不超出基底面积
条形	不超出或适当超出基底面积
板式、十字交叉、浮筏、柔性基础	建筑物平面外轮廓范围内满堂加固，轮廓线外加 2～3 排保护桩

（2）桩位布置和间距。如图 2－35 所示，桩位布置分为等边三角形布置和正方形或矩形布置，大面积满堂加固常采用等边三角形桩位布置方式，单独基础和条形基础等小面积加固常采用正方形或矩形桩位布置方式。

综合考虑原土的抗剪强度和外加荷载大小来设计桩心距，外加荷载越大，桩心距越小，地基土抗剪强度越低桩心距也越小。如果软基厚度较厚，振冲置换桩体没有穿越整个软基层，则桩心距应设计得更小。对于振冲置换法加固地基，桩心距一般按 1.5～2.5m 设计。

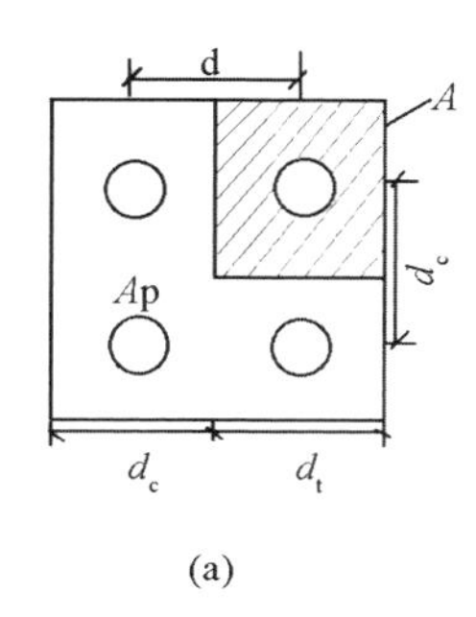

(a)

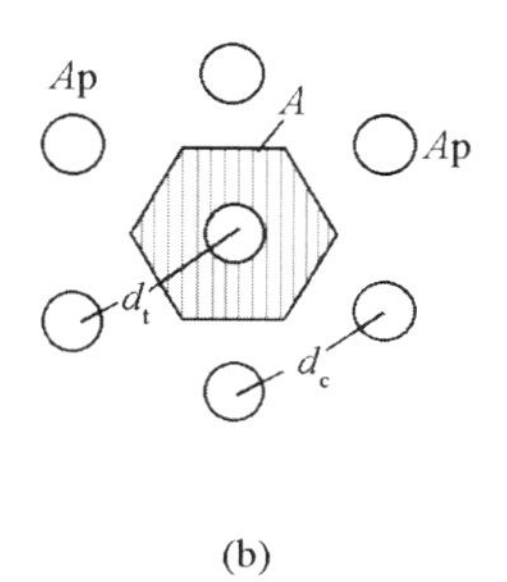

(b)

图 2－35　桩位布置图

(a) 正方形布置；(b) 等边三角形布置

(3) 桩长。桩长设计时要充分考虑到桩顶部分 1m 左右一段不符合密实要求的桩体做建筑物基础时要挖去，铺设的碎石垫层，厚 30～50cm。

对于埋藏深度不大的有相对硬层的地基，振冲置换设计时要将振冲桩体延伸至相对硬层。对于有些厚度很大的软弱层的地基，一般情况下，振冲设计只能贯穿部分软弱土层的短桩，此时建筑物所容许的沉降量决定了桩长设计，设计的桩体越短，振冲加固地基过程中减少的地基的沉降量也越少。对于这种情况，桩长设计一般要大于 4m，制桩施工效率在桩长大于 7m 时将显著降低，不太经济。

(4) 桩体材料。制桩材料一般没有特别要求，只需控制好材料的含泥量，不宜太大。卵石、矿渣、碎砖、碎石、含石砾砂等都可用作制桩材料，最好就地取材。振冲器的外径和振冲器功率限制了桩体材料容许最大粒径，桩体材料最大粒径一般控制在 8cm 以内较为合适，常用的碎石粒径为 2～5cm。

地基土的抗剪强度决定了桩体直径，地基土的抗剪强度越低，桩体的直径就越大。用 ZCQ－30 型振冲器振冲加固的一般软黏土地基，碎石回填量约 0.6～0.8m^3/m。

(5) 振动影响。振冲法在振冲施工时产生的振动波向四周传播，对周围不太牢固的旧建筑物可能产生某些振害，适当的防振措施和施工安全距离是设计中应考虑的问题。经过多年施工与设计经验总结，振动对周围建筑物影响在距振冲孔中心 2～3m 以外时就不太明显了。

(6) 现场制桩试验。现阶段振冲置换法加固地基的理论还不是很成熟，所有的设计工作也是依照以往的经验。对重要的大型工程，为收集和验证设计施工所需的各项物理与力学参数值，要在施工现场进行必要的载荷试验、制桩试验、桩顶与土面应力测定等测试工作，以便进一步修改设计，让加固施工方案比较符合实际。

2. 计算用的基本参数

(1) 不排水抗剪强度。不排水抗剪强度可用来判断设计的振冲加固地基处理方法的可行性。初步选定桩的间距，施工难易程度和加固后可能达到的地基承载力也可据此进行预估。

一般是用十字板剪切试验测定不排水抗剪强度。

(2) 原土的沉降模量。对重要工程有可能要通过载荷试验来确定地基上的变形模量。根据弹性力学理论，位于各向同性半无限均质弹性体上的刚性圆板在荷重力作用下的沉降

量为

$$S=\frac{P(1-\mu^2)}{dE} \tag{2-46}$$

式中，S 为圆板的沉降量（mm）；P 为作用在圆板车上的总荷重（kg）；d 为圆板直径（m）；E 为弹性模量（MPa）；μ 为泊松比。

一般载荷试验常用方形承压板，对于方板还需引入一个形状系数 λ_B，上式可变为

$$S=\frac{P(1-\mu^2)}{\lambda_B dE} \tag{2-47}$$

式中，b 为方板宽度（m）。$P=pb^2$（p 为单位面积荷重）代入上式，经整理后得出：

$$\frac{\lambda_B E}{1-\mu^2}=\frac{P}{S/b} \tag{2-48}$$

将等号左侧的比值定义为沉降模量，用 E' 表示，桩或原土的沉降模量分别用 E'_p、E'_s 表示；比值 S/b 为沉降比，用 P_R 表示，则

$$E'=\frac{p}{\rho_R} \tag{2-49}$$

将载荷试验资料整理成 $p-\rho_R$ 曲线，从中确定 E' 值。由于土体不是真正的弹性材料，因此沉降模量不是一个常量，它与应力或应变水平有关联。若没有地基上的载荷试验资料，对于大面积加固情况可以用室内常规压缩试验测定。

（3）桩体直径。桩体直径与土类及其强度、桩材粒径、振冲器类型、施工质量关系密切。如果是不均质的土层在强度较弱的土层中桩体直径较大，反之较小。振冲器的振动力越大，桩体越粗。如果施工质量控制不好很容易制成上粗下细的“胡萝卜”形桩。这里所说的桩体直径是指按每根桩的用料量估算的平均理论直径，用 D 表示，一般情况下 $D=0.8\sim1.2$m。

（4）制桩材料内摩擦角。用碎石做桩体，碎石的内摩擦角 ϕ_p，一般取 35°～45°，多数情况下采用 38°。国内一般对粒径较小（≤50mm）的碎石并且原状土为黏性土，ϕ_p 一般取 38°。对于粒径较大（最大为 100mm）的碎石桩并且原土为粉质土，可采用 42°。对于卵石或砂卵石 ϕ_p 一般取 38°。

（5）面积置换率。面积置换率 m 是表征桩间距的一个指标，m 越大桩间距越小。通常把桩的影响面积化为与桩同轴的等效影响圆，其直径为 d_e。d_e 计算如下：

对等边三角形布置

$$d_e=1.05d \tag{2-50}$$

对正方形布置

$$d_e=1.13d \tag{2-51}$$

对矩形形布置

$$d_e=1.13\sqrt{d_1d_2} \tag{2-52}$$

以上 d、d_1、d_2 分别为桩的间距、纵向间距和横向间距。面积置换率为

$$m=d^2/d_e^2 \tag{2-53}$$

一般采用 $m=0.25\sim0.4$，假定 $d=1.0$m。对于等边三角形布置，上述 m 值相当于桩的间距 1.5～1.9m。

(6) 桩土应力比。在基础外加荷载作用下，因应力集中，桩体上承载的应力 σ_p 要大于桩体周围土承载的应力 σ_s，桩土应力比为 σ_p/σ_s 的比值，用 n 表示。桩体材料、桩位布置和间距、施工质量和地基土质等因素都与 n 值有关联。n 是个非常量，与应变水平或应力水平有关，大多数情况下 n 取 2～5。

3. 承载力计算

(1) 单桩承载力计算。由于碎石桩均由散体颗粒组成，其桩体承载力主要取决于桩间土的侧向约束力，对这类桩最可能的破坏形式是鼓胀破坏，如图 2-36 所示。

目前国内外估算碎石桩的单桩极限承载力的方法有很多，一般采用公式（2-54）估算单桩极限承载力（kPa）

$$[\sigma_p]_{max} = 20.75C_u \tag{2-54}$$

式中，C_u 为不排水抗剪强度。

(2) 复合地基承载力计算。在图 2-37 碎石桩和桩间土所构成的复合地基上，当作用荷载为 P 时，设作用于桩周黏土上的应力为 σ_s 和作用于砂桩的应力为 σ_p。假定在碎石桩和黏性土各自面积 A_p 的 $A \sim A_p$ 范围内作用的应力不变时，可求得

$$P \cdot A = \sigma_p \cdot A_p + \sigma_s \cdot (A - A_p) \tag{2-55}$$

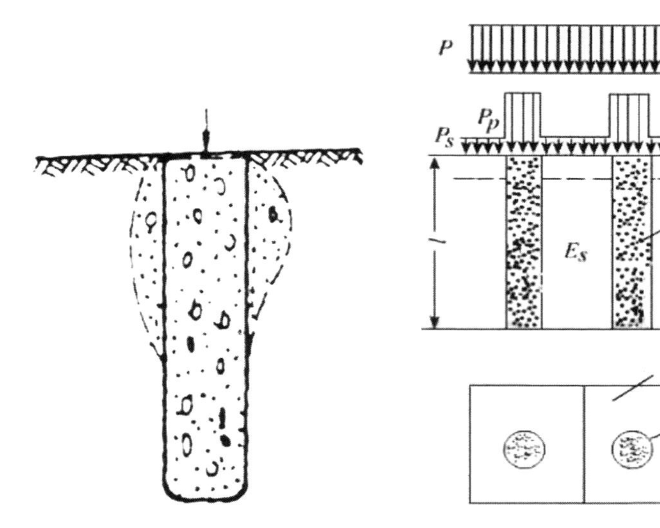

图 2-36　桩体的鼓胀破坏形　　　　图 2-37　复合地基应力状态

将桩土应力比 n 和面积置换率 m 概念引入，则公式（2-55）可变为

$$\frac{\sigma_p}{\sigma} = \mu_p = \frac{n}{1+(n-1)m} \tag{2-56}$$

$$\frac{\sigma_s}{\sigma} = \mu_s = \frac{n}{1+(n-1)m} \tag{2-57}$$

式中，μ_p 为应力集中系数；μ_s 为应力降低系数。

式（2-55）又可改写为

$$P = \frac{\sigma_p \cdot A_p + \sigma_s(A - A_p)}{A} = [1+(n-1)m] \cdot \sigma_s \tag{2-58}$$

由公式（2－58）可知：①表达式是按桩和桩间土的面积比例分配应力的；②表达式中桩和桩间土的承载力必须是等量变形条件下的承载力；③由于 n 值上随荷载变化而变化，故桩土应力比 n 必须是在 σ_p 和 σ_s 定值下的应力比；④σ_s 不同于天然地基承载力，施工后对黏性土地基而言，都有不同程度的挤密或振密，不能简单看作只有置换作用。

从公式（2－58）同时可以得知：只要由实测资料求得 σ_p 和 σ_s 后，就可求得复合地基极限承载力 σ。

对于无现场载荷试验资料的小型工程的黏性土地基，桩与土组成复合地基的承载力标值可按公式（2－59）计算：

$$P=[1+m(n-1)]\cdot 3S_v \tag{2-59}$$

式中，S_v 为桩间土的十字板抗剪强度，也可用处理前地基土的十字板抗剪强度代替。

另外式（2－59）中的桩间土承载力标准值也可用处理前地基土的承载力标准值代替。

可用处理前地基土的承载力标准值代替式（2－59）中的桩间土承载力标准值。

4. 沉降计算

复合地基加固区的沉降和加固区下卧层的沉降是碎石桩的沉降计算的两个主要方面，要按国家标准有关规定计算地基在处理后的变形。复合地基压缩模量可按公式（2－60）计算：

$$E_{sp}=[1+(n-1)m]\cdot E_s \tag{2-60}$$

式中，E_{sp}为复合土的压缩模量；E_s 为桩间土的压缩模量。

公式（2－60）中桩土应力比 n 对黏性土在无实测资料时可取 2～4，对粉土在无实测资料时可取 1.5～3.0。地基原土抗剪强度低的取大值，反过来地基原土抗剪强度高的取小值。

5. 固结度计算

高罗尔和巴约克认为，复合地基的沉降和时间关系可用一般的常用排水砂井理论进行计算。巴克德尔和巴其斯在考虑涂抹作用前提下，提出将桩径乘以 1/2～1/15 的修正系数，并假定水平渗透系数 3～5 倍于垂直渗透系数。巴拉姆和勃克尔从振冲置换加固地基的碎石桩桩群中选出一个具有代表性的单元体作为研究对象，对其固结度数值进行分析。通过对荷载通过刚性地基施加的等应变问题分析研究得出，随着桩和土体的弹簧模量比增大，更大的荷载由碎石桩承担，使固结加速，当桩和土体的弹簧模量比从 1 增大到 40 时，固结度达到 50％所需的时间只需要原来固结时间的 1/10。如果外加荷载直接作用于碎石桩地基上，则比值桩和土体的弹簧模量比不会明显的影响固结速度。

6. 稳定性分析

用振冲碎石桩来改善天然地基整体稳定性，可按复合地基的抗剪强度，用圆弧滑动法来进行设计计算。

如图 2－38 所示，假定振冲置换形成碎石桩复合地基中某深度处剪切面与水平面的交角为 θ，考虑到碎石桩体和桩间土都承担了抗剪压力，则可由公式（2－61）得出复合地基的抗剪强度 τ_{sp}。

$$\tau_{sp}=(1-n)c+m(\mu_P\cdot p+\gamma_P\cdot z)\tan\varphi_p\cdot\cos^2\theta \tag{2-61}$$

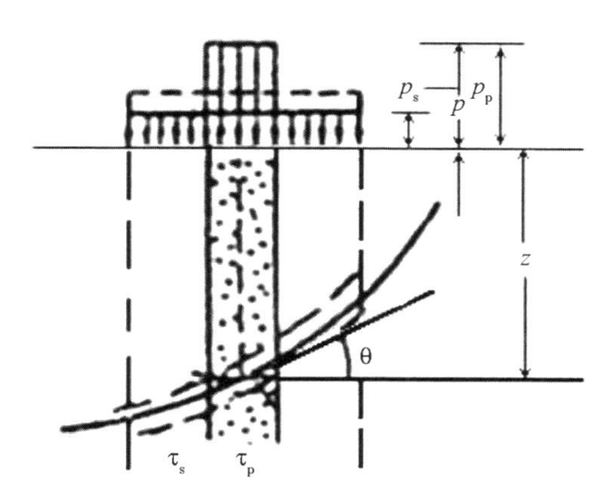

图 2-38　复合地基的剪切特性

式中，c 为桩间土的黏聚力；n 为桩土模量比；γ_P 为碎石料的有效重度；ϕ_P 为碎石料的内摩擦角；μ_p 为应力集中系数，$\mu_p=\frac{m}{1+m(n-1)}$；m 为面积置换率。

在不考虑荷载产生固结而使黏聚力提高的情况下，式中可采用天然地基黏聚力 C_0。在考虑作用于黏性土上的荷载产生固结的情况下，就要按公式（2-62）计算黏聚力。

$$c = c_0 + \mu_s \cdot P \cdot U \cdot \tan\varphi_{c\mu} \tag{2-62}$$

式中，U 为固结度；$\tan\varphi_{c\mu}$为桩间土的固结不排水内摩察角；μ_s 为应力降低系数。

若 $c=\mu_s \cdot P \cdot U \cdot \tan\varphi_{c\mu}$，则黏聚力强度增长率为

$$\frac{c}{p} = \mu_s \cdot U \cdot \tan\varphi_{c\mu} \tag{2-63}$$

第三章 边坡稳定加固技术

第一节　边坡坡体加固技术

一、边坡加固技术概述

我国是一个多山的国家，也是世界上地质灾害频发的国家之一，山区（包括山地、丘陵：及比较崎岖的高原）面积约占陆地总面积的65%，部分偏远山区达85%以上。随着经济的发展以及西部大开发战略的实施，在资源开发和基础设施的建设中，越来越多的高速公路要面临“穿山越岭”以及边坡高度越来越高（最高人工边坡已达600m）这一问题。例如，澜沧江小湾水电站泄水建筑物边坡高达250m，抚顺西露天矿高边坡开挖深度已超过300m，溪洛渡水电站拱肩槽边坡高达250m。诸如此类的高边坡，在开挖过程中复杂的地质条件给高速公路的建设带来了许多技术难题。

由于高速公路建设过程中，通常在一定程度上会对原来较为稳定的岩土边坡产生破坏或扰动，使原边坡所固有的稳定性遭受破坏，而形成的新边坡土质较为松软，稳定性大大降低，导致工程建设中不断发生岩质边坡失稳事件，人们的生命和财产遭受严重威胁，由此引起的工期延误而带来的间接损失是不可估量的。所以，如何确保高边坡在开挖和支护过程中的稳定性已成为相关工程技术人员最为关注的热点；而如何对开挖后的边坡进行合理的稳定性评价和加固更成为高速公路建设中的一个难题。①

（一）边坡加固技术分类

高边坡加固是岩土工程中难度极大的一项技术课题，涉及到地基基础、土力学、工程地质、水文地质学、桩基理论、岩石力学等众多学科。加固过程中受众多因素影响。例如，工程地质条件、水文地质状况、加固处理方法、涉及计算方法或计算机模型以及临近建筑物的布置等。加固处理技术的选用直接影响到边坡的稳定性甚至直接决定边坡治理的成败及项目成本总额度，因此，正确选用加固处理方法对边坡治理尤为重要。在选用的过程中，可能存在不同的工程采用不同的加固方法，甚至同一工程不同区段在也存在差别。

---

① 罗顺飞．某高边坡预应力锚索抗滑桩加固优化研究［D］．广州：广东工业大学，2013.

例如，金丽温金华至丽水段 K81 滑坡布置了 512 孔预应力锚索，普通砂浆锚杆 4 575 根，砌体 8 000 多方，治理费用高达 3 000 多万元；甬台温高速公路瑞安至苍南 K90＋820～K90＋960 滑坡治理布设预应力锚索 300 孔，11 根截面为 2m×4m 的抗滑桩，投资总额达 2 000 多万元；上（虞）三（门）高速公路全长 141.60km，仅边坡治理费用就高达 6 亿多元等等。

边坡防治加固措施主要有：加载与减载、排水与截水、压坡、混凝土抗剪结构、锚固、支挡等。其中，前三种措施多用于 20 世纪 50 年代边坡加固技术发展初期，实际工程表明，仅通过加载、减载、地表排水等措施只是“治标不治本”，虽然能使滑坡暂时处于稳定状态，但随着环境条件的改变，边坡的稳定状态可能逐步失稳破坏，很多滑坡又出现复活。随着工程实践经验的不断积累，人们开始越来越重视支挡与锚固作用的结合，采用抗滑桩与预应力锚索相结合，形成预应力锚索抗滑桩符合支挡结构，因其具有结构布置灵活、对边坡所产生的扰动较小、施工技术简单等优点越来越受到工程师们的青睐。

（二）现有边坡加固机理、加固手段综述

1. 荷载性质与分布

对于边坡加固，多数情况下设计者仅考虑边坡滑体的重力荷载的作用，即体力。确定体力的途径有地质调查、计算分析与人为推测认定一个假想滑动面，从而求算滑动力，即极限平衡法则。[①]

2. 加固手段

边坡加固手段常用的有预应力锚索、预应力锚杆、锚杆、抗滑桩等。

（1）预应力锚索。锚索采用高强度、低松弛钢绞线，利用水泥砂浆将假想滑动面以下部分与钻孔壁全长黏结，滑动面以上部分是自由的。假定锚索轴线与假想滑动面垂直，当给锚索施加一个预应力（正压力）后，锚索给边坡提供的抗滑力为

$$P_{抗} = fP \tag{3-1}$$

式中，$P_{抗}$ 为锚索的抗滑力；f 为摩擦系数；P 为锚索预应力。

（2）预应力锚杆。预应力锚杆是在锚杆外端施加一个预应力。预应力的作用是改善边坡表面岩体的受力状态，利用边坡内部稳定的岩体加固表面岩体。

（3）锚杆。用于边坡加固的锚杆多采用全长黏结的螺纹钢筋水泥砂浆锚杆，杆体一般采用 $f25$～$f38$ 的螺纹钢筋。锚杆加固边坡的机理一般认为是约束边坡体变形，同时杆体有一定的刚度，为边坡体提供一定的抗滑力。

（4）抗滑桩。抗滑桩就是抗滑的结构。据考证，这是一种概念清楚、效果可靠的古典结构。

早在 20 世纪 60 年代，抗滑桩已经用于我国铁路滑坡的治理建设中，因其具有抗滑能力强，桩位灵活（既可单独使用，也可埋设于最容易出现失稳的滑坡体部位）、施工安全简单、在滑坡滑动面较深、上部滑坡推力大的情况下，较其他抗滑桩更为经济、实用、有效等特点，已被广泛地应用于各种滑坡灾害治理工程实践中。随着边坡高度的不断上升，

① 徐志英．岩土力学［M］．3 版．北京：中国水利水电出版社，1993．

边坡加固技术也要求越来越高，对某些高边坡加固工程而言，单单通过抗滑桩支护已很难达到边坡稳定性要求，在实际工程中往往采用复合支挡结构，如采用预应力锚索抗滑桩加固。预应力锚索抗滑桩是由预应力锚索支护结构和抗滑桩支护结构组合形成的一种新型支护结构，其受力和结构形式更加合理，兼有了预应力锚索支护结构和抗滑桩支护结构二者的优点，实际工程中既能充分发挥材料的强度，又能满足经济合理的要求，还能大大提高边坡的整体稳定性。

二、边坡加固力学模式分析[①]

（一）应力传递深度

给锚索施加预应力 P，作用在假想滑动面上的正压力并不是 P，而远小于 P，现分析如下。

给锚索施加一个预应力，锚索对边坡的作用可以从以下方面考虑。

（1）按平面问题考虑，可归结为半平面体在边界上所受的集中力 σ_x（见图 3－1）为

$$\sigma_x = \frac{2P}{\pi} \frac{x^3}{(x^2+y^2)^2} \tag{3-2}$$

当 $y=0$ 时，

$$\sigma_x = \frac{2P}{\pi x} \tag{3-3}$$

式（3－3）表明，作用于边坡表面的集中力在边坡体内随着远离边坡表面距离而减小。

（2）按空间问题考虑，可归结为半空间体在边界上受法向集中力，[②] 如图 3－2 所示。

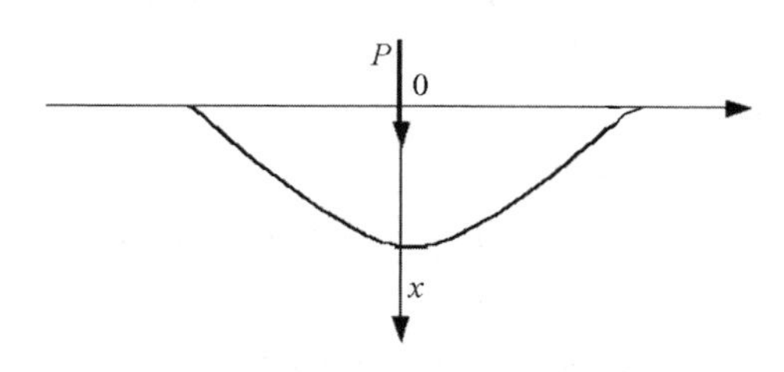

图 3－1 半平面体边界上受集中力的力学模型

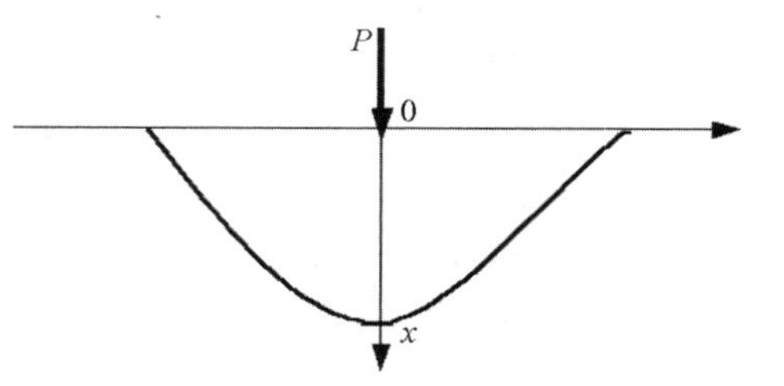

图 3－2 半空间体边界受法向集中力的力学模型

这个问题布希涅斯克得出了公认的如下解答：

$$\sigma_x = \frac{3Px^3}{2\pi[(x^2+y^2)^{1/2}]^5} \tag{3-4}$$

当 $y=0$ 时，

$$\sigma_x = \frac{3P}{2\pi x^2} \tag{3-5}$$

---

① 孙学毅．边坡加固机理探讨［J］．岩石力学与工程学报，2004，23（16）：2818－2824．

② 徐艺伦．弹性力学［M］．第 2 版上册．北京：中国人民教育出版社，1982．

式（3－5）表明，作用在边坡表面的集中力作为空间问题考虑，在边坡体内随着远离边坡表面距离的平方而减小。例如，水利部西北勘测设计研究院在李家峡水电站工程中对预应力锚索传力深度进行了实测（见图 3－3），结果如下：现场实测表明，600kN 级锚索的传力深度为 2～4m，1 000kN 级锚索传力深度为 3～8m，3 000kN 级锚索传力深度为 3～10m。[①] 再如，冶金部建筑研究总院、长江科学院在三峡船闸高边坡锚索施工中对 3 000kN级锚索传力深度进行的实测结果，见图 3－4。[②]

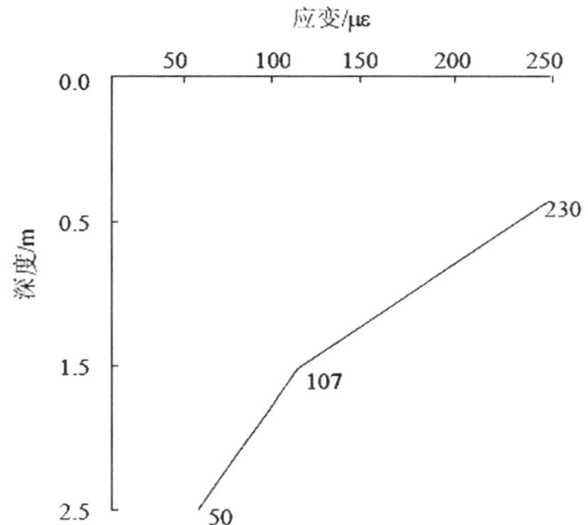

图 3－3　李家峡 600kN 级预应力锚索岩体竖向应变与深度关系实测曲线

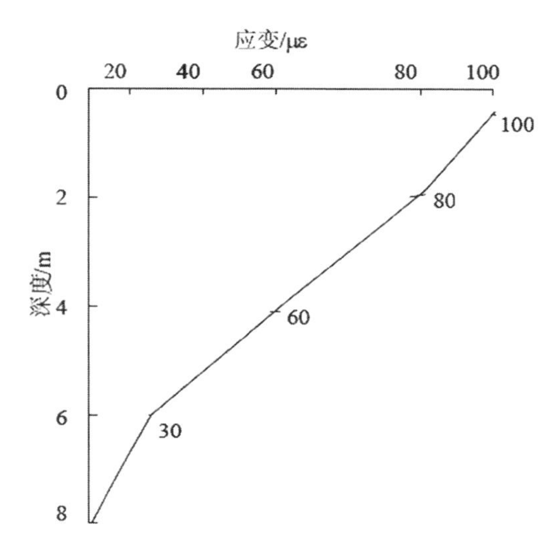

图 3－4　长江三峡船闸边坡 3 000kN 级锚索岩体竖向应变

（二）自由段概念

预应力锚索用来加固边坡工程，其加固机理是边坡体存在一个假想滑动面，滑动面以上的锚索体部分与孔壁之间无黏结力，称之为自由段；滑动面下面的锚索体与孔壁黏结在一起，称为锚固段。初期应用的锚索自由段张拉前不灌浆，这种结构的锚索称为拉力集中型锚索。曾经，有人把自由段部分的索体涂上黄油，套上塑料管，自由段与锚固段同时灌浆，如图 3－5 所示。这样，张拉时自由段部分钢绞线仍然与孔壁之间没有黏结力，但自由段的水泥砂浆柱与孔壁黏结，这种结构的锚索称为改进拉力集中型锚索。

分析图 3－5 可知，bc 段水泥砂浆芯柱滑动时必须克服 ab 段水泥砂浆芯柱与孔壁之间的黏结力。也就是说，改进型预应力锚索锚固力并不只是 bc 段起作用。进一步考虑，必须注意预应力锚索张拉后不仅使边坡体表面的岩土体受到压缩；同时使自由段的水泥砂浆芯柱的孔口部分也受到压缩。预应力锚索张拉后，在假想滑动面处，自由段的水泥砂浆芯柱也受到压缩，而滑动面下面锚固段的水泥砂浆芯柱却处于受拉状态。对于水泥砂浆这种柱状固体而言，压缩必然产生横向膨胀，拉伸必然产生横向缩小。然而对于水泥砂浆这种材料，其拉、压弹性模量 E 和泊松比 μ 并不相同。

① 水利部西北勘测设计研究. 岩质高边坡开挖及加固措施研究［R］，1995.

② 程良奎，范景伦. 岩土锚固［M］. 北京：中国建筑工业出版社，2003.

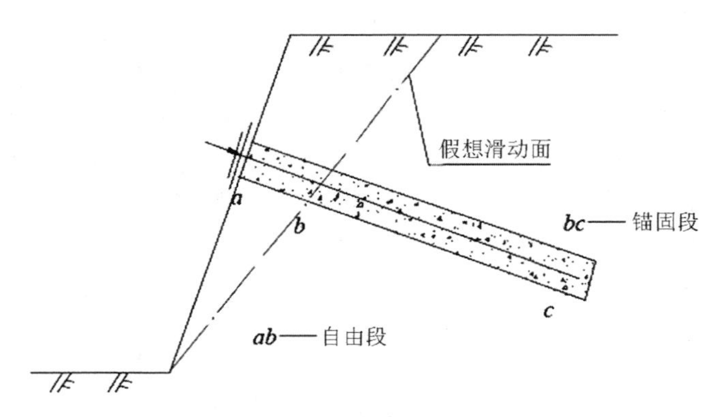

图 3－5　边坡体假想滑动面、自由段、锚固段结构示意图

基于上述分析，设计时不但要考虑自由段的锚固力预应力锚索，而且还要研究自由段、锚固段水泥砂浆芯柱的变形。必须清楚：水泥砂浆芯柱是在钻孔内的，它在侧壁有约束条件下产生变形，它的变形规律决定于（影响）孔壁剪应力的分布规律。

近年来开始采用无黏结钢绞线作为预应力锚索索体，并创生了压力集中型、压力分散型锚索。压力集中型锚索是在锚索体的内端安装一个承载体，压力分散型锚索是在锚索体内端、中部安装几个承载体。从受力角度分析，压力集中型锚索和压力分散型锚索实质上是改进拉力型锚索的发展和演变。

（三）钻孔中水泥砂浆芯柱变形的必要性分析

对现有的锚索类型而言，研究水泥砂浆芯柱的变形和破坏过程是确定锚索锚固力的基础。以往的研究仅限于锚索受力的研究。“七五”“八五”期间，水利部东北勘测设计研究院、西北勘测设计研究院、清华大学、中国科学院武汉岩土力学研究所等单位都对预应力锚索受力进行过深入研究，并得出一些可喜的成果，给人以启发。这些研究结果表明：

（1）自由段浆体强度的形成可改变内锚根段受力状态。

（2）拉力型锚索，超张拉时拉力达到 1.3～1.5 倍拉力设计值时，砂浆芯柱开始破裂，轴向力向根部传递，启动了根部变形。

（3）压力集中型、压力分散型预应力锚索预应力张拉后，水泥砂浆芯柱处于受压状态。在轴向压力作用下，水泥砂浆芯柱必然产生侧向膨胀，其结果将导致水泥砂浆芯柱给孔壁一个径向压力，这必然使水泥砂浆芯柱与孔壁之间的摩擦力增加。

（4）水利部西北勘察设计研究院通过对 600kN 级、1 000kN 级预应力锚索张拉后 50 天观测得出以下结论：靠初期超张拉吨位消除初期预应力损失的做法收效是有限的，实践表明，靠补偿张拉才是达到设计吨位的有效措施。

（四）群锚加固效果分析

边坡锚固现有的主要指导思想是提高假想滑动面的抗滑力。但“八五”期间我国的设计、研究和高等院校等单位通过现场量测证实群锚加固后可提高边坡体变形的均匀性、整体性。边坡采用群锚加固后，大约经过 50 天的变形调整，岩体的整体强度有较大提高。

实测结果表明，群锚的加固效果已远超出单锚效果的叠加。经过加锚的岩体已经形成复合材料，这种复合材料的变形性能和强度比未加锚的岩体有很大提高。

基于以上两点研究结果，我国的学者们提出群锚产生“岩壳效应”的概念。“岩壳效应”的含义类似于地下工程加锚后形成承载拱的作用。

（五）关于边坡加固的几点看法

1. 关于安全系数 K

目前，边坡或建筑深基坑设计时通常给定一个整体安全系数 K。

（1）对于现存的安全系数大于1的边坡，因其安全系数不能满足长期稳定性要求，对其进行加固设计时，给出一个整体安全系数是可行的，但并不一定完全合理。

（2）对于由上往下开挖的边坡或深基坑而言，如果不进行分层开挖、分层支护，则边坡或基坑壁就要失稳或发生塌滑。在这种情况下，必须分层考虑其稳定性，即每个分层必须给定一个安全系数 K，而且每个分层开挖前必须进行超前支护。超前支护的结构设计应根据分层安全系数确定较为合理。

（3）各分层的安全系数不应该取同一个数值。建议上部分层的安全系数取1.1～1.2，中部分层安全系数取1.2～1.3，底部分层安全系数取1.5～2.0。

设计思想是：强调考虑开挖过程，考虑各分层位置的重要性，并对各分层的安全系数进行合理调整；而边坡的整体安全系数必须满足规范要求。

2. “岩壳效应”

采用无黏结钢绞线作锚体，创生出压力集中型锚索。压力集中型锚索是在孔底有一个承载体，当对锚索施加预应力，并产生张拉后在边坡表面和岩体内部形成一个双向压缩区，如图3-6所示。

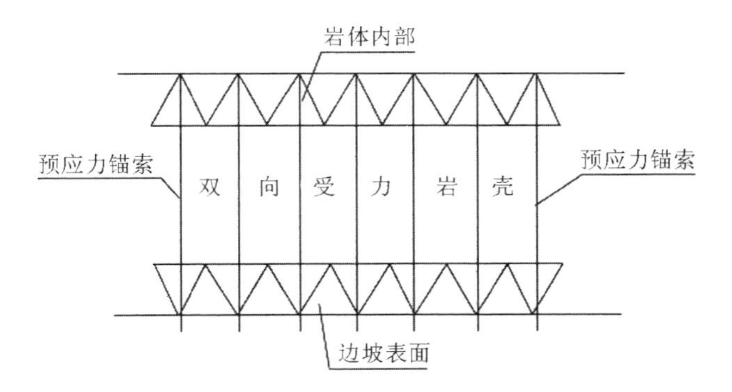

图3-6　“岩壳效应”示意图

图3-6表明，压力集中型群锚锚索预应力张拉后在边坡体表面形成一个双向受压“岩壳”。“岩壳”的形成，自然提高了边坡外部岩体的强度。因此，可以仿效地下工程锚固支护的方法来加固边坡，具体做法如下：

（1）采用短而密的压力集中型预应力锚索，张拉后形成一定厚度的“岩壳”。

（2）采用较长的压力集中型锚索把“岩壳”锚固在边坡深部稳定的岩体中。

3. 地面开挖控制变形的工法

该工法是在地下开挖“新奥法”（NATM）基础上提出的。在沿海城市软土深基坑应用几年之后形成一套完整的施工方法。该工法的指导思想是控制开挖引起的变形，把变形控制在允许范围内。如水电工程的边坡必须严格控制变形，即加固结构刚度要大，工程造价应相对地高。对于公路边坡，并不需要严格控制变形，加固结构设计可以释放一部分岩土体的变形。工程实践和理论分析表明，在同样安全程度条件下释放一部分允许的岩土体变形，工程造价可减少很多；或者在同样造价条件下释放一部分允许的岩土体变形，使支护结构的安全储备增大，工程的安全系数会提高很多。

总之，地面开挖控制变形工法可总结为6个要素：安全监测、超前支护、分层分段开挖、紧跟开挖面敷设钢筋网喷射混凝土及时封闭开挖面、加强底部支护结构和施工工艺管理。

4. 预应力锚梁结构

（1）工程实践表明，边坡工程主要应考虑边坡体力（重力）的作用。因此，无论是锚索还是锚杆，加固边坡结构都需要具有一定的抗弯剪能力。目前的锚索、锚杆结构满足不了工程中对其抗弯剪性能的要求。

（2）将一根锚杆接近于水平方向置入边坡体内，当边坡体变形时在某种程度上相当于受重力荷载的梁。为了合理利用材料，对梁的截面形状必须进行研究。

（3）预应力锚梁由中空带外翼的钢梁和无黏结钢绞线组合而成。将预应力锚梁置入边坡体的钻孔中，通过钢梁中空部分进行注浆，注浆体充满钢梁内外钻孔空间。当注浆体达到设计强度时进行预应力张拉，即可实现对边坡体的加固作用。

（4）现有的压力集中型预应力锚索，施加预应力后，锚索的水泥砂浆芯柱可归结为一根有侧向约束受压的长杆。由于侧壁约束不同，可能出现以下几种形式破坏。

①当孔壁的强度很低（土或软黏土地层），孔壁与水泥砂浆芯柱界面先发生剪移破坏，随之水泥砂浆芯柱产生弯折破坏。

②当孔壁的强度较高（如中等强度灰岩）时，水泥砂浆芯柱可能发生破坏。

③当孔壁的强度很高（如花岗岩、玄武岩）时，水泥砂浆芯柱可能不发生破坏。

5. 预应力锚梁结构特点

基于前面对水泥砂浆芯柱受力——破坏过程分析，预应力锚梁结构是针对克服现有预应力锚索结构弱点而提出的。

（1）预应力锚梁是用一根弹性模量 E 大、截面模量 I 也大的钢梁结构与水泥砂浆芯柱组合而成，用来取代水泥砂浆芯柱。无黏结钢绞线固定在锚梁的内端，预应力张拉时受到压缩的是钢梁与水泥砂浆芯柱的组合体。

（2）前面已经分析过，不论是锚杆还是锚索所承受的主要是边坡体的体力（重力）作用。工程实践表明，近于水平方向置于边坡体内的锚杆、锚索，当边坡体在重力作用下产生垂直变形时，锚杆、锚索必然产生弯曲。这就要求锚杆或锚索具有抗弯剪的能力。预应力锚梁在某种程度上克服了目前现有锚杆、锚索抗弯剪能力低的缺点。

由于锚梁具有中空异缘形状的截面，它具有较大的截面模量。锚梁与螺纹钢筋锚杆体相比，在截面积相同的条件下，锚梁的截面模量为螺纹钢筋锚杆体截面模量的4倍。作为抗弯剪构件，在具有相同抗弯剪能力的条件下，锚梁比螺纹钢筋锚杆节省4倍材料。在所用的材料截面积相同的条件下，锚梁所具有的抗弯剪能力为锚杆的4倍。

（3）锚梁与无黏结钢绞线组合施加预应力后，除了具有上述分析的特点外，还具有建筑结构中预应力钢筋混凝土梁的特性。

（4）如果在锚梁的内端、中部都固定有无黏结钢绞线，施加预应力后，此时的预应力锚梁将具有压力分散型预应力锚索的功能。

（5）预应力锚梁与现有锚杆、锚索相比，还具有施工简便、安装可靠等优点。预应力锚梁利用中空孔注浆，无需专用注浆管。由于锚梁的刚度大，安装时不需要锚索那样多的对中架。

6. 预应力锚梁加固设计

（1）设想一根锚梁近于水平方向置入边坡体内。一部分锚固在假想滑动体内，另一部分锚固在非滑动体内。当假想滑体产生垂直变形或欲产生滑动时，其滑体的重力荷载将作用在锚梁上，此时，锚梁可视为一端固定、另一端悬壁受均布荷载作用的梁。

（2）根据假想滑动面的参数可以算出锚梁的长度。由于边坡表面形状、假想滑动面已确定，则作用在锚梁上的均布荷载随之也可确定，因此，一端固定、另一端悬臂的锚梁完全可以设计。

三、四种边坡坡体加固技术介绍①

针对现有滑坡防治技术存在的某些不足，可以采用纤维束导渗排水孔、预应力锚梁、层状网式钢筋石笼挡墙、预应力抗滑桩 4 项技术。

第 1 项纤维束导渗排水孔技术是针对目前常用的排水孔所存在的被水流带出的土和细砂堵孔的问题而提出的。采用该项技术排水，即使排水孔被堵死，水仍可沿着纤维和土、砂之间的界面渗出，可逐步降低边坡中的动水压力和静水压力，从而有利于边坡的稳定。

第 2 项技术是针对常用于边坡加固的预应力锚杆、预应力锚索等存在的加固深度不足、不能根据加固深度范围内地质条件的变化而主动调整加固力以及反作用力不利于边坡稳定等问题而提出来的。通过集加固、排水、监测、补强和地质勘察等功能于一身，可望为边坡工程（尤其是存在着裂隙的高陡边坡工程）的加固提供一个较好支持。

第 3 项层状网钢筋石笼挡墙技术是为了解决国内外都在采用的钢筋石笼挡墙技术所存在的因笼间连结力差、钢筋笼体易锈蚀而造成对边坡加固效果差等问题而提出的新技术。通过在笼间加水平向和垂直向钢筋水泥砂浆层，但又允许导水的方法来解决上述问题。另外，新技术还保存了原技术的一些优点（如可就地取材、石笼挡墙所需的工程经费低等）。

第 4 项技术是针对常用抗滑桩所存在的因不能在加固范围内根据滑动所在的位置调整抗滑力而造成支护效果低等问题而提出来的。

（一）纤维束导渗排水孔技术

1. 边坡排水的重要性

理论研究和工程实践表明，水（包括地下水和降雨）往往是引发滑坡、岩崩、泥石流等地质灾害的重要因素。水在地质灾害形成中起十分重要的作用，它的存在不仅弱化工程岩（土）体的强度，还会以静水压力、动水压力、冲刷等形式降低坡体的稳定性。对于边

① 杨志法，张路青，祝介旺. 四项边坡加固新技术 [J]. 岩土力学与工程学报，2005，24（21）：3828－3834.

坡工程设计来说，“治坡先治水”是一条重要的经验。有效的边坡排水不仅可大幅度减少软岩、软弱夹层、松散岩体等因水渗入而导致的强度弱化，还可降低相应的动水压力和静水压力，进而使边坡向稳定方向转化。对于其他类型的岩土工程（如隧道工程、基坑工程等）来说，排水同样重要。用于边坡排水的方法很多，如地表截水沟、地下排水洞（排水廊道）、排水孔等。至于地下工程的排水，主要有排水孔和与洞外相通的排水洞（沟）等方法。

2. 普通排水孔技术

常用的普通排水孔技术是由带有多个小孔的硬塑料管和防止泥砂直接进入管内且包在塑料管外部的土工布等组成。

在实际工程的运营过程中可以看到，普通的排水孔技术在一定条件下效果并不理想。虽然在工程竣工时或运营一段时间内排水孔确实能够起到应有的排水效果，但经过一段时间后就会发现它们被水携带的泥砂堵塞，甚至孔口长草，进而不再起到排水作用。在一般情况下，排水系统的设计者都认为该排水系统的排水孔可以起到排水、降低静水压力和动水压力的作用。因排水孔的失效或部分失效可以导致坡体内静水压力、动水压力没有降到设计要求的水平，并且软岩或软弱结构岩体的强度也将因较多水的存在而下降。在这种情况下，若未做监测，设计者也未及时对工程进行实地回访考察，则会因排水失效而使边坡向不稳定方向发展，甚至处于危险境地。对于使用现有排水孔技术的其他岩土工程来说，也存在着同样的问题。显然，发展新型排水孔技术是必要的。

3. 纤维束导渗排水孔技术的基本原理

利用钻孔内定向排列纤维束的导渗功能来实现排水是本项技术的基本原理。如果采用这项技术，即使发生泥砂堵塞的现象，坡体内的地下水仍可通过排水孔内布设的纤维束不断地从纤维与泥砂之间的界面渗出，从而达到长期有效排水的设计目的。另外，在花管外侧包有土工布是为了达到防堵塞的双保险目的。

（二）预应力锚梁技术

1. 现有锚固洞技术

所谓锚固洞，是指将水平长条洞内填满钢筋混凝土而形成的一种用于阻止边坡滑动的加固结构。锚固洞的长轴方向通常与该处边坡全位移方向一致。锚固洞结构中的主钢筋（或钢管）起主要抗拉作用。另外，为了保证锚固洞能安全工作，常利用钢筋计等来监测其主筋或钢管的应力变化。与常用的抗滑桩相比，锚固洞具有主筋（或钢管）的抗拉效率高、水平洞易于开挖施工且较为安全等优势。

根据理论分析和应用实践，锚固洞除具有上述优点外，也存在着诸多不足。

（1）锚固洞的钢筋（或钢管）是从洞口到洞底做通长且相同布设，而未按边坡的地质条件进行设计。在这种情况下，容易造成工程地质条件差的部位（如断层等出露的薄弱部位）的洞体强度不足，产生破坏，而在工程地质条件好的部位则可能造成浪费。

（2）在锚固洞受拉过程中，随着主钢筋（或钢管）的拉长，抗拉强度很低的混凝土将被拉裂。特别是那些因断层等出露的工程地质条件很差的部位，有可能因抗拉强度不足而造成钢筋被拉断，产生相当宽的裂缝，甚至出现大塌方等重大工程事故。

（3）被混凝土填满的锚固洞结构，不利于边坡排水，而排水往往在边坡稳定中起着极为重要的作用。

（4）主要采用钢筋计来监测锚固洞应力变化的方法存在着明显的不足。如果钢筋计安装的部位与将来发生拉裂的部位不一致但接近，则当锚固洞被拉裂后钢筋计的拉应力值不仅不上升，反而下降。结果，有可能产生“锚固洞是稳定的”危险误导。

2. 预应力锚梁技术

预应力锚梁是一种为了解决锚固洞的不足，但又保持其优点的新型加固结构。该结构是一种利用与边坡全位移方向相同的水平长条洞（可专门开挖，但提倡兼作地质探洞）构筑的钢筋混凝土结构。在具体设计中，可依据地质条件将之分为重点加固段和一般加固段。根据工程地质条件的不同，可以在预应力锚梁结构的施工过程中做到因地制宜和有的放矢。

与锚固洞相比，这一新型加固技术的加固效率明显较高，主要体现在下述几点。

（1）一般加固段通常做中空的厚壁钢筋混凝土设计。主钢筋（或钢管）按洞轴方向布置于厚壁中，并通过浇注混凝土使它与洞壁紧密胶结在一起，以便起抗拉作用。

（2）重点加固段主要设置在断层带和风化带等出露的地质薄弱段。为达到重点高效的加固目的，专门设置的预应力中空桥体，并横跨将要被重点加固的地质薄弱段（如断层）。将桥体深入到断层中上下盘较坚硬岩体内的足够深度，通过上下盘较坚硬岩体的紧密连结，使该重点加固段的抗拉强度大幅度增加，以有效地防止薄弱部位被拉开或滑动。

（3）除继续采用钢筋计外，还在锚梁中增设了多点伸长计，以避免出现上述的“危险误导”。

（4）由于排水在边坡工程治理中十分重要，在锚梁结构中将采用放射状的排水孔和锚梁中空部位组成的边坡地下水排水通道。

（5）当出现锚梁将被拉断的征兆时，可及时地把足够的钢筋（或钢管）塞进锚梁的空腔内，并用高标号砂浆将之浇筑，以便达到及时补强的目的。

（6）中空结构可以省下大量混凝土。

与利用预应力锚索加固高陡边坡相比，预应力锚梁技术具有以下优点。

（1）用预应力锚索加固边坡时，水平钻孔的深度通常不超过 60m，否则施工将遇到很大难度。有些高陡边坡的卸荷裂隙可能出现在 60m 以外，用预应力锚梁技术进行加固没有施工上的困难。

（2）如果预应力锚索在边坡面上取得 NkN 量值的加固压力，那么它将在山体内出现对局部岩体稳定不利的反作用力，这一反作用力的量值也是 NkN。在预应力锚梁技术中，作用力和反作用力都可起到加固作用。

（3）若有合适的水平探洞来进行预应力锚梁的加固施工，则可省下洞体开挖的费用。当卸荷裂隙造成高陡边坡的稳定程度不足而采用其他方法又感到困难时，利用预应力锚梁技术进行加固是非常合适的。由于我国有大量的高陡边坡存在，故它的应用前景是很好的。

（三）层状网式钢筋石笼挡墙技术

1. 现有的石笼挡墙技术

目前，国内已将普通型钢筋石笼挡墙用于公路边坡（如川藏公路沿线的边坡）、水电站边坡（如龙滩水电站左岸近百米高的边坡压脚）的加固，国外也有采用此项技术加固边坡的例子。普通型钢筋石笼的施工方法为：现场制作成简单的呈长方体状的钢筋笼，将其内部装满碎石而成为普通型钢筋石笼，再将各石笼按成排成层的形态堆砌在边坡需要加固的位置。

普通型钢筋石笼挡墙的优点至少有以下三点：①作为主要材料的碎石可以就地取材，材料成本较低；②易于施工；③利于排水。

然而，普通型钢筋石笼挡墙也存在着多处缺陷。

（1）普通型钢筋石笼挡墙是由多个钢筋石笼简单堆砌而成，其完整性是靠石笼之间的摩擦力来维持的。在外力作用下各石笼之间很容易产生相对滑动、转动等相对位移，严重者可使钢筋石笼解体，即普通型钢筋石笼挡墙的整体强度较低。

（2）由于直接接触到空气和水，普通型钢筋石笼的钢筋和钢丝极易被锈蚀。钢筋石笼的强度依赖于钢筋和钢丝制作而成的钢筋笼和内装石块之间的相互作用。钢筋和钢丝一旦锈蚀严重，普通型钢筋石笼将面临解体的危险。也就是说，锈蚀的不断发展将大大降低这种挡墙的强度及被加固边坡的稳定性。

（3）尽管普通型钢筋石笼挡墙本身的排水性能良好，但被加固边坡内部的地下水仍处于自渗状态。当边坡的稳定需要更通畅的排水条件时，普通型钢筋石笼挡墙不能满足设计要求。

（4）当考虑到被加固边坡是否处于稳定状态及挡墙本身存在强度和极限变形等问题时，对边坡和挡墙进行监测是十分必要的。但利用普通型钢筋石笼挡墙来实现监测是比较困难的。

（5）从环保角度来看，普通型钢筋石笼挡墙因清除或覆盖了被加固边坡坡面上原有的植被而破坏了该段边坡的绿化。

2. 层状网式钢筋石笼挡墙技术

针对普通型钢筋石笼挡墙存在的上述缺点，可以通过一种集整体强度高、防锈蚀、有效排水、易于绿化、易于监测等优点的新型钢筋石笼挡墙技术进行解决。该技术的主要功能是这样实现的：通过石笼框架的竖向钢筋、混凝土层、钢筋网及砂浆将成排成层的钢筋石笼连结成一个整体强度很高的钢筋石笼挡墙；利用混凝土及砂浆对钢筋和钢丝的包裹来实现防锈蚀的目的；利用碎石（或砾石）的空隙和连接各石笼的连通管来排水，必要时可以与边坡内布设的排水孔联合来实现高效排水；借助于固定在挡墙台阶上的土槽栽种植物，以求达到对挡墙进行绿化的目的；为进行变形监测可在混凝土层内埋设伸长计（伸长计的各测点分别固定在混凝土层内及边坡内部）。必要时，也可在混凝土层或砂浆层内埋设传感器对挡墙承受的荷载或内部的应力、应变等进行监测。

层状网式钢筋石笼挡墙除了具有就地取材、施工方便、成本低廉、可适性强等优点外，与普通型钢筋石笼挡墙相比还具有以下 5 个优点。

（1）与普通型钢筋石笼挡墙相比，层状网式钢筋石笼挡墙因石笼层间混凝土层及钢筋网的设置、石笼框架竖向钢筋与混凝土的连结、石笼侧面间加抹了砂浆等原因而具有很高的整体强度。另外，对挡墙高宽比和基座的有效设计可以保证挡墙整体的抗滑能力及抗翻转能力。新型钢筋石笼挡墙的这些特点决定了它具有较强的边坡加固功能。

（2）所有石笼的钢筋和钢丝都被混凝土或砂浆保护层包裹起来，致使这种新型钢筋石笼挡墙具有高效的防锈蚀能力。只有这样，组成挡墙的钢筋和钢丝才能长期保持其应有的强度，并可满足边坡加固的基本要求。

（3）在设计新型钢筋石笼挡墙时可根据实际需要在边坡内打专门的排水孔，其孔口与石笼内碎石（或砾石）相通。这样，由边坡排水孔、笼内碎石（或砾石）之间的空隙、连通管等可组成多条排水通道，可使该挡墙结构具有高效的排水功能。

（4）由于挡墙施工时破坏了原有的植被，可利用挡墙台阶上固定的土槽来栽种适合当地环境生长的植物。该挡墙所具有的高效加固功能足以保证土槽的长期稳定，利用土槽进行绿化的同时可避免植物生长对挡墙的不良影响。土槽内植物生长所需的用水主要为雨水，以及从边坡内部渗出并流经石笼中的碎石、连通管、集水槽并由滴水管流出的水。

（5）在施工过程中可在边坡内打专门的钻孔，以便将伸长计埋设在钻孔和石笼层间的混凝土层内，由获得的变形监测数据可帮助判断边坡或挡墙的稳定性。

五、预应力抗滑桩技术

（一）普通抗滑桩技术

普通的抗滑桩是一个混凝土柱体，其主钢筋自上至下作通长布置，并采用圆形箍筋将主筋焊接在一起。当抗滑桩深入到位于边坡主滑动面以下稳定岩体中足够深度时，它可阻止边坡岩体沿滑动面下滑，并达到加固边坡的作用。尽管普通抗滑桩应用得比较广泛，但仍存在着以下不足。

（1）没有针对潜在滑动面进行设计，且桩体内的钢筋作等量通长布设。这往往会造成潜在滑动面部位的不安全和非滑动部位的浪费。

（2）对抗滑桩内发挥主要作用的抗拉钢筋和发挥辅助作用的抗压钢筋没作区别，同样造成不必要的浪费。

（3）现有的抗滑桩通常都很粗大，有的桩体宽度可达数米，并形成“肥桩”现象。对于主要起抗滑作用的抗滑桩来说，中性面附近的混凝土所起的作用很小，是一种浪费。

（二）预应力抗滑桩技术原理

针对普通抗滑桩的不足，作者提出了预应力抗滑桩技术。其原理是：充分利用预应力混凝土抗拉能力较好的优点，采用可以现场制作的预应力柱部分取代普通现有抗滑桩受拉一侧的钢筋，并将之安排在潜在滑动面附近（作为重点加固段）进行重点加固。另外，为了提高加固效率和节约混凝土，可以除去中性面附近的混凝土，形成具有空腔的抗滑桩。由于预应力柱的抗拉能力较强，所以可以减少抗滑桩的横截面积。

第二节　边坡病害加固技术

为保证路基具有足够的强度和稳定性，一般设计均采用对边坡进行防护。在运营线路技术状态的调查中发现，个别线路和路段不同程度地存在着边坡坡体病害。

一、边坡坡体病害的特征及发生规律①

（一）风化剥落

风化剥落一般发生在路堑边坡下部，或构成边坡软硬互层的松软层，在节理发育的变质岩坡面尤为严重。该部位受风化作用的影响显著，边坡表面破碎，呈薄片状或小颗粒状，沿坡面向下滚落，往往造成侧沟堵塞。

（二）边坡溜方

边坡溜方是指在土质为黄土质砂黏土或其他黏性土的边坡，经较长时段的连阴雨后，其表层厚 1.0m 以内的土体松软、失稳，而向坡脚溜下。由于在边坡基岩上面覆盖有黄土或其他黏性土层，在雨后流水量加大、地表水不断渗透而使土层失稳，或因基岩面有地下水出露，促使覆盖层沿基岩面溜方。

（三）坡面冲刷

坡面冲刷多发生在高大的土质边坡上或风化严重的石质坡面下部，由于地表径流的冲蚀搬运作用明显，表面形成条状鸡爪沟或冲坑，不但破坏了坡面的完整，还时常在暴雨时造成泥流漫道现象。

（四）坍塌滑坡

坍塌滑坡多发生在变质岩地段路堑边坡中上部，该部位岩石节理发育，风化严重，或者路堑边坡的黏性土层和蓄水砂石层分层蕴藏，且有倾向路堑方向的斜坡层理存在。发生过程时间较长，先在边坡上部张开裂缝，逐渐发展扩大，周围岩石错动，进而坍塌体下缘凸起并局部坍塌或落石，随之即顺边坡大面积滑坡。特征是整个边坡不稳定，而且一直破坏到边坡坡度小于相应的天然休止角为止。

二、边坡坡体病害的原因分析

（一）气候因素

气候因素有气温、降水、风速、风向、最大冻土深度等。在大面积裸露的土质或风化岩质坡面上，由于温差对地表的影响，加上雨水直接冲刷坡面，极易风化剥落，导致堑坡水土大量流失，或坡面产生裂缝，发生浅层溜方。

---

① 武御卿. 路基边坡病害分析及防护设计原则［J］. 铁道建筑，2005（5）：61－63.

（二）水文和水文地质因素

水文因素如地表水的排泄，河流常水位、洪水位，有无地表积水和积水时间长短，河岸淤积情况；水文地质因素有地下水埋深、移动规律，有无层间水、裂隙水、泉水等。在土质边坡坡体上因受雨水冲刷导致表层坑洼积水，地表水顺裂缝向下渗透而浸泡边坡；全封闭边坡防护层材料的水稳定性差，出露的地下水无法疏导使边坡内积水，或整个边坡结构排水不畅，引发堑坡局部溜方和浅层滑坡。

（三）地质因素

沿线地质因素，如岩石的种类、成因、节理、风化程度和裂隙情况，岩石走向、倾向、倾角、层理和岩层厚度，有无夹层或遇水软化的夹层，以及有无断层或其他不良地质现象。在人工开挖的岩质坡面，尽管山体本身稳定，但岩层节理发育，长时间日晒雨淋，表面风化严重，经常发生坡面剥落和零星掉石流渣。若堑坡地层岩性为岩质较软的砂土、页岩和变质岩，且节理发育、风化严重，或黏性土层和蓄水的砂石层分层蕴藏，特别是有倾向路堑方向的斜坡层理存在时，易造成路堑滑坡。

（四）土质因素

土是建筑路基及边坡的基本材料，不同的土类具有不同的工程性质。砂粒土的强度构成以内摩擦力为主，强度高，受水的影响小；黏性土的强度形成以黏聚力为主，强度随密实程度的不同变化较大，并随湿度的增大而降低；粉土类土毛细现象强烈，强度和承载力随着毛细水上升和湿度的增大而下降。对于黄土质砂黏土或其他黏土质土，因其透水性弱、崩解性强，经雨水浸泡后土体表层含水量达到饱和状态时，易使边坡失稳而溜方；若路堤填料不合格，又没有进行土质改良，将导致边坡结构层断裂破坏。

（五）人为因素

1. 地质勘察不准确

如对边坡土体地下水位的勘探不到位，未发现基岩面出露的地下水，引发边坡溜方；勘察获得的土体内摩擦角、黏聚力、密度及承载力等数据不准确，导致设计出错，而引发坍塌滑坡。

2. 边坡设计不合理

在设计中，为减少初期工程投入，忽视了气候及地质因素的长期影响，对干燥少雨地区、岩层节理发育的坡面未采取护坡措施，致使坡面发生风化剥落；缺乏对不同土的水稳定性的认识，选择防护设备不当，未设排水设施，引发流动水冲刷边坡；设计选择的边坡坡度过陡，大于岩层本身所能维持的天然休止角，每级台阶高度与天然岩土层次的性质又不适应，而设计过程中对边坡稳定性的检算又不够准确，导致部分土体在重力作用下沿边坡内某一滑动面发生滑移。

3. 施工方法不当

施工时未严格按照设计文件进行边坡开挖，未清除边坡基岩上面覆盖的黏性土层；或者未严格按照施工规范的要求进行路基填方，填土的层次安排不合理、密实度不够等。

三、边坡防护设计原则[①]

（一）根据当地气候特征选择适宜的植被防护

气候在一年之中有季节性的变化，也随地理位置的不同存在差异。同时，还受地形的影响，例如山顶与山脚、山南坡与山北坡，其气候有很大的差别。根据气候特点的不同，对土质或风化岩质坡面应采用适宜的植被防护。若当地气温较高，降水量适中，且适宜草木生长，可设计种植紫穗槐等灌木植物进行坡面防护；若夏季炎热干旱，冬季寒冷干燥，降水较少但较集中，应采用浆砌片石拱型防护骨架，在骨架内种植草皮。种草植树造价低廉、维护费用少，既可稳定路基边坡，又可美化沿线环境。

（二）对于黄土土质采取土工格室技术护坡

线路经过黄土高原地区，土质以黄土为主。老黄土的直立性相当好，挖方边坡可设计为1∶0.5，甚至更陡；但对于填方，砂质黄土黏性较差，易产生冲沟，可改善土质，采用片石护坡。此外，为提高路基稳定性，使路基填土成为一个整体，在高路堤设计中应采用土工格室技术。路基填筑时分层铺设单层的土工格室，小室内填充种植土并均匀撒播草籽，能使边坡充分绿化，带孔的格室还能增加坡面的排水性能。

（三）结合岩石地质条件采用水泥砂浆喷盖技术

对岩质路堑边坡的设计，首先做稳定性检算，确保边坡本身稳定，然后选择防护类型。若路堑边坡仅岩面节理发育，可采用浆砌片石护坡；若是岩质较软的砂土、页岩和风化严重的变质岩堑坡，可设浆砌片石护墙。在人工开挖的岩质坡面，若山体稳定但岩层节理发育、坡面风化剥落和零星掉石流渣，可采用水泥砂浆喷盖技术，费用比片石护墙节约近70%。施工时，先铲除风化表层，上部每隔5m交叉预设两排渗水管，然后把1∶3.5的水泥砂浆喷盖在清理过的岩面上，厚约5mm。采用水灰比0.4～0.5，选用不低于425硅酸盐水泥和中粗砂，加适量填充剂，砂浆变为绿色，可起到美化的效果。

（四）防护设计的优化

在具体设计中，考虑节约土地资源，尽量减少路基的占地面积，或根据沿线不同的地形地貌，对防护类型进行合理选择和灵活组合。如边坡坡体处于河岸或冲沟的一侧，上部防雨水冲蚀，下部防河流冲刷，可采用护坡加挡墙的防护；有时由于路基自然放坡占地太宽或可能侵入既有建筑物限界，也采用这种防护方式，既经济又合理。若在边坡设计中防护类型有多种选择的余地，应结合当地建材资源，选择防护类型。在没有片石的地方，只能选用混凝土；而在片石多的地方，尽量少采用混凝土，可运用当地的建材资源，以降低工程造价。

（五）结合不同防护类型确定边坡排水设施

为保持路基稳定，边坡防护是一个主要手段，但辅之以排水设备也是不可缺少的。沿线地形地势不同，路基的水位状况也不同。平原地势平坦，地表易积水，地下水位较高，

---

① 武御卿．路基边坡病害分析及防护设计原则［J］．铁道建筑，2005（5）：61－63.

路堤边坡防护层应选择水稳定性良好的材料；丘陵、山区地势起伏较大，路堑边坡排水设计至关重要。对于土质路基，应夯填边坡裂缝，填平积水坑洼，铺设不透水土工纤维截留地表水，防止向下渗透；设拱形或方格形边坡渗沟，用纵横盲沟或加深侧沟，可疏导地下水；对全封闭护坡、片石拱型骨架护坡做好泄水处理，疏干和巩固坡面。不管采用哪一种边坡防护措施，必须保证路基的排水通畅。

四、预应力锚索加固措施

（一）预应力锚索框架介绍①

1. 预应力锚索框架的结构组成

预应力锚索框架是一种新型的支挡结构，目前已广泛用于铁路、公路滑坡整治和边坡加固工程，该结构是将平面框架和预应力锚索两种可单独使用的构件组合在一起，形成一种新型的受力体系，通过锚索、框架和边坡岩土体的相互作用，来承担滑坡推力或边坡卸荷松弛产生的岩土压力，使边坡保持稳定。用于滑坡治理和边坡加固的典型断面见图 3－7，框架一般采用在坡面上现浇的钢筋混凝土结构，通常为“井”字形布置，竖肋顺边坡布置，横梁平行于边坡走向布置，预应力锚索设置在框架结点处。预应力锚索框架就是将平面框架和预应力锚索两种可单独使用的构件按一定方式组合在一起，通过锚索、框架和边坡岩土体的相互作用形成支挡结构，共同承担滑坡推力或边坡卸荷松弛产生的岩土压力，使边坡保持稳定。

根据不同的地形地质条件，锚索框架可设计为单级和多级，每级边坡的坡度和高度根据挖方边坡体的破碎完整、松散软弱、潮湿程度及岩石边坡结构面的组合情况和周边环境协调等确定。锚索多采用多股钢绞线制作，多为 4～9 股，设置大多与框架垂直，锚头与框架连接。框架竖肋和横梁的截面尺寸可相同，也可不同，竖肋截面尺寸的最小宽度不宜小于 40cm，横梁不宜小于 30cm。竖肋、横梁间距根据加固边坡破坏力的大小和边坡岩土特征来确定。根据边坡开挖的坡度及坡体物质组成，框架内常采用客土喷播、六棱砖覆土植草等生态防护技术进行美化和防护。

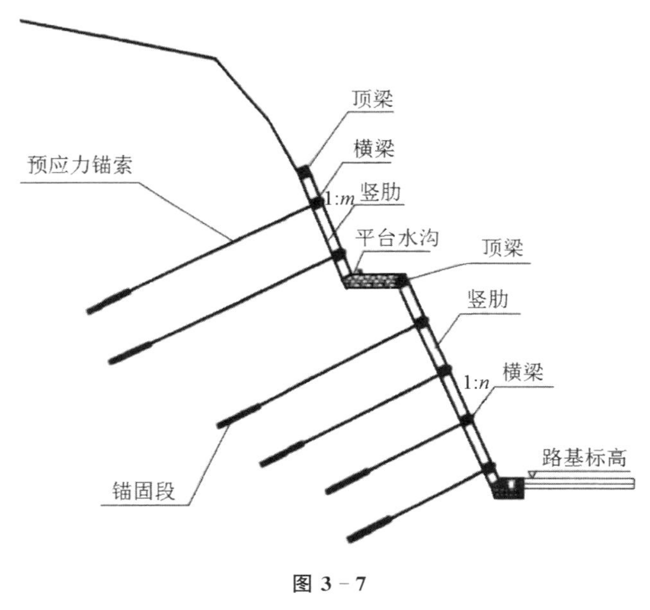

图 3－7

① 李皆准. 预应力锚索框架的作用机理及工程效果评价［D］. 北京：北京交通大学，2008.

2. 预应力锚索框架的优点

预应力锚索框架结构是边坡加固及其病害防治的有效措施之一，在工程实践中得到了广泛的应用和发展，这与其自身具有的特点是密不可分的。现结合工程实践经验，将其特点分析如下。

（1）预应力锚索、框架和边坡岩土体三者之间相互作用才能形成支挡结构。作为加固对象的边坡体不仅是作用在锚索框架上外力的来源，而且还是该结构体系的一部分。预应力锚索属于柔性受力杆件，只能受拉，不能受压，而变形的边坡岩土体相当于受压杆件，二者在坡面设置的具有一定刚度的钢筋砼框架的协调下，形成整体受力结构。预应力锚索、框架和边坡岩土体三者之间相互作用，共同承受边坡变形产生的下滑力。

（2）结构体系充分利用了边坡岩土体自身的强度。通过框架的转换作用，边坡变形产生的推力转化为预应力锚索上的拉力。由于预应力锚索另外一端锚固在边坡体内的稳定地层内，因此预应力锚索框架结构能够充分发掘和利用边坡体内稳定岩土体的强度。

（3）易于和其他抗滑支挡结构组合。使用预应力锚索框架既可以作为主体工程单独使用，又可以和其他抗滑工程协同作用。例如，和抗滑桩共同用于滑坡病害整治工程，抗滑桩用于治理深层滑坡，而预应力锚索框架结构置于桩顶，用于治理浅层滑坡，防止“越顶”滑动事故的发生。

（4）设置位置灵活，不受地形和变形部位的限制，完全适用于高陡边坡加固及其病害治理。受坡形和边坡变形部位的影响，传统的抗滑挡墙、抗滑桩等支挡结构的应用受到一定限制。对于抗滑挡墙，其基础要搁置在承载能力较高的稳定地层上，一般设置在坡脚附近。抗滑桩要嵌固在强度较高的稳定地层内，并且要保证桩前有足够宽度的岩土体，以确保桩端的嵌固能力，因此不宜设置在半坡上，除非有其他保证措施。对于边坡高陡、变形体从半坡上剪出的情况，变形部位悬挂在高处，抗滑挡墙、抗滑桩等支挡结构不好布置，也不易施工，其应用受到限制。而预应力锚索框架结构受这方面的限制较少，既可以设置在坡脚，又可以设置在坡腰，不拘泥于边坡的地形条件和边坡部位，能够完全适应坡形和变形部位的变化。

（5）改善边坡岩土体受力状态。边坡病害主要表现为边坡体或边坡体的一部分向临空面的变形和移动。抗滑挡墙和抗滑桩都属于被动受力构件，坡体变形作用在结构之上，支挡结构才能产生反作用力，阻止边坡变形的进一步发展。反之，如果边坡体不变形，支挡结构内就不会形成反力。在边坡变形和支挡结构逐渐受力的相互作用过程中，边坡岩土体会进一步松弛，坡体中原有的各种软弱结构面会由密闭逐渐张开，易受地表水和地下水的劈裂软化作用，边坡进一步变形，作用在支挡结构上的岩土压力逐步增加，最后达到一个新的平衡状态，边坡保持稳定。预应力锚索框架由于事先在锚索内施加预应力，替代或部分替代了由于开挖坡体所失去的侧向支撑力，使边坡体趋向或处于三向受压的状态，限制了边坡扰动区的发展，遏制了边坡岩土体强度的进一步降低，提高了边坡体自身的稳定性，阻止或减缓了促使边坡病害发生的不良地质条件的进一步恶化。

（6）减少边坡开挖量，有效降低边坡开挖高度，减小对自然斜坡的破坏。当自然山坡陡峻时，采用高陡锚索框架进行支挡，能够有效地降低边坡开挖高度。不但可以避免“剥山皮”式的开挖，大大减少对既有青山绿地的破坏，而且可以减小和防止由于大面积开挖诱发的各种边坡病害。因此，预应力锚索框架结构更适用于自然斜坡较陡地段的高堑坡加固。

(7) 能与多种形式的柔性植被防护体系相结合，与周围环境融为一体。砼框架内岩土体的稳定是保证预应力锚索框架正常工作的必备条件。采用柔性植被防护，不但可以使坡面得到绿化，遮挡人工加固的痕迹，与周围环境相协调，而且坡面恢复植被后，能有效防止或减缓各种外来应力对坡面岩土体的冲刷、侵蚀，阻止坡面水上流失的发生，减少大气降水的下渗，以保证框架内边坡岩土体的稳定。根据边坡坡度及其物质组成的不同，可以采用铺贴草皮、液压喷播植草、三维植被网植草、喷混植生、六棱砖固土植草、喷射厚层基材植生等植物防护技术。

(8) 施工简便易行，技术风险低。能完全适应坡面的曲折变化，能与坡面密贴，而且施工时不需要大型机械设备。用于高陡边坡加固或边坡防治病害，可遵循自上而下开挖一级加固一级的施工顺序，待上一级锚索进行初张拉后再开挖和加固下一级边坡；对每一级边坡，视边坡岩土体的稳定情况，还可以分层或分段施工。这样，大大减小了施工本身对边坡体的扰动，避免因施工不当引起或加剧的边坡病害，这一点是重力式抗滑挡墙无法比拟的。

(9) 结构轻便，施工速度快，造价低。由于这种结构的主体受力构件为高强度低松弛的钢绞线，节省材料，结构轻便。施工可灵活采用分级、分层、分段开挖措施，在一个边坡体上可以同时展开几个施工工作面，有利于缩短工期。在同等条件下，采用此种结构造价较低。

3. 预应力锚索框架的选用原则

边坡病害整治工程设计时，要进行场地的工程地质勘察，详细了解分析病害发生的条件和原因，并采用针对性的综合工程措施，才能取得良好的效果。在实际的工程应用中，应注意以下使用原则。

(1) 预应力锚索框架作为一种轻型支挡结构，可以适应一定规模的各种地层岩性的边坡病害整治工程的要求。适用于高陡度土质、石质的不同规模的边坡崩塌、坍塌、滑坡等人工和自然病害，以及各种表层和坡面病害的防护。对错落型的边坡病害不宜采用。

(2) 预应力锚索框架的间距与断面尺寸要与坡体特性相适应。钢筋混凝土框架要对边坡岩土起到框箍作用，框架整体刚度必须和边坡岩体的刚度相匹配，并考虑到基底承载力。一般来讲，边坡岩体较坚硬、完整、密实，其刚度较大，抗变形的能力强框架的间距可以大且钢筋混凝土的截面尺寸可小；反之亦然。

(3) 预应力锚索框架是依靠高强度低松弛的钢绞线产生的拉力克服坡体破坏力的，故场地工程地质条件能否提供稳定的锚固体及所能提供的锚固力的大小，是该项工程是否适用所要考虑要点之一。锚固段不应设置在有机质土、淤泥质土、液限大于50%的土层、相对密度小于0.3的土层中。对于对钢筋和水泥有腐蚀性的地层，特别是强腐蚀性的地层不应采用，若采用应进行严格的防腐处理。

(4) 预应力锚索框架是空间结构，适合设置于多级挖方边坡上。框架竖肋底部宜放在较稳固的基岩或土层上。它既适用于坡率变化较大的边坡，也适用于小范围内坡面起伏但没有明显突变、相对平顺的边坡，且大范围内坡面起伏大、不规则的边坡采用预应力锚索框架进行加固，其工程效果更趋自然和美观。

下列情况不宜采用边坡表层岩土松散、软弱、潮湿的土层，施工不能成形开挖，没有土拱效果，框架起不到框箍作用。

（二）预应力锚索抗滑桩的加固机理

使高强度的钢筋、钢丝以及钢绞线长期保持高应力状态是预应力锚固技术的作用机理。因此被加固岩体的强度能够得到增强，将会改善岩体的应力状态，由此也会提高岩体的稳定性。由于可靠性以及先进性是这种技术的优点，所以该技术被广泛地应用在边坡加固工程中。但是预应力铺索的加固作用机理相对来说比较复杂，岩体与锚索之间存在多种相互作用，尤其是在边坡产生位移后锚索会产生拉伸、剪切以及弯曲等变形。锚索材料破坏、岩体变形破坏、注浆体与岩体黏结破坏以及锚索与注浆体黏结破坏为锚索加固体破坏的主要型式。根据试验研究和工程实践可知，锚索加固最主要的破坏模式是注浆体与锚索之间的黏结破坏，故而锚索锚固原理的研究重点就在于注浆体与锚索之间的黏结强度。最主要的研究方法是拉拔试验。有研究发现，注浆体与锚索的描固在受拉时的作用有如下三种：①注浆体与锚索表面之间的物理摩擦作用；②注浆体与锚索表面之间的化学黏结作用；③注浆体材料与锚索之间的结合阻力，也就是锚索受拉时的扩张阻力。

通过一定的手段将抗滑桩的顶部与锚索的头部结合起来，从而使得锚索和抗滑桩共同工作。在桩身顶部设置预应力锚索，并将锚索锚固在滑床上，从而形成抗滑桩和锚索的联合体即是预应力锚索抗滑桩。锚索在张拉后会形成主动抗滑结构，该种结构的受力状态类似于简支梁。滑体会受到预应力锚索通过柱身而主动施加的一个相当大的预应力，结构物的受力条件因此得到显著改善。桩周的应力由于这种受力状态而减小，并且桩的锚固长度缩小、配筋量减少、桩体的截面减小，也因此更容易使桩周围岩符合侧向承载力的要求。

将抗滑桩的锚索与顶部联结起来能够在很大程度上减小抗滑桩顶部位移，是因为锚索是一个承受拉力的构件。这得益于抗滑桩从悬臂式的受力改变为一端弹性嵌固、一端铰支的受力状态。

需要通过考虑抗滑桩与预应力锚索的连接方式、预应力锚索的锚固方式、抗滑桩的埋置方式以及它们与岩体之间的相互作用等来研究它们之间的加固机理。

岩体是由结构面和结构体即岩块两种基本元素组成的，各种岩体结构类型即为结构面和结构体按一定规律组合的形式。岩体结构是岩体内在因素，这是根据岩体结构控制理论得到的结论。在岩体变形破坏发展的过程中，岩体结构具有决定性的作用。只有通过岩体结构，荷载（外因）才能对岩体产生作用。

在进行岩体内部或表面修建工程时，岩体需要被视作工程结构的一部分或全部。比如，地下洞室的岩体和支护结构会形成一个完整的支护体系，所以应将岩体视为整个体系中主要的承载体单元。“新奥法”就是基于这种认识，该法广泛应用于矿山巷道险洞施工中，在施工方法和支护设计上该法积极发挥了围岩自身承载能力，并尽量抑制围岩强度的恶化。

对于岩体加固工程中的不稳定岩体不一定需要实施支护措施。但需要直接对劳裂以及块裂结构岩体进行处理从而使它成为完整岩体，这是从改造岩体结构这方面的考虑出发而采取的措施。预应力锚索的锚固作用是将劳裂、块裂或板裂结构的岩体转变为近似完整的岩体，从而提高岩体的完整性；抗滑桩是利用锚索锚固于稳定基岩，具有阻止边坡滑动的作用。从岩体应力状况的改变也可以看出锚固作用的效果。一般情况下，岩体的变形和破坏分为两种情况即材料和结构，而大多数情况下材料的变形甚至破坏和岩体内部的应力状态相关，岩体的应力状态会由于预应力锚固能对其施加的围压而发生改变，并使岩体的强度和弹性模量提高。另外，预应力锚固还能维护和提高围岩的稳定性。通过喷混凝土层使预应力锚固将附加抗力施加在岩体上，岩体因此处于三向受力状态，从而改善岩体的应力状况。抵抗水平荷载，并利用嵌入稳定岩层中的锚固作用平衡滑坡的推力，从而使滑坡体保持稳定性是抗滑桩的主要作用。

五、抗滑桩加固措施

钢筋混凝土抗滑桩结构在 20 世纪 60 年代末出现，标志着当时我国在滑坡治理方面有了新的突破。数十年来，抗滑桩结构得了到很大发展和应用，除了一般抗滑桩外，还出现了刚架桩、预应力锚索抗滑桩等新型抗滑桩结构。但关于抗滑桩的受力状态，现行抗滑桩结构的计算（悬臂桩法）仍然沿用了桥梁桩基的计算理论。桥桩是以承受竖向荷载为主，而抗滑桩则以承受横向滑坡推力为主，抗滑桩结构的受力状态与桥桩有很大区别。因此，照搬桥桩的计算理论用于抗滑桩设计，无疑会带来偏差。[①]

抗滑桩在滑坡推力作用下，与围岩（土）相互作用，其受力状态相当复杂，是一个三维受力问题。桥桩为了简化计算，引进了一个桩的计算宽度 Bp 的概念，从而简化成一个平面问题，而且考虑到桥桩支撑着上部建筑结构，经常通过列车或车辆，对桩的竖向沉降和水平位移均有极严格的要求，所以桩底应力和侧向应力都不允许超过地基和围岩（土）的容许应力；而抗滑桩的作用是挡住滑坡体，防治下滑造成危害。一般情况下对其变位的限制不像桥桩那样严格，在滑坡推力作用下，抗滑桩与桩间土体产生的摩阻应力相当大，桩与桩间岩土不发生脱离，而是挟持着岩土一起向前挤压。桩前滑床岩土的受力范围不是若干个计算桩的宽度 Bp，而是整个桩排的长度，而且允许出现局部塑性区，只要经过岩体内部应力自行调整后能保证抗滑桩工程的安全和滑坡的稳定就满足要求了。

（一）桩、土的共同作用原理

1977 年，deBeer 根据桩基与周围土体的相互作用，将桩基分为两大类。其中，当桩基起抗滑作用时，并不直接承受外荷载，而是由于桩周土体在自重或外荷下发生变形或运动而受到影响。deBeer 称之为“被动桩”。[②] 抗滑桩就是被动桩一类。

抗滑桩是在岸坡地层中挖孔或钻孔后，放置钢筋或型钢，然后浇灌混凝土而形成的就地灌注桩。水泥砂浆的渗透，无疑会提高桩周一定厚度地层的强度，加上孔壁粗糙，桩与地层的黏结咬合十分紧密，在滑动面以上推力作用下，桩可以把超过桩宽范围相当大的一部分地层抗力调动起来，同桩一起抗滑。这种桩、土共同作用的效能，是其他许多被动地

---

① 王文灿，李传珠．论抗滑桩的受力状态［C］．兰州滑坡泥石流学术研讨会．兰州滑坡泥石流学术研讨会论文集．兰州：兰州大学出版社，1998.

② 程青雷．李琳，王云燕，等．软土水平运动作用下被动双桩基础遮拦效应的三维数分析［J］．天津城建大学学报，2016（1）：12-16.

承受荷载的支挡建筑物所没有和难以媲美的。同时桩与桩之间可形成土拱，位于两桩间的滑坡推力可由土拱和桩共同承担，传递到桩上的滑坡推力，又通过桩传递到滑面以下稳定的地层或桩前具有剩余抗滑力的土体中。桩间土拱形成的事实，在大型离心模型试验中也得到了证实。因此为使桩及桩间土能正常地协调工作，合理而有效地治理滑坡，必须保证桩间土拱能够形成。模型试验和理论分析均表明，要形成土拱，两桩之间的间距不能超过某临界值（最大值），此临界值也是桩的“临界桩距”。经验表明，临界桩距与滑坡推力大小、滑体性质、设桩处滑体的厚度、桩的截面形式和尺寸等有关。

形成土拱要有三个基本条件：①要有能承受水平和竖直两方向推力的固定拱脚；②要有一定强度材料制成的拱圈；③在拱平面内要有压力作用在拱圈上。具体在滑坡治理工程中，抗滑桩就发挥了拱脚作用，滑体物质形成了拱圈材料，下滑力就相当于作用在拱上的压力。在这三个条件中，后两个是自然存在的，因此，只要在滑体合适位置设置有足够结构强度和间距合适的抗滑桩，就能形成土拱。

在设桩后，由于受到抵抗，除了继续向下的下滑趋势外，滑体还产生了侧向扩张力。这种侧向扩张力经过桩传送到滑体以外两侧稳定的地块中，原下滑力则经过桩传递到下部稳定地层或桩前具有剩余抗滑力的滑体中，桩对这两种力的平衡力就分别是拱脚水平反力和竖向反力，其合理作用应沿拱轴方向。所以抗滑桩的作用机理就是改变了滑体内部的应力状态，将竖向的剩余下滑力转变为沿拱轴方向的拱轴压力。由于剩余下滑力是体积力，所以土拱应当在整个滑坡体内形成。

另外，根据土拱形成条件，抗滑桩两侧面之间也能形成一个小土拱。和桩正面以上的大范围土拱不同的是，大土拱的竖向拱脚反力由两桩的正面抗力提供，小土拱的竖向拱脚反力由两桩侧壁摩擦力提供。由于桩侧摩擦力远远小于桩正面抗力，因此小土拱作用可忽略不计。它对位于上方的大土拱起了一定的顶托保护作用，不计其影响是偏于安全的。

（二）抗滑桩的要素设计①

1. 桩位的设计

合理的桩位应使作用在桩结构物上的滑坡推力尽可能的小，又要使滑坡在桩的作用下得以根本控制。从滑坡推力分布曲线可清楚地看到，从分布规律上来说，不稳边坡可划分为牵引段、主滑段和抗滑段三部分。通常主滑段滑坡推力较大，不宜设桩；抗滑段滑坡推力逐渐下降，抗滑桩理应设置在此段上。虽然滑坡推力在滑坡下部出口处降至最低值，然而，该处并非最佳的设计桩位。一般来说，设桩后由于改变了边坡土体内部的平衡状态或应力条件，最危险滑动面的位置常会有所提高，为避免设桩后发生浅部滑动，桩位应向上坡方向有所后移。由于滑坡推力分布类似于正态概率分布或者说误差分布曲线，有上下两个反弯点，下反弯点处以上，滑坡推力减小较快，其下部滑坡推力减小不甚明显。因此，为较充分地发挥下部滑体的剩余抗滑力，且保证原有最危险滑面在设桩处有一定的埋深，下反弯点至滑坡出口之间为理想的设计桩位。

2. 桩的间距

当采用抗滑桩来防治滑坡加固工程时，如路基和堤坝的边坡加固等，首先要解决桩距

① 张景奎. 抗滑桩在滑坡治理中的应用研究［D］. 合肥：合肥工业大学，2007.

问题，它的合理与否，直接关系到抗滑桩的成功与失败。桩距如何考虑？桩距过大，土体可能从桩间挤出，桩距过小，固然安全度大，但桩数增多，增大建设投资，拖长工期。桩的间距取决于推力大小、滑动面倾角、滑体厚度和施工条件等因素。抗滑桩的间距目前尚无较成熟的计算方法。合适的桩间距应该使桩间滑体具有足够的稳定性，在下滑力的作用下，不致从桩间挤出。

在实际工程中，应以桩间土体与桩侧两面所产生的摩阻力不小于桩间滑坡推力来控制并进行估算，有条件时可通过模拟试验考虑土拱效应，并结合实践经验来综合考虑桩间距。理论上的设计原则应是抗滑桩的间距恰好小到土拱作用能充分发挥，这时桩间块体传递给桩前下一条块的荷载恰好为零。

3. 桩的锚固深度

桩埋入滑动面以下的锚固深度，直接关系到抗滑桩的成功与失败。过浅，满足不了嵌固要求，桩易被土体推倒、拔出或与土体一起滑动；过深，导致施工困难。现有锚固深度的计算方法，出入也比较大。溟史杭灌区渠道滑坡整治中有过这样的教训，初期为了节约抗滑桩的工程数量和费用，曾采用浆砌石代替钢筋混凝土砌筑桩身，桩底亦未埋入稳定的风化程度较轻微的红砂岩层，多处发生过桩身折断、倾倒和滑移等事故。

岩质地基一般按“k”法计算锚固段长度，桩底视为自由端。在桩的截面、长度、推力大小及分布形式、地基物理力学指标不变的情况下，锚固段长度与内力和变位间的关系有一定的规律。锚固段增大，桩身变位、最大剪力和最大侧向压应力均逐渐减小，最大弯矩增大；当出现负弯矩时，各值的变化趋于恒定。

（1）从桩的最大抗滑力、最大弯矩与桩在滑面下的锚固深度关系看，当埋深增长到桩长的 1/3 左右，最大抗滑力和最大弯矩点已趋于稳定，最大弯矩位于滑动面下方附近，锚固深度对最大弯矩点的位置影响很小。所以，桩身破坏的最大危险点在滑动面下方附近，设计中在此处宜多配置受力钢筋效果最好。

（2）桩身位移不动点的位置随锚固深度的增加而缓慢下移，但当锚固深度超过 1/3 总桩长时，不动点的位置已趋于稳定，说明锚固岩土体已不能再为桩提供更大的抗滑力。

（3）延长锚固段，主筋的配量要增加，箍筋的配量要减少。

（4）锚固岩土体的屈服从桩背上方区域开始，随着荷载增大，塑性区逐步向广度和深度发展。当荷载达到较大值时，桩前岩土体靠下端开始出现屈服，这时桩后方（上方）岩土体仍处于弹性压缩状态。

（5）通过对锚固层的计算应力场表明，桩侧岩土体产生的应力值始终很小，所以在研究排桩的锚固问题时可以不考虑相邻桩的应力影响。

在现行的抗滑桩设计中，箍筋用量过大是个突出的问题。桩身剪力的最大值往往超过桩的设计荷载，而最大剪力发生的位置在滑面以下的岩（土）体中。这种情况与人们的感性认识发生了矛盾。桩埋置于稳定岩（土）体中，按理不应有如此大的剪力，若出现了过大的剪力，只能是设计不当造成的。产生这一矛盾的原因在于计算方法尚不够完善，即桩底支承方式未与桩在稳定岩（土）体中的埋深、岩（土）体的性质发生联系。

抗滑桩的稳定是由滑动面上、下两部分岩体对桩的嵌制作用而保证的。合理的设计应根据滑动面上、下两部分岩体地基系数的大小来确定上、下埋深，体现“强者多承”的原则，使两部分岩体的嵌制能力尽可能得到充分的发挥，使桩长（尤其是桩在滑面下的桩长）最短。解决这一问题可从桩侧岩体压应力与桩埋深关系的研究入手。

锚固段的变化对侧向压应力的影响很大，反之，侧向容许压应力是设计中计算锚固段长度的一个关键值，故该值的选择是很重要的。在无试验指标的情况下，可按《铁路路基支挡结构物设计手册》的有关规定计算侧向容许压应力的值。该值的计算与岩石的单轴极限抗压强度有关，地基系数也是根据单轴极限抗压强度来选择的，因此，这两个参数是相对应的。若认为所计算的锚固段长度小了，可以通过降低侧向容许压应力来延长锚固段长度，也可以人为假定锚固段长度后，再计算其内力，这两种方法是等效的。如果不作任何计算延长锚固段长度的措施，则会对抗剪有富余而对抗弯不安全。根据工程经验，滑动面以上桩长与锚固深度大致相等。锚固深度，对土层及软质岩约为桩长的 1/3～1/2；对完整、较坚硬的岩层约为桩长的 1/4～1/3。

（三）抗滑桩的使用条件和一般要求

1. 抗滑桩的使用条件

由于抗滑桩是一种特殊的侧向受荷桩，在滑坡推力的作用下，桩依靠埋入滑动面以下部分的锚固作用和被动抗力，以及滑动面以上桩前滑体的被动抗力来维持。一般认为使用抗滑桩必须有一些基本条件。

为了弄清抗滑桩使用的基本条件，我们必须先了解抗滑桩的工作情况。图 3－8 所示为一滑坡断面，AB 为抗滑桩，它的一部分 BC 埋入滑面以下。当桩以上的滑坡体有向下变形的趋势时，抗滑桩上将承受一个荷载 P，抗滑桩在这个荷载作用下，是依靠埋入滑面以下部分的锚固作用以及桩以下的滑坡体的被动抗力 P' 来维持稳定。因此抗滑桩适用于以下情况：有一个明显的滑动面，滑面以上为非流塑性的地层，滑面以下需有坚固的基岩或强度较高的坚实土层，能提供足够的锚固力者。如果滑坡体中并无明显的滑面，或滑面下的基岩也很破碎，难以提供可靠的锚固力时，抗滑桩的作用就不大，或者是可怀疑的。

其次，抗滑桩既然要利用一部分下面块体的被动抗力，若桩下面有一块一定体积而且稳定性较高的岩体时设置抗滑桩的效果最为显著，工程量也小。许多天然滑坡体的滑面常常是上部陡、下部缓（甚至有反坡），所以桩的下面块体常可提供一定的抗力。反之，如图 3－9 所示，设置了抗滑桩后对上块岩体的稳定性虽有提高，对下块却无好处，应采取其他辅助措施，如采用抗滑桩和挡墙结合的方式。

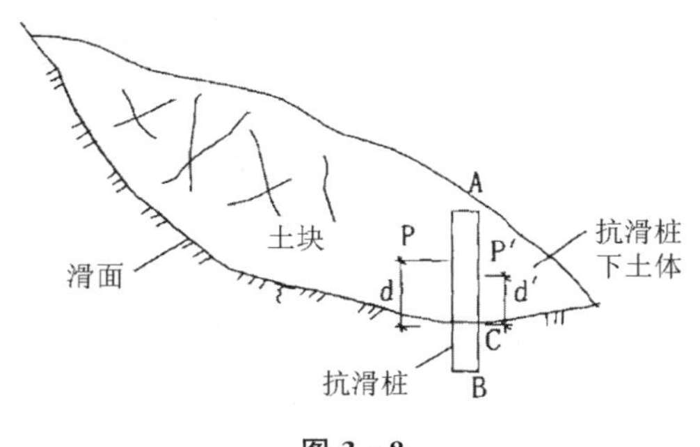

图 3－8

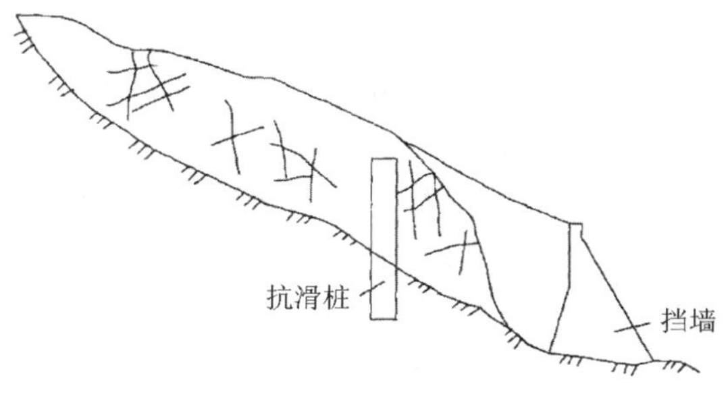

图 3－9

2. 设计抗滑桩应该满足的要求

相对常规的建筑工程，滑坡防治设计具有相当的挑战性和防治对象（灾害）的隐蔽性的特点。其设计和实施是否合理，决定了防治效果和效益的大小。因此，一个设计合理的抗滑桩应满足以下要求。

（1）使整个滑坡体的抗滑稳定安全系数提高到设计要求值，保证滑体不越过桩顶，不从桩间挤出。

（2）查明是否有细砂层，会不会造成流砂，地下水是否大量补给，有无明挖条件，防止在施工中抗滑锚固段的基础被水软化，强度下降。

（3）使抗滑桩的断面和配筋量满足桩内应力要求。

（4）使基岩内以及滑动体内的地基抗力在容许范围内。

（5）使抗滑桩及滑坡体的变形在容许范围内。

（6）使抗滑桩的间距、尺寸、埋深等都较适当，并考虑桩的平面布置与相邻构造物关系，要留有足够的安全距离，保证安全，施工方便，经济、合理。

六、抗滑挡墙加固措施①

预应力锚索抗滑挡墙是由预应力锚索和普通重力式抗滑挡墙组合而成的新型抗滑结构形式。其具体构造如图 3－10 所示。它通过施加在抗滑挡墙上的强大预应力荷载提供的摩擦阻力来平衡作用在挡土墙上的滑坡推力，并能提供较大的抗倾覆力矩，防治抗滑挡墙发生倾倒破坏。同时，预应力锚索的存在，可以加强抗滑挡墙自身的抗剪强度，防止抗滑挡墙发生剪切破坏。

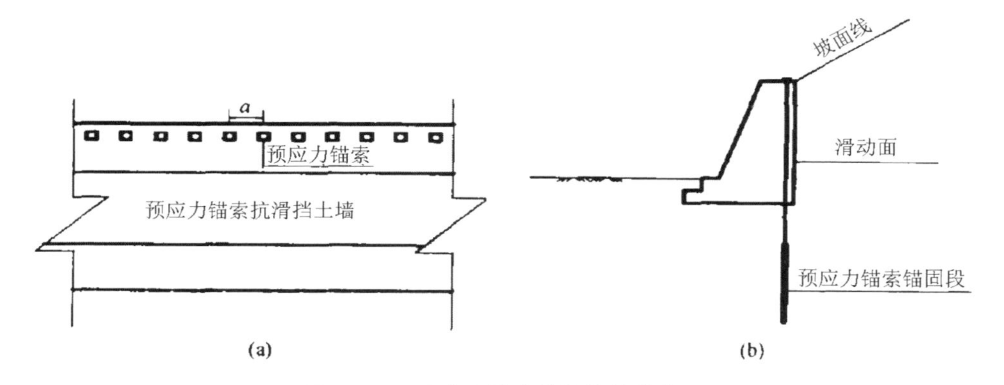

图 3－10　预应力锚索抗滑挡墙结构图

抗滑挡土墙可以就地取材，采用浆砌片石砌筑。由于这里的抗滑挡墙不再仅仅依靠自身重力产生的摩擦阻力来平衡滑坡推力，因而，抗滑挡墙的截面尺寸不必做得太大，基础埋设深度也可以减小。但为了保证抗滑挡墙基础的稳定，特别当施加在抗滑挡墙上的预应力荷载较大时，对挡墙基础的承载力要求较高。当地基承载力不能满足设计要求时，可以

① 何思明，田金昌，周建庭．预应力锚索抗滑挡墙设计理论研究［J］．四川大学学报，2005，37（3）：10－14．

采用地基处理（如扩大挡墙基础底面积、加深基础埋置深度、复合地基等）技术对基础进行处理以满足要求。

预应力锚索锚固段应锚固在滑坡体下的稳定岩土层内，锚固长度应根据所需的预应力荷载及锚固段周围岩土体特性综合确定。埋设在抗滑挡墙内的锚索孔可以通过预埋管件预留，在抗滑挡墙砌筑完成后，直接从预留孔内施工其余部分的预应力锚索锚孔，可以节省部分的钻探工程量。

预应力锚索抗滑挡墙在滑坡推力荷载或土压力荷载作用下，应满足抗滑、抗倾覆、抗剪以及地基稳定性等方面的要求。为此，考虑如图 3－11 所示的典型预应力锚索挡墙结构，以此为基础，研究其设计方法。

作用在单位长度抗滑挡墙上的荷载有：滑坡推力 E（kN）、墙体自身重力 G（kN）、预应力荷载 N（kN）、基底摩擦阻力 F（kN）。

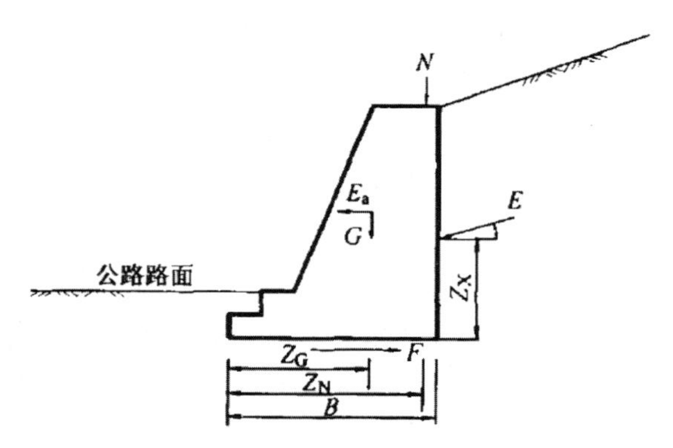

图 3－11　预应力锚索抗滑挡土墙计算简图

首先研究抗滑挡墙的抗滑稳定性。作用在挡墙上的水平推力为

$$\sum T = E\cos\alpha + E_a \qquad (3-6)$$

式中，α 为滑坡推力作用线与水平线的夹角（°）；E_a 为地震惯性力（kN）。

总的抗滑阻力（即基底摩擦阻力）为

$$\sum N = F = (E\sin\alpha + G + N)\mu \qquad (3-7)$$

式中，μ 为基底摩擦系数，不同土层对挡土墙基底的摩擦系数特殊情况下可通过现场摩擦试验确定。

抗滑挡墙的抗滑稳定性安全系数为

$$K_c = \frac{\sum N}{\sum T} = \frac{(E\sin\alpha + G + N)\mu + [F]}{E\cos\alpha + E_a} \qquad (3-8)$$

式中，$[F]$ 为预应力锚索的抗剪断强度（MPa）；K_c 为预应力锚索抗滑挡墙的抗滑的稳定系数，一般要求 K_c 大于 1.3。

抗倾覆稳定性：

$$K_0 = \frac{GZ_G + NZ_N + E\sin\alpha B}{(E\cos\alpha + E_a)^{\circ} Z_X} \qquad (3-9)$$

式中，K_0 为预应力锚索抗滑挡墙的抗倾覆稳定系数，一般要求大于 1.6；Z_G 为墙体重力对墙趾力臂（m）；Z_N 为预应力荷载对墙趾的力臂（m）；B 为抗滑挡墙基础宽度（m）；Z_X 为滑坡推力的水平分量对墙趾的力臂（m）。作用在基底合力的法向分量对墙趾的力臂：

$$Z = \frac{GZ_G + NZ_N + E\sin\alpha B}{(G + N + E\sin\alpha)} \qquad (3-10)$$

合力偏心距为

$$e = \frac{B}{2} - Z \qquad (3-11)$$

作用在基底的法向应力为

$$\left.\begin{matrix}\sigma_1\\ \sigma_3\end{matrix}\right\} = \frac{(G+N+E\sin\alpha)}{B}\left(1 \pm \frac{6e}{B}\right) \tag{3-12}$$

当偏心距 $e \geqslant B/6$ 时，作用在基底的法向应力为

$$\sigma_{max} = \frac{2(G+N+E\sin\alpha)}{3Z_N} \tag{3-13}$$

因此，在偏心荷载作用下，预应力锚索抗滑挡墙底面的压力应符合以下两式的要求：

$$\sigma \leqslant f_a \tag{3-14}$$

$$\sigma_{max} \leqslant 1.2 f_a \tag{3-15}$$

式中，σ 为基底平均压应力（MPa）；σ_{max} 为基底最大压应力（MPa）；f_a 为地基承载力特征值（MPa）。

墙体抗剪验算：

$$K = \frac{E\cos\alpha}{f_c A_c - f_h A_h + f_g A_g} \tag{3-16}$$

式中，K 为预应力锚索抗滑挡墙墙体抗剪断安全系数，一般要求大于 1.5；f_c、f_h、f_g 分别为墙体抗剪断强度（MPa）、锚索孔灌浆材料抗剪强度（MPa）以及钢绞线抗剪断强度（MPa）；A_c、A_h、A_g 为滑坡推力作用点处抗滑挡墙净截面积（m^2）、锚索孔灌浆材料截面积（m^2）以及钢绞线截面积（m^2）。

如果在上述公式中，考虑地下水压力以及地震荷载的影响，可以用于地震区以及地下水丰富地区的滑坡整治工程。

第三节　植被护坡加固技术

一、植被护坡概述①

（一）植被护坡的含义

植被护坡是利用植被含水固土的原理稳定岩土边坡同时美化生态环境的一种新技术，是涉及岩土工程、恢复生态学、植物学、土壤肥料学等多学科于一体的综合工程技术。植被护坡的实践历史久远，最初主要用于河堤的护岸及荒山的治理。对于植被护坡的研究，土木工程、水土保持、园林等学科都针对各自需要进行了一些研究。由于学科的差异、研究侧重点的不同，国内对植被护坡的命名还比较混乱，除植被护坡之外，还有生物工程、坡面生态工程、生态护坡、植被固坡、边坡绿化等称谓。其次对于植被护坡，目前更多的观点是把它作为边坡绿化的一种方法，而不是作为边坡防护与植被恢复相结合的防护结构体系。对于植被对边坡稳定性的影响，学术界一直存在着争议，持反对观点的认为植被不利于边坡的稳定，持赞同观点的认为植被增强了边坡的稳定性。虽然两种观点至今仍在争

① 刘怀星．植被护坡加固机理试验研究［D］．长沙：湖南大学，2006．

论，但不可否认的是植被覆盖良好的边坡比裸露的边坡出现滑坡的频率要低的多。

由于植被的根系有一定的影响范围，一般小于2m，因此植被护坡只能防护浅层不稳定的边坡。植被护坡主要依靠坡面植物的地下根系及地上茎叶的作用护坡，其作用可概括为根系的力学效应和植被的水文效应两方面，其护坡机理如图3－12所示。

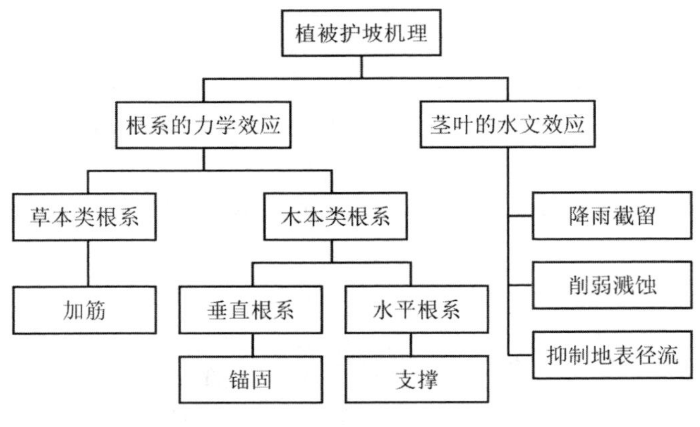

图3－12　植物护坡机理

（二）植被护坡的功能

1．护坡功能

植被护坡护坡功能主要体现在以下方面。

（1）深根的锚固作用。植物的垂直根系穿过坡体浅层的松散风化层，锚固到深处较稳定的岩土层上，起到预应力锚杆的作用。禾木、豆科植物和小灌木在地下0.75～1.5m深处有明显的土壤加强作用，树木根系的锚固作用可影响到地下更深的岩土层。

（2）浅根的加筋作用。植草的根系在土中盘根错节，使边坡土体成为土与草根的复合材料。草根可视为带预应力的三维加筋材料，使土体强度提高。

（3）降低坡体孔隙水压力。边坡的失稳与坡体水压力的大小有着密切关系。降雨是诱发滑坡的重要因素之一。植物通过吸收和蒸腾坡体内的水分，降低土体的孔隙水压力，提高土体的抗剪强度，有利于边坡体的稳定。

（4）降雨截流，削弱溅蚀。一部分降雨在到达坡面之前就被植被截流，以后重新蒸发到大气或下落到坡面。植被能拦截高速下落的雨滴，减少能量及土粒的飞溅。

（5）控制土粒流失。地表径流带走已被滴溅分离的土粒，进一步可引起片蚀、沟蚀。植被能够抑制地表径流并削弱雨滴溅蚀，从而控制土粒流失。

2．改善环境功能

植被护坡改善环境功能表现为以下方面。

（1）恢复被破坏的生态环境。边坡植物的存在为各种小动物、微生物的生存繁殖提供了有利的环境，完整的生物链逐渐形成，被破坏的环境也慢慢地恢复到原始的自然环境。

（2）降低噪声、光污染，保证行车安全。交通工程应用植被护坡，因植被能吸收刺耳的声音，多方位反射太阳光线及车辆光线，可以降低噪声和强光对行人及驾驶员的辐射干扰，减轻和消除大脑眼睛的疲劳，提高路标、警示牌的可见度，让驾驶者轻松愉快的驾车，保证行车安全。

(3) 促进有机污染物的降解，净化大气、调节小气候，来自大气、雨水及汽车等交通工具的废气，以及排放的废水、使用的农药、杀虫剂等，都含有大量的有机污染物，由于环境中的有机污染物种类繁多，成分复杂，因此，仅靠传统的微生物来消除有机污染物是很困难的，而植物却具有修复功能，能降低环境负荷及污染循环。植物主要通过三种机制去除环境中的有机污染物，即植物直接吸收有机污染物、植物释放分泌物和酶刺激根区微生物的活性和生物转化作用、植物增强根区的矿化作用。

植物光合作用能吸收大气中的 CO_2，释放 O_2，能稀释分解、吸收和固定大气中有害有毒物质，并为植物生长所利用。另外，植物也能吸收大气中的 NH_3、H_2S、SO_2、NO、HF、CL_2 和 Hg、Pb 蒸气等，能吸收大气中的金属和非金属粉尘，达到净化大气的作用。

高速行驶的车辆，由于风流、摩擦、燃油能量转化过程，使环境的湿度降低，温度升高，恶化道路的小气候。应用植被护坡，能调节小环境的温度和湿度，创造一种温暖适宜、湿润舒适的行车环境。据试验，炎热的夏天，当水泥地温度高达 38℃时，草坪面温度可保持在 24℃，太阳照射到地面的热量约 50%被草坪草蒸腾所吸收，通常在夏季，草坪地表温度比裸地约低 8℃，高温时数可缩短 2～3h；冬季温度则高 1～4℃。

3. 景观功能

人类的眼睛能看到 380nm～760nm 波长的光线，感觉到的最舒适的波长为 553nm 的绿色，由绿色引起的紧张状态最小。绿色植物给予人们的美感效应，是通过植物固有的色彩、形态、风韵等个性特色和群体景观效应所体现出来的，季节的变化，光线、气温、风、雨、霜、雪等气象因子作用于植物，使植物呈现朝夕不同、四时互异、千变万化、丰富多彩的景色变化，丰富发展着植物的美。边坡植物的组合配置，据不同的地质状况、环境、气候条件，优选乔、灌、藤、花、草相结合，有机地融入高速公路、铁路工程边坡中，车辆穿行在郁郁葱葱、生机盎然的绿色环境中，在我们的视野内更显示出立体的绿色画面，花团锦簇，苍翠葱笼、一片兴旺，让我们体验到清新、凉爽、绿色、洁净、和谐、安定的美感，心胸开阔、感情奔放。

(三) 植被护坡的必要性

在长期的工程实践中，科技工作者和工程人员开发出多种防护护坡方法，总体上分为工程防护、植物防护和综合防护。

1. 工程防护

工程防护包括抹面、喷浆、喷射混凝土、护面墙、干砌片石防护、浆砌片石护坡和锚杆防护等类型。

(1) 抹面防护，抹面防护是采用各种石灰混合料灰浆、水泥砂浆等对坡面进行防护的一种方法。适用于易受风化的软质岩石，如页岩、泥灰等材料的路堑边坡。坡面暴露在大气中很容易风化剥落而逐渐破坏，因而常在坡面上加设一层耐风化表层，以隔离大气的影响，防止风化。抹面防护是我国公路建设中常用的防护方法，材料均可就地采集，造价低廉，但强度不高，耐久性差，手工作业，费时费工。

(2) 喷浆、喷射混凝土防护是以灰浆或混凝土均匀地喷射到坡面上来保护坡面，防止坡面破坏。喷浆防护和喷射混凝土防护适用于边坡易风化、裂隙和节理发育、坡面不平整的岩石边坡，其主要作用是封闭边坡岩石裂隙，阻止大气降水及坡面流水侵入，防止边坡岩石继续风化、剥落，保护边坡不发生落石崩坍等破坏。喷射混凝土护坡可分为普通喷射、挂网喷射、钢纤维喷射和造膜喷射四种。在公路上广泛采用的封面防护措施是喷射混凝土。这类方法施工简便，防护效果好，但是喷浆或喷混凝土后，养护较为困难，坡面容易产生细微的干缩裂缝影响强度。而且其色调单一，没有生机，不利于环境保护。当坡面为全风化岩石时，新喷射混凝土与之结合不好，接触不均匀，局部强度很低，整体性不好，从而在内部与外界双重因素作用下，会产生局部剥落。

（3）护面墙。护面墙是为了覆盖各种软质岩层和较破碎岩石的挖方边坡以及坡面易受侵蚀的土质边坡，免受大气影响而修建的墙。护面墙多用于易风化的云母片岩、绿泥片岩、泥质灰岩、千枚岩及其它风化严重的软质岩层和较破碎的岩石地段，以防止继续风化。可以有效地防止边坡冲刷，防止滑动型、流动型及落石型边坡崩坍，是边坡最常见的一种防护形式。护面墙可分为实体护面墙、孔窗式护面墙和拱式护面墙。实体护面墙用于一般土质及破碎岩石边坡；孔窗式护面墙用于坡度缓于 1∶0.75 的边坡，孔窗内可捶面（坡面干燥时）或干砌片石；拱式护面墙用于边坡下部岩层较完整而需要防护上部边坡者。用护面墙防护的挖方边坡不宜陡于 1∶0.5。在缺乏石料的地区，也可以采用现浇水泥混凝土或用预制混凝土块砌筑。

（4）干砌片石防护，适用于较缓的土质路基边坡或软岩及易风化、破碎较严重的填、挖方边坡。浆砌片石防护也是公路边坡防护中常用的工程防护方法。浆砌片石是用水泥砂浆将片石间隙填满，使砌石成为一个整体，以保护坡面不受外界因素的侵蚀，所以比干砌片石有更高的强度和稳定性。干砌或浆砌片石防护在有大量开山石料可以利用的地段最为适合。一般采用浆砌，冲刷轻微时，可采用干砌。在软土地基上的路堤护坡，无水流冲刷影响时，可采用干砌片石护坡，以适应地基沉降引起的路堤边坡变形。干砌片石受水流冲击时，细小土颗粒易被水流冲刷带走而引起较大的沉陷。浆砌片石在地下水较为丰富的情况下，易产生底部湿软、脱空、破碎等破坏。

工程防护适用于各种土质边坡，它可以在坡体表面形成加固层，通过其封闭作用防止雨水的冲刷破坏而造成的土质边坡的侵蚀。工程防护护坡方法还可以用于防止岩层表面的风化和剥落、碎落，通过其封闭作用防止岩层表面受外界环境条件的变化而产生风化、侵蚀破坏，并且可以防止雨水经由裂隙浸入而造成碎落、坍塌，并在坡体表面形成加固层。工程防护虽然起到了一定的防护加固作用，但其完全封闭了植物生长的环境，使得由于公路开挖而破坏的自然植被永久不能恢复，对生态造成永久性破坏。而缺乏植物覆盖的边坡既不利于水土保持，大量的雨水直接流失，不利于植被的生长及存活，并且加大了对道路周边地区的冲刷，给农田水利带来不利影响。同时，大量裸露的岩石和混凝土与周围环境的协调性差，景观效果非常差，也不利于吸收阳光和汽车尾气，给高速公路的行车带来不安全因素。在地下水较为丰富的地区，由于工程防护工程的封闭作用，边坡地下水无法渗出，会导致边坡的稳定得不到保证，造成底部脱空、断裂和坍塌等破坏。随着时间的推移，护面墙表面、混凝土墙面等工程防护表面也会在雨水、日照等影响下风化，其防护功效会随之减弱。

2. 植物防护

通常所说的植物护坡，就是单纯利用植被对边坡的覆盖作用、植物根系对边坡的加固作用，保护路基边坡免受大气降水与地表径流的冲刷。常见植物防护类型有种草、铺草皮、行栽香根草护坡、植树绿化防护和液压喷播植草护坡等。

(1) 种草。适用于边坡坡度较缓、适宜草类生长的非浸水或短期浸水但地面径流速度较小的土质路堤或路堑边坡。种草可以防止表面水土流失，固结表土，增强边坡的稳定性。但此种防护方法对边坡土质的要求较高，草的成活率低，见效慢，工程质量难以保证，在草萌发之前其抗冲刷能力较差，往往达不到满意的防护绿化效果而造成坡面冲沟，表面滑坍等破坏。

(2) 铺草皮护坡。此种方法是将生长良好的草皮移植到边坡坡面生长，以达到护坡固坡的目的。铺草皮防护适用于附近草皮来源较易、边坡高度不高、坡度较缓，且适于草类生长的不浸水或短期浸水的各种土质边坡防护工程，需要迅速绿化的边坡亦可采用。铺草皮防护具有施工简单、工程造价较低等特点，虽然较种草防护的抗冲蚀性能好，收效较快，但由于施工后期养护管理困难，在降雨量和降雨强度较大的情况下，草皮易被冲走，成活率低，工程质量往往难以保证，达不到满意的边坡防护效果，且此种方式较多地需要人工施工，育苗的时间和用地要考虑，大规模、大面积的施工也有相当难度，同时，大量的移植草皮易造成新的环境破坏和水土流失，而造成坡面冲沟，表土流失、坍滑等边坡病害，导致大量的边坡病害整治、修复工程。近年来，由于草皮来源紧张，使得平铺草皮护坡的作用逐渐受到了限制。

(3) 行栽香根草护坡，香根草是近年来才被人们“重新发现”的一种禾本科植物，具有长势挺立，在3～4月内可长成茂密的活篱笆；根系发达、粗壮，一年内一般可深入地下2～3m；根系抗拉强度大，达75MPa，耐旱、耐涝、耐火、耐贫瘠、抗病虫、适应能力极强等特点。行栽香根草护坡就是在土质边坡上行栽香根草，依靠香根草植被覆盖及其根系的力学加固进行边坡防护的一种工程措施，该技术充分利用了香根草的优良特征，具有增强边坡稳定性的理想固土护坡功能。但由于其生长较多地受到气候条件的限制，而且成苗较慢，边坡在未来得及增设坡面保护的排水设施情况下，香根草栽植初期会出现明显的面蚀、冲蚀，甚至出现香根草被冲走的情况。目前国内应用较少。

(4) 液压喷播植草护坡，液压喷播植草护坡是国外近年来开发的一项边坡植物防护措施，是将草籽、肥料、粘着剂、纸浆、土壤改良剂上、色素等按一定比例配水搅匀，通过机械加压喷射到边坡坡面而完成植草施工的。其特点是：施工简单、速度快；施工质量高，草籽喷播均匀，发芽快、整齐一致。液压喷播植草护坡一般用于土质路堤边坡，在土石混合路堤边坡经处理后可用，也可用于土质路堑边坡，边坡一般应当较缓。

采用植物防护，增加了植被面积，减少了地表径流，可从根本上减少水土流失。植物覆盖对于地表径流和水土冲刷有极大的减缓作用。枝叶繁茂的叶冠能够截留一部分降水量，庞大的根系能直接吸收和涵蓄一部分水分，还可稳定地表土层。而没有植被覆盖的地方，降水量全部落在地表面，形成径流，造成水土侵蚀和冲刷。植被的根系能与土层密切地结合，根系与根系的盘根错节，使地表层土壤形成不同深度的牢固的稳定层，从而有效地稳定土层，固定边坡，阻挡冲刷和塌陷，有机械的防护作用。在我国温暖多雨的南方地区，植物防护已较多地用于土质上下边坡的防护中，既保护了边坡，又美化了环境。在北方地区，植物防护措施还仅限于下边坡的防护，上边坡经常干旱缺水，不易养护，且较陡的坡度不利于植物生长。

植被护坡可以美化环境，又有一定的护坡功能，但植物护坡受气候、降雨、边坡的坡度、类型等多方面因素的影响，对坡面条件要求较高，维持植物生长往往比较困难，水分难以保持，植被成活率较低。并且植被护坡，在植被没有成坪时或返青前的抗冲刷性能比较差，往往容易冲沟，所以植被护坡应用的效果并不理想，其实际工程应用也受到诸多限制。

3. 综合防护

综合防护又称生态防护，就是将工程防护方法与植物防护方法有机地结合，既具有防护功能又具有绿化功能，目前综合防护方法主要有绿化墙、框格绿化法、土工网植草护坡、客土植生植物护坡和钢筋混凝土框架内植草技术等。

（1）绿化墙。绿化墙是指栽植攀援性或垂吊性植物，用以遮蔽坡面或污工体表面，以达到美化环境的效果的绿化方法。主要用于已修建的污工砌体等构筑物处，如挡土墙、锚定板墙及声屏障等。其缺点是只是将两种方法的简单组合，没有将它们有机的结合，仅发挥美化环境的作用而没有发挥植物的防护功能。

（2）框格植草护坡。框格植草护坡是在修整好的边坡坡面上，采用混凝土预制块、浆砌片（块）石等拼铺形成框格后，在框格内铺填种植土，再在框格内栽草或种草的一项边坡防护措施。框格防护方法多用于坡度较陡且易受冲刷的土质填方边坡的防护。框格植草护坡所用框砖或块（片）石受力结构合理，拼铺在边坡上能有效地分散坡面雨水径流，减缓水流速度，有效地防止边坡在坡面水冲刷下形成冲沟，同时，提高了边坡表面的粗度，一般冲刷仅限于框格内局部范围，从而有效防止坡面冲刷，加固边坡，保护草皮生长。采用框格防护与种草防护结合起来的方法，提高了防护效果，又利用植草达到固土绿化的目的，具有双重功效。这种护坡施工简单，外观齐整，造型美观大方，工程造价适中，略高于浆砌片石骨架护坡。框格植草防护措施在使用过程中亦存在不足，当边坡较陡或坡长较长，在草还没有长到一定高度时，在雨水冲刷、重力、风力侵蚀等的作用下，边坡网格会发生脱空、滑移、拱起、破碎等破坏，影响坡面稳定，并且框格需在边坡中嵌槽镶进，施工难度大。

（3）土工网植被护坡。此种防护方法是国外在近十多年新开发的一项集坡面加固和植物防护于一体的复合型边坡植物防护措施。土工网植被护坡是利用活性植物并结合土工合成材料等工程材料，在坡面构建一个具有自身生长能力的防护系统，通过植物的生长对边坡进行加固。根据边坡地形地貌、土质和区域气候的特点，在边坡表面覆盖一层土工合成材料并按一定的组合与间距种植多种植物，通过植物的生长活动达到根系加筋、茎叶防冲蚀的目的。通过特殊工艺生产的土工网，不仅具有加固边坡的功能，而且在草皮没长成以前，可以在一定程度上减弱坡面受风雨侵蚀。草种撒上后，可以牢固地保护草籽均匀地分布在边坡上，免受风吹、雨水冲刷而散失。土工网植被护坡不但具有骨架护坡的加筋加固效果，而且满足人们对环境和景观的高要求，使植物与土工网共同对边坡起到长期防护，绿化作用。土工网植草护坡主要适用于以高、陡、少土或土质条件差为主要特征的边坡。

在一定条件下可替代浆（干）砌片石护坡。土工网植草绿化技术固土作用十分明显，但由于当前普遍采用的是回填种植土，其抗雨水冲刷能力弱。

（4）植生带护坡。植生带护坡是依据特定的生产工艺，把草种、肥料、保水剂等按一定的密度定植在无纺布或其它材料上，并经过机器的滚压和针刺的复合定位工序，形成一定规格的产品，用以进行边坡防护的技术。植生带护坡一般用于稳定的土质路堤、路堑边坡，土石混合路堤边坡经处理后也可用。

（5）客土喷播护坡。客土喷播护坡技术是在边坡坡面上挂网，然后利用机械喷填（或人工铺设）一定厚度适宜植物生长的基质（客土）和种子的边坡植物防护措施。该技术的特点是可根据地质和气候条件进行基质和种子配方，具有广泛的适应性，多用于普通条件下无法绿化或绿化效果差的土质边坡。由于客土可以由机械拌和，挂网实施容易，因此施工的机械化程度高，速度快，无论从效率和成本上都比浆砌片石和挂网喷砼防护要优越。但由于客土多为适于植物生长的种植土，其初期的抗冲刷、抗侵蚀能力较弱，且与坡面的粘结亦相对弱一些，影响其使用效果。

（6）钢筋混凝土框架内植草技术，就是在边坡坡面上浇注钢筋混凝土锚梁形成骨架，并在骨架内铺土然后再种草。此法适用于各类边坡，但多用于边坡较陡、绿化较困难的岩石边坡。此方法既可以和锚杆结合加固边坡，又有固土植草达到绿化的目的，具有双重功效。由于此种方法的框格的刚度较大，其抗变形能力较差，使用过程中易产生断裂和滑移等破坏。而且受到施工技术和工程造价的限制，框格尺寸一般较大，在草没有完全覆盖前，若遇到较强的降雨，会因种植土的流失而发生脱空、滑移等破坏，岩质条件不好时还会造成滑坍。

综合边坡防护，既可以起到防护功能，又可以美化环境。但目前的综合边坡防护多适用于土质边坡，且坡度相对较缓的情况下效果比较好。而可应用在岩石边坡上的钢筋混凝土框架内植草技术、客土喷播护坡等，由于受到材料、结构本身的限制，其防护绿化效果并不理想。

采用植被护坡，绿色植物完全覆盖岩土边坡，不仅能防护浅层边坡，而且可以恢复已被破坏的植被、美化环境、保持水土，有效地解决了边坡工程防护与生态环境破坏的矛盾，实现人类活动与自然环境的和谐共处。植被护坡可以像浆砌片石、喷射混凝土一样起到边坡防护的作用，其施工成本比浆砌片石护坡要低许多，且生态效益是传统护坡所无法比拟的。虽然采用植被护坡开始作用非常虚弱，但随着植物的生长，植物的繁殖，强度增加，对减轻坡面不稳定性和侵蚀方面的作用会越来越大。

植被护坡也有其局限性，如植被根系的延伸使土体产生裂隙，增加了土体的渗透率；又如植物的深根锚固仍无法控制边坡更深层的滑动，若根延伸范围内无稳定的岩土层，则其作用便不明显，若遇大风雨则易连根拔出。另外，对于高边坡，若不采取工程措施，植物生长基质也难以附于坡面，植物当然无法生长。因此，植被护坡技术应与工程措施结合，发挥二者各自的优点，方可有效解决边坡工程防护与生态环境破坏的矛盾，既保证边坡的稳定，又实现坡面植被的快速恢复，达到人类活动与自然环境的和谐共处。

（四）护坡植被的选择

由于边坡大多是道路及其它工程挖填方造成，稳定性、易操作性和能快速发挥作用是首要考虑的问题，因此适合选择草本植物、灌木和藤本植物作为主要护坡植物。目前我国的公路边坡一般坡度较大，坡比一般为1：1，即45度，有的甚至达到60度以上，栽植乔木会提高坡面负载，增加土体下滑力和正滑力，在有风的情况下，树木把风力转变为地面的推力，造成坡面的不稳定和坡面的破坏。同时，公路边坡栽植乔木还可能影响司乘人员观测公路两侧景观的视野，因此不宜在公路边坡栽植乔木。经整理，列出了表3-1所示的三类植物优缺点。

表3-1　草本、藤本植物及灌木优缺点

类型	优点	缺点
草本植物	种植方法简便，费用低廉；早期生长快，对防止初期的土壤侵蚀效果较好；作为生态系统恢复的起点，有利于初期土层的形成	根系较浅，抗拉强度较小，固坡护坡效果较差。在持续的雨季里，高陡边坡有的会出现草皮层和基层剥落现象；群落易发生衰退，且衰退后二次植被困难；开发利用的痕迹长期难于改变，与自然景观不协调，改善周围环境的功能差；坡地生态系统恢复的进程难于持续进行，易成为藤木植物滋生的温床；需要采取持续性的管理措施等，维护和管理作业量大
藤本植物	投资少，用地少，美化效果好；适用于坚硬岩石边坡或土石混合边坡的垂直绿化	由于边坡一般较长，藤木植物完全覆坡的时间长
灌木	适应性强，生长快、稳定性好、耗水少；根系发达，护坡持续能力强	成本较高；早期生长慢，植被覆盖率低，对早期的土壤侵蚀防止效果不佳

1. 草本植物的选择

可用于护坡的草本植物大部分属于禾本科和豆科。禾本科植物一般生长较快，根量大，护坡效果好，但需肥较多。而豆科植物苗期生长较慢，但由于可以固氮，故较耐瘠薄，耐粗放管理。其花色较鲜艳，开花期景观效果较好。根据各草种对季节性温度变化的适应性，可分为暖季型与冷季型两类。冷季型草比较耐寒，但耐热性和耐旱性较差。而暖季型草较耐热，耐旱，但不耐寒，以地下茎或匍匐茎过冬，故冬季景观效果较差，但其管理较冷季型草粗放。我国各大地区主要可用的护坡草坪植物见表3-2。

表3-2　我国各大地区主要可用的护坡草坪植物表

地区	冷季行草坪植物	暖季型草坪植物
华北	野牛草、紫羊茅、羊茅、苇状羊茅、林地草熟禾、加拿大草熟禾、草熟禾、小康草、葡茎剪股颖、白颖苔草、异穗苔草、小冠花、白三叶	结缕草
东北	野牛草、紫牛茅、林地草熟禾、草地草熟禾、加拿大草熟禾、葡茎剪股颖、白颖苔草、异穗苔草、小冠花、白三叶	结缕草
西北	野牛草、紫牛茅、羊茅、苇状羊茅、林地草熟禾、草地草熟禾、加拿大草熟禾、草熟禾、小糠草、葡茎剪股颖、白颖苔草、异穗苔草、小冠花、白三叶	缕草、狗牙根（温暖处）

续表

地区	冷季行草坪植物	暖季型草坪植物
西南	羊茅、苇状羊茅、紫羊茅、草地草熟禾、加拿大草熟禾、草熟禾、小糠草、多年生黑麦草、小冠花、白三叶	狗牙根、假俭草、结缕草、沟叶结缕草、百喜草
华东	紫羊茅、草地草熟禾、草熟禾、小糠草、葡茎剪股颖	狗牙根、假俭草、结缕草、细叶结缕草、中华结缕草、马尼拉结缕草、百喜草
华中	羊茅、紫羊茅、草地草熟禾、草熟禾、小糠草、葡茎剪股颖、小冠花	狗牙根、假俭草、结缕草、细叶结缕草、马尼拉结缕草、百喜草
华南	—	狗牙根、地毯草、假俭草、结缕草、细叶结缕草、马尼拉结缕草、中华结缕草、百喜草

2. 灌木的选择

我国目前在边坡生态防护中使用的灌木较少，目前已使用的灌木主要有紫穗槐、柠条、砂棘、胡枝子、红柳和坡柳等。我国各地区主要可供选用的护坡灌木见表 3－3。

表 3－3　我国各地区主要可供选用的护坡灌木表

地区	灌木种类
东北	胡枝子、砂棘、兴安棘玫、黄棘玫、棘五加、榛子、树锦鸡儿、小叶锦鸡儿、柠条锦鸡儿、紫穗槐、杨柴
黄河区	绣线菊、虎榛子、黄蔷薇、柄扁桃、砂棘、胡枝子、胡颓子、多花木兰、白棘花、山楂、柠条、荆条、黄栌、六道木、金露
北方区	黄棘、胡枝子、酸枣、怪柳、杞柳、绣线菊、照山白、胡枝子、荆条、金露梅、杜鹃、高山柳、紫穗槐
长江区	三颗针、狼牙齿、小蘗、绢毛蔷薇、报春、爬柳、密枝杜鹃、山胡椒、山苍子、紫穗槐、马桑、乌药
南方区	爬柳、密枝杜鹃、紫穗槐、胡枝子、夹竹桃、孛孛栎、木包树、茅栗、化香、白檀、海棠、野山楂、冬青、红果钓樟、水马桑、蔷薇、紫穗槐、黄荆、车桑子
热带区	蛇藤、米碎叶、龙须藤、小国南竹、紫穗槐、桤木、杜鹃

当草本植物和灌木采用种子混合播种时有时会遭到失败，主要原因是由于草本植物生长比较快，在草本植物生长茂盛的情况下，会引起以下几种后果。

（1）灌木的幼苗被草本植物所覆盖，其后由于光线不足而死掉。

（2）有些灌木在其幼苗期对于枯萎病的抵抗力很差，在过分潮湿状态下会因菌害而致枯死。

（3）由于土壤含氮过多引起枯萎病菌为害致死。

（4）在草本植物的根部和灌木的根部处于同一土层时，由于彼此进行竞争，所以灌木会枯死。对以上情况可采取限制草本植物株数和采用含氮量少的肥料类型限制草本植物生长的方法加以控制解决，通常情况下草本植物株数应控制在 200～500 株/m^2。

3. 藤本植物的选择

目前，我国的垂直绿化主要应用于市政园林中，公路边坡采用垂直绿化的相对还较少。藤本植物宜栽植在靠山一侧裸露岩石下一般不易坍方或滑坡的地段，或者坡度较缓的土石边坡。可用于公路边坡垂直绿化的藤本植物主要包括爬山虎、五叶地锦、蛇葡萄、三裂叶蛇葡菊、藤叶蛇葡萄、东北蛇葡萄、地锦、葛藤、扶芳藤、常春藤和中华常春藤等。藤本植物主要采用扦插的方式进行繁殖。

二、植被护坡的机理

（一）草本植物根系与边坡岩土体的相互作用

1. 草本植物根系分布特征

草本植物的根系一般均为直径小于 1mm 的须根，根系密度随土壤剖面的增加表现出3个显著特点：在 0～30cm 土层急剧减少，在 30～70cm 土层逐渐减少，在 70～150cm 土层保持最低水平，总根数的 90%集中分布在 0～30cm 的土层内，30～70cm 土层内根数约占总根数的 8%，70cm 以下土层仅占总根数的 2%左右。

李勇①对草本植物根系进行研究，回归分析表明，草本植物根系密度及根量沿土壤剖面呈指数函数递减，其表达式为：

$$R_d = 365.82e^{-0.059Z}, \quad R^2 = 0.98 \tag{3-18}$$

$$P < 0.01, \quad n = 160$$

$$R_w = 0.78^{-0.057Z}, \quad R^2 = 0.94 \tag{3-19}$$

$$P < 0.001, \quad n = 20$$

式中，R_d 为根系密度（No./100cm^2）；R_w 为根量（g/cm^3）；Z 为土层深度（cm）。

2. 草本植物根一土相互作用力学模型

由草本植物根系的分布特征可知，根系在土中分布的密度自地表向下逐渐减小，逐渐细弱。在根系盘结范围内，边坡土体可看作由土和根系组成的根—土复合材料，草本植物的根系如同纤维的作用，随着单位体积中根的数量增加，土体的抗剪能力也随之提高，因此可按加筋土原理分析边坡土体的应力状态，即把土中草根的分布视为加筋纤维的分布，且为三维加筋。这种加筋为土层提供了附加“黏聚力”Δc，它一方面使原土体的抗剪强度向上推移了距离 Δc，另一方面又因限制了土体的侧向膨胀而使 σ_3 增大到 σ'_3，在 σ_1 不变的情况下使最大剪应力减小，这两种作用使边坡土体的承载能力提高。

以上定性地分析了有无植物根系加筋地土体破坏时的摩尔圆。下面通过建立草本植物根—土相互作用的力学模型定量分析植物根系的加筋作用。

图 3－13 为草本植物单根对土体的加筋力学模型，图 3－13（a）表示根的延伸方向与土体的剪切区正交情形，图 3－13（b）表示根的延伸方向与土体的剪切区斜交情形。

根据图 3－13 易于推导出下式：

① 李勇，张晴雯，李璐等. 黄土区植物根系对营养元素在土壤剖面中迁移强度的影响 [J]. 植物营养与肥料学报，2005，11（4）：427－434.

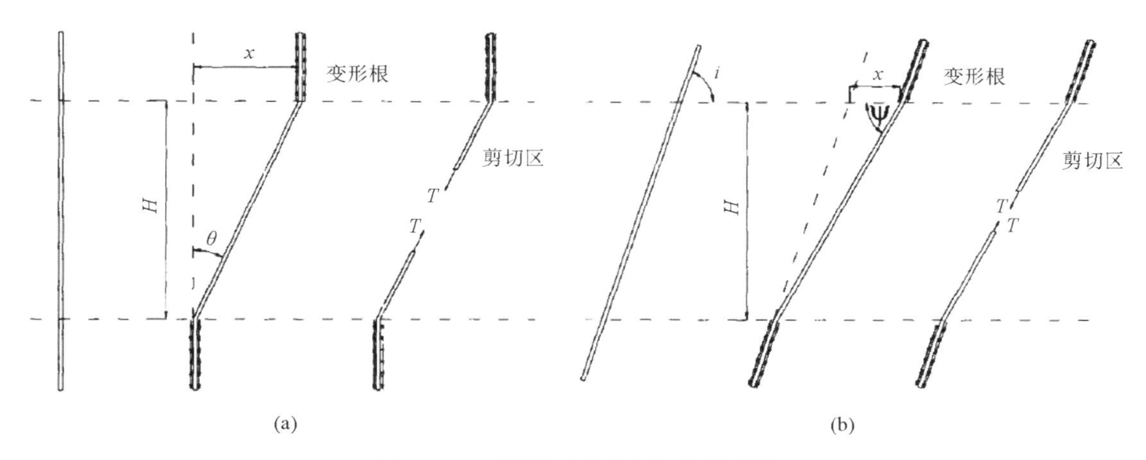

图 3-13　单根与土体的相互作用模型

(a) 正交状态；(b) 斜交状态

正交时：

$$\tau_R = \frac{T}{a}\sin\theta + \frac{T}{a}\cos\theta\tan\varphi \tag{3-20}$$

斜交时：

$$\tau_R = \frac{T}{a}\sin(90° - \psi) + \frac{T}{a}\cos(90° - \psi)\tan\varphi \tag{3-21}$$

$$\psi = \tan^{-1}\left[\frac{1}{k + (\tan^{-1} i)^{-1}}\right] \tag{3-22}$$

式中，τ_R 为由于根的加筋作用所增加的土体的抗剪强度；T 为单根的抗拉力（N）；a 为单根作用的土体面积（mm^2）；θ 为剪切变形角（°）；φ 为土体的内摩擦角（°）；i 为根的延伸方向与剪切面的初始夹角（°）；k 为剪切变形比，$k=x/H$；H 为剪切区厚度（mm）。

若在面积为 A 的土体内共有 n 个根，根的拉应力分为 T_1、$T_2\cdots T_n$，剪切变形角分别为 θ_1、$\theta_2\cdots\theta_n$，根的延伸方向与剪切面的初始夹角分别为 i_1、$i_2\cdots i_n$，剪切变形比分别为 k_1、$k_2\cdots k_n$，则式（3-20）～（3-22）分别为

正交时：

$$\tau_R = \frac{\sum_{j=1}^{n} T_j \sin\theta_j}{A} + \frac{\sum_{j=1}^{n} T_j \cos\theta_j}{A}\tan\varphi \tag{3-23}$$

斜交时：

$$\tau_R = \frac{\sum_{j=1}^{n} T_j \sin(90° - \psi_j)}{A} + \frac{\sum_{j=1}^{n} T_j \cos(90° - \psi_j)}{A}\tan\varphi \tag{3-24}$$

$$\psi_j = \tan^{-1}\left[\frac{1}{k_j + (\tan^{-1} i_j)^{-1}}\right] \quad (j = 1,2,\cdots n) \tag{3-25}$$

若在面积为 A 的土体内共有 n 个根，其中有 m 个正交根，$n-m$ 个斜交根，根的抗拉力分别为 T_1、$T_2\cdots T_n$，正交根的切件变形角分别为 θ_1、$\theta_2\cdots\theta_m$，斜交根的延伸方向与剪

切面的初始夹角分别为 i_{m+1}、$i_{m+2}\cdots i_n$，剪切变形比分别为 k_{m+1}、$k_{m+2}\cdots k_n$，则由于根系是加筋所增加的土体的抗剪强度为

$$\tau_R = \frac{\sum_{j=1}^{m} T_j \sin\theta_j}{A} + \frac{\sum_{j=1}^{m} T_j \cos\theta_j}{A}\tan\varphi + \frac{\sum_{j=m+1}^{n} T_j \sin(90^\circ - \psi_j)}{A} + \frac{\sum_{j=m+1}^{n} T_j \cos(90^\circ - \psi_j)}{A}\tan\varphi \tag{3-26}$$

$$\psi_j = \tan^{-1}\left[\frac{1}{k_j + (\tan^{-1} i_j)^{-1}}\right] \quad (j = m+1, m+2, \cdots n) \tag{3-27}$$

由式（3－26）和使（3－27）可知，确定 τ_R 的大小需要的参数 φ、m、n、T_j（$j=1$，$\cdots n$）、θ_j（$j=1$，$\cdots m$）、i_j（$j=m+1$，$\cdots n$）和 k_j（$j=m+1$，$\cdots n$）。其中，参数 φ 可由土的直剪试验获得；参数 m、n 和 i_j（$j=m+1$，$\cdots n$）可通过截取不同的含根系土体纵剖面而获得；θ_j（$j=1$，$\cdots m$）和 k_j（$j=m+1$，$\cdots n$）可由野外根系直剪试验求得；对于参数 T_j 因大多数草本植物的根从土体重拔出时都是被拉断，可知根的抗拉力小于根与土体的摩擦力，因此 T_j 可由根的实验室抗拉试验确定。因此 T_j 可由根的试验室抗拉试验确定。

由以上分析，在草本植物根系加筋的作用下，土体的抗剪强度可写为：

$$\tau = c + \sigma\tan\varphi + \tau_R = \left(c + \frac{\sum_{j=1}^{m} T_j \sin\theta_j}{A} + \frac{\sum_{j=m+1}^{n} T_j \sin(90^\circ - \psi_j)}{A}\right) + \left(\sigma + \frac{\sum_{j=1}^{m} T_j \cos\theta_j}{A} + \frac{\sum_{j=m+1}^{n} T_j \cos(90^\circ - \psi_j)}{A}\right)\tan\varphi \tag{3-28}$$

（二）木本植物根系与边坡岩土体的相互作用

1．木本植物根系分布特征

木本植物的根系按其形态特征，可分为三种类型：主直根型、散生根型和水平根型。主直根型是由明显的近乎垂直的主根和许多侧根构成，主根发达，垂直向下生长，深入土层，可达 3～5m，其中细小的吸收根不是带有根毛便是带有真菌感染的短根即所谓菌根，在松、栋等类树种中，主直根系较为常见。散生根型没有明显的主根，而是由若干支原生和次生的根，大致以根颈为中心，向地下各个方向作辐射状发展，并由此扩展而成网状结构的、纤维的吸收根群，如槭、冷杉、杉木等树种。水平根型是由水平方向伸展的固着根和繁多的链状细根群所组成，其主根不发达，侧根和不定根发达，并向四周扩展，长度远超过主根，因此，根系多分布在土壤表层，一般分布在 20～30cm 的土壤表层中，例如刺槐、悬铃木、云杉、铁杉以及一些耐水湿的树种。

植物根系的形态不但决定于植物的本性（遗传性），也决定于外界条件。由于土壤性状差异的影响，上述根系的三种分布形态在自然状态下会发生众多变化。此外，人为的影响也能改变根系的分布形态。总之，每一树种的根系形态，都因遗传性而具有一定的特征，但是立地条件、人为条件等的变化，也会使树种的根系形态特征在一定程度上发生变化。

为简化分析，把各种不同分布形态的根系按主根扎入土壤的深浅划分为垂直根系和水平根系两大类，主根扎入土壤深度大于 50cm 为垂直根系，小于 50cm 为水平根系。

2. 垂直根系木本植物根—土相互作用力学模型

垂直根系木本植物的主根可扎入土体的深层，通过主根和侧根与周边土体的摩擦作用把根系与周边土体联合起来，结合垂直根系分布特点，可以把根系简化为以主根为轴向侧根为分支的全长黏结型锚杆来分析其对周边土体的力学作用，其锚固力的大小可通过计算各侧根与周边土体的摩擦力以及主根与周边土体的摩擦力的累加而获得。

根系的受力分析如图 3－14 所示，对于地表下 z 深度处的根径大于 1mm 的任意根段 dl，根段表面单位面积上所受到的正压力 γz，其中，γ 为土体的自然容重。令根—土间的静摩擦系数为 μ，故相应的最大静摩擦力为 $\gamma\mu z$。则整个根段 dl 所受的最大静摩擦力合力为：

$$df = A \cdot \gamma\mu z = 2\pi r \cdot \gamma\mu z \cdot dl \tag{3-29}$$

式中，r 为根段的半径（mm）；A 为根的表面积（mm^2）。

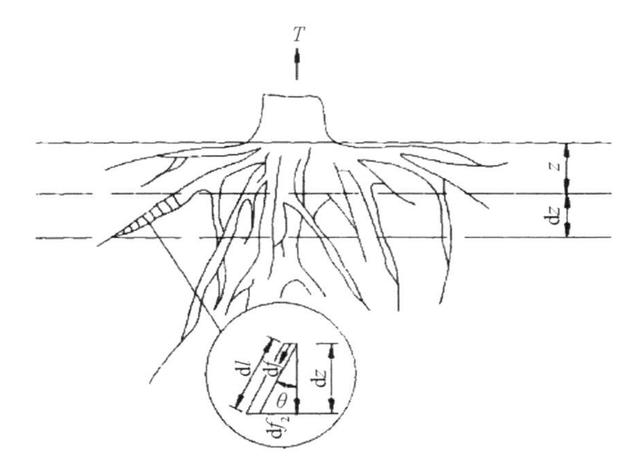

图 3－14　垂直根系的力学分析

df 在铅垂方向上的投影分量为

$$df_z = df \cdot \cos\theta = 2\pi r \cdot \gamma\mu z \cdot dl \cdot \cos\theta = 2\pi r \cdot \gamma\mu z \cdot dz \tag{3-30}$$

由式（3－30）知，任意根段所受的最大静摩擦力在铅垂方向上的分量与根伸展的倾斜状态（θ 角）无关。

对于整个根系，若令根的平均半径沿深度 z 方向的分布函数为 $\bar{r}=P(z)$，根的数目沿深度 z 方向的分布函数为 $N=Q(z)$，则在地下 $z\sim z+dz$ 范围内，根系的最大静摩擦力在铅垂方向上的分量为：

$$\sum df_Z = N \cdot 2\pi\bar{r} \cdot \gamma\mu z \cdot dz = 2\pi\gamma\mu \cdot P(z) \cdot Q(z) \cdot z \cdot dz \tag{3-31}$$

因而，根系的总的最大静摩擦力在铅垂方向上的分量为

$$F = \int_0^\infty \sum df_z = 2\pi\gamma\mu \int_0^\infty P(z) \cdot Q(z) \cdot z dz \tag{3-32}$$

由此，根系的最大锚固力为

$$T = F = 2\pi\gamma\mu\int_{0}^{\infty}P(z)\cdot Q(z)\cdot z\mathrm{d}z \tag{3-33}$$

式（3－33）中，函数 $P(z)$ 和 $Q(z)$ 的确定可采用现场量测并你和数据而获得，具体方法如下：在根系延伸范围内，沿水平方向把垂直根系等分为 n 个区段，n 值依主根的长度而定，对于任意区段［i，$i+1$］（$1\leqslant i\leqslant n-1$），可数得根的个数 N_i 并测出每个根的半径 r_{i1}、r_{i2}、$\cdots r_{iNi}$，从而得到区段根的平均半径 $\bar{r}_i$。对 $\bar{r}_1$、$\bar{r}_2\cdots\bar{r}_n$ 拟合可得到 $P(z)$，对 N_1、N_2、$\cdots N_n$ 拟合可得到 $Q(z)$。

2. 水平根系木本植物根一土相互作用力学模型

水平根系木本植物由于主根扎入边坡土体不是足够深，因此不能像垂直根系的木本植物一样把其根系看作全长黏结型锚杆。水平根系木本植物的根系是否对边坡的稳定发挥作用，还依赖于边坡的类型。当边坡的覆土层较薄，土层与基岩的界面为弱面，根系不能扎入基岩，因此根系对边坡浅层土体的稳定所起的作用不大：当边坡的覆土层较薄，土层与基岩的界面为弱面，基岩有裂隙，根系可伸入基岩，根系对边坡的稳定起很大作用；当边坡覆土层较厚，接近基岩处有一过渡土层，其密度与抗剪强度随深度增加，根系可伸进过渡土层加固边坡；当边坡覆土层厚，超过水平根系的延伸长度，根系不能深入到滑移面，因此根系对边坡的稳定作用很小。

由以上分析可知，水平根系主要对中间两种类型的边坡起作用，下面建立水平根系—土体相互作用的力学模型来分析根系的作用。

图 3－15 是水平根系的力学分析图，图中 AA′为滑动面，abcd 为滑体，下滑土体把剩余推力 T 作用于主根及树干，主根及树干再把所受的力传递给各水平侧根，通过侧根与土体的摩擦阻力来平衡下滑土体的剩余推力。图中，OO′把水平根系沿主根分为左右两部分，当土体沿弱面 AA′滑动时，主根左侧的水平根受压，右侧的水平根受拉，因植物根不能承受压力，所以左侧的水平根对抑制土体的下滑不起作用。

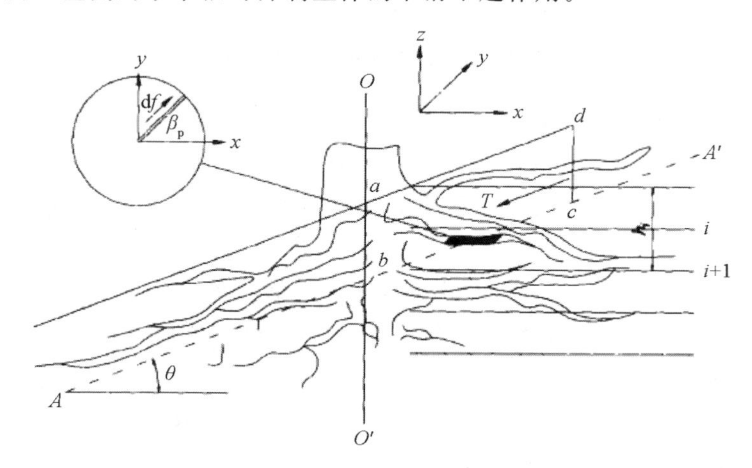

图 3－15　水平根系的力学分析

下面首先求出右侧水平根系摩擦阻力的合力沿 x 轴方向的分量，以便确定它所平衡的下滑土体所剩余推力的大小，假定所有侧根延伸方向都平行于水平面，在根系延伸范围内，沿水平方向把根系等分为 n 个区段，n 值依主根长度而定，对于任意区段［i，$i+1$］（$1\leqslant i\leqslant n-1$）的任意一水平根，其摩擦阻力 $\mathrm{d}f$ 为

$$\begin{aligned}\mathrm{d}f &= \int_0^{L_P} 2\pi\bar{r}_i \cdot \gamma\mu(h_i + l\cos\beta_P\tan\alpha)\mathrm{d}l \\ &= 2\pi\bar{r}_i \cdot \gamma\mu L_P\left(h_i + \cos\beta_P\tan\alpha\frac{L_P}{2}\right)\end{aligned} \tag{3-34}$$

式中，$\bar{r}_i$ 为根的平均直径（mm）；γ 为土体的容重（kN/m^3）；μ 为根—土间的静摩擦系数；L_P 为根长（mm）；h_i 为区段［i，$i+1$］至 a 点的距离（mm）；β_P 为根延伸方向与 x 轴的夹角（°）；α 为边坡角（°）。

由此得 $\mathrm{d}f$ 沿 x 轴的的分量 $\mathrm{d}f_x$ 为

$$\mathrm{d}f_x = \mathrm{d}f \cdot \cos\beta_P = 2\pi\bar{r}_i \cdot \gamma\mu L_P\left(h_i + \cos\beta_P\tan\alpha\frac{L_P}{2}\right)\cos\beta_P \tag{3-35}$$

在区段［i，$i+1$］内的所有根的摩擦阻力沿 x 轴方向的分量之和 F_x 为

$$F_x = \sum \mathrm{d}f_x \tag{3-36}$$

同理可得整个根系的摩擦阻力沿 x 轴方向的分量之和 F_x 为

$$F_x = \sum_{i=1}^{n} F_{ix} \tag{3-37}$$

假设下滑土体的剩余推力方向平行于坡面，则由于根系的支撑作用所平衡的剩余推力 T_R 为

$$T_R = F_x\cos\alpha \tag{3-38}$$

下滑体的总剩余推力 T 可由下式求得

$$T = W\sin\alpha - W\cos\alpha\tan\varphi - cL \tag{3-39}$$

式中，W 为滑体 abcd 的重量（kN）；φ 为弱面土体的内摩擦角（°）；c 为弱面土体的黏聚力（kN）；L 为 bc 的长度（m）。

由式（3-38）和（3-39）知，若要保持土体的稳定则须满足

$$F_x\cos\alpha - W\sin\alpha - W\cos\alpha\tan\varphi - cL \geqslant 0 \tag{3-40}$$

由式（3-40）也可确定坡面水平根系木本植物合理的间排距。

（三）植被的水文效应

1. 植被的降雨截留

一部分降雨在到达坡面之前就被茎叶截留并暂时储存在其中，以后再重新蒸发到大气中或落到坡面。植被通过截留作用降低了到达坡面的有效雨量，从而减弱了雨水对坡面土体的侵蚀。植被截留降雨量的大小可用下面的推导求得。

假设植被截留降雨量 E 同降雨量 P 满足如下函数关系：

$$E(P) = \lambda(P) \cdot P \tag{3-41}$$

式中，λ 为截留系数，是降雨量 P 的函数。

对于给定的植被类型及其叶面积指数 LAI，存在一个临界降雨量 P'，当 $P<P'$时，降雨完全被截留，E 与 P 呈线性关系；当 $P=P'$时，E 达到其最大值 E'；当 $P>P'$时，E 保持在最大值 E'不再变化，如图 3-16 所示。

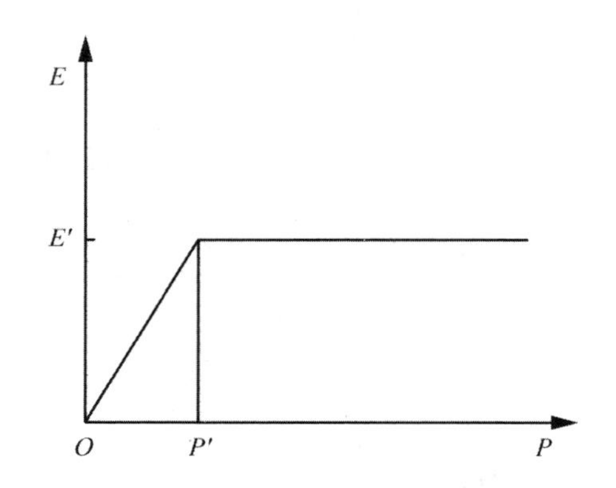

图 3-16　植被截留降雨量 E 与降雨量 P 的关系

对于确定的植被，植被覆盖度 ν 及其叶面积指数 LAI，最大截留降雨量 E' 是一个常数，它由如下关系确定：

$$E' = \alpha \cdot \nu \cdot LAI \tag{3-42}$$

式中，α 为叶面上平均最大持水深度（mm），变化范围为 0.1～0.2mm。

由式（2.24）可知

$$E' = \lambda' \cdot P' \tag{3-43}$$

式中，λ'为最大截留系数，它等于植被覆盖度，即 $\lambda' = v$。如地表完全被植被覆盖，则 $\lambda'=1$，否则 $\lambda'<1$。

结合（3-42）和（3-43）得

$$P' = \alpha \cdot LAI \tag{3-44}$$

因此，临界降雨量 P'完全由植被类型α 和叶面指数 LAI 来确定。

由式式（3-41）和（3-43）可以导出截留系数 λ 和降雨量 P 的关系，具体如下

$$\lambda(P) = \begin{cases} \lambda' & P \leqslant P' \\ E' & P > P' \end{cases} \tag{3-45}$$

把式（3-45）代入（3-41）得

$$E = \begin{cases} \lambda' \cdot P & P \leqslant P' \\ E' & P > P' \end{cases} \tag{3-46}$$

式（3-46）就是图 3-16 所示的植被截留降雨量同降雨量的关系，图中线性部分的斜率等于植被覆盖率 v，她的变化范围是 $0 \leqslant v \leqslant 1$。随着植被覆盖度的减小，不但线性部分的斜率变小，而且最大截留降雨量 E'也变小，但临界降雨量不受其影响。

2. 植被的削弱溅蚀功能

雨滴的溅蚀是雨滴对地面的击溅作用，它是水蚀的一种重要形式。降雨时雨滴从高空落下，因雨滴具有一定的重量和加速度，落地时会产生一定的打击力量，裸露的表层土在这种力量打击下，土壤结构会遭受破坏，发生分离、破裂、位移并溅起，土粒能被溅至 60cm 高及 1.6m 之远。溅起的土粒落在坡面时，土粒总是向坡下方移动的多，一场暴雨能将裸露地的土壤飞溅达 $24kg/m^2$ 之多，其中很多土粒随径流流失。

植被能够拦截高速落下的雨滴，通过地上茎叶的缓冲作用，消耗掉雨滴大量的动能，

并且能使大雨滴分散为小雨滴，从而大大降低雨滴的动能。因此，当植被相当旺盛时，可以明显削弱甚至消除雨滴的溅蚀。下面通过对从高空落下的雨滴在有无植被覆盖条件下到达地表的动能的比较，来加深对植被削弱雨滴溅蚀的认识。

一质量为 m 的雨滴从距地表 H 的高空落下，假设不考虑雨滴下落时所受的空气阻力，若无植被覆盖直接到达地表，雨滴的动能为

$$E_1 = mgH \tag{3-47}$$

若地表有植被层，植被层距地表高度为 h，雨滴落到植被后由于动能被覆盖植被的缓冲作用所消耗，因此雨滴的速度减为零，假定雨滴又被分散为 n 个质量相等的小雨滴，则每个小雨滴到达地表时所具有的动能为

$$E_2 = \frac{1}{n}mgh \tag{3-48}$$

对于草本覆盖层，可认为 $h=0$，则雨滴到达地表时的动能 $E_2=0$，可以认为被植被完全消除了雨滴的溅蚀。

3. 植被的拟制地表径流功能

地表径流集中是坡面土体冲蚀的主要动力，土体冲蚀的强弱取决于径流速度的大小、径流所具有的能量。草本植物分蘖多，丛状生长，能够有效的分散、减弱径流，而且还阻截径流改变径流形态，径流在草丛间迂回流动，使径流由直流变为绕流，设径流程为 L 流速为 v，则径流历时为

$$T = \frac{L}{v} \tag{3-49}$$

由于径流在草丛间迂回流动，从而增大流程（即 $L+L'$），流程增大，水力坡降减小，加上径流被分散和阻截，又减慢了流速（即 $v-v'$）因而上式可变为

$$T = \frac{L+L'}{v+v'} \tag{3-50}$$

因此，依靠覆盖的草本植物延长了地表径流，增加了雨水入渗。径流减小，流速减缓，冲刷能量降低，从而土体冲蚀减弱。

以上主要从根系的力学效应和水文效应两方面阐述了植被护坡的机理。对于力学效应方面主要从微观入手建立植物根—土相互作用的力学模型，由于植物根系强度和在土中分布规律较复杂，上述根—土相互作用力学模型是在假定根系强度和在土中的分布规律已知条件下建立的，因此具有一定的局限性。

三、植被护坡工程应用①

根据边坡防护实施的指导思想，对于已失稳边坡（即滑坡），宜采用兼顾边坡的稳定性与生态景观综合防护技术；对于草种，推荐使用加固效果良好的草种（如香根草）；对于尚未失稳但可能失稳的边坡，宜采用综合防护技术对可能失稳边坡进行防护；对于稳定边坡，稳定性已达到要求，宜采用有利于维持与恢复生态系统平衡的植物防护为主，仅对

① 兰明雄．植被护坡技术及工程绿色机理研究［D］．泉州：华侨大学，2008.

表面或局部出现的变形破坏采取防护措施，但要保证边坡在长成之前，不发生浅层坍塌或冲蚀沟现象。

下面以泉州市省道 307 线 K106＋050～180 边坡的植被护坡防护为例进行说明。

（一）工程概况

省道 307 线 K106＋050～180 边坡系为高陡岩石边坡，岩面为开挖岩石。坡底长 130m，坡最高处达 50m，倾角 60～－80°，面积 6 500m^2，岩石为风化花岗岩（如图 3－17 所示）。该地区属南亚热带海洋性季风气候，湿润多雨，历年平均气温 19.5～21℃，年平均降水量 1 095.3mm。

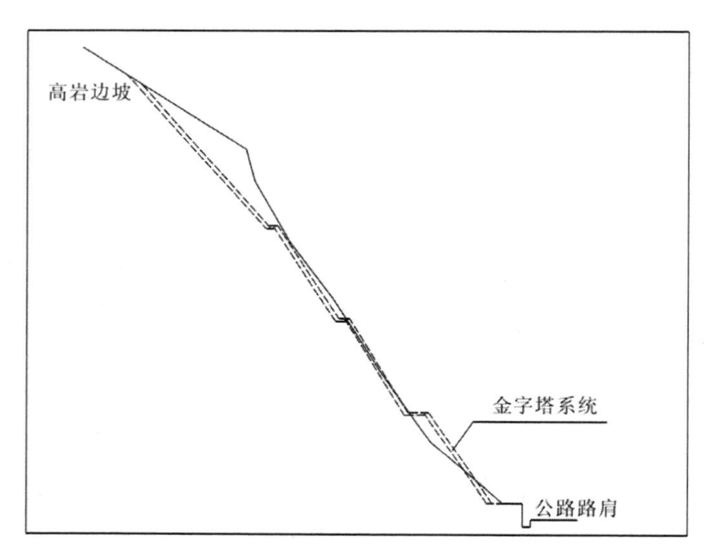

图 3－17　省道 307 线 K106＋050～180 高岩边坡断面

（二）边坡绿化方案设计

金字塔绿色边坡工程是一个高科技的系统工程，该系统利用金字塔 GTX 生态带、工程连接扣互锁成金字塔立体稳定结构。金字塔 GTX 生态带利用产生的凝聚力、准摩擦角达到内部稳定，透水不透土，与相邻植物友善地形成柔性软体挡土结构。根据边坡地形、坡度、地貌、土质和区域降雨及气温的特点，并按一定的组合种植多种植物，通过植物的生长活动达到根系加筋、茎叶防冲蚀的目的，经过生态护坡技术处理，可在坡面形成茂密的植被覆盖，在表土层形成盘根错节的根系，有效抑制暴雨径流对边坡的侵蚀，增加土体的抗剪强度，减小孔隙水压力和土体自重力，从而大幅度提高边坡的稳定性和抗冲刷能力。

（三）施工设计与施工工序

1. 金字塔绿色边坡施工设计

（1）采用两顺一丁的砌筑方法，对于高陡岩石边坡，用吊篮升降运输辅助施工。

（2）装袋。金字塔系统对生态袋装袋饱满有特别的要求，装袋饱满首先可以保证金字塔系统有足够而统一的强度，其次将保证金字塔断面丰满而整齐，同时保证植物的正常生长，如装不饱满，将使生态袋与土体之间产生距离，而从使草种难以深入土体或从袋内伸出。

装袋土质：生植土须含40%～55%砂石骨料，且含土量不少于15%。

（3）墙体施工。

①生态袋装土必须尽量饱满且整体一致，而后用绑带捆绕两圈，生态袋摆放应线平密合（类似砖型），且上下错缝，严禁通逢按装。

②在软土地基墙体基础用丁（字）法摆放2～3层生态袋（装入碎石及级配砂石）。

③在坚固地基墙体基础用丁（字）法摆放1～2层生态袋（装入碎石及级配砂石）。

④护坡墙体部分施工应保持二顺一丁，墙体施工时务必拉基准线，保持墙体平顺，每一层生态袋错进5～10cm。

⑤金字塔系统生态袋迭置1～2层，需以人工压实约70%。而后，根据土壤情况判断，通常需进行洒水处理，以利金字塔系统生态袋尽快完成沉降。

⑥金字塔系统通常采用台阶法施工，铺设及安装每一台阶通常高度不予超过500cm。

⑦重复步骤至金字塔护坡完成。

2. 施工工艺流程

主要施工工艺流程（如图3-18所示）：

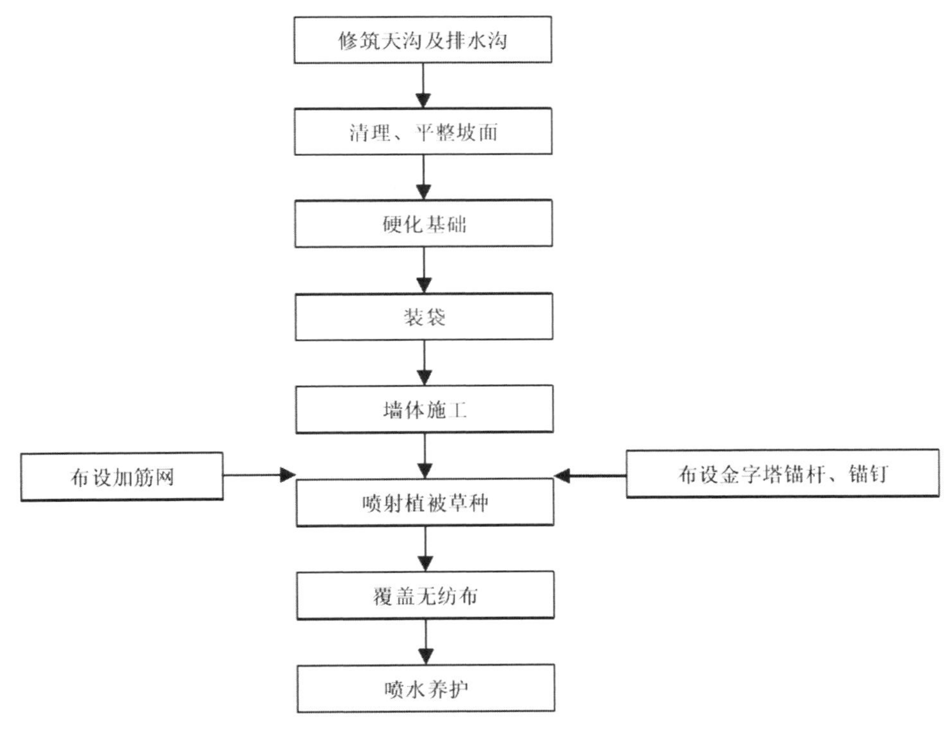

图3-18　金字塔生态系统施工工艺流程示意图

（1）修筑天沟及排水沟。在边坡四周、边坡纵向设置排水沟。

（2）清理、平整坡面。清除坡面淤积物、浮石，打掉突出岩石，使坡面尽可能平整，对每一台阶的平台进行刷方。

（3）硬化基础。首先基础整平清淤，铺设级配碎石层及C15混凝土垫层。

（4）装袋。根据当地的土壤情况，可在土壤里拌合肥料和植物种子。

（5）墙体施工。要求墙体边坡角度不能大于65°；在回填宽度大于1.2m时，必须布设加筋网；在两顺一丁施工困难时，必须布设金字塔锚杆、膨胀螺丝（锚钉）。

（6）喷射植被草种。要求喷枪口距岩面1m左右，保持植被草种均匀分布。

（7）覆盖无纺布。在面层喷射层完成后，覆盖28g/m^{2}无纺布进行保墒，营造种子快速发芽环境。

（8）喷水养护。喷水设备应采用喷雾喷头移动喷洒，杜绝高压水头直接喷灌，以免草种流失。一般养护期为植物覆盖地面为限（50天左右）。

（四）绿化效果

喷射施工完成后，经过养护6天，混合植物中草种陆续发芽。由于金字塔边坡作为生命体，养护到位，植物生根快，长势旺。50天绿草成坪，完全覆盖岩石坡面。此后基本上不必人工养护，可以自然生长。植被的根系开始由外或由内生长。当植物的根系近乎垂直穿过金字塔护坡，进入主体，严丝合缝地保护和稳定所在的边坡，金字塔边坡与植被就会产生一定的强度可抵抗暴雨冲刷。

（五）效益分析

1. 社会效益分析

绿色植物可以吸收汽车废气中的有害气体，净化空气，并有效地降低交通中产生的噪音，提高了公路沿途居民的生活质量；综合防护通过对植物造型、色调、格局进行景观设计，使其与周围环境相协调，为驾驶员及乘客提供一个安全、美观、舒适、整洁的行驶环境；同时防护植物可防止雨水及大气因素对坡面的冲刷和风化作用，使边坡水毁现象减少，确保公路畅通，提高了公路运输的经济的社会效益。

2. 生态效益分析

综合防护在保证边坡稳定的基础上，植物防护可恢复公路沿线的自然植被，有效防止公路病害，保护自然生态平衡。植物防护形成疏密的绿篱带，有效地拦截了地表径流和泥沙，大大地减缓了坡面的冲刷，防止了水土流失，对于护坡和水土保持起到了良好的作用；并且植物防护使道路与沿途的自然景观浑然一体，给人们一种和谐的美感。

3. 经济效益分析

综合边坡防护的经济效益包括直接经济效益和间接经济效益。直接经济效益指采用综合边坡防护后的工程投资的节约值。根据调查分析，得到各类护坡的经济技术指标如表3－4所示。从表3－4可知，与传统的边坡防护技术相比，综合防护的造价比植被防护稍高甚至相当，比单一工程防护的造价明显偏低，仅为干砌片石护坡的1/3，浆砌片石护坡的1/4，挂网喷混凝土护坡的1/6，浆砌片石护墙的1/7。因此，综合防护的直接经济效益是显而易见的。综合防护的间接经济效益可以根据植物防护间接经济效益的计算方法进行计算。

表 3－4　各类护坡经济技术指标

边坡防护类型	单价（元/m²）	备注
撒草籽植草	0.8～1.5	
铺草皮植草	3～5	利用天然草坪移栽
液压喷播植草	6～10	
人工植草移植	10～12	
网垫草皮卷移栽	18～20	
土工网垫植草	18～20	
干砌片石护坡	45～60	片石厚 0.3m，垫层 0.15
浆砌片石护坡	70～80	厚 0.3m
挂网喷混凝土	119	
浆砌片石护墙	135～181	变截面护墙
浆砌骨架草皮护坡	24～33	
拱型骨架护坡	36.8	
喷植水泥土骨架护坡	100～120	厚 10cm

随着人们对景观和环保意识的增强，传统的护坡方式已经不能满足人们的要求。在这种情况下，生态护坡技术应运而生，它采用植物护坡、土工材料复合种植基护坡、植被型生态混凝土护坡、厚层基材喷射、喷混绿化、客土喷播、挂网植草等技术来达到护坡的目的。这些新兴的技术可弥补传统护坡方式的不足，逐步恢复自然生态和美化环境，同时也必将成为一种趋势而被人们所接受。

第四章

隧道工程加固技术

第一节 锚喷支护加固技术

一、锚喷支护的特点、组成及力学作用

（一）锚喷支护的特点

锚喷支护自从20世纪50年代问世以来，随着现代支护结构原理尤其是新奥地利隧道施工方法的发展，已广泛应用在世界各国矿山、建筑、铁道、水工及军工等部门。我国矿山井巷工程采用锚喷支护每年累计有千余公里，铁路隧道、公路隧道、水工隧洞、民用与军用洞库等其他地下工程中，锚喷支护的应用也日益增多。锚喷支护获得如此广泛的应用，是因为它在一定条件下具有技术先进、经济合理、质量可靠、适用范围广等一系列显著特点。它可以在不同岩类、不同跨度、不同用途的地下工程中，在承受静载或动载时，做临时支护、永久支护、结构补强以及冒落修复等之用。此外，它还能与其他结构形式结合组成复合式支护。①

由于工艺上的原因，锚喷支护可在各种条件下进行施作，因此能够做到及时、迅速，以阻止围岩出现松动塌落。尤其是当前早强砂浆锚杆、树脂锚杆的出现，以及超前锚杆的使用，能够更有效地阻止围岩松动。喷射混凝土本身又是一种早强（掺加了少量速凝剂）和全面密贴的支护，能够很好地保证支护的及时性和有效性。由此可见，锚喷支护从主动加固围岩的观点出发，在防止围岩出现有害松动方面，要比模筑混凝土优越得多。

锚喷支护属柔性薄型支护，容易调节围岩变形，发挥围岩自承能力。虽然喷射混凝土本身属于脆性材料，但由于工艺上的原因，它可以做到喷得很薄，而且还可以通过分次喷射的方法进一步发挥喷层的柔性。锚喷支护也是柔性支护。试验表明由锚杆加固的岩体，可以允许有较大的变形而不破坏。因此锚喷支护具有比传统支护更好的调控围岩变形的作用。

锚喷支护的另一个优点是能充分发挥支护材料的承受能力。由于喷层柔性大且与围岩

① 徐干成．地下工程支护结构［M］．北京：中国水利水电出版社，2002.

紧密黏结，因此喷层破坏主要是受压或受剪破坏，它比受弯破坏的传统支护结构更能发挥混凝土承受能力。同时，采用分次喷射施工方法，也能起到提高承载力的作用。我国铁道科学院铁道建设研究所曾进行过模型试验，表明双层混凝土支护比单层支护承受力高，一般能提高20%～30%。锚杆主要通过受拉来改善围岩受力状态，而钢材又具有较高的抗拉能力。可见，即使承受同样的荷载，锚喷支护消耗的材料也要比传统支护少。

锚喷支护的工艺特点使它具有支护及时性、柔性、围岩与支护的密贴性、封闭性、施工的灵活性等，从而充分发挥围岩的自承作用和材料的承载作用。

（二）锚喷支护体系[①]

狭义的锚喷支护体系是锚杆与喷射混凝土联合支护体系的简称，锚杆与喷射混凝土都可以独立使用，但二者常联合使用形成锚喷支护体系，使对岩体的支护效果更加完善。此外，锚杆与喷射混凝土还常常与金属网、钢拱架和锚索等联合使用，形成广义的锚喷支护体系。锚喷支护之所以比传统支护优越，主要是因为锚喷支护在工艺上的特点，使得它能充分发挥围岩的自承能力和支护材料的承载能力，适应现代支护结构原理对支护的要求。

1. 喷射混凝土

喷射混凝土作为永久支护结构的组成部分，是现代地下结构建造中支护结构的主要形式。喷射混凝土主要用作早期支护，对通风阻力要求不高的巷道也可用作后期支护。

喷射混凝土支护喷射迅速，能与围岩紧密结合，形成一个共同的受力结构。并具有足够的柔性，吸收围岩变形，调节围岩中的应力。喷射混凝土使裸露的岩面上的局部凹陷很快填平，减少局部应力集中，加强岩体表面强度，防止围岩风化。同时喷层又是一种良好的隔水和防风化材料，能及时封闭围岩。尽管传统支护也有这一特性，但由于喷射混凝土施作及时，因而与传统支护相比它对膨胀、潮解、风化、蚀变岩体有更好的防水、防风化效果。此外，通过喷射混凝土层把外力传给锚杆、网架等，使支护结构受力均匀。它对岩体条件和巷道形状具有很好的适应性，且这种结构可以根据变形情况随时补喷加强。因此，喷射混凝土的作用在于形成以围岩形状为主的围岩与喷射混凝土层之间相互作用的结构体系。

2. 锚杆

锚杆是一种杆体，其中置入岩体部分与岩体牢固锚结；部分长度裸露在岩体外面，挤压住围岩或使锚杆从里面拉住围岩。锚杆支护最突出的特点是它通过置入岩体内部的锚杆，提高围岩的自稳能力，起到加固岩体的效果，从而完成支护作用（只有预应力锚杆才能形成主动的支护阻力）。锚杆安装迅速并能立即起作用，故广泛地被用作早期支护，尤其适用于多变的地质条件、块裂岩体以及形状复杂的地下洞室。而且锚杆不占用作业空间，坑道的开挖断面比使用其他类型支护结构时小。锚杆和围岩之间虽然不是大面积接触，但其分布均匀，从加固岩体的角度来看，它能使岩体的强度普遍提高。因为锚杆所能提供的支护阻力比较小，尤其不能防止小块塌落，所以，和喷射混凝土联合使用效果更佳。另外，锚杆还常常与其他结构结合形成各种结构形式，如锚杆与钢筋网结合成锚网结

① 王树理. 地下建筑结构设计［M］. 3版. 北京：清华大学出版社，2015.

构，将拉杆的两端锚固在岩石中成为锚拉结构，锚杆与梁、支架、等均能结合在一起工作。

锚杆的支护作用机理因巷道地质条件、锚杆配置方式、锚杆打设时机和巷道掘进方法的不同而不同，也就是说，锚杆的作用机理受着这些综合因素的制约。对于某一特定条件下的某一支锚杆来讲，往往是同时起着几种不同的作用。坚硬岩石巷道围岩中锚杆所起的支护作用和松软岩石中不同；单支零星配置的锚杆和系统配置的锚杆的支护机理也不同；巷道开挖后打设的锚杆和预支护锚杆的支护机理更是完全不同；采用人工开挖、机械开挖或钻爆开挖时，由于引起围岩中的动力特性不同，所采用的预支护锚杆的支护作用也各不相同。

锚杆对围岩的作用，本质上属于三维应力问题，作用机理比较复杂。至今还不能很好地解释锚杆的力学作用。一般认为，地下工程开挖后打设锚杆，由于锚杆本身具有的抗剪能力，从而提高了围岩锚固区的力学参数，尤其在节理发育的岩体中，加固作用更加明显。此外，锚杆具有加固不稳定岩块的悬吊作用，在层状岩体中系统配置锚杆起到组合梁作用，形成锚杆加固范围内的承载环及内压作用（限制围岩向洞室内的变形）等。对于锚杆的作用，不应该单独割裂开来看待，而是应当看作是这些作用的复合作用。但由于地质条件、锚杆配置方式、锚杆类型不同，其中的某一作用可能成为主要的，其他则成为次要的。采用新奥法构筑的隧道，锚杆所起的作用主要是成拱作用和内压作用。岩质条件较好时，只使用喷混凝土和锚杆就可以达到使围岩稳定的目的。岩质条件较差时，为了对围岩施加更大的约束压力，常常采用在锚喷支护中配置金属网或立钢拱架等辅助支护方式。采用金属网和钢拱架加强支护虽然也会引起支护结构的刚度增大，但比起加大喷射混凝土层的厚度所引起的刚度增大要小得多。

3. 锚索

锚索是近几年发展而被广泛应用的支护手段，锚索的支护效果较为明显，使用条件也比较简单，有的矿井已经将其列为处理复杂地质条件的一种常用手段。作为一种新型可靠有效的加强支护形式，锚索在巷道支护中占有重要地位。其特点是锚固深度大，承载能力高，将下部不稳定岩层锚固在上部稳定的岩层中，可靠性较大；它主动支护围岩，因而可获得比较理想的支护加固效果，其加固范围、支护强度、可靠性是普通锚杆支护所无法比拟的。锚索和锚杆的区别除其规格尺寸和荷载能力外，主要在于锚索一般需要施加预应力。正因为这样，锚索常应用在工程规模大而比较重要、地质条件比较复杂、支护困难的地方。

锚索的类型按钢绞线的根数可分为单根锚索和锚索束；按锚固材料可分为树脂锚固锚索、水泥锚固锚索和树脂水泥联合锚固锚索；按锚固长度可分为端部锚固锚索和全长锚固锚索；按预应力可分为预应力锚索和非预应力锚索。锚索的结构形式和锚杆类似，根部一端（或整个埋入长度）常需要固定在岩体内；但锚索的外露头部一端靠预应力对岩体施加压力。锚索的索体材料采用高强的钢绞线束、高强钢丝束或（螺纹）钢筋束等组成。单根钢丝（或钢绞线）的强度标准值可以达到 1 470MPa 或更高，预应力较小时采用的 II、III 级钢筋，其强度标准值也大于 300MPa。因此，锚索的锚固力是相当大的，可以达到兆牛的量级。

一般的锚索长度大于5m，长的可以达到数十米。根据锚索预应力的传递方式，一般将锚索分为拉力式锚索和压力式锚索。所谓拉力式是将锚索固定在岩体内后，张拉锚索杆体，然后在锚孔内灌注水泥或水泥砂浆，类似于预应力混凝土的先张法；压力式锚索采用无黏结钢筋，锚索经一次灌浆后固定在锚孔内，然后张拉锚索并最终形成对固结灌浆和岩体的压力作用。为使预应力能更均匀地作用在固结浆体和周围岩体中，也可以采用分段拉力式或分段压力式等多种结构形式。待锚索在孔内锚固可靠（或灌注的水泥浆、水泥砂浆等固结有一定强度）后，就可以张拉预应力。根据岩体情况和对支护结构的变形要求，一般设计预应力值为其承载力设计值的0.50～0.65倍。

锚索除具有普通锚杆的悬吊作用、组合梁作用、组合拱作用、楔固作用外，与普通锚杆不同的是对顶板进行深部锚固而产生强力悬吊作用，并且沿巷道纵轴线形成连续支撑点，以大预应力减缓顶板变形扩张。在采掘现场，对于围岩松动圈大，巷道围岩节理顶板破碎等复杂顶板条件下的巷道支护，加固和锚索的补强支护，将其锚固到顶板深部。

通过锚杆对松动圈内的围岩进行组合梁，由于锚索支护给巷道顶板的高预应力和它的高承载能力，使顶板由锚杆支护形成的组合梁得到进一步加强，并将其牢固地悬吊在上部直接顶或老顶内。同时，这种加强锚杆支护所形成的组合梁保护了上部直接顶或老顶，阻止了它的下沉移动和松动扩展，使相邻的锚索、锚杆的作用力相互叠加，组合形成一个新岩梁。这个新岩梁厚度、刚度、层间抗剪强度成倍增加，使顶板压力通过巷道岩帮向深部岩体转移。改善巷道的受力条件，使顶板得到有效的控制，侧帮问题也得到了较好的解决。

关于锚索是否必须锚固在上部坚硬岩石上，目前的认识还不够统一。有关学者根据多年的实践研究，提出锚索的独特作用是调动了深部岩体的强度，并和巷道浅部围岩及锚网支护体相互藕合作用，从而控制了地下工程的稳定性状态。目前，国内外已经有不少锚索设计施工规范。和锚杆一样，锚索也是隐蔽性工程，因此一般在规范中特别强调施工质量和检测、试验工作。在预应力的施工过程中，要逐级加载、分级稳定，同时监测由于锚索锚固强度不够或是材料蠕变引起的预应力损失。

（三）锚喷支护的力学作用分析

锚喷支护的力学作用，当前流行着两种分析方法：一种是从结构观点出发，如把喷层与部分围岩组合在一起，视作组合梁或承载拱，或把锚杆看作是固定在围岩中的悬吊杆等；另一种是从围岩与支护的共同作用观点出发，它不仅把支护看作承受来自围岩的压力，并反过来也给围岩以压力，由此改善围岩的受力状态（支承作用），施作锚喷支护后，还可以提高围岩的强度指标，从而提高围岩的承受能力（加固作用）。

这两种作用都能起到稳定围岩的作用。一般情况下，传统支护没有这两种作用，只是被动地承受松动荷载。这两种观点都能说明锚喷支护的力学作用，但显然后一种观点更能反映支护与围岩的相互作用的机理。

二、锚喷加固作用机理[①]

锚杆喷射混凝土支护结构主要由三部分组成，即喷层、锚杆、钢筋网。喷层是用喷射机将一定配合比的细石混凝土喷射到开挖坡体的表面而成。具有支撑岩土、卸载、填平补强围岩、覆盖岩土表面、防止岩土松动、分配外力等作用。同时，由于喷层中钢筋的存在增强了喷层的柔韧性，它能减小裂缝的宽度和裂缝的数量，使喷层应力分配均匀，改善其整体性能。

在锚喷加固中，一般认为锚杆支护起主要作用，喷射混凝土起辅助作用。对锚杆支护在地下洞室加固的作用机理，地下工程研究专家共认其起悬吊、组合梁和挤压加固和均匀压缩拱的作用。

悬吊作用理论（见图 4－1）认为锚杆支护通过锚杆将软弱、松动、不稳定的岩土体悬吊于稳定的岩土体中，以防止其离层滑落。起悬吊作用的锚杆，主要提供足够的拉力，用以克服滑落岩土体的重力或下滑力，来维持工程稳定。锚杆所受的拉力来自被悬吊的岩体重量。

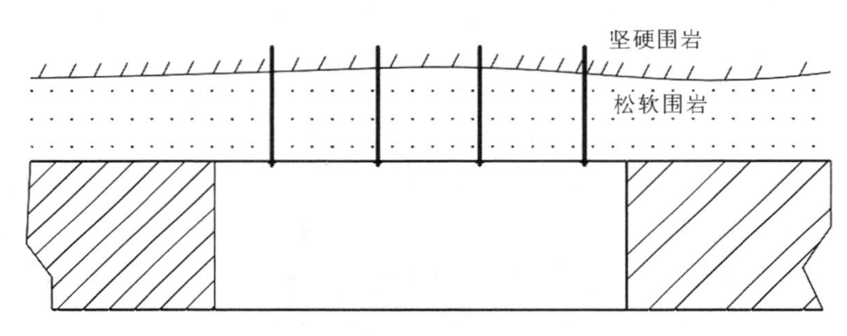

图 4－1　锚杆的悬吊作用示意图

组合梁理论是针对层状介质的锚固体提出的，如图 4－2 所示。这种原理认为，锚杆的作用是将层状岩体锚固在一起，形成一种组合梁（简支梁或悬臂梁）。如果没有锚固作用，层状岩体只是简单的叠合在一起。由于层间抗剪力不足，在荷载的作用下，单个梁均产生各自的弯曲变形，上、下缘分别处于受压和受拉状态。若用锚杆，支护后相当于用螺栓将它们紧固成组合梁，各岩层便互相挤压，层间摩擦阻力大大增加，内应力和挠度大为减少，于是增加了组合梁的抗弯强度。当把锚杆打入岩土体一定深度，相当于将简单叠合数层梁变成组合梁，从而提高了岩土体的承载能力。锚杆提供的锚固力越大，其强度也越大。两种不同作用的比较如下：

n 层叠合梁：

$$\sigma_{叠} = \frac{M_{\max}}{n\dfrac{1}{6}bh^{2}} \tag{4-1}$$

① 李铁容. 岩质边坡锚喷加固的有限元分析及其工程应用［D］. 长沙：长沙理工大学，2009.

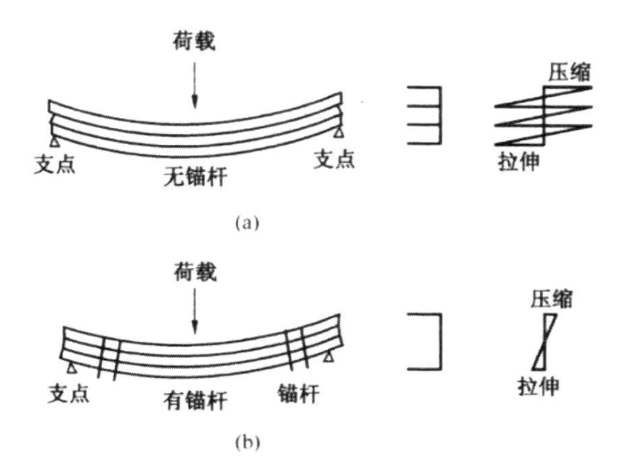

图 4-2　锚杆的组合梁作用示意图

(a) 无锚杆的组合梁；(b) 有锚杆的组合梁

$$f_{叠}=\frac{5qL^4}{384\frac{E}{12}bhn} \tag{4-2}$$

n 层组合梁：

$$\sigma_{组}=\frac{M_{\max}}{\frac{1}{6}b(nh^2)} \tag{4-3}$$

$$f_{组}=\frac{5qL^4}{384\frac{E}{12}b(nh)^2} \tag{4-4}$$

由比较可知：

$$\sigma_{组}=\left(\frac{1}{n}\sigma_{叠}\right) \tag{4-5}$$

$$f_{组}=\left(\frac{1}{nh}f_{叠}\right) \tag{4-6}$$

因此，顶板打一根锚杆，相当于增加了一个支座，跨度减少了一半，如按简支梁考虑，弯曲应力只相当于全跨度梁的 1/4，挠度只相当于原来的 1/16。此种组合梁作用较适用于薄层状岩土体中。

紧固作用是指在块状围岩中，锚杆可将巷道周围的危石彼此挤紧。紧固作用主要决定于锚杆的预应力。

均匀压缩拱作用是指在松软围岩中，点锚固锚杆的预拉应力可以形成从锚杆两端为顶点的算盘珠式的压缩区。如果把锚杆以适当的间距沿拱形巷道断面系统安装，就会在巷道周围形成连续的均匀压缩带，即形成了承载的压缩拱。该拱的加固作用取决于锚杆的长度与间距之比及锚杆的预拉应力。

对于某一锚固工程，其锚固作用机理并非是孤立存在的，往往是几种作用同时存在，并综合作用。在不同的地质条件下，某种作用占主导地位。由于锚杆支护对洞室的加固机理与洞室的空间几何形状有关，而边坡的空间几何形状有别于地下洞室，锚杆支护对边坡的加固作用机理不完全等同于地下洞室。在岩质边坡工程中，锚杆起压力墙和组合梁的作用。

对于锚杆的压力墙机理（见图 4-3），可以这样分析：当岩质边坡没有明确的滑动面，但岩体被多组节理、层理切割成不规则块状，破裂面呈不连续状，或呈陡峭形，或逆坡向，这种情况下破坏呈塌落、倾倒等坍塌形式，往往层层递进。这种含软弱结构面的岩体稳定性主要由其间结构面的抗剪强度决定。岩质边坡的系统锚杆大大提高了锚固区域破碎岩体的整体性，同时，锚固区域锚杆与岩体共同形成厚度与锚杆深度相近的压力墙，并控制了锚固区外岩体的变形，压力墙因镶嵌在岩体里，它的作用不完全类同于挡土墙或抗滑桩，其主动式的加固机理决定加固后的边坡能“自我”稳定，这也是锚杆加固边坡的优越性之一。

对于锚杆的组合梁作用（见图 4-4），当岩体含软弱结构面主要为层理或片理，且岩层的产状与岩体坡面相近，结构面间 c、φ 值较小，极易发生顺层滑移。使用锚杆加固时，将锚杆与结构面近似垂直方向布置，锚杆的加固大大提高了层理或片理间的抗剪切强度，锚杆起了力学组合梁的铆钉作用。在这种情况下，锚杆的加固作用是非常明显的。[①]

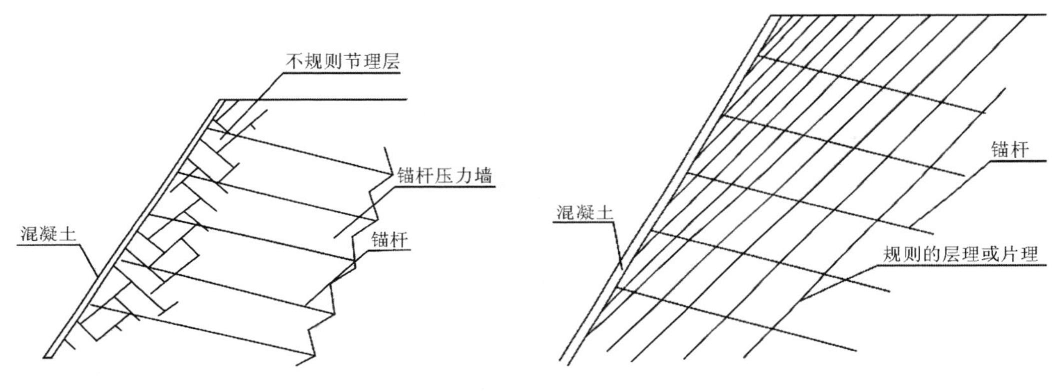

图 4-3　锚杆的压力墙作用　　　　图 4-4　锚杆的组合梁作用

关于锚杆加固对岩体力学性质的改善，具有以下经验关系：

$$c_1 = c_0\left(1 + \eta\frac{\tau S}{ab}\right) \tag{4-7}$$

$$\varphi_1 = \varphi_0 \tag{4-8}$$

式中，c_0、φ_0、c_1、φ_1 分别为原岩体及锚固岩体的黏聚力和内摩擦角；τ、S 分别为锚杆材料的抗剪强度及横截面积；a、b 为锚杆的纵、横向间距；η 为综合经验系数，可取 2～5。

三、喷锚加固锚杆设计

（一）锚杆材料与类型

锚杆的材料组成有杆体材料、锚固剂、托板垫板、锚杆螺母、钢带和网。普通锚杆的

① 陈建平，唐辉名，李学东．岩质边坡锚喷加固应用中的几个问题［J］．地球科学（中国地质大学学报），2001（4）：357-361．

杆体主要材料是圆钢和螺纹钢。管材是制作缝管式锚杆、楔管式锚杆、内注浆锚杆等杆体的主要材料。锚固剂包括树脂类锚固剂和快硬水泥类锚固剂。

锚杆的类型很多，按不同的杆体材料划分，有木锚杆、竹锚杆、金属锚杆、玻璃纤维锚杆以及其他材料的锚杆；按锚固方式可分为机械锚固、黏结式锚固、摩擦式锚固等。此外，根据锚固的地层，锚杆又可分为土层锚杆和岩层锚杆。

土层锚杆是将锚杆锚固在伸入稳定土层内部的钻孔中。岩层锚杆是将锚杆锚固在稳定的岩层钻孔中。土层锚杆的钻孔深度应超过边坡支护的滑动面，且必须锚固在稳定的土层中；岩层锚杆则必须穿过强风化层，锚固在稳定的岩层中。

在岩质边坡加固工程中，通常采用黏结式灌浆型预应力锚杆。穿过边坡滑动面的预应力锚杆，外端固定于坡面，内端锚固于滑动面以内的稳定岩体中。锚杆所施加的预应力主动地改变了边坡岩体的受力状态和滑动面上力的条件，既提高了岩体的整体性，又增加了滑面上的抗滑力。

（二）锚杆设计

岩质边坡采用喷锚支护时，整体稳定性计算可按如下方式进行。

1. 岩石侧压力水平力标准值计算

岩石侧压力可视为均匀分布，岩石压力水平分力标准值可按下式计算：

$$e_{hk} = \frac{E_{hk}}{H} \tag{4-9}$$

式中，e_{hk}为岩石侧向压力水平分力标准值（kN/m^2）；E_{hk}为岩石侧向压力合力水平分力标准值（kN/m^2）；H 为边坡高度（m）。

2. 锚杆所受水平拉力标准值计算

锚杆所受水平拉力标准值可按下式计算：

$$H_{tk} = e_{hk} S_{xj} S_{yj} \tag{4-10}$$

式中，S_{xj}为锚杆的水平间距（m）；S_{yj}为锚杆的垂直间距（m）；H_{tk}为锚杆所受水平拉力标准值（kN）。

3. 锚杆的轴向拉力标准值和设计值计算

锚杆的轴向拉力标准值和设计值可按下式计算：

$$N_{ak} = \frac{H_{tk}}{\cos\alpha} \tag{4-11}$$

$$N_a = \gamma_Q N_{ak} \tag{4-12}$$

式中，N_{ak}为锚杆轴向拉力标准值（kN）；N_a为锚杆轴向拉力设计值（kN）；α 为锚杆倾角（°）；γ_Q 为荷载分项系数，可取 1.30，可变荷载较大时按现行荷载确定。

4. 锚杆钢筋截面面积计算

锚杆钢筋截面面积应满足下式要求：

$$A_s \geqslant \frac{\gamma_0 N_a}{\varepsilon_2 f_y} \tag{4-13}$$

式中，A_s 为锚杆钢筋或预应力钢铰线截面面积（m^2）；ε_2 为锚杆抗拉工作条件系数，永久性锚杆取 0.69，临时性锚杆取 0.92；γ_0 为边坡重要性系数；f_y 为锚筋或预应力钢铰线抗拉强度设计值（kPa）。

5. 锚杆锚固体与地层的锚固长度计算

锚杆锚固体与地层的锚固长度应满足下式要求：

$$l_a \geqslant \frac{N_{ak}}{\zeta_1 \pi D f_{rd}} \tag{4-14}$$

式中，l_a 为锚固段长度（m）；D 为锚固体直径（m）；f_{rb}为地层与锚固体黏结强度特征值（kPa），应通过试验确定，当无试验资料时可按表 4－1 取值；ζ_1 为锚固体与地层黏结工作条件系数，对永久锚杆取 1.0，对临时锚杆取 1.33。

表 4－1　岩石与锚固段黏结强度特征值

岩石类别	f_{rb}值（kPa）	岩石类别	f_{rb}值（kPa）
极软岩	135～180	较硬岩	550～900
软岩	180～380	坚硬岩	900～1 300
较软岩	380～550		

注：①表中数据适用于注浆强度等级为 M30；②表中数据仅适用于初步设计，施工时应通过试验检验；③岩体结构面发育时，取表中下限值；④表中岩石类别根据天然单轴抗压强度 f_r 划分：f_r＜5MPa 为极软岩，5MPa≤f_r＜15MPa 为软岩，15MPa≤f_r＜30MPa 为较软岩，30MPa≤f_r＜60MPa 为较硬岩，f_r≥60MPa 为坚硬岩。

6. 锚杆钢筋与锚固砂浆间的锚固长度与地层的锚固长度计算

锚杆钢筋与锚固砂浆间的锚固长度与地层的锚固长度应满足下式要求：

$$l_a \geqslant \frac{\gamma_0 N_a}{\zeta_3 \pi n d f_b} \tag{4-15}$$

式中，l_a 为锚固钢筋与砂浆间的锚固长度（m）；d 为锚杆钢筋直径（m）；n 为钢筋（钢绞线）根数；γ_0 为边坡工程重要性系数；f_b 为钢筋与锚固砂浆间的黏结强度设计值（kPa），应由试验确定，当缺乏试验资料时可按表 4－2 取值；ζ_3 为钢筋与砂浆黏结强度工作条件系数，对永久性锚杆取 0.6，对临时性锚杆取 0.72。

表 4－2　钢筋、钢绞线与砂浆之间的黏结强度设计值 f_b（MPa）

锚杆类别	水泥砂浆或水泥砂浆强度等级		
	M25	M30	M35
水泥砂浆与螺纹钢筋间	2.10	2.40	2.70
水泥砂浆与钢绞线、高强钢丝间	2.75	2.95	3.40

注：①当采用两根钢筋点焊成束的作法时，黏接强度应乘 0.85 折减系数；②当采用三根钢筋点焊接成束的作法时，黏结强度应乘 0.7 折减系数；③成束钢筋的根数不应超过三根，钢筋截面面积不应超过锚孔面积的 20%。当锚固段和注浆材料采用特殊设计，并经实验验证锚固效果良好时，可适当增加锚杆钢筋用量。

7. 锚杆安全系数的确定

锚杆的安全系数为其极限拉力值与设计拉力值的比值，其大小由对锚杆特性的认识程度和锚杆可能失效的危害程度来确定。

根据预应力锚杆的使用条件、有效使用期和防腐措施，分别确定下列安全系数：①锚杆材料安全系数；②注浆体与内锚段岩体间的拉拔安全系数；③锚杆与注浆体间的拉拔安全系数；④单锚锥体破坏安全系数。设计中，锚杆的安全系数取①～④的最小值。

一般来说，边坡岩体加固工程中预应力锚杆的安全系数为1.2～2.0。对于重要的永久性锚固工程，一旦失稳可能带来较大危害的，安全系数可取1.8～2.0；一般性工程取1.5～1.8；临时性锚固工程取1.2～1.5较为适宜。

8. 锚杆的防腐设计

采用预应力锚杆加固的岩质边坡一般服务年限较长，属于永久性锚固，因而锚杆的防腐设计与防腐措施极为重要，直接影响边坡的长期稳定性。通常，预应力锚杆的防腐采取不同部位分别处理的方法。

锚杆锚固段防腐通常采用隔离架方法，使预应力钢筋束周围浆体保护层厚度大于25cm。在腐蚀环境中，必须进行双层防腐。

锚杆自由段的防腐是锚杆防腐的关键部位，通常采用双层防腐处理，即首先在预应力钢筋束外表用防腐膏或防锈油、润滑油等涂一层防腐保护层，然后包裹塑料布，反复几次后装入塑料管内。必要时，在锚杆张拉完毕后，对自由段进行二次封闭灌浆，在塑料管周围形成浆体保护层。

锚杆锚头采用与外部腐蚀环境隔绝的防腐方法，通常采用盒具或混凝土来密封，且在盒内充填防腐膏或润滑油。

此外，锚杆防腐用材料必须保持其化学稳定性和长期有效性，并且各种防腐材料之间不得发生不良影响。

（三）喷射混凝土设计

喷射混凝土不仅能单独作为一种加固手段，而且能和锚杆支护紧密结合，是岩土锚固工程的核心技术。对岩质边坡进行加固时，预应力锚杆主要用来加固岩体边坡不稳定滑动体或潜在的滑动体，确保边坡的深层稳定和整体稳定。而岩质边坡中的局部失稳或表面岩块的塌落，可采用喷射混凝土或挂网喷射混凝土来加固。喷射混凝土能够以较高的强度全面与支护体外部土岩黏结在一起，两者共同起支护作用，极大地提高支护体的抗裂和抗渗能力。预应力锚杆与喷射混凝土或挂网喷射混凝土联合使用，在岩质边坡加固工程中具有良好的适应性。

1. 喷射混凝土的设计强度

根据《岩土锚杆与喷射混凝土支护工程技术规范》GB 50086—2015：喷射混凝土的强度等级不应低于C15；重要工程不应低于C20；喷射混凝土1天龄期的抗压强度不应低于5MPa。

2. 喷射混凝土的容重及弹性模量喷射混凝土的容重

喷射混凝土的容重可取2 200kg/m^3，强度等级C15的喷射混凝土弹性模量为1.8×10^4MPa；强度等级C20的喷射混凝土弹性模量为2.1×10^4MPa；强度等级C25的喷射混凝土弹性模量为2.3×10^4MPa；强度等级C30的喷射混凝土弹性模量为2.5×10^4MPa。

3. 喷射混凝土与围岩的黏结强度

喷射混凝土与围岩的黏结强度为：Ⅰ、Ⅱ级围岩不应低于0.8MPa，Ⅲ级围岩不应低于 0.5MPa。对整体状和块状岩体不应低于 0.7MPa，对于碎裂状岩体不应低于 0.4MPa。

4. 喷射混凝土支护的厚度

喷射混凝土支护的厚度最小不应低于 50mm，最大不宜超过 200mm。含水岩层中的喷射混凝土支护的厚度最小不应低于 80mm，喷射混凝土的抗渗强度不应低于 0.8MPa。

5. 钢筋网喷射混凝土

钢筋网喷射混凝土中的钢筋网宜采用Ⅰ级钢筋，钢筋的直径宜为 4～12mm；钢筋间距宜为 150mm～300mm。钢筋网喷射混凝土的支护厚度不应小于 100mm，且不宜大于 250mm，钢筋保护层厚度不应小于 20mm。

四、工程实例①

选取三峡库区湖北省秭归县高切坡第三批防护工程中的 2 个典型工点。

（一）工程概况

工点一：秭归县沙镇溪锣鼓洞大桥东头—青干河桥东头高切坡三区。三区位于锣鼓洞大桥东头，起点坐标 X=3 427 729.84m，Y=463 468.60m，坡底高程 185.74m；终点坐标 X=3 427 617.91m，Y=463 175.29m，坡底高程 184.38m。坡面形态为一弧形，坡向变化大，坡长 457m，坡高一般达 15～28m，坡角 70°～80°，为一近直立陡坡，切面面积 6 683m²。坡前为移民居民点道路及香炉山居民点，坡体上部为顺向中—陡坡地形，坡度 30°～50°。根据地质报告，该高切坡为一斜向岩质高切坡，局部为反向坡，高切坡类型为Ⅰ。三区出露地层主要为侏罗系中统千佛崖组（J_{2q}）中薄层—厚层状灰绿色长石细砂岩、泥质粉砂岩、紫红色、灰绿色泥岩，呈不等厚互层状产出。岩层产状 80°～130°∠19°～24°。岩体强—中风化，其中砂岩抗风化能力稍强，岩质较硬，泥岩抗风化能力弱，岩质较软。根据现场勘查结果，坡段岩体节理裂隙较发育，多呈整体状、块状结构，岩体较完整，岩体基本质量等级为Ⅳ类，边坡岩体类型为Ⅲ类。

工点二：秭归县沙镇溪锣鼓洞大桥东头—青干河桥东头高切坡一区。一区位于青干河桥东头，三星大道东侧，起点坐标 X＝3 428 105.50m，Y＝462 921.58m，坡底高程 180.44m；终点坐标 X=3 428 028.30m，Y=462 854.60m，坡底高程 185.58m。坡面形态为一弧形，三面临空，坡长 140m，坡高 10～30m，坡角 60°～90°，为一近直立陡坡，切面面积 3 630m²。坡前为居民点道路，坡体上部为反向缓坡地形，平均坡度 15°。根据切坡地质报告，该高切坡岩层产状 142°～150°∠9°～19°，为岩质斜向坡，局部为反向坡，高切坡类型为Ⅰ。坡顶有厚度 2.0～6.0m 不等的第四系坡积层（dlQ），成分为碎石夹土。坡体中部见第四系崩坡积层（col＋dlQ）不均匀堆积于坡脚。基岩上部为灰绿色厚层长石细砂岩，为较软岩，中、下部为灰黑色薄层泥岩、粉砂岩，为软岩。岩层产状 142°～150°∠9°～19°。25～90m 岩体强风化，节理裂隙极发育，由于受多组裂隙切割，岩体多呈碎块状，局部呈散体、碎裂状，岩体破碎至极破碎，岩体基本质量等级为Ⅴ类，边坡岩体类型为Ⅳ类。

① 李铁容. 岩质边坡锚喷加固的有限元分析及其工程应用［D］. 长沙理工大学硕士学位论文，2009.

（二）治理方案及支护结构设计

工点一：经综合分析采取地表排水＋清除危岩体＋挂网锚喷＋浆砌石护脚墙的支护方案，典型剖面如图 4－5 所示。

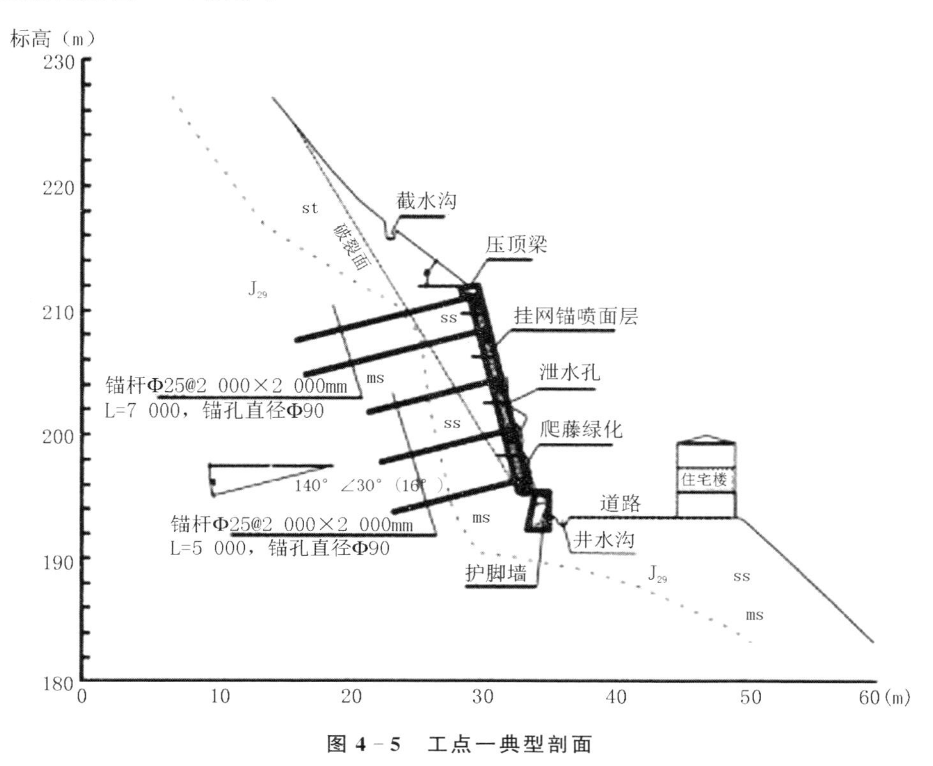

图 4－5　工点一典型剖面

支护结构设计：锚杆 $\phi 25$@2 000×2 000mm，锚孔直径 D＝90mm，采用 L＝5m 和 7m 两种型号；面板 $\phi 6$@200×200 的钢筋网，C20 细石混凝土厚 120mm。喷射混凝土面板每隔 14m～16m 设置伸缩缝一道，缝宽 20mm，内填沥青麻筋；挂网锚杆外锚头取 300mm，加强锚杆取 $35d$（d 为钢筋直径）。

工点二：经综合分析采取地表排水＋清除危岩体＋挂网锚喷＋浆砌石护脚墙的支护方案，典型剖面如图 4－6。

支护结构设计：锚杆 $\phi 25$@2 000×2 000mm，锚孔直径 D＝90mm，采用 L＝5m 和 7m 两种型号；面板 $\phi 6$@200×200 的钢筋网，C20 细石混凝土厚 120mm。喷射混凝土面板每隔 14m～16m 设置伸缩缝一道，缝宽 20mm，内填沥青麻筋；挂网锚杆外锚头取 300mm，加强锚杆取 $40d$（d 为钢筋直径）。

（三）考虑相互作用的支护结构设计

1. 工点一锚喷支护结构设计

（1）计算参数。取值 $\gamma=25\text{kN/m}^3$，$H=9.25\text{m}$，$\alpha=77°$，$\delta=17.5°$，$\beta=39°$，$\varphi=35°$，$c_s=500\text{kPa}$，$q=0$，$k=0.65$，$f_b=2\,700\text{kPa}$。

（2）计算过程。据下式进行计算：

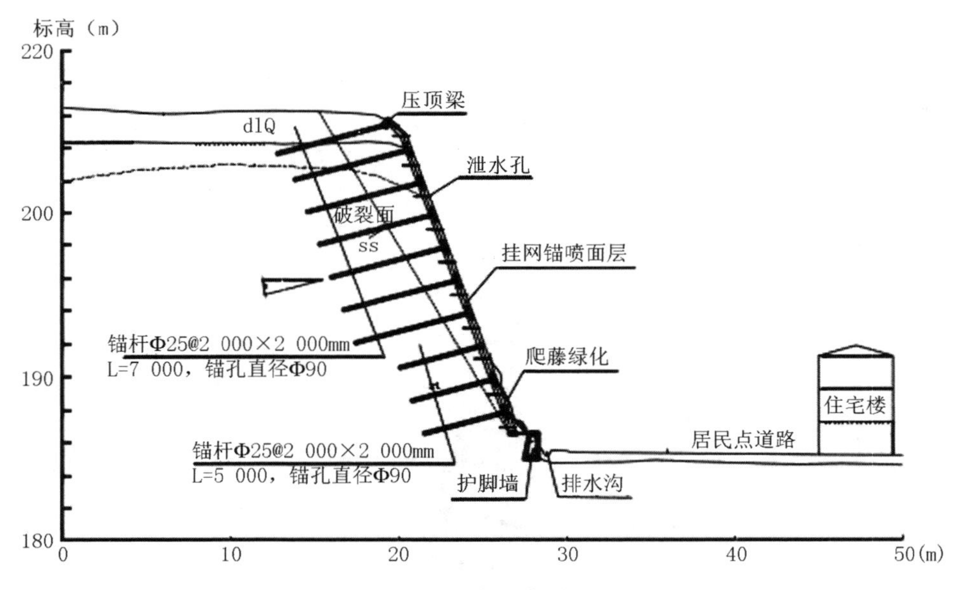

图 4-6　工点二典型剖面

$$\eta = \frac{2c_s}{\gamma H} = \frac{2 \times 500}{25 \times 9.25} = 4.324$$

$$K_q = 1 + \frac{2q\sin\alpha\cos\beta}{\gamma H\sin(\alpha+\beta)} = 1 + \frac{2 \times 0 \times \sin77° \times \cos39°}{25 \times 9.25 \times \sin(77°+39°)} = 1$$

$$K_a = \frac{\sin(\alpha+\beta)}{\sin^2\alpha\sin^2(\alpha+\beta-\varphi-\delta)} \times$$

$$\{K_q[\sin(\alpha+\beta)\sin(\alpha-\delta)+\sin(\varphi+\delta)\sin(\varphi-\beta)] \times$$

$$2\eta\sin\alpha\cos\varphi\cos(\alpha+\beta-\varphi-\delta) - 2\sqrt{K_q\sin(\alpha+\beta)\sin(\varphi-\beta)+\eta\sin\alpha\cos\varphi} \times$$

$$\sqrt{K_q\sin(\alpha-\delta)\sin(\varphi+\delta)+\eta\sin\alpha\cos\varphi}\}$$

$$= \frac{\sin(77°+39°)}{\sin^2 77°\sin^2(77°+39°-35°-17.5°)} \times$$

$$\{1 \times [\sin(77°+39°)\sin(77°-17.5°)+\sin(35°+17.5°)+\sin(35°-39°)]+2 \times$$

$$4.324 \times \sin77° \times \cos35°\cos(77°+39°-35°-17.5°) - 2 \times$$

$$\sqrt{1 \times \sin(77°+39°)\sin(35°-39°)} + \sqrt{4.324 \times \sin77°\cos35°} \times$$

$$\sqrt{1 \times \sin(77°-17.5°)\sin(35°+17.5°)+4.324 \times \sin77°+\cos35°}\}$$

$$= 0.211$$

对于无外倾结构面的岩质边坡，修正后的岩石侧向压力合力水平分力标准值

$$E'_{hk} = \frac{1}{2}k\gamma H^2 K_a \cos\left(\frac{\pi}{2} - \alpha + \delta\right)$$

$$= 0.5 \times 0.65 \times 25 \times 9.25^2 \times 0.211 \times 0.861 = 126.3(\text{kN/m})$$

岩石侧压力可视为均匀分布，修正后的岩石压力水平分力标准值可按下式计算：

$$e'_{hk} = \frac{E'_{hk}}{H} = \frac{126.3}{9.25} = 13.65\text{kN/m}^3$$

锚喷面层设计：据下式进行面层设计，$a=b=2$m，板厚 0.12m，钢筋混凝土的弹性模量 $E=25.5$GPa，泊松比 $\mu=0.2$ 时

$$D=\frac{Eh^3}{12(1-\mu)^2}=\frac{25.5\times10^9\times0.12^3}{12(1-0.2)^3}=5.73\times10^3$$

板中心挠度

$$(w)_{x=0,y=0}=\alpha\frac{qb^4}{D}=0.005\,81\frac{13.65\times2^4}{5.73\times10^3}=0.22\text{mm}$$

$$M_x=M_y=\beta qb^2=0.033\,1\times13.65\times4=1.80\text{kN}\cdot\text{m}$$

外锚头长度按下式计算：

$$l=\frac{e'_{hk}S_{xj}S_{yj}}{n\pi df_{lb}\cos a}=\frac{13.65\times2\times2}{1\times3.14\times0.025\times2\,700\times0.96}=\frac{54.6}{203.4}=0.268\text{m}$$

原设计加强锚杆外锚头长度取 $40d=40\times0.025=1$m（d 为钢筋直径），实际工程中外锚头长度取 $L=0.3$m，通过分析计算可知，在整体或块状岩体中加强锚杆外锚头长度取 0.3m 是合理的。

2. 工点二锚喷支护结构设计

（1）计算参数。取值 $\gamma=24\text{kN/m}^3$，$H=20$m，$\alpha=70°$，$\delta=17.5°$，$\beta=0°$，$\varphi=35°$，$c_s=0$kPa，$q=0$，$k=0.95$，$f_b=2\,700$kPa。

（2）计算过程。据下式进行计算：

$$\eta=\frac{2c_s}{\gamma H}=\frac{2\times0}{24\times20}=0$$

$$K_q=1+\frac{2q\sin\alpha\cos\beta}{\gamma H\sin(\alpha+\beta)}=1+\frac{2\times0\times\sin70°\times\cos0°}{24\times20\times\sin(70°+0°)}=1$$

$$\begin{aligned}K_a=&\frac{\sin(\alpha+\beta)}{\sin^2\alpha\sin^2(\alpha+\beta-\varphi-\delta)}\times\\&\{K_q[\sin(\alpha+\beta)\sin(\alpha-\delta)+\sin(\varphi+\delta)\sin(\varphi-\beta)]\times\\&2\eta\sin\alpha\cos\varphi\cos(\alpha+\beta-\varphi-\delta)-2\sqrt{K_q\sin(\alpha+\beta)\sin(\varphi-\beta)+\eta\sin\alpha\cos\varphi}\times\\&\sqrt{K_q\sin(\alpha-\delta)\sin(\varphi+\delta)+\eta\sin\alpha\cos\varphi}\}\\=&\frac{\sin(70°+0°)}{\sin^2 70°\sin^2(70°+0°-35°-17.5°)}\times\\&\{1\times[\sin(70°+0°)\sin(70°-17.5°)+\sin(35°+17.5°)\times\sin(35°-0°)]+2\times\\&0\times\sin70°\times\cos35°\cos(70°+0°-35°-17.5°)-2\times\\&\sqrt{1\times\sin(70°+0°)\sin(35°-0°)}+\sqrt{0\times\sin70°\cos35°}\times\\&\sqrt{1\times\sin(70°-17.5°)\sin(35°+17.5°)+0\times\sin70°+\cos35°}\}\\=&0.32\end{aligned}$$

对于无外倾结构面的岩质边坡，修正后的岩石侧向压力合力水平分力标准值

$$\begin{aligned}E'_{hk}&=\frac{1}{2}k\gamma H^2K_a\cos\left(\frac{\pi}{2}-\alpha+\delta\right)\\&=0.5\times0.95\times24\times20^2\times0.32\times0.793=1\,157(\text{kN/m})\end{aligned}$$

岩石侧压力可视为均匀分布，修正后的岩石压力水平分力标准值可按下式计算：

$$e'_{hk}=\frac{E'_{hk}}{H}=\frac{1\,157}{20}=57.8\text{kN/m}^3$$

锚喷面层设计：据下式进行面层设计，$a=b=2\text{m}$，板厚 0.12m，钢筋混凝土的弹性模量 $E=25.5\text{GPa}$，泊松比 $\mu=0.2$ 时

$$D=\frac{Eh^2}{12(1-\mu)^2}=\frac{25.5\times10^9\times0.12^3}{12(1-0.2)^3}=5.73\times10^3$$

板中心挠度

$$(w)_{x=0,y=0}=\alpha\frac{qb^4}{D}=0.005\,81\frac{57.8\times2^4}{5.73\times10^3}=0.9\text{mm}$$

$$M_x=M_y=\beta qb^2=0.033\,1\times57.8\times4=7.65\text{kN}\cdot\text{m}$$

外锚头长度按下式计算：

$$l=\frac{e'_{hk}S_{xj}S_{yj}}{n\pi df_{lb}\cos a}=\frac{57.8\times2\times2}{1\times3.14\times0.025\times2\,700\times0.96}=\frac{231}{203.4}=1.13\text{m}$$

实际工程中加强锚杆外锚头采用双面弯钩，总长度取 $40d=40\times0.025=1\text{m}$（$d$ 为钢筋直径），基本符合要求。因此在破碎或散体结构岩体中外锚头长度取值过短，将使工程结构偏于不安全。

第二节　化学注浆加固技术

化学注浆技术是一项具有很强实用性且应用范围广的工程技术，又称注浆技术。化学注浆加固技术，利用液压、气压或电化学原理，把化学浆液均匀地灌入到具有孔隙、裂隙、节理等软弱结构的岩土体或混凝土的缺陷中，浆液以煽充、渗透和挤密等方式，排除沿途颗粒间、岩石裂隙或混凝土裂缝中的水分和空气并占据其位置，浆液将原松散的土粒或裂缝、混凝土裂缝胶结成一个整体，使岩土体形成强度高、抗渗性能好、稳定性高和防水性能好的新结构体，从而改善岩土体的物理力学性质或增加混凝土结构的整体性和强度。注浆的目的主要有两个，一是对岩土体或混凝土结构进行防渗堵漏，二是对岩土体或混凝土结构加固补强。在当今城市快速发展的时代，注浆工艺往往能起到良好的经济效益和社会效益。

一、化学注浆理论①

（一）注浆理论

1. 渗透理论

渗透理论是在注浆压力不足以破坏土体构造的情况下，把浆液注入土体的孔隙中，排除其中的水和气体，而基本上不改变原状土的结构和体积。在砂性土中进行注浆的流体通常被称作牛顿流体。

① 程晓鸽．化学注浆堵水技术在杭州新城浅埋暗挖隧道中的应用研究［D］．杭州：浙江大学，2009.

（1）球形扩散理论。[1][2]

Maag 于 1938 年提出，假设被加固的介质为各向同性；浆液为牛顿流体；浆液从注浆管底注入介质时，注浆源为点源；在介质中呈球形状向外扩散，其流动按层流动，并遵循达西定律，如图 4－7 所示。

浆液在扩散时不考虑重力影响，流动时的黏度也在凝胶前保持不变，设地下水位距注浆管底高度为 h_0。根据达西定律灌浆量为

$$Q = k_g iAt = 4\pi r^2 k_g t\left(\frac{-\mathrm{d}h}{\mathrm{d}r}\right) \quad (4-16)$$

$$-\mathrm{d}h = \frac{Q\beta}{4\pi r^2 kt}\cdot \mathrm{d}r \quad (4-17)$$

两边积分可得

$$h = \frac{Q\beta}{4\pi kt}\cdot\frac{1}{r} + c \quad (4-18)$$

按边界条件：当 $r=r_0$ 时，$h=H$，当 $r=r_1$ 时，$h=h_0$，代入上式得

$$H - h_0 = \frac{Q\beta}{4\pi kt}\left(\frac{1}{r_0}-\frac{1}{r_1}\right) \quad (4-19)$$

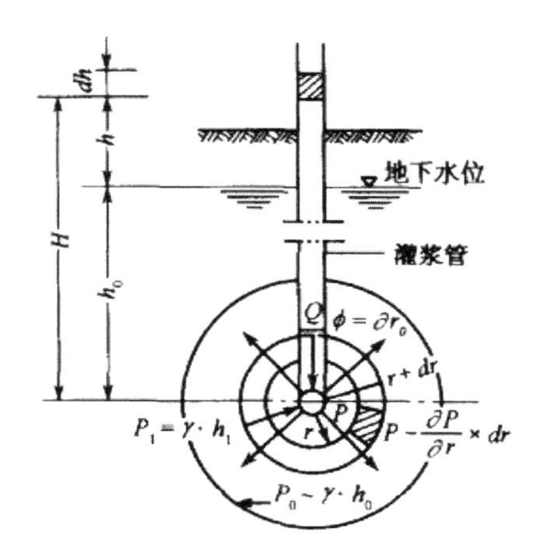

图 4－7　注浆管底端注浆球形扩散

已知 $Q=\frac{4}{3}\times\pi r_1^3 n$，$h_1=H-h_0$，代入上式将有

$$h_1 = \frac{r_1^3\beta\left(\frac{1}{r_0}-\frac{1}{r_1}\right)n}{3kt} \quad (4-20)$$

因为注浆扩散半径 r_1 远大于注浆管管径 r_0，故

$$\frac{1}{r_0}-\frac{1}{r_1}\approx\frac{1}{r_0} \quad (4-21)$$

则

$$h_1 = \frac{r_1^3\beta n}{3ktr_0} \quad (4-22)$$

所以

$$t = \frac{r_1^3\beta n}{3kh_1 r_0} \quad (4-23)$$

或

$$r_1 = \sqrt[3]{\frac{3kh_1 r_0 t}{\beta\cdot n}} \quad (4-24)$$

式中，Q 为注浆量（cm^3/s）；k 为土体渗透系数（cm/s）；k_g 为浆液在土层中的渗透系数（cm/s），$k_g=k/\beta$；β 为浆液黏度对水的黏度比；A 为渗透扩散范围（cm^2）；r_1 为浆液扩散半径（cm）；h、h_1 为压浆压力（厘米水头）；h_0 为注浆处地下水位；H 为地下水压力

① 崔可锐．岩土工程师手册［M］．北京：化学工业出版社，2007．

② 郑毅，郝冬雪．土力学［M］．武汉：武汉大学出版社，2014．

与注浆压力之和；r_0 为注浆管半径（cm）；t 为注浆时间（s）；n 为砂土的孔隙率。

（2）柱形扩散理论。

当扩散为柱形时，其理论模型如图 4－8 所示，浆液按牛顿流体作柱状扩散。

$$t=\frac{n\beta r_1^2\ln\frac{r_1}{r_0}}{2kh_1} \tag{4-25}$$

$$r_1=\sqrt{\frac{2kh_1 t}{n\beta\ln\frac{r_1}{r_0}}} \tag{4-26}$$

式中，k 为土体渗透系数（cm/s）；β 为浆液黏度对水的黏度比；r_1 为浆液扩散半径（cm）；h_1 为压浆压力（厘米水头）；r_0 为注浆管半径（cm）；t 为注浆时间（s）；n 为砂土的孔隙率。

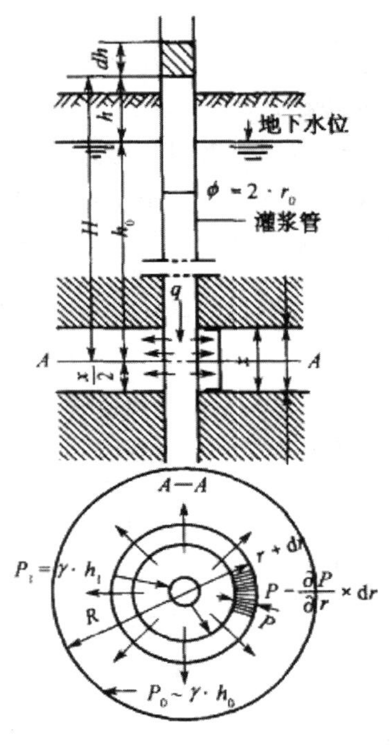

图 4－8　浆液柱状扩散

2. 压密理论

压密注浆是在通过钻孔在土层中压注约 0.4MPa 的极稠和低流动性的浆液，这样可以在压注点中心处形成有规律或可控制的加固体，加固体以“浆泡”形式出现。如图 4－9 所示。“浆泡”的形状一般为球型或圆柱型，“浆泡”在直径较小时一般沿钻孔的径向扩展，随着“浆泡”尺寸的增大而使地层有抬动的现象，即随着“浆泡”的扩大而使土层 0.3～2m 范围内的土体明显压密，“浆泡”和压密范围随着土体密度、湿度、力学性质、地表约束条件、注浆压力和注浆速度而有所不同。

研究表明，向外扩张的“浆泡”会在土体中引起复杂的径向和切向应力体系，紧靠“浆泡”附近的土体将受到严重的破坏和剪切并形成塑性变形区，在此区内土体的密度可能因扰动而减小，离“浆泡”较远的土体则呈弹性变形，因而密度明显增加。压密注浆常用于中砂土层。

3. 劈裂注浆理论

劈裂注浆是指在相对较高的速率和压力下灌注稳定的、高流动性的浆液，克服地层初始应力和抗拉强度，引起土体结构破坏或扰动的注浆方法。

这种压浆可使地层原有裂隙或缝隙张开形成新的裂隙或缝隙，浆液就可能扩散更远距离，由这种注浆所形成的浆液透镜体（或条带或平板）可以增加强度，充填空隙或孔洞，使土体局部固结或加密，形成阻止透水路径的结构体。

对于砂性土层，当注浆压力大于土体中最小主动土压力时，即可形成劈裂注浆，如图 4－10所示。

劈裂注浆有时很难与压密注浆区别开，在注浆过程中由于土层强度不高或注浆压力增大，往往会伴随劈裂注浆出现，有时是有意识地利用这一原理来加固土层，增加稳定性。在开挖隧道时，多数用来加固堤坝的墙心，使其成为一堵不透水的密封墙。

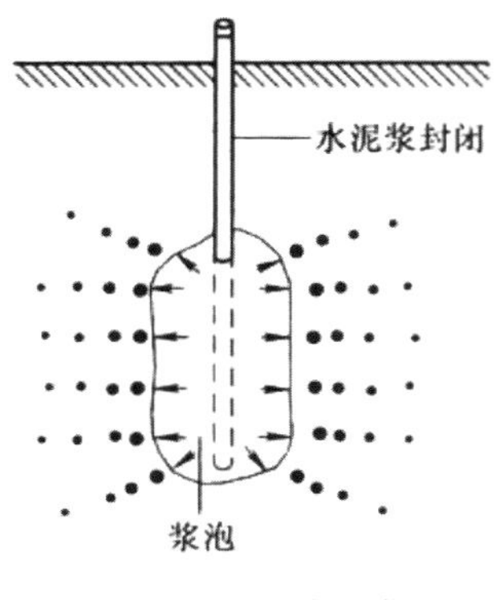

图 4－9　压密注浆　　　图 4－10　劈裂注浆示意图

4. 吸渗理论

吸渗理论是在化学注浆时，在泥化夹层及破碎岩体中采用传统的压力渗透理论无法解释的情况下提出的。由于裂隙系统的注浆为脉状注浆，夹泥系统的注浆为粒间渗透注浆，而夹泥的渗透性极低，只有被注的介质在化学注浆时具有“吸渗”机理才能解释。在 20 世纪 80 年代，我国学者在处理低渗透性含泥破碎岩体（$k_{平均}=10^{-6}\sim10^{-8}$cm/s）时，提出了“低渗透介质”的注浆理论。所谓“低渗透介质”是指渗透系数 $k\leqslant10^{-6}\sim10^{-8}$cm/s 的土层或风化岩层微细裂隙宽度仅≤(0.1～0.5)mm 时，注浆浆液流动表现不是由于压力的压渗作用，而是由于浆液对岩土的润湿能力和亲和力，即所谓“吸渗作用”。该理论认为亲和力可用界面的接触表示，若 $\theta<90°$，浆液是岩石的润湿相，则浆液与岩土的亲和力 >0，有吸渗作用；反之，若 $\theta>90°$ 则为非润湿相，无吸渗作用，浆液必须借外力才能迫其注入。据此，可以寻找优质性能、具有渗透性能高的浆材，以改善注浆效果。

注浆材料在地层中的实际扩散状态很复杂。对于这种状态，几乎无法进行人工控制，这主要是由于地层的不均质性导致的。如果地质是均质的，那么就可以应用注浆渗透的理论，按设计要求去控制渗透范围。向非均质地层注浆时，应选择价格便宜、黏度高的悬浊型注浆材料先向地层内的大空洞、裂隙或土层中的松软地带注浆。这样，可以不同程度地提高地层的均质性。在堵塞空洞、提高堵水性和强度的同时，按设计要求，均质地注入溶液型、低黏度的注浆材料，或者做好符合渗透注浆理论的注浆准备工作。

实际施工中，符合渗透理论的工程事例是极少的。因为这种情况只现于实验室里的人工制作的均质地层注浆。否则，该理论公式的应用与实际之间会有很大的距离。尽管如此，我们也不能无视渗透理论，单凭已有的经验来指导施工。即使受注地层的条件千差万别，也可以进行某些分类，大量观测各种地层条件下的实际注浆状态，确立一个符合实际情况的渗透理论，这是今后亟待解决的课题。

从这种意义上说，注浆施工前，进行注浆试验，调查注浆材料在地层中的渗透扩散状态和注浆范围，是按设计要求实现有效注浆的一项非常重要的措施。

通常注浆材料的特性可分两类：一类为牛顿流体，另一类为非牛顿流体。作用在液体上的应力 P 和应变量 ε 完全成正比的流体为牛顿流体，反之为非牛顿流体。如果注浆材料为溶液，而且其流动性为牛顿流体，理论上讲，即使浆液黏度很高，但采用高压注浆和进行长时间注浆后，任何细颗粒的间隙里浆液都能渗进去。但是，考虑到作业效率和地层的压缩性及实用性等情况，由于浆液固有的黏度影响，本身对土层颗粒间隙有一可渗透极限。浆液不是以一定的黏度向地层中渗透，如图 4－11 所示，注浆材料在凝胶以前，其黏度逐渐增加。因此，要应用渗透理论式时，一定要考虑到渗透中浆液黏度的增加。在均质砂性土中研究的注浆材料，可视为牛顿流体。

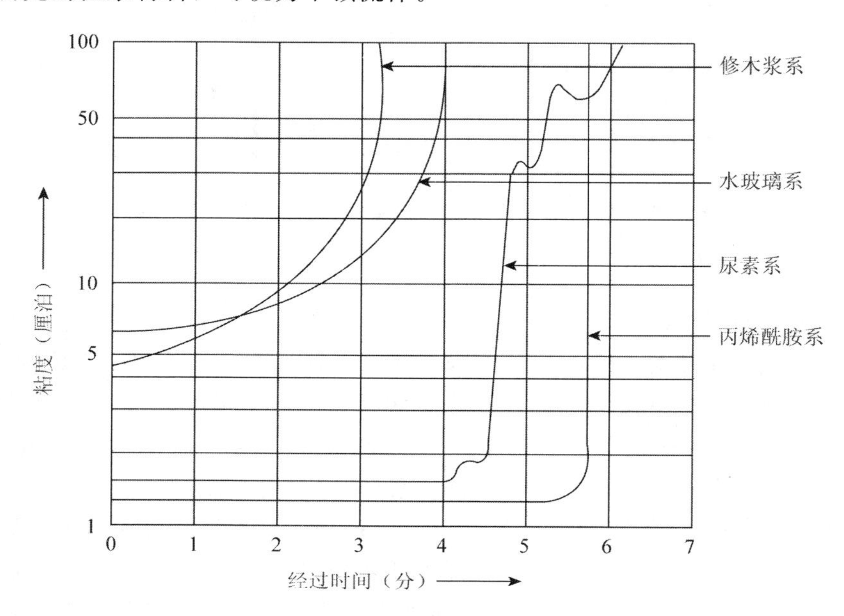

图 4－11　典型注浆材料凝胶过程中黏度的增加

注浆材料在地层中的渗透系数和黏度之间关系如下：

$$k_g / k = v / v_g \tag{4-27}$$

式中，k_g 为注浆材料在地层中的渗透系数；k 为地层的渗透系数；v 为水的黏度系数；v_g 为注浆材料的黏度系数。

一般来说，受注地层都不是均质的，特别是在冲积层和洪积层里，浆液多半向某一方向渗透，因此很难正确描述浆液流的正确比例和型式。注浆孔一般为圆柱形，因此在应用计算公式时，应该把它换算成具有与圆桶型注浆源相同表面积的球型注浆源。与圆柱形注浆源时的情况相比，球状注浆源附近的渗透扩散大，因此一般情况下，实际渗透量要比计算值小。

5. 堵水加固原理

当水泥浆液与水玻璃溶液按某一体积比例混合后，则产生化学反应，很快形成具有一定强度的胶质体，反应连续进行，胶质体强度不断增强，转为稳定的结晶状态——凝固，从而起到填塞裂隙、截断水流、加固土颗粒的作用。其反应过程如下：

硅酸盐水泥中的硅酸三钙水解而产生活性很强的氢氧化钙和含水硅酸二钙：

$$3CaO \cdot SiO_2 + nH_2O \rightarrow 2CaO \cdot SiO_2 \cdot (n-1)H_2O + Ca(OH)_2$$

而硅酸盐水泥中的硅酸二钙水解变成含水硅酸二钙：

$$2CaO \cdot SiO_2 + mH_2O \rightarrow 2CaO \cdot SiO_2 \cdot mH_2O$$

上述两个反应生成的硅酸二钙，呈胶质状，不溶于水，即变为水硬性材料；而氢氧化钙与水玻璃溶液中碱金属硅酸盐（硅酸钠）很快发生反应生成凝胶性的硅酸钙即上述的胶质体：

$$Ca(OH)_2 + Na_2O \cdot mSiO_2 + nH_2O \rightarrow CaO \cdot mSiO_2 \cdot nH_2O \downarrow + 2N_2OH$$

胶质体的早期强度是水玻璃和水泥中的氢氧化钙起主要作用，后期强度是水泥水解水化反应起主要作用。

注浆加固地层的基本原理，就是将由胶结材料配制而成的浆液通过一定的压力，注入地层，使浆液沿裂隙流动扩散。由于充塞作用，在裂隙内形成具有一定强度和低透水性的结石体，堵塞裂隙，截断水流。当采用化学注浆时，浆液在裂隙内流动扩散，发生化学反应和物理变化，随着持续注浆，反应不断进行，迅速生成胶结体，充塞裂隙；由于浆液中有一部分水被包在结石体内，所以水化作用持续进行，使充塞于裂隙中的胶结体强度逐渐增加，达到堵住地下水与固结破碎围岩的作用。

根据注浆施工时间的不同，隧道注浆方法可分为以下三种。

（1）预注浆法。在隧道开挖以前，预先进行注浆充塞土体颗粒裂隙，减少涌水，以利施工的方法。

（2）后注浆法。在隧道开挖以后、衬砌以前，由于开挖过程中的震动以及地层开挖后引起的地层变形和扰动，个别地段会出现渗漏水现象，为了顺利施工，确保施工质量而进行的注浆。

（3）回填注浆法。为了填充隧道衬砌拱部和回填土颗粒之间的空隙，改善传力条件和减少渗漏水而进行的注浆。

（二）化学注浆的效果及测定

化学注浆的目的大致有三种：①堵水；②加固地层；③前两种目的兼有。这里主要研究堵水，即降低土层渗透性的效果。

在判断化学注浆的必要性或评价注浆的效果时，事前应该查明含水土层的渗透性。特别是在掘进、开挖地基或掩护筒施工时，显得尤为重要。但实际中，调查时重点应放在渗透系数大于 10^{-3}cm/s 的土层，即砂质土层—砂砾层。渗透系数小于 10^{-4}cm/s 的黏土层可以暂不考虑。

1. 按粒度分析结果求渗透系数的方法

标准压入试验时，用开口取样器采取试样，并对试样进行粒度分析试验，使用哈曾公式，从粒度累计曲线中求出。这种方法最简便，它只要求出渗透系数的数量级（是 10^{-3} 还是 10^{-4}cm/s）就可以了。其缺点是，当测定均匀系数小、粒度不均的砂层时，精确度就比较低。

哈曾公式：

$$K = C(0.7 + 0.03t)D_{10}^2$$

一般，用 $K = 100D_{10}^{12}$ 表示。

式中，K 为渗透系数（cm/s）；t 为温度（℃）；D_{10} 为有效直径（cm）；C 为系数（46～116，一般为 116）。

2. 室内渗透试验

为了求出地层的渗透系数，还可以把现场采集的试样拿到实验室进行渗透试验。由于试样已不是现场的原始状态，因此，这种方法求出的土层渗透系数经常会与自然地层的渗透系数不同，就是说试样的大小要比实际地层小得多，有时试样不能真正代表实际地层的性质。另外，由于实际地层里存在着小块试样中见不到的裂隙和流水的通路，或者因采用的试样被压缩，渗透系数要比实际地层小等原因，在解决贮水池、水坝基础地层的渗透、地下水的排水法等土质工程学中的有关问题时，必须取自然状态下大范围的渗透系数。

二、化学注浆材料

注浆过程一般为在原材料中加入溶剂形成浆液，通过压注固化形成结石体，达到抗渗透的要求。溶剂包括主剂和助剂，对某种注浆材料来说，主剂可能是一种或是几种；助剂在浆液中的作用分为催化剂、固化剂、速凝剂等。

（一）对浆液的要求[①]

化学注浆加固岩土一般要求浆液满足以下要求。

（1）浆液流动性好，浆液初始黏度（固化或胶化前的流动性）要尽量低，要接近水的黏度（约为1厘泊），使之能渗透到很细的土颗粒间隙里。

（2）渗透、充填到土层颗粒间隙里的浆液在其固化或胶化反应完毕后，能达到很高的固结强度。

（3）浆液在土层颗粒间隙固化和胶化后，能提高地层的不透水性，其凝胶体不出现收缩现象。

（4）注浆材料的有效时间要长，而且在所在环境下能长期处于稳定。

（5）施工时，浆液的使用和制备要简单，而且易于调节其固化或胶化时间。

（6）浆液的固化或胶化反应受地层的各种物理化学性质影响要少。

（7）材料来源广，价格低廉，且配合及操作简单。

（8）不会引起公害及对操作人员无损害等。

（二）注浆材料的分类

1. 按注浆材料的原料和制造方法分类

按注浆材料的原料和制造方法可以分为以下几种。

（1）合成化学产品：丙烯酰胺系、尿醛树脂系、丙烯酸盐系、氨基甲酸乙醛树脂系等。

（2）天然有机高分子：铬木素系。

（3）无机化合物：水泥、膨润土、黏土，以水玻璃为主要成分的各种配方。

为了降低成本，大部分注浆材料都用水做溶剂，但也有一部分非水溶液型的注浆材料。

---

① 张永成. 注浆技术［M］. 北京：煤炭工业出版社，2012.

2. 按凝胶材性不同分类

按其凝胶材性不同，可以分成以下几种。

（1）水泥系统：水泥浆液、水泥砂浆、水泥—黏土浆液、水泥—膨润土浆液。

（2）水泥化学浆液系统：水泥—水玻璃浆液、水泥—丙烯酰胺浆液。

（3）化学浆液系统：水玻璃液、尿素系、聚氨脂系。

上述三大系统注浆材料如按其化学反应区分，水泥注浆材料属悬浮液分离反应，水玻璃则属复分解沉淀反应，高分子化学浆液为聚合反应。各种浆液适用范围见表4-3。

表4-3 浆液的适用土质

注浆材料	水泥	水泥化学	化学浆液
适用土质	砂砾、粗砂	砂砾、粗砂、细砾、中粒砂、砂质黏土、淤泥、黏土	细砂、砂质黏土、淤泥、黏土

（三）注浆材料的特性

目前国内外注浆工程中，应用水泥和水泥化学浆液（主要是水泥—水玻璃浆液）注浆较为广泛。关于化学浆液，特别是高分子化学浆液，由于成本高、有毒、易引起公害，所以使用受到限制。

1. 水泥的注浆特性

水泥作为注浆材料具有结石体强度高、抗渗性能较好、材料来源丰富、价格低廉、注浆工艺简单等优点。通常这种浆材被称为无机浆材，其性质主要包括分散度、沉淀析水性、凝结性、热学性能、收缩性、结石强度、渗透性和耐久性。

（1）分散度一般和可灌性成正比例关系，分散度越高可灌性越是好。

（2）沉淀析水性。当浆液并不浓稠时，在重力作用下，水泥颗粒会下沉，这种因沉淀引起的析水，往往影响浆液的质量和结石强度。

（3）凝结性。浆液在2～4小时为初凝阶段，经过初凝后，浆液将逐渐变硬不可泵送。

（4）热学性能。水泥在水化过程中会产生水化热，在此过程中体积会收缩，所以在注浆时应注意控制温度，避免收缩，影响渗水性。

（5）渗透性。水泥浆的结石，其渗透性与初始水灰比以及水泥的掺量均有很大的关系，一般情况下水泥结石的渗透系数为$4\times10^{-8}\sim1\times10^{-10}$。

（6）耐久性。水泥浆的结石往往会受到地下水的侵蚀，从而加速水泥石的溶蚀。因此在选用水泥时，可采用抗侵蚀能力强的水泥，如矿渣水泥、火山灰水泥等。

由于水泥是颗粒性材料，可灌性差（通常只能注入裂隙宽度大于0.15～0.3mm的地层或粗砂中以及地下水流速小于80～200m/d的条件下），胶凝时间长，浆液早期强度低，强度增长慢，易沉降析水，因而水泥浆液的应用有一定的局限性。

2. 水泥类化学浆液的注浆特性

水泥化学浆液具有粒子浆液与溶液的特点，主要有水泥—水玻璃浆液及水泥—丙烯酰胺浆液。

（1）丙烯酰胺类浆液。丙烯酰胺为白色结晶粉状物质，比重1.12，易溶于水，易聚合，在30℃温度下以及干燥环境下可长期保存，其组成和配方以及主要性能如表4-4所示。

表4-4 丙烯酰胺浆液的组成、配方及主要性能

体系	原料名称	简称	分子式	作用	配方（wt%）	主要性能		
						黏度（MPa·s）	凝胶时间	抗压强度（MPa）
甲液	丙烯酰胺	AAM	$CH_2=CHCONH_2$	主剂	9.5	1.2	十几秒至几十分钟	0.4～0.6
	N，N′-亚甲基双丙烯酰胺	KBAM	$(CH_2=CHCONH)_2CH_2$	交联剂	0.5			
	β-二甲氨基丙腈	DMAPN	$(CH_3)_2NCH_2CH_2CN$	还原剂	0.3～1.2			
	硫酸亚铁	Fe	$FeSO_4 \cdot 7H_2O$	还原剂	0～0.16			
	铁氰化钾	Kfe	$K_2Fe(CN)_6$	缓凝剂	0.0.05			
乙液	过硫酸铵	AP	$(NH_4)_2S_2O_3$	氧化剂	0.3～1.2			

以水溶液状态注入地层土颗粒中，发生聚合反应后形成有弹性不溶于水的聚合物。但该浆材有一个明显的缺陷，就是具有毒性，对人体有害，一般情况下不建议列入首要考虑的注浆材料。

（2）水玻璃浆液。水玻璃又称泡花碱，是一种透明的玻璃状熔合物的工业产品，呈绿色或黄色并带有介于这两种颜色之间的各种色泽，系由碱金属硅酸盐所组成。目前绝大部分的化学浆液均采用水玻璃浆液，因为其无毒、无副作用、价格低廉、可灌性好等优点。水玻璃（$R_2On \cdot SiO_2$）在酸性固化剂作用下可产生凝胶。几种比较常见的水玻璃浆液如表4-5所示。

表4-5 水玻璃类浆液组成、性能及用途

原料		规格要求	用量（体积比）	凝胶时间	注入方式	抗压强度（MPa）	主要用途
水玻璃-氧化钙	水玻璃	模数：2.5～3.0 浓度：43～45Be′	45%	瞬间	单管或双管	<3.0	地基加固
	氧化钙	模数：1.26～1.28 浓度：30～32Be′	55%				
水玻璃-铝酸钠	水玻璃	模数：2.3～3.4 浓度：40Be′	1	十几秒至几十分钟	双液	<3.0	堵水或地基加固
	铝酸钠	含铝量：0.01～0.19（kg/L）	1				
水玻璃-硅氟酸	水玻璃	模数：2.4～3.4 浓度：30～45Be′	1	十几秒至几十分钟	双液	<1.0	堵水或地基加固
	硅氟酸	浓度：28～30%	0.1～0.4				

水泥—水玻璃浆液，具有以下特点。

①初凝时间可以控制，变化范围从几十秒到几十分钟。水泥浆越浓，水玻璃与水泥浆的比重越高，浆液凝结时间就越短，反之则长。

②浆液结石率高达100%，结石体强度较高，防渗性能较好。

③浆液可灌性较好；材料来源广泛，价格低廉，无公害。

水泥—水玻璃浆液简称CS浆液，它是一定水灰比的水泥浆和一定浓度的水玻璃溶液，按某一比例混合而成的注浆堵水材料。

（四）水玻璃浆液的化学成份

水玻璃的化学组成为：

$$R_2O \cdot nSiO_2$$

式中，R_2O代表碱金属氧化物（Na_2O或K_2O）。这个分子式表示一个分子的碱金属氧化物与几个分子的二氧化硅化合。水玻璃的化学组成可在很大范围内变化，基本上取决于二氧化硅与碱金属氧化物（Na_2O或K_2O）之间的数量比。注浆用的水玻璃为硅酸盐。市场销售的水玻璃中，$Na_2O:SiO_2$值为1∶1～1∶4，应用最多的是1∶3范围以内的，即$Na_2O \cdot SiO_2$（正硅酸钠）、$Na_2O \cdot 2SiO_2$（二硅酸钠）和$Na_2O \cdot 3SiO_2$（三硅酸钠）。

水玻璃有固体和液体。注浆是用液体水玻璃。由于液体水玻璃需用容器装好才能运输，故在运输不便和缺乏容器的情况下也可采用固体水玻璃，将其运到注浆现场加热溶解变为液体水玻璃再使用。

水玻璃性质的主要指标是每克中二氧化硅（SiO_2）与氧化钠（Na_2O）分子比，两者比值称为模数M，即：

$$M=（SiO_2 \text{克分子数}）/（Na_2O \text{克分子数}）$$

模数大小对注浆浆液影响很大。根据水玻璃中含二氧化硅的多少，分为“中性”或“碱性”水玻璃。在“中性”与“碱性”水玻璃之间没有划定明确界限。粗略地说，模数为3或更高者，称为“中性”水玻璃；模数小于3者，称为“碱性”水玻璃。

水玻璃的比重与模数有关，它们之间的关系如表4-6所示。

表4-6　水玻璃比重与模数关系表

比重	Na_2O（%）												
	2	3	4	5	6	7	8	9	10	11	12	13	14
	溶液模数												
1.05	1.58	1.24											
1.08	3.64	2.10											
1.10		3.21	1.50										
1.12		4.15	2.34	1.38									
1.15			3.40	2.10	1.15								
1.18			4.00	2.29	1.99	1.13							
1.20				3.50	2.52	1.78	1.19						

续表

比重	Na₂O（%）												
	2	3	4	5	6	7	8	9	10	11	12	13	14
	溶液模数												
1.23				3.98	3.02	2.25	1.62						
1.25					3.47	2.68	2.05	1.54					
1.28					3.92	3.11	2.39	1.88	1.5				
1.30						3.51	2.74	2.22	1.78	1.33			
1.35						4.25	3.43	2.86	1.93	1.48			
1.40							4.24	3.48	2.73	2.40	2.03	1.66	1.38
1.45										2.83	2.41	2.09	1.73
1.50											2.78	2.51	2.08

水玻璃的模数与黏度具有如下关系：水玻璃模数越大，其中胶体微粒含量越大，加之由于简单及复杂的硅酸盐生成物的聚集现象增强，水玻璃溶液越接近于凝结状态。从注浆观点来说，水玻璃黏度低易于注入。水玻璃的黏度与比重和温度也有关系，一般来说，比重大，黏度也大；温度高，黏度低。不同浓度的水玻璃溶液的黏度与温度之间的关系如表4-7所示。

表4-7　水玻璃黏度与温度关系表

模数	比重	浓度（波美度）	黏度（厘泊）						
			温度（℃）						
			18	30	40	50	60	70	80
2.74	1.502	48	823	495	244	159	97.6	70.9	53
2.64	1.458	45.7	183	99	61	42	28	21	16

水玻璃的浓度用“波美度”（Be′）表示，波美度（Be′）与比重（d）之间关系可用下式换算：

$$Be' = 145 - (145/d) \tag{4-28}$$

水玻璃溶液的模数小，表明二氧化硅的含量低，注浆后结石体的强度低；模数大，二氧化硅的含量高，黏度大，流动性差，注入困难。注浆用水玻璃溶液的模数一般为2.4～2.8。

（五）水泥—水玻璃浆液的配合比

1. 水泥浆液

配制水泥浆液系采用水灰比法，即一定量的水泥加上一定的水经搅拌机搅拌而成。其配合比可按下式计算：

$$G_{水}/r_{水} + G_{灰}/r_{灰} = V_{配} \tag{4-29}$$

$$G_{水}/G_{灰} = r \tag{4-30}$$

式中，$G_{水}$为水的重量；$r_{水}$为水的比重；$G_{灰}$为水泥的重量；$r_{灰}$为水泥的比重；$V_{配}$为配合后浆液的体积。

2. 水玻璃浆

市场供应的水玻璃溶液为50～56波美度（Be′），而注浆所用多为30～45波美度，所以使用时需加水稀释。可以按下式计算加水量：

$$V_{水}=V_{原}\times(r_{原}-r_{配})/(r_{配}-1) \tag{4-31}$$

式中，$V_{水}$为应加入水的体积；$V_{原}$为原水玻璃溶液体积；$r_{原}$、$r_{配}$分别为原水玻璃溶液与配制后的水玻璃溶液的比重。

3. 混合浆液（CS浆液）

水泥浆与水玻璃浆的配合比（体积比）要根据土颗粒大小、渗透系数大小、钻孔涌水量或吸水量等确定。水泥—水玻璃浆液配合比直接关系到注浆能否达到预期目的和做到多快好省，所以它是注浆工程中的重要参数。

水泥的水灰比、水玻璃的浓度、水泥—水玻璃浆液的体积比以及水泥的质量、龄期和浆液的温度等，对混合浆液的凝胶时间和结石体的强度等都有很大的影响。而混合浆液的凝胶时间和结石体的强度关系到注浆的质量，如对土颗粒大的土层，宜采用凝胶时间短的浆液，反之则宜采用凝胶时间较长的浆液。混合浆液的基本性能指标主要有以下几种。

（1）凝胶时间。所谓凝胶时间是指水泥浆和水玻璃相混合时起到流动停止的时间。准确地掌握凝胶时间，是施工中的一个重要环节。影响凝胶时间的因素有6种。

①水泥浆的水灰比。在其他条件相同时，水灰比越小，凝胶时间越快。

②水玻璃浓度。其他条件相同时，水玻璃浓度在30～50波美度之间时，浓度高，凝胶时间长；反之，凝胶时间短。

③水泥浆与水玻璃体积比。当水泥浆的水灰比、水玻璃的浓度和温度一定时，水泥浆与水玻璃浆的体积比在1∶0.3～1∶1范围内，随着水玻璃用量减少，凝胶时间相应缩短。因此，在注浆时可通过改变水泥浆与水玻璃浆的配合比来调整凝胶时间。但是，水玻璃的用量不得小于水泥浆的0.3倍，否则混合浆液早期强度低，易被地下水冲走；同时由于浆液凝胶时间过短，易造成堵孔事故。

④浆液温度。水泥浆与水玻璃浆反应及固化过程受温度影响很大。浆液温度低，凝胶时间长；反之则短。所以有时为缩短凝胶时间或在冬季施工时，需将水玻璃加温以及用热水拌合水泥浆，提高浆液的温度。

⑤水泥的质量及龄期。注浆所用水泥应为出厂不久、活性高、无杂质的，不得用过期水泥（因为过期水泥活性降低，浆液的凝胶时间长、抗压强度低）。

⑥外加剂。为适应复杂多变的水文地质条件，在注浆施工中，当采用前述各种方法调整。凝胶时间不能满足要求时，可在浆液中掺入外加剂（速凝剂或缓凝剂）加以调整。

生石灰（CaO）是常见的速凝剂材料，价格便宜，效果显著。使用时需将块状碾细成生石灰粉。在水泥—水玻璃浆液中加入的生石灰粉与水玻璃发生化学反应，加快了混合浆液的胶凝时间。其发生的反应如下：

$$CaO+H_2O\rightarrow Ca(OH)_2$$

$$Ca(OH)_2+Na_2O\cdot nSiO_2\rightarrow 2NaOH+(n-1)SiO_2+CaSiO_3$$

生石灰加入量不宜超过水泥重量的15%。

用做缓凝剂的有磷酸和磷酸盐。但它们对水泥有显著破坏作用，使结石体抗压强度降低，所以在使用时应严格控制用量。

(2) 结石体的抗压强度。影响CS浆液结石体的抗压强度的因素有3种。

①水泥浆的水灰比。当CS浆液配合比及水玻璃浓度一定，水灰比小即水泥浆稠度高时，结石体抗压强度高；反之则低。

②水玻璃的浓度。在水泥浆的水灰比和CS浆液配合比一定的条件下，经试验表明：使用水灰比小于1∶1的稠水泥注浆时，随着水玻璃浓度的增加，结石体抗压强度有所提高；在使用水灰比大的稀水泥注浆时，只要相应地使用低浓度的水玻璃，则结石体抗压强度也会较高。但注意不要使用浓度高的水玻璃，因为使用浓度高的水玻璃反而会降低结石体的抗压强度。

③CS浆液配合比。应在水泥浆水灰比及水玻璃浓度一定的条件下进行CS浆液配合比的试验。CS浆液的配合比是注浆的主要参数，它不仅关系到浆液的凝胶时间，而且也直接影响浆液结石体强度。水泥与水玻璃浆液混后进行化学反应，CS浆液配合比适宜，水泥浆与水玻璃化学反应完全，结合体强度高。根据试验，CS浆液配合（体积）比在1∶0.4～1∶0.6时，结石体强度较高。注浆时，要根据具体情况来确定CS配合比。

综上所述，影响CS浆液的凝胶时间和结石体的抗压强度的因素很多，因而在含水地层隧道注浆施工时，一定要根据浆液的特点和具体情况来选择最适宜的配合比。为此，注浆前应先进行各项试验并在注浆过程中不断调整。

三、化学注浆的设计①

化学注浆设计首先要使施工工程方案具体化，其次应调查施工地点周围的地质、地貌条件和其他施工条件。例如，建设地铁，在决定是采用明挖法施工，还是掩护筒法时，要对附近居民、地上交通情况、环境问题、地层条件、公害问题以及经济性等进行调查研究。为了确保施工的顺利进行，必须采用化学注浆法时，应搜集化学注浆方案设计所必要的技术数据。

在化学注浆方案设计前，为了能按方案进行施工并达到设计要求，要进行注浆试验。对化学注浆本身的施工方法、注浆方式及注浆材料的选择等，也要进行各种比较，设计出既经济又合理的化学注浆方案。同时，化学注浆过程及注浆后，对周围环境是否产生不良影响，也要进行实时检测和检查。检查中，如果发现没有取得预期效果，要做补充注浆。要按照规定，调查周围环境，在证实达到了注浆设计所要求达到的效果时结束注浆施工。

（一）注浆前的调查和注浆材料的选择

1. 调查内容

首先要了解化学注浆地层的情况。这不是在研究是否采用化学注浆的问题，而是在决定建筑物的设计和施工方案时，应对地层做详细的调查。

① 程晓鸽. 化学注浆堵水技术在杭州新城浅埋暗挖隧道中的应用研究 [D]. 杭州：浙江大学，2009.

根据调查资料，绘制化学注浆范围内的地层剖面图，并查清各土层的地下水位。

测出各土层的土特性数值，特别是标准压入试验值和粒度分布。

调查砂质地层（受注土层）的渗透性，如有可能，还应调查受注地层的孔隙比。

掌握施工现场及附近井的情况，进行地下水的水质化。

搞清地上建筑和地下埋设物。

了解地层内有无空洞、松散程度、含水层特征、有无河床水、层界面有无松软地带等。

除上述内容外，还应调查暂行条例中规定的其他项目。

要尽可能地调查现场各种土层间隙的性质，即间隙的大小、长度、均质性、围岩的情况，有无障碍物及间隙的含水状态等，并选用合适的注浆材料。

为使浆液注到规定的范围内，防止出现跑浆和串浆事故，需要调查地下水位、水温、渗透性、间隙水压、流速、流向和流线等注浆地层中含有酸性物质、碱性物质、有机物质等，这些物质的存在，会使注浆材料的物质发生变化，有时即使注入浆液，也达不到注浆目的。因此取样时要测定 PH 值、蒸发残渣、灼烧减量等，以证实所选用的注浆材料的适应性。另外，对地下水的化学性质和现场的溶解注浆材料用水的水质也应进行分析，以作为选择注浆材料的资料。

在方案设计时，应明确注浆的目的。在制订具体的注浆计划时，考虑到经济性后，很难判断出到底有多大效果。例如，在为堵水而进行注浆时，要预测把渗水性降到目前的几分之一就可达到注浆目的。

2. 隧道材料选择

以抗州新城解放路的隧道注浆为例，该处地质条件基本属于粉砂层，在注浆前要进行一系列的注浆试验，包括土颗粒的筛分试验，水泥不同水灰比时的倾析率试验，液浆凝胶时间、固结强度和收缩率测试等。

在地下水位丰富的砂质土里采用暗挖施工，风险很大，对于如何加固土层，注浆材料的选择十分重要。为了注浆效果更好，在粉砂土层中，采用超细水泥加水玻璃可以说是一种创举，MC 超细水泥注浆材料是一种无毒无害的绿色环保注浆材料。MC 超细水泥注浆材料有 4 个比较明显的特点：①强度高，胶砂强度能达到 65MPa 以上，高出其他注浆材料的数倍至数十倍；②粒度细，平均粒径可小至 2μm 以下（1μm 以下即为广义的纳米材料），它的高细度和亚纳米粒径，可使它轻松地注入粉细砂层、泥质砂层和淤泥质黏土中；③无毒、无臭、无味、不污染环境，对人体无害，是货真价实的“绿色”建材，深受操作工人的欢迎；④价格低廉，使用方便，施工设备简单，操作容易，只需按工程实际需要加入普通水搅匀即可灌注，因此它的性价比最优，时间成本最低。

MC 超细水泥注浆材料的可灌性、胶凝时间可控性、抗水性、抗渗性、高黏结性、微膨胀性、触变性、抗腐蚀性、耐久性等施工性能和应用性能十分优良，所以它除了被大量地用于建造地下防水帷幕、截断渗漏水源、整体防渗堵漏外，还被大量用于固化河岸海堤，保护河海堤防无管涌溃堤。在地下工程中，它还被大量地用于加固和提高软土地层、液化砂层及破碎岩层的力学强度，增加其整体性和承载力；在修建地下通道、地下铁道等遇软弱围岩和破碎带时，常被用于预加固，使地下隧道的施工在无塌方危机的环境中，从容操作，大胆开挖，既确保安全，又确保质量，既降低成本，更缩短工期。

（二）注浆量、注浆孔的间距和凝胶时间的设计

1. 注浆量的计算

注浆量取决于受注地层土的性质和注浆材料的渗透性。在计算中 $1m^3$ 受注地层的注浆量时，可以采用几种方法。一般都取地层的间隙率 $n\times$注入率 $\alpha\times$安全系数 $(1+\beta)$ 的值。

可用下式表示每 1m 深度的注浆量 Q：

$$Q=[\text{有效注浆半径}]^2\times p_i\times n\times\alpha\times(1+\beta) \quad (4-32)$$

式中注入率 α 的近似值按表 4－8 取值。

表 4－8　不同地层及注浆浆液黏度条件下的注入率

土质分类	注浆材料的黏度		
	1～2 厘泊	2～4 厘泊	高于 4 厘泊
粗砂	1.0	1.0	0.9
细砂	1.0	0.9	0.7
砂性土	0.9	0.7	0.6

间隙率 n 的数值一般采用如下数值。

（1）松散的均质砂层：0.46。

（2）松散的砂砾层：0.40。

（3）致密的均质砂层：0.37。

（4）致密的砂砾层：0.30。

2. 注浆孔间距的设计

注浆孔的间距应根据现场注浆的结果来决定。布孔原则是使浆液扩散范围相互重叠，避免出现“盲区”，造成隧道开挖时涌水或坍塌。浆液的扩散半径一般随渗透系数的增大而增大，由于地质条件的复杂多变，理论计算的半径参数不易选准，又因有多种地层，各地层的参数各不相同，常常偏差较大。设计时可采用工程类比，并根据现场试验选取合理的注浆扩散半径。一般采用渗透注浆时，注浆孔间距为 0.5～1.0m；劈裂注浆时，注浆孔间距为 0.8～2.0m。

3. 凝胶时间的设计

凝胶时间可以根据注浆试验的结果进行判断，土质特性进行设计。一般来说，短的凝胶时间为 1～2 分钟，普通的凝胶时间为 3～5 分钟，长一些的凝胶时间为 5～10 分钟。处理涌水时，要根据涌水的流速和水量的具体条件，调节凝胶时间。在处理隧道涌水时，钻孔后向地层内投入染料，测出染料的涌出时间，配制的注浆材料的凝胶时间应比涌水时间短。

（三）注浆压力设计

1. 注浆压力控制

在注浆时，经常会出现跑浆或串浆，注浆压力过高，造成局部地层抬升的现象。通

常，注浆压力是表示注浆材料在地层内渗透时所遇到的阻力，它受到下列因素的明显影响：地层的成层状况和含水条件；注浆方法（注浆管的结构等）；注浆材料的性质（黏度，凝胶时间等）。

从某种意义上说，注浆能否取得成功，注浆压力的控制是关键。所谓注浆，简单地说就是“向地层钻孔，把注浆材料压入的方法”。这种技术是解决如何使注浆材料压力更好地作用于受注地层以及如何使注浆材料渗透到预定的范围内，如果注浆压力的控制出现错误，即使图纸上的计划制订得很好，也会使注浆失败，同时还会对周围产生不良影响。国外有些技术人员认为“注浆不是科学，是技术”，注浆压力的控制正是所说的技术。

实际上，即使对受注地层调查得很详细，也还是设计不出准确的注浆压力。目前，要进行注浆试验，以设计出适合正式施工的注浆压力，有以下两种观点。

一种观点是尽可能提高注浆压力。理由有二：①注浆法是向地层的间隙里充填注浆材料，不论是堵水，还是加固地层，单位体积里注入更多的注浆材料，都会收到很好的效果。这是因为需要把土层颗粒间隙中的空气和水等全部排走，换成注浆材料，这就需要较高的注浆压力。②注浆时，不仅应使注浆材料渗透到土层颗粒间隙和空洞等里面，而且应使压力传递到土层中，使注浆材料呈脉状浸入，并使土颗粒的密度提高。

另一种观点是注浆压力应尽量小。其理由是：①如果注浆压力高于顶部载荷，注浆就会呈扁豆状或平面状地渗透到土层中较松软地带，在地层中形成剪裂面，注浆材料会冒到地表，或严重地跑浆，造成很大的浪费。②注浆压力过大，会把地层弄乱，造成隆起，对周围建筑产生不利影响。实际上，在注浆当中铁道桥墩经常出现移动，地表建筑物部分地被抬升，造成建筑物倾斜。挡土墙背部注浆堵水时，会造成挡土墙本身出现裂缝。

以上，谈到了关于注浆压力高低的两种不同观点。我们把这两种观点综合起来，可得如下结论。

（1）当注浆目的是增加地层强度时，在保证不出现周围地层隆起以及避免对周围建筑物产生不利影响的前提下，尽可能提高注浆压力。

（2）要健全观测体制，认真注意周围地层的隆起以及对建筑物的不利影响。

（3）对非均质的普通地层，开始时以尽可能高的压力注入较高黏度的悬浊型注浆材料，呈脉状注入，提高受注层均质性。然后以缓慢的速度，较低的压力注入渗透性好的注浆材料。

（4）对均质性较好、渗透性较低的地层，应使用低黏度注浆材料，注浆压力应尽量低一些，最好采用自然渗透方式。

（5）注浆中，要经常观测注浆压力的变化，进行必要的调节，以获得最佳的注浆压力。

2. 注浆压力的测定

注浆以前，根据事前的调查结果，利用已有的注浆压力计算公式，计算出各土层注浆压力，推测出该压力时可能产生的注浆状况，然后通过实际施工来确定注浆压力和注浆状态。向砂土层注浆时，假设注浆材料以层流状态向颗粒孔隙里渗透。按如图 4－12 所示的方式注浆。

其注浆压力计算公式为

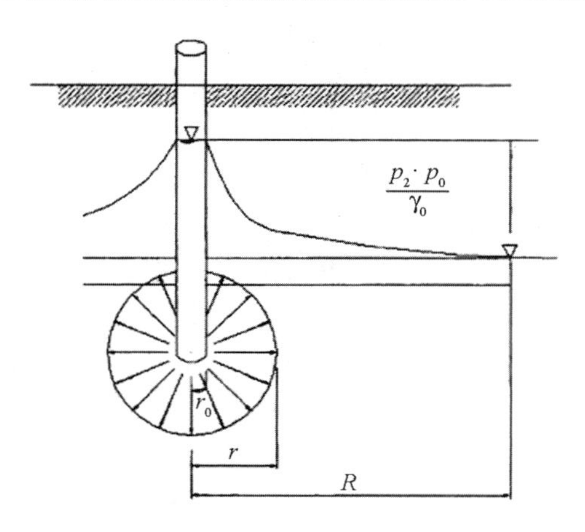

图 4－12　端部注浆时的渗透状态图

$$P_2 - P_0 = \frac{Q\gamma_w}{4\pi K_g\left(\frac{1}{r_0} - \frac{1}{R}\right)} \tag{4-33}$$

式中，P_2 为端部注浆法的注浆压力（kPa）；P_0 为土层内的水压或空气压力（kPa）；γ_w 为单位体积水的重量（N/mm^3）；R 为作用半径（cm）；Q 为浆液流量（cm^3/s）；K_g 为注浆材料的渗透系数（cm/s）；r_0 为注浆孔的半径（cm）。

（四）注浆试验

在注浆试验开始前，需要对试验方案进行必要的设计，注浆试验必须结合工程实际情况，有针对性地选择试验内容。

在注浆试验方案设计时，首要问题是明确注浆试验目的。这里简单地介绍注浆后，要进行鉴定、研究或选择的有关项目，归纳起来，如图 4－13 所示。

对于一些重要的工程，在注浆设计初步方案确定后，需要进行专门的注浆试验，来验证注浆设计方案的可行性，及时发现问题，调整注浆设计，以便制订正式的施工方案，为转入正式施工提供可靠的技术数据。

1. 注浆管布置方法的研究

受注地层为普通土层时，可用旋转式钻机钻孔，下放注浆管。但是，如果受注层为致密的砂砾层和卵石层，或者地层里含有破坏严重的地层和风化岩层，甚至有承压含水层时，就需要认真地考虑钻机的选型。为了选择适于特定地层所需要的注浆管，实际施工中，要把各种机械、注浆管等运到现场，对作业性、钻孔效率或噪音、振动等问题进行认真地比较，以便选择出最好的钻机和注浆管。

2. 注浆材料的选择

受注地层为均质砂层时，没必要为选择注浆材料专门进行注浆试验。但是，如果受注地层很复杂，就应该对各种注浆材料的单一或复合注浆效果以及浆液跑浆、串浆的数量进行分析比较，选择出既合理又经济的注浆材料。另外，使用特殊的注浆材料时，有时对能否注进去需要验证。

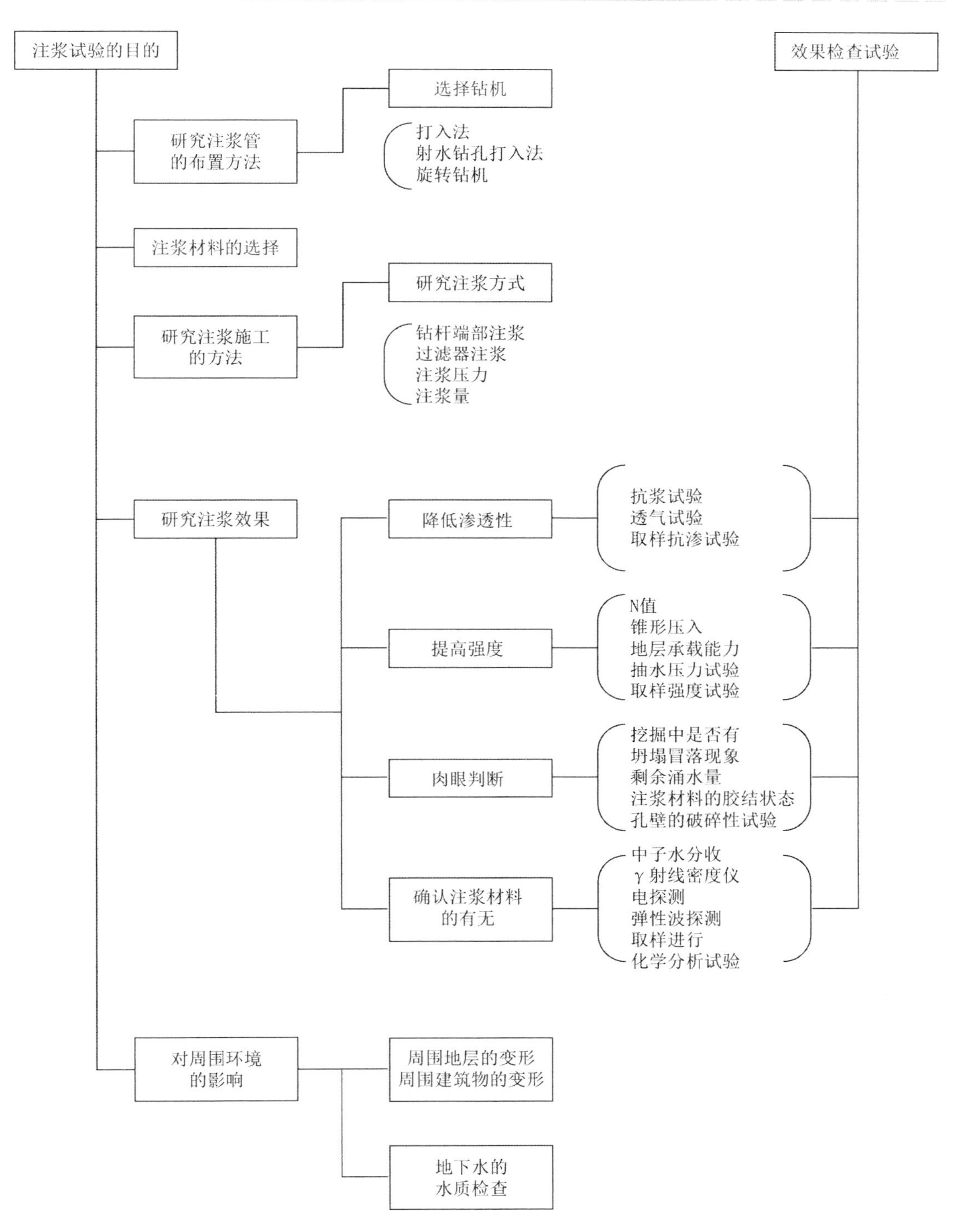

图 4－13 化学注浆试验目的与验证效果的试验方法

3. 注浆方法的研究

受注地层为非均质的复杂地层时，在注意选择注浆材料的同时还应注意以下几点：注入多少浆液才能达到设计要求，或者需要多高注浆压力。如果压力过高，会使周围地层隆起和对周围建筑物产生不良影响；如果低了，又不能按设计要求注入规定数量的浆液。因此，应该试验，找出最佳的施工方案。对于注浆方法，也应该研究是采用钻杆端部注浆、过滤器注浆、拔管上行注浆，还是分层下行式注浆。

4. 注浆效果的研究

普遍注浆试验时，多半属于确定注浆效果能否达到设计要求。在以堵水为目的进行注浆时，要通过注鼓起试验明确能否用一排孔注浆，如果一排孔不行，是否需要二排孔或二排以上的孔。

5. 研究对周围环境的影响

化学注浆后，应调查对地下水污染的程度，以及污染程度是否低于暂行条例规定的标准值。同时，还要借助各种测量仪器，调查注浆压力是否引起地层隆起或对周围建筑物产生不良影响。

6. 检查注浆效果的试验

检查化学注浆的试验效果见图 4-13。

上述 6 项是注浆试验中需要搞清楚的主要内容，在注浆试验中须重点关注。

四、工程实例

（一）基本情况

1. 新城隧道概况

杭州市解放路—新安江路连接线工程解放路隧道 K0+875～K0+905 暗挖段位于杭州市江干区，隧道穿越凯旋路。本暗挖段隧道长 30m，平面位于 $R_{左}=795.75$m，（$R_{右}=704.25$m）的圆曲线上，纵向分别位于坡率为−0.345%、3.997%的 $R=2\ 000$ 的竖曲线上，其中 K0+880 为变坡点里程。隧道由两座上、下行分离式小间距（0.5～0.77m）隧道组成，为双向四车道。

隧道采用三心圆内轮廓形式，拱部 $r_1=5.672$m，$r_2=4.452$m，隧道内轮廓净宽 10.628m，净高 6.444m。隧道内轮廓净面积为 53.72m^2。

隧道衬砌结构按新奥法原理设计，采用复合式衬砌结构，以喷钢纤维混凝土、钢架及锚杆为初期支护，模筑 C30 防水钢筋混凝土为二次衬砌。

洞身采用 C30 钢筋混凝土衬砌，拱部采用 Φ108 管棚（管内压注水泥—水玻璃双液浆）进行超前预支护，全断面采用 TSS 型小导管（压注 MC 超细水泥—水玻璃双液浆）进行超前预加固地层。初期支护采用 30cm 的 C30 喷钢纤维混凝土、间距 0.5m 格栅钢架和外侧边墙系统锚杆进行联合支护，施工临时支护采用 C20 素喷混凝土和间距 0.5m 格栅钢架进行联合支护。主要工程项目及工程量见表 4-9。

表 4-9 主要工程项目及工程量表

序号	项目及规格			单位	数量	备注
1	线路长度			m	30	
2	大管棚（Φ108）			根	76	左右洞各 38 根
3	开挖土方			m^2	2 887	
4	隧道周边、水平注浆加固	MC 超细水泥		t	637.8	
		水玻璃		t	1 386.6	
		TSS 型注浆管		m/t	34 080/106.7	
6	初期支护	素喷混凝土		m^3	209.4	
		钢纤维喷混凝土	喷混凝土	m^3	417.6	
			钢纤维	kg	18 762	
		注浆锚杆 GM25	根数	套	450	
			长度	m	1 575	
		格栅钢架		kg	89 224	格栅钢架加强
7	临时支护	格栅钢架		kg	79 670	
		喷射 C20 混凝土		m^3	475.8	
		破除 C20 喷射混凝土		m^3	475.8	
8	二次衬砌	钢筋混凝土		m^2	1 221.6	
		衬砌钢筋	Ⅰ级钢筋	kg	17 876.8	
			Ⅱ级钢筋	kg	78 191.4	
9	超挖回填			m^3	216.6	
10	仰拱填充混凝土			m^3	322.2	
11	水沟			m	120	
12	路面（厚 24cm）			m^2	510	

隧道路面采用 C35 水泥混凝土路面，1.5%的单面坡。路面表层 8cm 网（按 0.9kg/m^3 考虑）混凝土路面，标号要求 28 天抗弯拉强度不小于 5MPa，路面板厚 24cm，表层进行拉槽防滑处理。

路隧道防排水设计遵循“以防为主，防、排、截、堵相结合，因地制宜，综合治理”的原则，达到防水可靠、排水畅通、经济合理、不留后患的目的。隧道结构防水以混凝土自防水（混凝土抗渗等级不低于 0.8MPa）为主，柔性防水层为辅，对变形缝、施工缝等特殊部位采用多道防线处理的全封闭防水。

2. 新城隧道地质情况

本段隧道在地貌上属于钱塘江冲积平原，沉积着较厚的砂质粉土层，在第四纪历史时期，曾经几度发生海侵与海退，沉积韵律发育明显，在以陆相沉积地层之间发育着海相淤泥质粉质黏土地层。从勘探揭露的地基土岩性，自上而下划分为8个工程地质层，18个亚层，分层描述如下。

（1）1a、1b层：杂填土及素填土层，褐灰—灰色，土性以粉性土为主，层厚为2.8～3.8m，结构松散，质地不均，多含碎石，底层标高在2.54～3.55m之间。

（2）2c层：砂质粉土层，黄灰色，局部略显黄绿色，湿，稍密—中密，薄层状，含较多细小云母片，土质不太均一，性质较好，中等压缩性，层厚在0～3.4m之间，层底标高在－0.86～3.42m之间。

（3）3a、3b、3c层：砂质粉土夹粉砂层，灰色—绿灰色及灰黄色，湿，中密，含较多细小云母片，土质不太均匀，夹粉砂透镜体，中等压缩性，层厚在11.2～16.0m之间，层底标高在－12.58～12.06m之间。该地层是构成隧道洞身主要的组成地层。

（4）5b层：粉质黏土层，灰黄色—褐黄色，可塑—软塑，含粉土细膜，黏塑性一般，含铁、锰质氧化斑点及结核，厚度在4.0～6.2m之间，层底标高在－17.78～18.26m之间。

（5）6a、6b层：黏土层，灰色—褐灰色，软塑，厚层状，中—高压缩性，多含腐植物碎屑及少量有机物质斑点，局部夹粉砂，层厚约10.4m，层底标高约在－24.87～28.66m之间。

（6）7a、7b层：含砂粉质黏土层：含粉砂，黄灰，黄绿色，硬塑，中压缩性。

（7）8a、8b层：圆砾、卵石层，灰黄色，密实，卵石含量50%～60%，是钱江青年期发育的冲积层。

本工程隧道主要穿过2c、3a地层。

3. 水文地质

隧道开挖范围内地下水类型属于潜水型，赋存于场区浅部人工填土及其下部砂质粉土层内，其富水性和透水性具有各向异性，含水层厚度在16.5～21.8m之间。地下水位埋藏较浅，一般在1.0～1.5m之间，渗透系数一般在10^{-4}数量级左右。地下水无明显污染源存在，对混凝土中钢筋无腐蚀性，对钢结构有弱腐蚀性。

4. 气象、水文条件

本地区属北亚热带季风气候区，温暖湿润，雨量充沛，四季分明，光照强。多年平均气温为16.1℃，极端最高气温42.3℃，极端最低气温－13.2℃，最热月平均气温34.9℃。年平均降水量约为1 515.5mm，平均蒸发量为1 252.8mm。历年最大风速20m/s，平均风速1.9m/s，全年0～3m/s风速所见比例为92.4%。

气温和降水受季节环境和地形的综合影响，随冬夏季风而变化，冬季盛行西北风，以晴冷干燥天气为主，是本区低温少雨季节；春末夏初为过渡时期，气流活动频繁，冷暖空气交替，习称“梅雨季节”，夏秋7～9月份间，主导风向以东南偏南为主，有台风暴雨侵入。

（二）工程施工难点分析

经认真研究设计图纸、施工要求、现场水文、地质、环境等因素的调查，分析工程结构特性，本段隧道具有以下几个突出的特点、重点、难点。

1. 施工技术复杂

本段隧道为超小间距分修隧道，隧道左右线中心间距 13.293～13.029m，净间距 0.77～0.50m，隧道覆土厚度 4.95～5.58m。施工地点处于闹市区，交通繁忙，要想使用大开挖施工根本不现实，只能采用 CRD 工法施工，属超浅埋暗挖，涉及的技术有砂层的防液化、大管棚施工技术、小导管施工技术、大体积混凝土抗渗防漏技术等。

2. 工程地质差

本段隧道的地质主要为第四纪的砂质粉土层和砂质粉土夹粉砂土层。本工程主要是潜水。土层饱水情况下，震动易液化，在隧道开挖时，极易出现工作面涌砂，造成工作面失稳。

面对如此不利的土质，如何稳固土层进行安全施工显得尤为重要，对于以砂性土为主的土层，注浆是首选的一种技术措施，注浆稳固是最为重要的一环。在浅埋暗挖洞的施工中，注浆结合大管棚也是非常关键的，所以首先应试验确定各项参数，然后制定周密的施工方案，最后用施工来检验其成功性。

（三）注浆试验

由于沿线暗挖隧道主要埋置在粉性土层中，且地面交通繁忙，周围建筑物密集，水厂水池及地下管线较多，并且有 40m 长的暗挖段穿越铁路轨道，地表沉降控制严，因此设计上采用了 TSS 管周边小导管注浆技术。由于所穿越的地层以砂质粉土为主，同时存在一定的粉细砂夹层，地下水位高，隧道开挖存在着管涌和流砂的可能，因此必须进行注浆现场试验，以实际效果说明在暗挖隧道施工时注浆必要性。对于有针对性地选择材料也必须做好各项材料试验。

1. 试验主要内容

（1）地层土粒分析试验。通过对地层试样进行筛分试验，取得土颗粒粒径分析曲线和细度指标及地层的各项物理指标，为浆材的选择提供可靠的现场依据。

（2）超细水泥不同水灰比时的倾析率试验。通过测试 1.8∶1、2.0∶1、2.2∶1、2.5∶1（重量比）几种水灰比的倾析率，评估不同水灰比水泥浆液的施工性能，为确定最终现场使用水灰比提供选择依据。

（3）双液浆凝胶时间、固结强度和收缩率测试。进行不同水灰比超细水泥浆、不同浓度水玻璃浆交叉对比试验，测试其凝胶时间以及一、三天固结体强度和结石率，为现场试验配比设计和选择提供依据。

（4）现场注浆试验：①分析注浆材料的可靠性及地层可注性；②模拟暗挖隧道注浆埋置深度，观测注浆压力、注浆量对周边环境的影响、注浆的安全性，进一步确定不同边界条件下的注浆参数；③进一步研究确定出适合该工程注浆工艺实施的超细水泥—水玻璃双液浆的浆材配比；④对比分析普通水泥与超细水泥浆材的可注性及其效果。

2. 地层土粒分析试验

在进行钻孔咬合桩施工成孔时，根据不同深度抓取的土质取样，取样以每个土层分别取 1～2 组，土样取得后在试验室保存，筛分时执行标准（T051—93）。

试验结果与数据分析：针对砂质粉土层及砂质粉土夹粉砂层分别作了 3 组筛分试验，

其结果如表4－10所示。而根据设计地质资料，其所提供的这两种地层的土样筛分结果见表4－11所示。从两表的对比可以看出，试验的平均值与设计提供的平均值相差较小，试验结果与设计提供的筛分结果基本是一致的，因此采用设计提供的土质筛分结果是合适的。

表4－10　地面表层以下5m土层的筛分结果

孔径（mm）	累计筛土重（g）	小于该孔的土重（g）	小于该孔的土重的百分比（%）
2	0	300	100
1	299.44	0.56	0.2
0.5	298.66	1.34	0.4
0.25	298.97	1.03	0.3
0.074	292.81	7.19	2.4
筛底	10.21	289.79	96.6

表4－11　地面表层以下13m土层的筛分结果

孔径（mm）	累计筛土重（g）	小于该孔的土重（g）	小于该孔的土重的百分比（%）
2	0	300	100
1	299.44	0.22	0.1
0.5	298.66	0.72	0.2
0.25	298.97	5.07	1.7
0.074	292.81	133.14	44.4
筛底	10.21	139.84	53.4

设计上采用的超细水泥—水玻璃双液浆，是由超细水泥悬浮液与水玻璃溶液混合液，其可注性主要取决于超细水泥的颗粒组成，由前面试验的结果及分析可知，对于本工程所穿过的砂质粉土层，其可注性是可以得到保证的。同时，采用超细水泥—水玻璃双液浆可以利用其快速凝固的性质，在注浆过程中充分而有效地控制其浆液的扩散距离，从而防止浆液扩散对周边环境的不良影响。另外，超细水泥系无机悬乳浆液，属绿色环保注浆材料，不会产生对地下水的污染。而水玻璃的主要成份为CaO和SiO_2，与水泥接触后很快形成$CaSiO_3$，同时由于$CaSiO_3$是以化合态形式存在的，因此水玻璃浆液也属无毒性注浆材料，其对地下水的影响也是极小的。因此，采用超细水泥—水玻璃双液浆注浆对于本工程砂质粉土层地层和砂质粉土夹粉砂层地层从理论上讲是可行的。

3. 超细水泥不同水灰比时的倾析率试验

倾析率是浆液经过充分搅拌，静置一个单位时间经分层沉淀后析出水与浆液之百分比。倾析率的大小直接关系到浆液的可施工性能，即浆液放置后的可使用时间的长短，倾析率的大小同时也对注入地层后有效固结具有一定的作用，因此测得各种配比准确的倾析率，是保证注浆施工及注入效果的关键因素之一。浆液的倾析率应满足现场注浆要求。因现场从浆液搅拌到注入地层，一般需10～30min不等，考虑到现场其他因素的影响，倾析率取 45min 作为一个时间单位，即浆液 45min 内的倾析率不得大于 15%。为进一步了解浆液放置时间以及浆液进入地层后的耐久性，同时选取 60min 作为一个测试时间单位。

按 1.8、2.0、2.2、2.5 四种水灰比分别作了 45min、60min 时的倾析率的试验，其结果见表 4－12。

表 4－12　不同水灰比倾析率试验结果对比表

项目名称 序号	水灰比	开始时间	测试时间	水位高（mm）	灰位高（mm）	倾折率（%）
1	1.8	15：50	16：35	45	455	9.0
2	2.0	16：00	16：45	70	430	14.0
3	2.2	16：10	16：55	75	425	15.0
4	2.5	16：20	17：05	85	415	17.0
5	1.8	15：50	16：50	60	440	12.0
6	2.0	16：00	17：00	90	410	18.0
7	2.2	16：10	17：10	95	405	19.0
8	2.5	16：20	17：20	120	380	24.0

由表中数据可以看出，浆液的倾析率随着水灰比大小和放置时间的长短变化而变化，水灰比越大、放置时间越长，倾析率越大，反之亦然。从表中可以看出，当水灰比小于 2.2 时，放置 45min 后，浆液的倾析率仍可满足小于 15%的施工要求，因此可选择 2.2～1.8 之间的水灰比作为超细水泥注浆配比。

4. 双液浆凝胶时间、固结强度和收缩率测试

浆液的凝胶时间和浆液固结率目前尚无统一国家标准，通常以满足施工要求进行选择。凝胶时间是将甲液（超细水泥浆）与乙液（稀释后的水玻璃）分别装入两个容器，然后将甲液倒入装有乙液的容器内，再把甲乙液的混合液倒入装过甲液的容器中，然后再倒回乙液的容器中，如此反复，直至浆液不再流动时所经历的时间。这与现场双液注浆时浆液在注浆管中的滞留时间、进入地层时的扩散距离有关，同时也是控制浆液在地层中扩散距离的重要指标。根据经验，采用小导管注浆时，凝胶时间通常在 45～150s 之间，既可以有效控制浆液在地层中的扩散距离，又可确保较好的施工性能。

浆液的结石率是指浆液进入地层产生化学反应后形成的固结体体积与原浆液体积之比，这个值直接关系到注浆固结后对地层的填充率和堵水率。如果结石率过小，固结后会形成新的渗水通道，在以堵水为主的注浆设计中这个值一般要求在 95%以上。

根据设计，本工程注浆的目的主要是为工作面提供一定的稳定时间，防止涌水涌砂的产生。从根本上讲，注浆的目的是堵水和防涌砂，同时要求注浆后很快可达到开挖的条件，对于浆液固结体强度值应要求其一天不小于 0.2MPa，即达到同等条件下的硬质黏土层的无限侧压强度。试验结果如表 4－13 和表 4－14 所示。

表 4－13 浆液结石率及抗压强度试验结果

序号 \ 项目名称	水灰比	水玻璃浓度（Be′）	水泥浆与水玻璃体积比	结石率（%）	1 天抗压强度（MPa）	3 天抗压强度（MPa）	7 天抗压强度（MPa）
1	1.8	32	1：1	100	0.625	2.80	4.0
2	1.8	35	1：1	99.94	0.625	3.20	4.3
3	2.0	32	1：1	99.64	0.625	6.10	4.3
4	2.0	35	1：1	99.94	0.310	4.00	2.1
5	2.2	32	1：1	99.85	0.310		2.4
6	2.2	35	1：1	99.78	0.310	3.90	2.1
7	2.5	32	1：1	99.76	0.125	0.7	1.8
8	2.5	35	1：1	100	0.060		1.1

表 4－14 超细水泥—水玻璃双液浆凝胶时间试验结果

序号 \ 项目名称	水灰比	水玻璃浓度（Be′）	水泥浆（V）：水玻璃（V）	凝胶时间（s）
1	1.8	35	1：1	96
2	1.8	33	1：1	76
3	1.8	32	1：1	58
4	1.8	35	1：1	92
5	1.8	33	1：1	85
6	1.8	32	1：1	83
7	1.8	35	1：1	107
8	1.8	33	1：1	90
9	1.8	32	1：1	87
10	1.8	35	1：1	111
11	1.8	33	1：1	108
12	1.8	32	1：1	117

超细水泥—水玻璃双液浆结石率、固结强度及凝胶时间试验表明，浆液水灰比越大浆液固结强度越低，浆液早期强度上升较快，对于隧道开挖是非常有利的。而浆液的凝胶时间除受水灰比的影响外，还受水玻璃浓度的影响。根据以往经验，凝胶时间可通过水灰比和水玻璃浓度控制在 30s～3min。可根据现场施工要求选取配比来选定合适的凝胶时间。浆液结石率一般认为可达到 95%以上，通过实验进一步证明双液浆结石率很高，对保证抗渗系数和浆液耐久性非常有利。但由于解放路工程的特殊性，浆液的扩散半径应控制在 0.4～0.6m 范围，特殊地段应控制在 0.1～0.4m 范围内。因此，浆液配比应选择 1.8～2.0，水玻璃浓度 30～32 波美度，即能满足解放路工程注浆要求。

5. 现场注浆试验

除了对注浆材料及组份的配比试验外，为保证在工程实施过程中的安全性和可靠性，在工程全面展开前进行了现场注浆试验，以从实际效果上说明采用超细水泥—水玻璃双液浆在暗挖隧道施工时注浆的必要性，并取得不同埋深情况下的注浆参数。主要的试验内容包括以下几个部分。

（1）试验注浆参数。注浆试验的主要参数见表 4－15。

表 4－15　注浆参数

序号	参数名称	参数
1	注浆范围	地层以下 3～5m
2	注浆管间距	外圈 98cm、二圈 87cm、内圈 56cm
3	注浆管长	5m，其中注浆花管长度 3m
4	止浆岩墙	C20 模注混凝土，厚度 20cm
5	注浆步距	0.6m
6	浆液扩散半径	0.6m
7	注浆速度	15～35L/min
8	注浆终压	0.4～1.2MPa
9	单孔最大注浆量	1.11m^3
10	凝胶时间	30s～3min
11	超细水泥浆液配比	1∶1.8～2.2（重量比）
12	双液浆比	W∶MC＝1∶1（体积比）

（2）注浆压力、注浆流量的影响关系。对于注浆终压的选取，应考虑到不能因注浆终压选取的过大而造成地面过量隆起，使地面管线断裂，地表建筑物被抬高等危害。在注浆过程中，应及时反馈监控量测信息，从而调整注浆参数。注浆速度的选取主要取决于注浆加固的目的、注浆材料的种类、注浆机械的特点、地层的吸浆能力，以及施工工期要求。注浆速度的合理选取影响着注浆压力和注浆量的匹配关系，从而严重地影响着注浆加固效果。若选取的注浆速度过高，虽然可以加快注浆进程，缩短注浆工期，但会因地层吸浆能力的影响而使注浆初始压力过大。当注浆量达到设计标准注浆量时，注浆终压会远远高于设计的注浆终压值，这样势必会造成地层因超注而隆起，形成危害。

（3）试验模型建立。试验选择在与隧道穿越地层附近的地段进行，采用地表注浆的形式，模拟隧道施工时的地层深度确定注浆压力、注浆配比、浆液扩散半径等参数，在地表下 3～5m 范围内进行注浆加固，形成注浆固结体，然后采用钻孔和大开挖的方式检查渗水和固结情况，并与不注浆同等地层相比较，评判注浆效果。

注浆采用袖阀管注浆，注浆孔布置在直径 5.0m 的圆内，共三圈 28 个孔。最外圈布设 14 个注浆孔，孔间距 98cm。二圈布设 10 个注浆孔，孔间距 89cm。内圈布设 4 个注浆孔，孔间距 56cm（见图 4－14）。

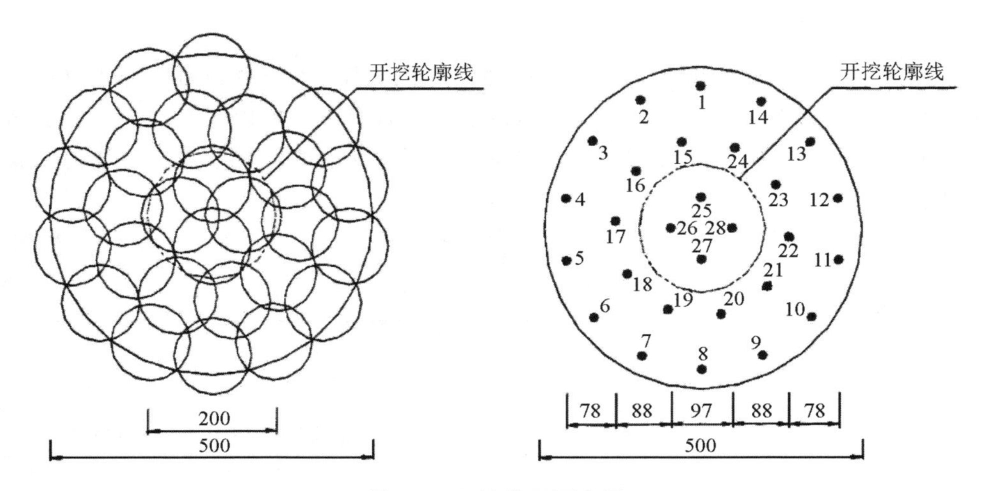

图 4－14　注浆平面布置

浆液达到一定强度后，在注浆区向下开挖直径 200cm 的竖井，深度为 400cm。观察浆液固结情况和堵水率及土层的自稳能力。同时，选择与已注浆区域地质条件类似的地段开挖相同直径的竖井，对比注浆与非注浆区的土体稳定性和渗水量，一方面为下步施工提供可靠的资料，另一方面可验证注浆的必要性和实效性。并且可验证室内试验作出的超细水泥—水玻璃双液浆配比对于该地层的适应程度。

（4）试验注浆材料。本次试验用的注浆材料如表 4－16 所示。

表 4－16　注浆材料及配比

浆液种类	水泥品号	原水玻璃浓度	水灰比	体积比	稀释后水玻璃浓度	所注孔号
MC 超细水泥-水玻璃双液浆	MC 超细水泥	51Be′	1.5～2.5∶1	1∶1～0.5	30～35Be′	1～10、15～22、24、25～28
普通水泥-水玻璃双液浆	42.5 普硅水泥	51Be′	1～1.8∶1	1∶1～0.5	30～35Be′	11～14.23

（5）试验过程。本次试验选址在解放路工程二工区，在施作止浆墙时，发现试验区域地层与今后隧道穿越地层相差较大，达不到本次试验目的，因此决定选在与隧道穿越地层相似的一工区。自施作止浆墙到开挖竖井检查注浆效果，经历 6 天。设计 28 个孔，实际钻进 26 个孔，共注浆 24 个孔，每孔分 5 段，每段长 60cm，单段设计注浆量 150L。注浆除 23＃孔注浆情况不理想外，分析其原因，与 23＃孔周边孔注浆量较大有关。其余各孔注浆量均达到或超出设计注浆量，但在外圈孔注浆时，漏浆情况比较普遍，估计与止浆墙质量有关，同时与超细水泥—水玻璃双液浆的渗透能力强、地层孔隙大也有关系。

注浆顺序上采用了先单号孔后双号孔、先外后里的顺序注浆规定。

注浆结束后，用地质钻机在注浆区域打检查孔两个，深度 5m。通过观察孔内的水位变化和土体最大自稳时间并对比非注浆区土体自稳时间。

(6) 试验主要数据测试及分析。注浆过程中对随机抽查浆液的凝胶时间，绝大多数能与室内试验结果相吻合，一小部分超出了设计凝胶时间，使浆液扩散半径增大。一方面使注浆成本增加；另一方面浆液扩散半径的增大，对加固范围周围的地层造成微小隆起现象，在今后施工中发生此现象可能会对周边环境造成负面影响。分析其原因，可能室内外温差大（温度是影响凝胶时间的一个关键因素）；同时也与现场计量不准确有关，致使水灰比失调，造成凝胶时间或短或长，不能达到控制注浆的目的。

(7) 试验结论。经过试验，基本上达到了试验的目的。

①确定了注浆材料及配比。

②经过试验，确定了在该工程中应采用超细水泥—水玻璃双液浆进行施工。

浆液原材料：超细水泥、50Be′水玻璃、自来水。

浆液配比：水灰比 1.8～2.2、水泥水玻璃体积比 MC：S＝1：1、水玻璃浓度 32～35Be′。

③经过试验，确定了现场注浆的注浆参数。现场注浆参数如表 4-17 所示。

表 4-17 现场注浆参数

序号	参数名称	参数值
1	注浆步距	60cm
2	单段注浆量	120～150l（当地层吸浆能力强时取高值，当地层吸浆能力弱时取低值）
3	注浆压力	油压：1.0～1.2MPa（当地层吸浆能力强时取低值，当地层吸浆能力弱时取高值）
4	注浆终压	一般情况下 0.6～1.0MPa，当全孔吸浆能力差时选 1.0MPa（即油压 2.0MPa）
5	注浆速度	20～30L/min
6	注浆带长	按设计要求

（四）注浆效果对比

注浆结束后在中间部位挖掘一个 322×198 的椭圆形井，如图 4-15 所示，使得井壁的长边注浆加固厚度为 1m，与暗挖隧道周边小导管注浆加固区厚度一致，以此检验 1m 注浆加固厚度时的开挖体的自立性及阻水效果。另外，井筒开挖完成后，观察超细水泥与普通水泥涌水情况，测试并对比两者涌水量的大小及涌水时间，由其周边渗水面积及地下水梯度计算注浆加固体的渗透系数，从而比较两者的注浆效果。另外在未注浆区域设置同样的开挖井筒，从而对比注浆与不注浆情况下开挖土体的自稳能力及涌水性情况。

检查孔从成孔到开始出现塌孔现象，经历了 4 小时左右。水位在 4 小时之内上升 4cm。分析其原因，浆液渗入粉砂地层的时候，仅排除间隙中的活动水，而附着在土颗粒的水分和细小间隙中的水分很难被浆液置换。通过水位反算出土体渗透系数，这样排出的水分占总间隙率的 50%～85%，即所谓的有效间隙率的水分，这种地层下即使渗透性极好的浆液填充率最大限度也只能达到 85%。同时也可能与注入浆液固结体的连续性较差或注浆盲区有关。形成注浆盲区和固结体不连续的原因主要是注浆孔布设间距与设计间距存在一定误差，若实际施工注浆孔布设间距大于设计间距，那么在施工中，必定要有部分区域未被浆液填充，从而形成注浆盲区，给施工带来危害；若实际施工注浆孔布设间距小于设计间距，那么在施工中，将给临近孔的注浆造成困难，易出现串浆、注不进浆、下不进芯管等情况，严重地影响整体注浆效果。因而，对于注浆施工，规范规定注浆孔布设孔位误差应为±10cm 以内，该规范规定对保证注浆效果是合理必要的。

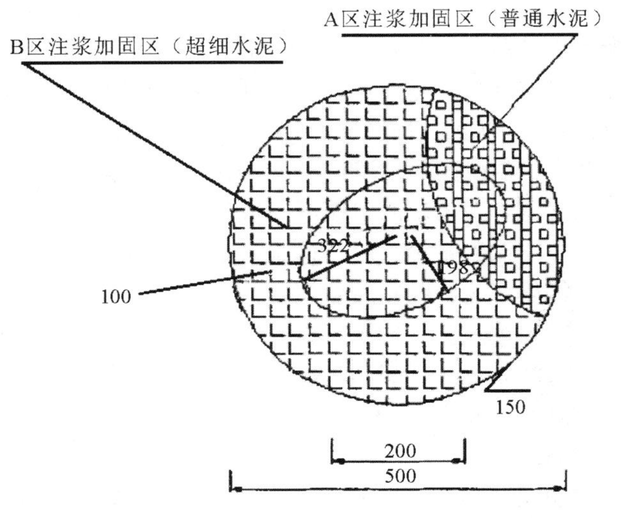

图 4-15　注浆加固区检测图

由开挖竖井可看到，浆液自上而下比较均匀，说明分段注浆对于浆液均匀扩散是有效的。但局部出现浆液固结体的不连续现象，这是在后退式注浆过程中工人操作不规范造成的，不属于注浆参数问题。从开挖取样来看，在砂质粉土夹粉砂层浆液主要通过渗透作用填充裂隙，且裂隙填充饱满，填充率一般在30%左右，固结体强度较高，能够满足堵水和加固地层的要求；在砂质粉土层中，浆液主要靠劈裂作用形成劈裂脉而固结土体，降低地层的渗透性，劈裂脉脉粗一般为5～8mm，这对于注浆效果有一定的影响（可能会造成地表隆起或地下管线断裂）。可见，对于粉质黏性土层，在采用超细水泥—水玻璃双液浆的条件下，其设计扩散半径一般不宜>60cm。但部分浆液渗透距离较远，主要是与注浆初始压力和注浆速度有关。在外圈孔注浆时注浆初始压力选择过大，油压表显示压力为1.8MPa，那么进入浆液压力将达到0.9～1.0MPa，后采取减小注浆压力、降低注浆速度，效果明显好转。注浆过程中周围挖掘机施工也会对浆液扩散范围增大和冒浆、串浆形成一定影响。

本次注浆过程中冒浆现象较多，冒浆的发生不但会造成浆液流失浪费，而且使注浆施工不能达到设计意图，更有甚者会造成施工区域的管线破坏，因此，施工中应采取各种措施预防和处理冒浆现象。

第三节　新奥法加固技术

新奥法（New Austrian Tunnelling Method，简称 NATM），是新奥地利隧道施工方法的简称。它是以隧道工程经验和岩体力学的理论为基础，将锚杆和喷射混凝土组合在一起，作为主要支护手段的一种施工方法。新奥法的概念是奥地利学者拉布西维兹（L. V. RABCEW ICZ）于20世纪50年代提出的，在经过许多的实践和理论研究后，于20世纪60年代取得专利权并正式命名。之后，此方法在西欧、北欧、美国、日本等许多国家的地下工程中得到了极为广泛的应用，已成为现代隧道工程新技术标志之一。NATM于20世纪60年代传到我国，并迅速发展，如今，在所有重点难点的地下工程中都离不开NATM。新奥法几乎成为在软弱破碎围岩地段修筑隧道的一种基本方法。

一、新奥法实质及其设计理论和方法

（一）新奥法实质

1. 新奥法基本原理[①]

新奥法是一个具体应用岩体动态性质的完整的力学概念（或者说是一种隧道工程概念），是按科学制定的并已为实践所证明的原则和思想去修筑隧道。其主要意图是充分调动岩体自身的承载能力，使隧道施工更安全，更经济，因而不能单纯地将它看成是一种施工方法或支护方法。当然，也不能片面地将仅用锚喷支护或运用新奥法部分原理施工隧道，就认为是采用新奥法修建。事实上锚喷支护并不能完全表达新奥法的含义，新奥法的内容及范围是相当广泛、深入的。因此，新奥法应遵循一系列原则。关于新奥法原理，其核心可归结为一点：运用各种手段（开挖方法、支护、测量及地层预处理等）控制围岩，最大限度地保护和调动围岩的自身能力。

新奥法与传统的隧道设计施工方法有着本质的区别。新奥法的基本观点，是把岩体视为连续介质，根据岩体具有的黏性、弹性、塑性的物理、力学性质，并利用洞室开挖后围岩应力重分布而产生的变形到松动破坏有一个时间效应的动态特征，"适时"采用薄壁柔性支护结构（以锚喷为主要手段）；与围岩紧密贴合起来共同作用，从而调动并充分利用天然围岩的自身承载能力，以达到洞室围岩稳定的目的。实质上，新奥法是把围岩从加载荷载变为隧道支护系统的承载体部分。从新奥法作用原理可知，它可以更广泛地应用于各类复杂地层的隧道工程，并且更经济。

新奥法的基本原理可以归纳为以下几点。

（1）选择合理的断面形状、施工程序和开挖方法。洞室开挖施工时，均应采取控制爆破措施，尽量减少对围岩的破坏程度。

（2）根据岩体具有的弹、塑性物理性质，研究洞室围岩的应力-应变状态，并将其变形发展控制在允许的变形压力范围内；掌握最佳支护时机，在隧洞开挖区岩体松弛前让围岩产生一定变形，但不至发展到有害程度之时，及时施作喷混凝土等支护措施，以保持围岩稳定。

（3）充分利用围岩的自稳能力，选用能适应围岩变形的混凝土柔性支护结构，使围岩通过有控制的弹性变形调整达到自稳目的。

（4）充分利用围岩的自身承载能力，把围岩当作支护结构的基本组成部分，遇塑性变形较大的围岩压力，增设锚杆加固，使围岩与支护紧密结合，施作的支护将同围岩共同工作，形成一个整体的承载环或承载拱。

（5）施作的支护结构应与围岩紧密结合，既要具有一定的刚度，以限制围岩变形自由发展，防止围岩松散破坏；又要具有一定的柔性，以适应围岩适当的变形，使作用在支护结构上的变形压力不致过大。当需要补强支护时，宜采用锚杆、钢筋网以至钢拱架等加

---

① 潘路星，夏建满. 两岔口隧道新奥法施工过程模拟原理及Ⅲ级围岩施工方法［J］. 中外建筑，2008（10）：131－132.

固，而不宜大幅度加厚喷层。当围岩变形趋于稳定之后，必要时可施作二次衬砌，以满足洞室工作要求和增加总的安全度。

（6）设置量测系统，监测围岩变位、变形速率及收敛程度，并进行必要的反馈分析，正确估计围岩特性及其随时间的变化，及时调整开挖及支护方式，以确定施作初期支护的有利时机和是否需要补强支护等措施。使设计施工更复合实际情况，确保施工安全。

（7）在某些条件下，还必须采取其他补充措施，如超前灌浆、冻结、疏导涌水等，方能使新奥法取得成功。

2. 新奥法基本内容①

新奥法的基本内容可总结为以下几点。

（1）洞室开挖尽量减少对地层的扰动，保持周围地层的初期强度，避免大的地层移动。

（2）用系统锚杆、喷射混凝土和钢拱架的一种或几种组合形成初期支护，保护和发挥地层的自承载作用。

（3）新奥法建成的隧道大量是在软岩中，需要将支护做成封闭的衬砌，即同时施作仰拱，用封闭衬砌保证地层承载环的作用。

（4）在初期支护内施作塑料的防水薄膜，以防止水进入二次衬砌，并与永久支护构成复合衬砌。

（5）Pacher 提出了支护压力和径向变形的地层特征曲线，如图 4－16 所示。它是一条下凹曲线，表明在某一段围岩位移时需要的衬砌支护力最小，该关系带有概念性，可以被人们理解，但未经实验证实。与之对应的衬砌特征曲线是一条向上的斜直线，两曲线的交点就是衬砌提供的反力和地层需要的支护力相等，不同时期，交点均是 P 由最小向大的方向变化，所以据此提出了“支护不能太早，不能太晚，不能太刚，不能太柔”的原则。

（6）岩层开挖后至永久支护完成，要进行现场量测，由收敛等量测数据来指导初步和二次衬砌的时间及参数。二次衬砌用来加强初期支护和抗渗透水压力。

（7）以描述性的地层分类为基础（一般为 6 类），选择恰当的临时支护，监控量测和应用辅助支护措施，以满足地层反力曲线，最终成为一种均匀的承载结构。

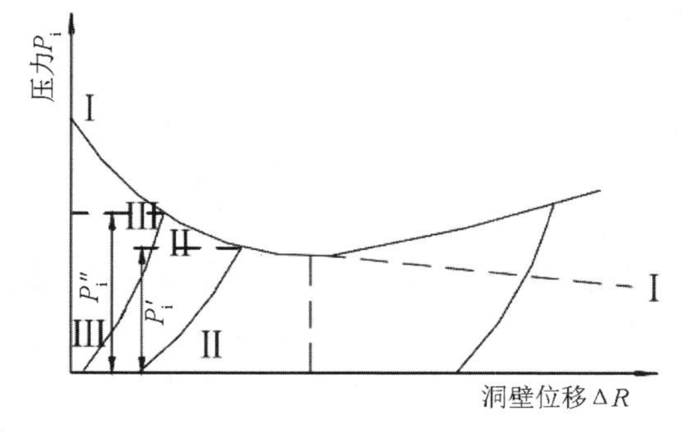

图 4－16　围岩—支护特性曲线

3. 新奥法的特点及适用范围

新奥法的特点是把传统施工方法中所使用的钢、木、支撑和厚的混凝土衬砌等主要支护材料改为以锚杆和喷射混凝土为主要支护材料（一次衬砌），然后根据安全性要求衬砌混凝土（二次衬砌），为了最大限度地利用围岩的自稳能力，衬砌采用薄壁柔性结构。因此，它在以下几个方面具有优越性：①由于是通过量测定期检查围岩的动态，所以可以防止塌落事故的发生；②一般掘进可按全断面或

① 杨文礼. 新奥法实质与应注意的几个问题［J］. 湖南交通科技，2004（3）：94－97.

台阶法进行，不需要复杂的开挖，这样，便可使用大型施工机械，同时，由于工作面集中，使得作业相互干扰得以减少；③不使用护顶木插板，减少了洞内发生火灾的可能，不使用沉重的H型钢支护，也不用花时间去插打护木板，从而减少了作业人员的劳动强度，由于作业单纯，增加了施工机械化的可能性；④锚喷支护的效果要比用拱架加背柴的支护效果好，因为后者仅仅是“点”支护，锚喷支护则为“面”支护，故增大了安全度；⑤与盾构法、掘进机法相比，新奥法对地质变化的适应能力要高得多；⑥二次衬砌一般可采用先墙后拱法施工；⑦防水施工比较容易。[①]

对于任何一种施工方法，都不会也不可能是万能的，新奥法也不例外，它也有一定的适用范围。如前所述，新奥法是通过现场的量测管理，积极有效地利用围岩和自稳能力建造隧道的一种方法，也就是说，采用新奥法的先决条件是围岩具有一定的自稳能力。因此，遇到以下情况应用新奥法是有困难的：①漏水量大的石灰岩溶地段，黏土层和断层破碎带；②喷混凝土无效的含卵石的黏土层；③锚杆不能打入的岩层；④不能自稳的砂、砂砾层等。这就要求在隧道施工前要进行地质检查，做好应急准备，在施工中要做好地质超前探，根据预测结果及时调整施工方法，必要时可采取地层预注浆、管棚超前支护等辅助措施。

4. 新奥法实施中存在的问题及解决

（1）开挖。减少超挖，保持开挖壁面光滑，对新奥法来说是至关重要的。由于超挖，使钢支撑和围岩之间的空隙加大，用喷混凝土来填补这样的空隙是有困难的，两者不密贴，钢支撑的支护作用便谈不上了。超挖和壁面不平顺，会导致喷混凝土层厚度不匀，使衬砌环刚柔不均，在刚性大处则会出现应力集中，从力学上看这是不利的。超挖使二次衬砌厚度加大，严重的壁面不平顺给防水施工带来困难。所以，采用新奥法施工时，光面爆破是必不可少的。对此，各施工单位做了不少工作，在提高钻炮孔的准确度，选用合理的爆破参数等方面取得了可喜的成果，但钻孔机械设备上的问题尚待解决。

（2）喷射混凝土的粉尘和回弹。喷射混凝土的粉尘和回弹问题是两个最突出的问题，洞内施工人员深受其苦，又造成了极大的浪费。要解决粉尘和回弹问题，国内外有关部门和工程技术人员做了很大努力，必较有代表性的工作有两个：一是改进现行的干喷机具和工艺；二是在集料中掺入化学剂。

（3）锚杆。现在存在的问题是锚杆的质量问题，据统计，在很多情况下锚杆失效都是由质量引起的。为此，应做如下改进：①改进原有的锚杆品种；②研制用于不同岩层、不同条件的新型锚杆；③完善检查锚杆安装质量和检验标准。

（4）测量。新奥法施工量测工作很重要，安全性和经济性是通过把定期量测结果及时反馈到下一阶段的设计和施工中来实现的，如何快速、准确地进行现场量测和数据处理，已成为运用新奥法的关键。为了解决这一问题，一些国家进行了研究工作，研究出新奥法数据处理系统，该系统能以人机对话的形式在个人计算机上完成量测、预报和数据处理等一系列工作，便于现场使用。

（5）施工机械配套问题。一些专家认为，在我国推广新奥法的过程中，施工机械不配

---

① 徐定成．浅谈对新奥法认识［J］．山西交通科技，1997（5）：24－28．

套是个大问题。机械跟不上，只有进口大量机械。现在，国家有关部门对隧道机械化仍在继续研究。

对以上问题，只要进行认真的调查研究，是可以解决的，不过，其中有些问题并不是新奥法本身造成的。因此，不能对新奥法存在的问题产生怀疑，甚至抛弃。如何解决这些问题、推广新奥法施工成为大势所趋。

（二）新奥法设计计算理论及方法

1. 新奥法设计计算理论[①]

地下结构计算理论的发展：早期地下工程的建设完全依据经验，19 世纪初才逐渐形成自己的计算理论，并用于指导地下结构的设计与施工。地下结构计算理论的发展，大致可分为以下 7 个阶段。

（1）刚性结构阶段。19 世纪的地下建筑物大都是用砖石材料砌筑而成，这类材料抗拉强度很低，且结构物中接缝多，易断裂。为维持结构稳定，截面拟定得很大，结构受力后产生的弹性变形较小，因而出现的计算理论是将地下结构视为刚性结构的压力线理论。这种理论认为，地下结构是由一些刚性块组成的拱形结构，所受的主动荷载是地层压力，当处于极限平衡状态时，它是由绝对刚体组成的三铰拱静定体系。

（2）弹性结构阶段。19 世纪后期，钢筋混凝土类材料被用于建造地下工程，使地下结构具有较好的整体性。从这时起，地下结构开始按弹性连续拱形框架，用超静定结构力学方法进行计算。

（3）假定抗力阶段。地下结构在承受主动荷载作用产生弹性变形的同时，将受到地层对其变形产生的约束作用。假定抗力计算理论就是将地层对衬砌的约束，按衬砌受有与其变形相适应的弹性抗力的假设形式进行考虑的。

（4）弹性地基梁阶段。此理论是将隧道边墙视为支承在侧面和基底层上的双向弹性地基梁，进而可以计算在主动荷载作用下拱圈和边墙的内力。首先应用的弹性地基梁理论是局部变形理论，稍后的共同变形理论也被用于地下结构的计算。相比之下，后者优于前者，因为共同变形理论以地层的物理力学特征为根据，并考虑了各部分地层沉陷的相互影响。

（5）连续介质阶段。20 世纪以来，地下结构的计算方法中的连续介质法逐渐得到了发展，该理论把地下结构与地层看作一个受力整体，再按连续介质力学理论计算地下结构的内力。

（6）数值方法阶段。数值计算理论与方法最常用的有：①有限元法；②边界元法；③离散元法；④块体元法以及各种方法的混合。20 世纪 60 年代以来，随着计算机的推广和岩土介质本构关系研究的进步，地下结构的数值计算方法有了很大的发展。人们可以利用有限元法进行地下工程的数值计算和分析，模拟地下结构物及围岩的各种性态。

（7）极限和优化设计阶段。按极限状态计算地下结构理论是一个方展方向，与弹性受力阶段的容许应力法相比，它能反映结构最终破坏时的极限承载能力，因而这一方法能获

---

① 黄大明. 隧道拱形衬砌的三维空间受力分析 [D]. 上海：同济大学，2005.

得更加经济的设计效益。目前，地下结构的优化设计理论，着眼于从各种可能的设计方案中寻求最佳结构，以达到最好的经济与安全的技术效果。

2. 新奥法设计计算方法①

隧道结构的计算有经典的解析方法和数值计算方法两种。经典解析方法是有严格数学闭和形式解答方法，系按古典结构力学和弹塑性力学来求解，求解时往往将隧道工程问题归结为微分或积分方程或方程组，根据边界条件求解微分或积分方程可求得结构系统中任意点要求未知量数值在假定计算条件下的精确解，因而它的解对结构中的所有无限个点都成立。但这种仅对包含未知数不多的比较简单的问题才是可能的，同时还要受限于荷载、结构外形和边界条件，并且一般是线弹性材料。对于断面、边界条件、荷载及围岩本身性质复杂时，由于数学处理上的困难，往往得不到解析解，个别情况即使得到解析解，求解的推导过程及计算往往也非常复杂。

数值计算方法将围岩及衬砌结构离散为单元，然后用数值积分或差分将积分微分方程组进行相关运算，得到一组线形方程，求解线形方程就可得到离散点的近似解，对于单元内任意点位移可通过假定位移函数和应力函数求得。数值解具有适用于复杂性质材料、各种边界条件和各种结构几何形状的特点。在所有的数值计算方法中，有限单元法应用较广。

隧道设计计算中采用的有限元分析方法有两种：①二维有限元；②三维有限元。二维有限元分析中，考虑隧道一般长度远大于其高和宽，因此可将问题简化为平面应变问题。三维有限元法则将隧道的开挖问题看作空间问题。三维有限元能考虑隧道施工随空间变化的过程，能反映隧道围岩随空间的变化，能考虑隧道支护结构与围岩的共同作用。但是三维有限元方法计算量较大，有时候难以得到理想的计算结果。

（三）新奥法支护理论及支护计算方法

1. 锚喷支护的作用原理②

喷射混凝土是将一定比例的水泥、河砂、碎石均匀搅拌后，用运送机械装入混凝土喷射机，借助压缩空气作为动力，使混合料连续地沿管路送至喷头处与水混和后，以较高速度（30～100m/s）喷射在岩面上凝结硬化而成。由于混和料以高速喷射，使砂、石骨料和水泥颗粒经重复碰撞冲击，相当于得到连续的冲突和压密；二次喷射工艺又可使用较小的水灰比，这就保证了喷射混凝土具有较高的物理、力学性质。

从支护作用原理上讲，锚喷支护能充分发挥围岩自承能力，从而使围岩压力降低，支护厚度减薄。在施工工艺上，喷射混凝土支护，实现了混凝土的运输、浇注和捣固的联合作业，且机械化程度高，施工简单，因而有利于减轻劳动强度和提高工效。据统计，喷射混凝土支护与现浇混凝土支护相比，支护厚度可减薄1/2～1/3，节省岩体开挖量10%～15%，加快支护速度2～4倍，节省劳动力50%以上，降低支护成本30%以上。在工程地质质量上，通过国内外工程实践表明是可靠的。在我国各类地下工程使用喷锚支护，相继解决了一批传统支护难以解决的技术难题，显示出喷锚支护具有的独特优越性。

① 吴刚．三维有限元程序设计与新奥法施工模拟研究［D］．上海：同济大学，2001.

② 洪军．浅谈新奥法初期支护—喷锚支护在软弱围岩的应用［J］．铁道勘测与设计，2005（3）：14－17.

喷锚支护是建立在岩石力学的现代支护原理基础上的一种科学支护方法，它的设计与施工是以理论为指导，采用有现场监测手段相配合的科学施工方法。工程使用期间继续进行各种监测工作，检查工程质量，以保证良好的技术经济效果。因此，锚喷支护具有广阔的发展前途。

到目前为止，锚喷支护仍在发展和不断完善之中，无论是作用机理的探讨，还是设计与施工方法的研究，均有待于科学技术工作者做出新的成就，以缩短理论和实践的差距。

现就喷层与锚杆的力学作用分述如下。

（1）喷层的力学作用

①防护加固围岩，提高围岩强度。隧道开挖后，立刻喷射混凝土，及时封闭围岩暴露面，由于喷层与岩壁密贴，故能有效地隔绝水和空气，防止围岩因潮解风化产生剥落或膨胀，避免裂隙中充填物流失，防止内置围岩强度降低。此外，高压高速喷射混凝土时，可使一部分混凝土浆液深入张开的裂隙或节理中，起胶结和加固作用，提高围岩强度。

②改善围岩和支护的受力状态。含有速凝剂的混凝土喷射液，可在喷射后 2～10min 内凝固，及时向围岩提供支护抗力 P_i（径向力），使围岩表层岩体由未支护时的二向受力状态变为三向受力状态，提高了围岩强度，如图 4－17 所示。

无喷层时，相当于厚壁筒承受外压 P_0（原岩应力），距隧道中心 r 的任一点处的径向应力 σ_r 和切向应力 σ_θ 分别为

$$\sigma_r = P_0\left(1-\frac{a^2}{r^2}\right) \qquad (4-34)$$

在隧道周边，即 $r=a$ 时，$\sigma_r=0$，$\sigma_\theta=2P_0$。

喷射混凝土后隧道围岩封闭，表面有内压 P_i 的作用，相当于壁筒承受内外压力。于是，在隧道中心为 r 的任一点处的应力为

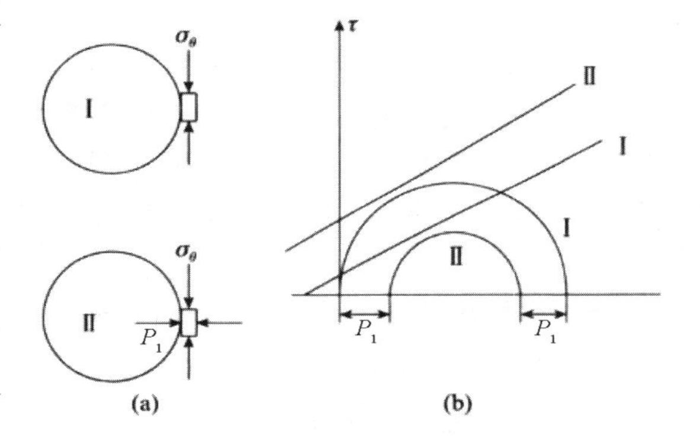

图 4－17 喷层的力学作用示意图

$$\sigma_r = P_0\left(1-\frac{a^2}{r^2}\right)+P_i\frac{a^2}{r^2} \qquad (4-35)$$

$$\sigma_\theta = P_0\left(1-\frac{a^2}{r^2}\right)-P_i\frac{a^2}{r^2} \qquad (4-36)$$

在隧道周边，当 $r=a$ 时，$\sigma_r=P_i$，$\sigma_\theta=2P_0-P_i$，其摩尔应力如图 4－17（b）所示。

喷层是一种柔性支架，它允许围岩因寻求新的平衡所产生的有限位移，并可发挥自身对变形的调解作用，逐渐与围岩变形协调，从而改善围岩的应力状态，降低围岩应力，充分发挥围岩的自承载能力。

由于传统支护不能与围岩均匀接触，围岩与支架间易造成应力集中，使围岩或支架过早破坏；喷射混凝土能使混凝土与围岩紧密均匀接触，并可通过调整喷层厚度，调整围岩变形，使应力均匀分布，避免应力集中，因此，喷锚支护比传统支护更能发挥混凝土的承载能力。有关试验证明，分层喷射比一次喷射不同厚度混凝土的承载能力高。

（2）锚杆的力学作用

锚杆对围岩所起的力学效应，主要有4个。

①悬吊作用。认为锚杆的作用是将不稳定的岩层悬吊在坚固岩层上，以阻止围岩移动滑落。锚杆本身受拉，其拉力即为所悬吊岩体的重量。在块状结构或裂隙岩体中，使用锚杆可以将松动区内的松动岩块悬吊在稳定的岩体上，也可把节理弱面切割形成的岩块连接在一起，阻止其沿滑面滑动。

②减跨作用。在隧道顶板岩层中打入锚杆，相当于在顶板上增加了支点，使隧道跨度由侧墙间的跨度减小为拱顶锚杆的直接距离，从而使顶板岩体的应力减小，起到维护隧道的作用。当然，要使锚杆能有效起到维护隧道和减跨作用，锚杆顶端必须锚固于坚硬稳定岩层中。

③组合梁作用。在层状岩层中打入锚杆，把若干薄层岩层锚固在一起，类似于将叠置的板梁组成组合梁，从而提高了顶板岩层的自支承能力，起到维护隧道的作用。

④积压加固作用。预应力锚杆群锚入围岩后，其两端附近岩体形成圆锥形压缩区。按一定间距排列的锚杆，在预应力的作用下，构成一个均匀的压缩带（或称承载环），压缩带中的岩体由于预应力作用处于三向应力状态，显著地提高了围岩的强度。无预应力的黏结式锚杆（砂浆锚杆），由于其前后两端围岩位移的不同，使锚杆受拉，锚杆的约束力使围岩锚固处径向受压，从而提高了围岩的强度。

2. 锚杆设计与计算

（1）支护匀质层状软岩。以层状岩体中使用黏结式砂浆锚杆为例来说明其主要参数的计算。锚杆长度的确定根据钢筋抗拉能力与砂浆黏结力相等的等强度原则，求出锚杆插入稳定岩层中的长度 L_1（即锚固深度）。

因为

$$[\sigma_t] = \frac{\pi d^2}{4}\pi d L_1 [C] \tag{4-37}$$

所以

$$L_1 \geqslant \frac{d}{4}\frac{[\sigma_t]}{[C]} \tag{4-38}$$

式中，$[C]$ 为砂浆与锚杆间的容许黏结力（kN）；$[\sigma_t]$ 为锚杆钢材的容许拉应力（kN）；d 为锚杆直径（mm），常用 ϕ16～22mm 螺纹钢。工程实践中，要求 $L_1 \geqslant 300$mm。

从锚杆的组合和悬吊作用出发，锚杆总长度应按下式计算

$$L = L_1 + h_n + L_2 \tag{4-39}$$

式中，L_2 为锚杆外露长度（mm），一般为50～100mm；h_n 为锚杆的有效长度（mm），一般取顶板岩层变形厚度，对整体性好的岩层可取规则拱形冒落时的自然平衡拱高。

（2）锚杆间距。如果采用等距离布置，每根锚杆所负担的岩体重量即为其所承受的荷载。

$$P_i = krh_n i^2 \tag{4-40}$$

式中，i 为锚杆间距（m）；r 为岩体的密度（kN/m^3）；k 为安全系数，通常取 $k=2$～3。锚杆受拉破坏时，其所承受的荷载应小于锚杆的允许抗拉能力，即

$$krh_{n}i^{2} \leqslant \frac{\pi d^{2}}{4}[\sigma_{t}] \tag{4-41}$$

故有

$$i \leqslant \frac{d}{2}\sqrt{\frac{\pi[\sigma_{t}]}{krh_{n}}} \tag{4-42}$$

不难理解，锚杆的容许拉应力、间距、杆径是互为函数的，确定其中任意两个量后，即可求出另一个量。但是，为了使各锚杆作用力的影响范围能彼此相交，在围岩中形成一个完整的承载体系（承载拱），锚杆长度应为其间距 i 的两倍以上，即 $L \geqslant 2i$。

（3）支护块状围岩。当地质结构比较发育时，岩体将被切割成各种不同的块状结构体，开挖后，隧道顶部围岩块体互相连锁，彼此咬合，如图 4－18 所示。围岩坍塌时，总是从表面某一易于坍塌的“危石”开始，“危石”的坍落，最后形成整个围岩的破坏，这种连锁反应的可能坍塌顺序见图 4－18。

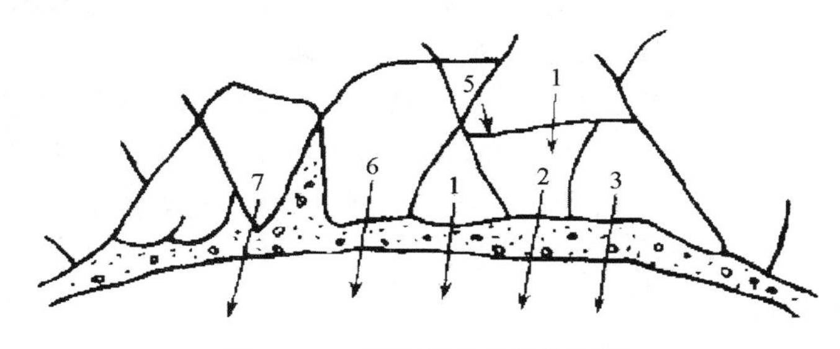

图 4－18　不同部位的块状围岩

因此，要维持块状围岩的状态，关键在于及时防止“危石”的坍落，只有这样，才能充分利用岩块间的相互咬合和支撑，发挥围岩的自承能力，以保证围岩的整体稳定。由此可见，在块状围岩中对“危石”及时支护的措施是极其重要的。

以图 4－19 中的“危石”ABC 为例，说明锚杆加固对锚杆受力状态的分析。设“危石”的重量为 W，它沿锚杆 EF 的分力 T 使锚杆承受拉力，W 沿破裂面 AB 的分力 Q 使锚杆 EF 沿 AB 方向承受剪力。如果以 α、β 分别表示“危石”AB 面及 AC 面与水平方向的夹角，如图 4－19（b）所示，于是在图 4－19（a）中，根据正弦定律，可得

$$\frac{W}{\sin[180-(\alpha+\beta)]} = \frac{T}{\sin\beta} = \frac{Q}{\sin\alpha} \tag{4-43}$$

由此可得锚杆的拉力 T 和剪力 Q 为

$$T = \frac{\sin\beta}{\sin(\alpha+\beta)}W \tag{4-44}$$

$$Q = \frac{\sin\beta}{\sin(\alpha+\beta)}W \tag{4-45}$$

由上式并根据锚杆的强度，可确定锚杆的横截面积。至于锚杆的长度，应以穿过块状岩块并插入整体岩层一定深度为宜。

（4）加固裂隙围岩。若在隧道顶部围岩出现裂隙，为了防止其进一步发展、以致危及顶部岩体的稳定，可采用预应力锚杆加固。假设锚杆锚于裂隙面 AB 的法线方向，锚杆所受的预拉力 T（也就是裂隙岩体中所用的加固压力）如图 4－20 所示。

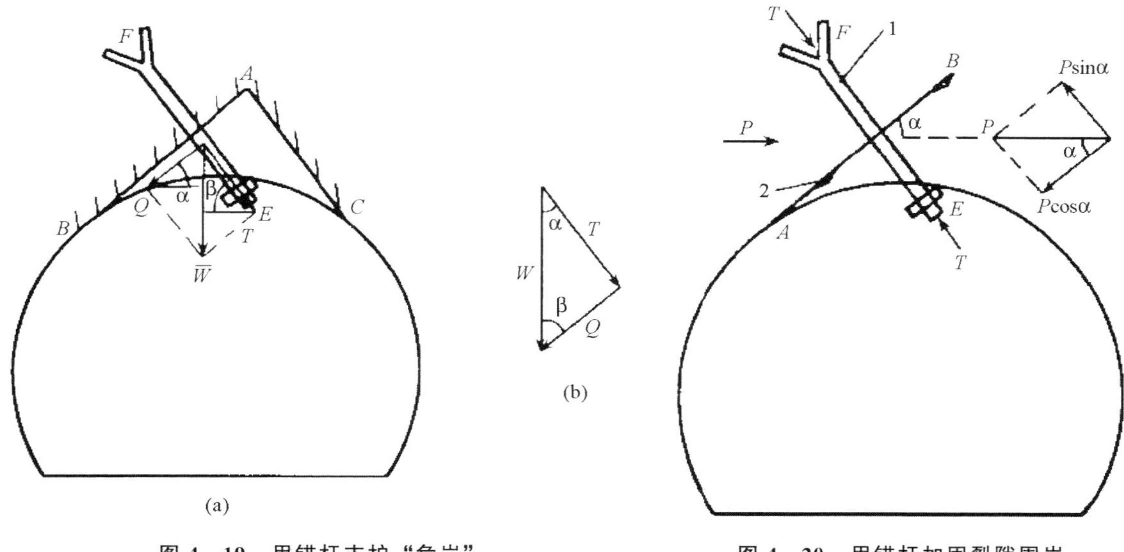

图 4-19　用锚杆支护“危岩”

图 4-20　用锚杆加固裂隙围岩

1—预应力锚杆；2—裂隙

另外，在围岩顶部还作用有水平方向的压力 P（与裂隙面的夹角为 α）。根据图 4-20 的相对关系，即可求得垂直于裂隙面 AB 的法向力 N 为

$$N = T + P\sin\alpha \tag{4-46}$$

裂隙面上的抗滑力

$$F = (T + P\sin\alpha)\tan\varphi \tag{4-47}$$

式中，φ 为裂隙面的内摩擦角。

沿裂隙 AB 的下滑力

$$T' = P\cos\alpha \tag{4-48}$$

为此，要使裂隙面不产生错动，必须满足如下条件

$$P\cos\alpha \leqslant (T + P\sin\alpha)\tan\varphi \tag{4-49}$$

因而可求得预应力 T 为

$$T \geqslant P(\sin\alpha\cot\varphi - \sin\alpha) \tag{4-50}$$

3. 喷射混凝土设计与计算①

(1) 支护危岩。危岩除用锚杆支护外，也可采用喷射混凝土薄层进行支护，如图 4-21所示。危岩的重量 W 由混凝土喷层支承。喷层厚度太薄会产生图 4-21 (a) 所示的“冲切型”破坏，喷层与岩面间的黏结力过小会出现图 4-21 (b) 所示的“撕开型”破坏。因此，喷层的厚度可按以下方法确定。

①按“冲切型”破坏验算喷层的厚度。设危岩自重为 W，危岩底面周长为 L，喷层厚度为 h，混凝土的抗拉滑度为 S_t。

由图 4-21 (a) 可知，要使喷层不产生“冲切型”破坏，应满足式 (4-51)：

① 李晓红. 隧道新奥法及其量测技术 [M]. 北京：科学出版社，2002.

图 4-21　用喷层支护危岩

$$\frac{W}{hL} \leqslant S_t \tag{4-51}$$

由此得

$$h \geqslant \frac{W}{S_t L} \tag{4-52}$$

②按“撕开型”破坏验算喷层的厚度。验算岩面与喷层间是否由于其间黏结力不足而产生“撕开型”破坏，必须首先求得由于“危岩”自重的作用在喷层与岩面之间所产生的拉应力 q 的大小。计算 q 时，可利用弹性地基梁上半无限的长梁公式，如图 4-22（a）所示。半无限长梁左端承受集中荷载 P，长梁右侧延伸至无限远，这时，长梁与地基间的接触应力 q 可按下式计算：

$$q = \frac{2P}{S} e^{-\frac{x}{s}} \cos\left(\frac{x}{s}\right) \tag{4-53}$$

式中，$S=\sqrt[4]{\frac{4EJ}{bK}}=0.76\sqrt[4]{\frac{Eh^3}{K}}$；$E$ 为梁的弹性模量；K 为地基弹性拉伸系数；h 为梁的厚度；J 为梁与地基接触面上的任一点到集中荷载 P 的距离。

为了便于理解，设想将图 4-22（a）中的地基与梁的位置颠倒成图 4-22（b）所示的情况，亦即假想地基位于半无限长梁的上面，同时，梁的左端作用集中拉力 P，这时，地基与梁之间的接触应力将出现如图 4-22（b）所示的拉应力，其 q 的大小仍由式（4-53）计算。

由式（4-53）看出，最大拉应力 q_{max} 必然产生在 $x=0$ 处，其值为

$$q_{max} = \frac{2P}{S} = \frac{2.63P}{\sqrt[4]{\frac{Eh^3}{K}}} \tag{4-54}$$

利用图 4-22（b）所示的计算最大接触应力 q_{max} 的原理，可直接计算危岩在岩面与衬砌间所产生的最大拉应力。图 4-22（c）单独给出隧道顶部混凝土薄层衬砌，其中 A 表示危岩底面积，其周长为 L，设有重量为 $\overline{W}$ 的危岩，对薄层衬砌产生冲切作用时，危岩沿其底面周长传至周边的力为 P，该力为单位周长上的力，即集中力，如图 4-22（c）所示。其值为

$$P = \overline{W}/L \tag{4-55}$$

在图 4-22（c）所示的薄层衬砌上，切取一单位宽度的狭长条 ab，P 为其起始端的集中合作。在 P 力的作用下，该部位的衬砌将与上面的岩面相互撕开，这时窄条 ab 的受力方式显然与图 4-22（b）所示的长梁受力方式相类似，因此利用式（4-55）可计算出衬

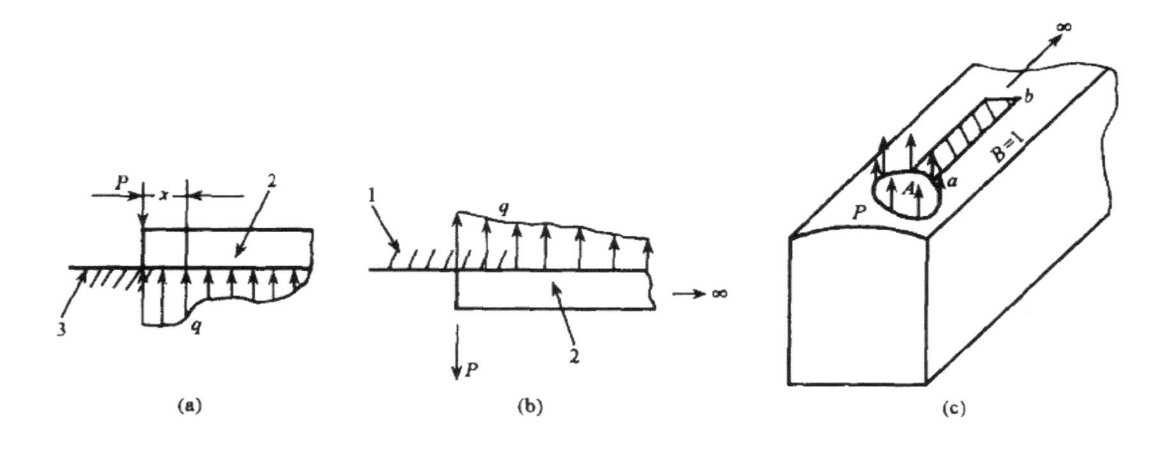

图 4-22 按“撕开型”破坏计算喷层的厚度

(a) 接触应力的分布；(b) 集中拉应力在假想地基上所产生的接触拉应力；(c) 顶部衬砌与岩石间拉应力的计算简图
1—假想地基；2—半无限长；3—地基

砌与岩面之间所产生的最大拉应力为

$$q_{\max}=\frac{2P}{3}=\frac{2.63P}{\sqrt[4]{\dfrac{Eh^3}{K}}} \tag{4-56}$$

若以 S_{Lu} 表示喷层与岩面间的计算黏结强度，则可得不产生撕开破坏的条件为

$$q_{\max}\leqslant S_{Lu}$$

由此可得

$$h\geqslant 3.634\left(\frac{\overline{W}}{S_{Lu}L}\right)^{\frac{4}{3}}\left(\frac{K}{E}\right)^{\frac{1}{3}} \tag{4-57}$$

式中，h 为喷层厚度（cm）；S_{Lu}为喷层与岩面的黏结强度（MPa）；W 为危岩重量（t）；L 为危岩底面积周长（m）；E 为混凝土的弹性模量（MPa）；K 为岩体弹性拉伸系数。

（2）支护软弱围岩。奥地利拉布希维兹等人，通过模拟试验和实际观测，认为喷射混凝土的破坏是剪切破坏，其表层几乎不出现拉应力。

有关砂箱模拟试验证明，在均质地层中，圆形隧道喷射混凝土的破坏形态是：当垂直方向的原岩应力大于水平方向的原岩应力时，由于压应力集中在左右两侧，从而在隧道两侧围岩中形成锥形塑性区，称为锥形剪切体。当锥形剪切体扩展到一定范围，在地压作用下便向洞内空间滑移，喷层因抗力不足，沿滑移面呈剪切破坏。

根据莫尔强度理论，破坏面与最大主应力 σ_1 的夹角 $\alpha_1=45-\varphi_1/2$，见图 4-23。试验表明，喷层表面破裂点至隧道中心的连线与隧道截面纵坐标轴间的夹角为 α_1。

由图 4-23 可知，若喷层剪切面长度 $L=t/\sin\alpha_1$，则喷层抗剪力为

$$\tau=\frac{t}{\sin\alpha_1}\tau_B \tag{4-58}$$

若已知喷层所受地压，则喷层厚度可按下式计算：

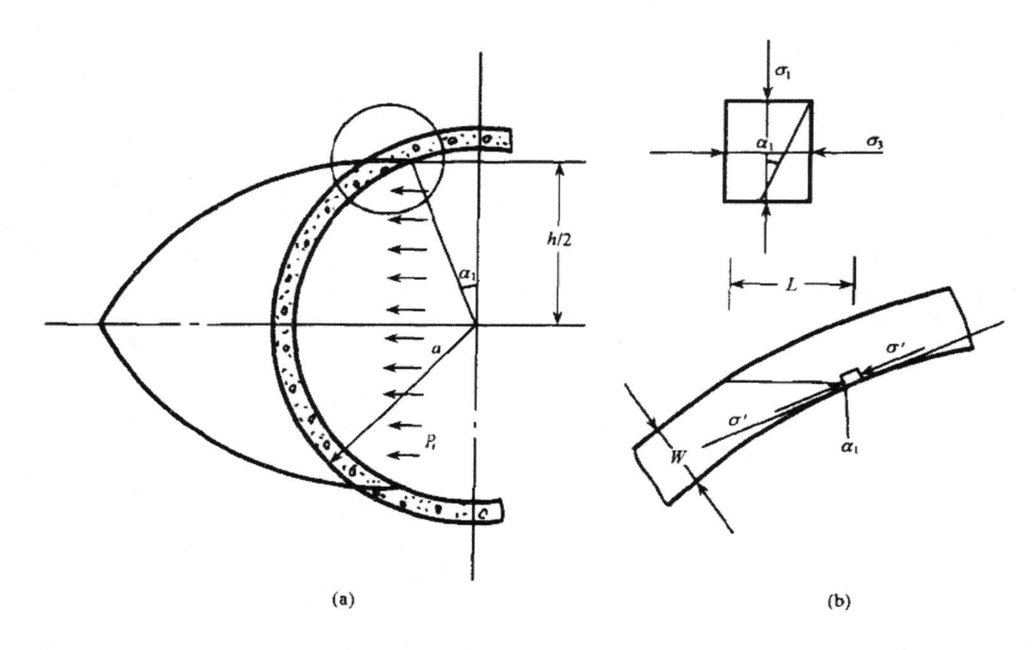

图 4－23　剪切破坏原理示意图

$$P_i \frac{h}{2} \leqslant \frac{t}{\sin\alpha_1}\tau_B \tag{4-59}$$

$$t \geqslant \frac{P_i h \sin\alpha_1}{2\tau_B} \tag{4-60}$$

式中，t 为喷层厚度（cm）；P_i 为作用在喷层上的变形地压（MPa），由芬涅尔公式求得；h 为锥形剪切体的底宽（m），圆形隧道 $h=2a\cos\beta$，其中 a 为隧道半径，β 为围岩的剪切角，拱形隧道取洞高；τ_B 为喷层材料的抗剪强度（MPa），可取其抗压强度的 20%；α_1 喷层材料的剪切角 $\alpha_1=45°-\varphi_1/2$，其中 φ_1 为喷层材料的内摩擦角。

4. 喷锚支护

喷锚支护是喷射混凝土与锚杆这两种支护手段的有机组合，这种支护方法适用于多种围岩条件。喷锚支护的实质是用锚杆加固深部围岩，用喷层封闭隧道表面，防止围岩风化，抵抗围岩压力。喷层厚度较大时，为避免喷层因收缩而断裂，可在喷层中敷设钢筋网，构成喷锚网联合支护。

前面已介绍了单独使用锚杆和单独使用喷射混凝土支护结构的设计计算，下面就喷锚联合支护的设计计算介绍以下两种方法。

（1）结构承载力计算方法。

这种计算方法的实质是认为喷层、锚杆和围岩共同作用承载结构阻止隧道围岩两侧锥形剪切体位移，按经验初选某些参数，然后验算结构承载能力。

1）外拱设计。

①初选喷层厚度 t，按经验公式 $t=0.017a$ 进行计算，其中 a 为隧道半径。

②确定锚杆直径 d、长度 L 和间距 i。根据现场施工条件和岩体特征选取锚杆直径 d。

一般情况下多选用直径16～22mm的螺纹钢筋。锚杆长度应保证插入稳定岩体有足够的深度，计算方法同前。实践证明，在比较软弱的岩层中，短而密的锚杆往往能更有效地控制围岩位移。此外，锚杆的长度与其布置方式有关，应根据围岩特性、应力状态以及现场条件统一考虑。应当指出，在喷锚联合支护设计中，仍满足锚杆长度与锚杆间之比大于或等于2的要求。

③计算喷层抗力 P_{b1}。喷层抗剪力应等于围岩两侧锥形剪切体对喷层的压力，即

$$P_{b1} = \frac{2t\tau_B}{h\sin\alpha_1} \tag{4-61}$$

式中符号意义同前。

④计算承载环内岩体的承载力 P_{b2}。从图4-24中可以看出，岩石承载环的厚度 W，锥形体产生剪切滑动时，承载环受剪切面为 $S=\overline{W}1/\sin\alpha_1$。受剪面 S 上产生的抗力可按极限平衡条件下环内岩石在该受剪面上的切向抗力 τ_m 的法向抗力 σ_m 来确定，即岩石承载环的承载能力应与剪切滑动面上 τ_m 和 σ_m 的水平分力的总和相平衡，即

$$P_{b2}h = 2S\tau_m\cos\varphi - 2S\sigma_m\sin\varphi \tag{4-62}$$

所以，承载环内岩体的承载能力

$$P_{b2} = \frac{2S\tau_m\cos\varphi}{h} - \frac{2S\sigma_m\sin\varphi}{h} \tag{4-63}$$

式中，σ_m 为围岩极限平衡时的法向抗力（MPa）；τ_m 为围岩极限平衡时的剪切抗力（MPa）；S 为承载环的剪切长度（m），其近似值为 $S=\overline{W}/\sin\alpha_1$。

σ_m、τ_m 值的大小由莫尔强度曲线确定，如图4-24（b）所示。

⑤计算锚杆的承载能力 P_{b3}。

$$P_{b3} = \frac{2nF[\tau_s]}{h\sin\beta} \tag{4-64}$$

式中，F 为锚杆截面积（mm^2），$F=\pi d^2/4$；τ_s 为锚杆钢材的许用抗剪应力（MPa）；n 为剪切长度 S 范围内的锚杆数；β 锚杆轴线与水平线的夹角平均值。

⑥校核喷锚结构的承载力。喷锚结构承载能力之和应稍大于最小变形地压，即

$$P_{b1} + P_{b2} + P_{b3} > P_{i\min} \tag{4-65}$$

若不满足上式，则说明喷锚结构承载力不足；若远远超过最小变形地压值，则支护结构不合理。这两种情况均应重新调整设计参数（通常多改变锚杆间距的长度），直到满足上述条件为止。

2）内拱设计。

外拱封底围岩稳定支护设置内拱。内拱的承载力实际上是锚喷支护结构的安全储备，因此，设置内拱后，喷锚支护的安全系数为

$$K = \frac{P_{i1} + P_{i2}}{P_{i1}} \tag{4-66}$$

为此，内拱的承载能力可由下式决定：

$$P_{i2} = (K-1)P_{i1} \tag{4-67}$$

式中，P_{i1} 为外拱承载能力；P_{i2} 为内拱承载能力。

根据工程中的实测数据和经验，建议安全系数 $K=1.5$～2.0。

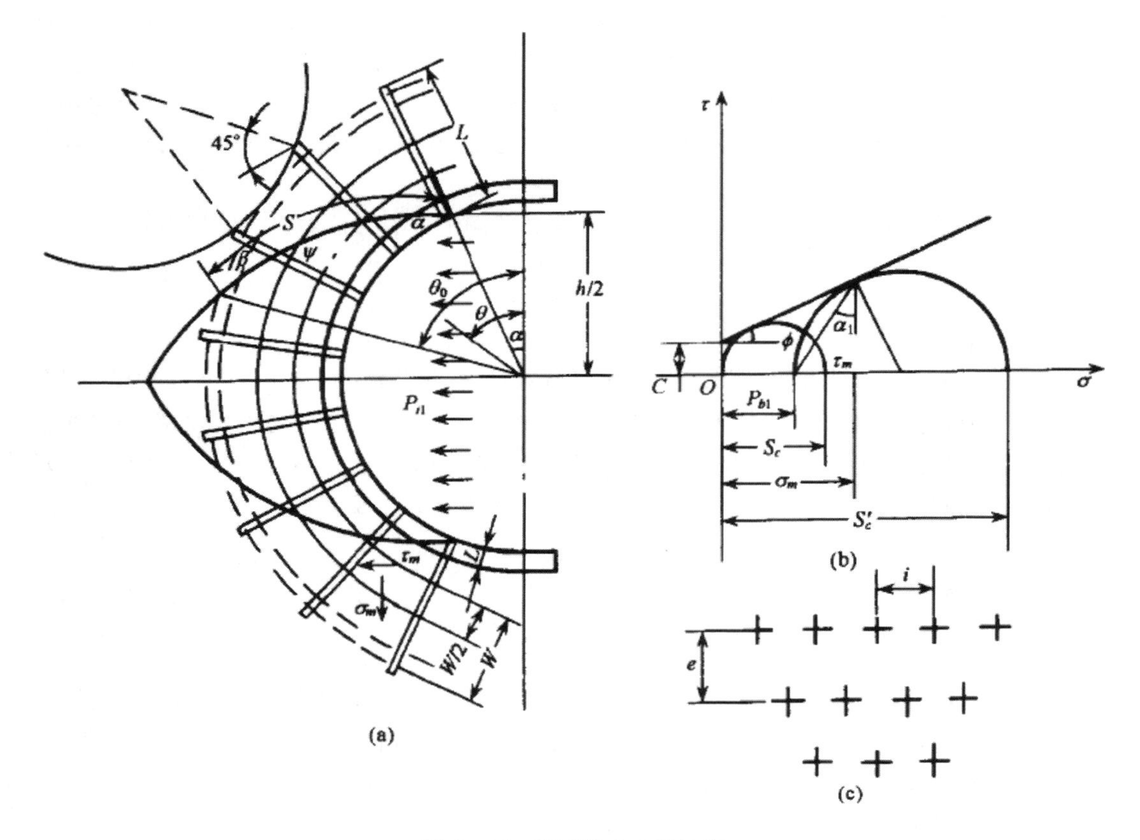

图 4－24　锚喷联合支护计算

内拱喷层厚度 t_2 可按下式计算：

$$t_2=\frac{(K-1)P_{i1}h\sin\alpha_1}{2\tau_B} \tag{4-68}$$

式中符号意义同前。

（2）支护抗力计算法。

这种计算方法常应用于软弱岩体隧道的喷锚支护设计中。

1）喷锚支护参数的设计原则。

①锚杆布置原则。根据施工具体条件，采用重点布置与系统布置相结合，当原岩应力以垂直应力为主（即 $\lambda<1$）时，在洞内两帮围岩中出现压应力集中，在两帮围岩周边处出现最大剪应力，所以塑性区在隧道两侧形成，此时，应在隧道两帮设置较密锚杆。当原岩应力以水平应力为主（即 $\lambda>1$）时，塑性区出现在隧道顶部，所以顶部锚杆应加密。在隧道周边若有危险岩块，应注意加固节理和弱面，以防失稳脱落。

a. 锚杆数量和锚杆间距。锚杆数量和间距大小，一般以充分发挥喷层的作用和施工方便为原则。合理的锚杆数量应该是恰好使初次喷层达到稳定状态，而复喷厚度就作为支护强度提高的安全系数。为了防止锚杆之间的岩体发生塌落，通常要求锚杆纵横向间距不大于锚杆长度的一半。此外，锚杆的纵向间距最好与一次掘进的进度相适应，以便于施工。

b. 锚杆的长度和锚杆的直径。锚杆长度的选取应当是充分发挥锚杆的强度作用，并以获得经济合理的锚固效果为原则。因此，应尽可能使锚杆所受的拉应力值 σ_t 接近于锚杆的抗拉强度 $[\sigma_t]$。同时，应使锚杆长度大于围岩松动区半径，小于塑性区半径。为了充分发挥锚杆钢材和承载能力，通常选用直径为 16～22mm 的螺纹钢筋。

②喷层厚度。合理的喷层厚度应当充分发挥柔性薄型支护的优越性，即要求围岩有一定的塑性位移，以降低围岩压力和喷层的受弯作用。同时，喷层还应维持围岩稳定和保证喷层本身不致破坏。因此，在设计中存在一个最佳厚度，过厚的喷层显然不合理，但为了含有一定的骨料，喷层厚度应不小于石子粒径的 1.5 倍。

根据使用经验，初喷厚度为 3～10cm 之间，总厚度不宜超过 10～20cm，只有大断面混凝土室才允许适当增大喷层厚度，根据有关计算数据，跨度在 10m 以内的隧道喷层厚度为 8～15cm。大跨度混凝土室可取 25cm 以上。喷层最小厚度一般为 5cm，破碎软弱岩层（断层破碎带）中喷层的最小厚度为 10cm。

2）$\lambda=1$ 时圆形隧道喷锚支护的计算。

①喷锚支护上围岩压力的计算。围岩中径向设置锚杆时，锚杆因限制围岩径向位移而受拉，锚杆的锚固力对围岩产生附加抗力 σ_b。故围岩除受喷层抗力 P 的作用外，还受锚杆附加抗力 σ_b 的作用。同时，由于锚杆的挤压作用，还可以提高围岩的 c、φ 值，阻止围岩发生径向变形（位移），因此，隧道有锚杆比无锚杆时的围岩塑性区与塑性变形均减小。

下面分析研究有锚杆作用时的塑性区半径 R_{0b}，隧道周边位移 U_{ab} 和围岩压力 P_i 间的关系。

a. 有锚杆作用时塑性区半径 R_{0b} 与压力 P_i 的关系式为

$$R_{0b}=a\left[\frac{(P_0+c_1c\tan\varphi_1)(1-\sin\varphi_1)}{P_i+\sigma_b+c_ic\tan\varphi_1}\right]^{\frac{1-\sin\varphi_1}{2\sin\varphi_1}} \tag{4-69}$$

式中，R_{0b} 为有锚杆时围岩塑性区半径（m）；σ_b 为锚杆对围岩的附近抗力（kN）；c_1 为有锚杆时围岩的内聚力（kN），c_1 可用单位面积岩体因有锚杆所增加的抗剪力估算。

$$c_1=c+\frac{\tau_s F}{e\cdot i} \tag{4-70}$$

式中，F 为锚杆截面积（mm^2）；e、i 为锚杆纵、横向间距（cm）；τ_s 为锚杆钢材的抗剪强度，$\tau_s=0.6S_t$。

b. 有锚杆作用时，支护抗力与隧道周边位移的关系式为

$$P_i+\sigma_b=(P_0+c_1c\tan\varphi_1)(1-\sin\varphi_1)\left(\frac{I_b a}{u_{0b}}\right)^{\frac{\sin\varphi_1}{1-\sin\varphi_1}}-c_1c\tan\varphi_1 \tag{4-71}$$

式中，φ_1 为设锚杆后围岩的内摩擦角，通常必 $\varphi_1=\varphi$；u_{0b} 为有锚杆时，隧道周边位移，$u_{0b}=I_b(R_{0b})^2/a$；I_b 为有锚杆时隧道位移系数，$I_b=3(P_0\sin\varphi_1+c_1\cos\varphi_1)/(2E_0)$，$E_0$ 为塑性区平均变形模量。

由上两式可知，两个方程式中含有 4 个未知数（P_i、σ_b、u_{0b}、R_{0b}），只靠两个方程不可能求得 P_i 和 R_{0b}。为此必须首先确定 σ_b 和 u_{0b}，然后验算求解。

c. 确定锚杆附加抗力 σ_b。

为了确定锚杆附加抗力 σ_b，必须先要弄清锚杆所受的拉力 Q，根据锚杆与围岩同时变

形的规律，每根锚杆的平均拉应力可按下式计算：

$$\frac{Q}{F}=\frac{(u_{bi}-u_i)}{L}E_b \tag{4-72}$$

由此得

$$Q=\frac{(u_{bi}-u_i)E_bF}{L} \tag{4-73}$$

式中，E_b 为锚杆钢材的弹性模量（MPa）；u_{bi}为锚杆前端围岩的径向位移（mm）；u_i 为锚杆后端围岩的径向位移（mm）；L 为锚杆的有效长度（m）；F 为锚杆的截面积（mm^2）。

d. 计算锚杆前、后端围岩的径向位移。

由于锚杆是安置在塑性区围岩中，并与围岩紧密地连结在一起变形，因此，可根据隧道周边位移与塑性区半径的关系式计算锚杆前、后端围岩的位移。

锚杆前端围岩的径向位移：

$$u_{bi}=\frac{I_b(R_{0b})^2}{a}-\Delta u_{0b} \tag{4-74}$$

式中，Δu_{0b}为锚杆安装前隧道周边位移（mm），依施工条件选用实测数据。

锚杆后端围岩的径向位移 u_i 可根据塑性区体积不变的原则求出，有

$$u_i=\frac{a}{a+L}\left[\frac{I_b(R_{0b})^2}{a}-\Delta u_{0b}\right] \tag{4-75}$$

根据上面两式可求得锚杆拉力 Q。

当已知锚杆的拉力 Q 后，按锚杆纵向与横向间距 e、i 即可计算锚杆附加抗力 σ_b。

$$\sigma_b=Q/ei \tag{4-76}$$

则当锚杆上的预加拉力为 Q_1 时，

$$\sigma_b=(Q+Q_1)/ei \tag{4-77}$$

应当指出，锚杆拉力必须小于锚杆的锚固力（系指锚杆锚固部分与岩石的黏结力，通常以锚杆被拉出或拉断的最大荷载作为锚杆的锚固力）。否则，应减小锚杆直径，降低锚杆拉力。如果锚杆拉应力大于锚固力，则锚杆被拉出。

由以上的计算过程可知，计算 σ_b 时，需已知有锚杆时的塑性区半径 R_{0b}，而计算 R_{0b} 时，又必须已知 $P_i+\sigma_b$。矛盾如何解决？在实际计算中，首先设 $P_i+\sigma_b$为已知，然后计算 R_{0b}，再反算 σ_b，待 σ_b确定后，再计算支护抗力 P_i。最后用支护与围岩变形协调条件，校验有锚杆后支护总抗力的假设值是否合理，否则，重新假设，并重复计算以上计算，直到满足要求为止。

e. 有锚杆时隧道围岩周边径向位移。

根据位移与塑性区半径的关系，计算有锚杆时隧道围岩的径向位移。

$$u_{0b}=\frac{I_b(R_{0b})^2}{a}=u_{bi}+\Delta u_{0b} \tag{4-78}$$

式中，Δu_{0b}为锚杆安装前隧道周边位移，根据现场实测值定。

f. 根据喷层的变形，求出隧道周边围岩的径向位移

$$u_{0b}=u_b+\Delta u_0 \tag{4-79}$$

式中，Δu_0 为支护前隧道周边位移（mm）；u_0 为喷层外壁的位移（mm）；$u_b=P_i/K_e$（K_e

为支架刚度系数)。

由支护与围岩变形协调的关系，有锚杆时隧道周边位移应与喷层外壁位移相等。

若式（4－78）式（4－79）计算结果相等，说明原假设 $P_i+\sigma_b$ 合理。否则，应重新假设 $P_i+\sigma_b$，并重复以上计算，直到满足上述条件为止。

显然，按上述方法求得的支护抗力 P_i 就是围岩作用在喷层支护上的压力。

②喷锚支护设计。

a. 锚杆的设计计算。

锚杆的设计既具有通过受拉增加支护抗力的作用，又具有通过受剪提高围岩 C、ϕ 值的作用。因而，合理的设计方法，应当以发挥锚杆的这两种作用为先决条件。

为了充分发挥锚杆的受拉作用，应使锚杆所受的拉应力 σ_t 尽量接近锚杆的抗拉强度 $[\sigma_t]$，同时，使锚杆具有一定的安全度，即

$$K_1\sigma_t = K_1\frac{Q}{F} \leqslant [\sigma_t] \tag{4-80}$$

式中，K_1 为锚杆抗拉安全系数，$K_1=1.5\sim1$（黏结式锚杆取大值）。

上式即为校核锚杆断面的公式。

锚杆的长度应满足锚杆的有效长度不小于松动半径的条件，即

$$L_{\min} > R_b - a \tag{4-81}$$

式中，$L_{\min}$ 为锚杆最小有效长度（mm）；R_b 为有锚杆时围岩松动区半径（m），由下式计算：

$$R_b = a\left[\left(\frac{P_0+c_1\cot\varphi_1}{P_i+\sigma_b+c_1\cot\varphi_1}\right)\left(\frac{1-\sin\varphi_1}{1+\sin\varphi_1}\right)\right]^{\frac{1-\sin\varphi_1}{2\sin\varphi_1}} \tag{4-82}$$

b. 喷层的设计计算。

喷层所受的抗力 P_i 应满足以下条件：

$$P_{i\min} < P_i < P_{i\max} \tag{4-83}$$

而喷层的最小抗力 $P_{i\min}$ 应能维持松动区内岩体滑动时的重力平衡，即

$$P_{i\min} = \frac{r(R_{\min b}-a)}{2} \tag{4-84}$$

式中，r 为围岩的容重（kN/m^3）；$P_{\min b}$ 为有锚杆且相应的支护抗力为最小（即 $P_{\min b}+\sigma_b$ 为最小）时的围岩松动区半径（m）。按下式计算：

$$R_{\min b} = a\left[\left(\frac{P_0+c_1\cot\varphi_1}{P_{i\min}+\sigma_b+c_1\cot\varphi_1}\right)\left(\frac{1-\sin\varphi_1}{1+\sin\varphi_1}\right)\right]^{\frac{1-\sin\varphi_1}{2\sin\varphi_1}} \tag{4-85}$$

当已知 $P_{i\min}$ 和 $P_{i\max}$ 后，即可按式 $L_{\min}>R_b-a$ 校核支护抗力 P_i。

喷层抗力的安全系数 K_2 为

$$K_2 = P_i/P_{i\min} \tag{4-86}$$

据统计，K_2 在 3～6 范围内为宜，否则，应修正喷层厚度，改变锚杆数量或变更支护时间。

从强度校核出发，要求喷层内壁的切向应力 σ_θ 小于喷层材料的抗压强度 S_c，按厚壁圆筒理论有

$$\sigma_\theta = \frac{b^2 P_i}{b^2 - a_0^2}\left(1 + \frac{a_0^2}{r^2}\right) \tag{4-87}$$

当 $\gamma = a_0$ 时

$$\sigma_\theta = \frac{2b^2 P_i}{b^2 - a_0^2} = P_i \frac{2\left(\frac{b}{a_0}\right)^2}{\left(\frac{b}{a_0}\right)^2} < S_c$$

式中，a_0、b 为喷层的内、外半径。

因为喷层厚度 $t = b - a_0$，故其值大小可按下式计算：

$$t = K_s b \sqrt{\frac{S_c}{S_c - 2P_i} - 1} \tag{4-88}$$

式中，K_s 为喷层强度安全系数；S_c 为喷层材料的抗压强度（MPa）；b 为喷层的外半径（m）。

二、新奥法的开挖方式

新奥法掘进隧道，其开挖方式有全断面法、台阶法、临时仰拱法、侧壁导坑法几种。开挖方式对于保护围岩的天然承载力、保证隧道的安全和控制地表下陷量等都有影响。选择开挖方式时，应考虑下列几个问题：①隧道埋深、岩体状况、有无断层破碎带、有无涌水、岩石强度等有关隧道围岩自稳性的问题；②隧道总长或工区长度，隧道的线形，断面形状和尺寸等有关工程规模；③地表设施状况，对地表下陷有无要求，地表下陷量的容许值等有关环境要求问题；④机械设备，工期等施工条件问题。

由于地下工程在勘测阶段很难对地质做出准确的判断，施工过程中当遇到地质条件发生未预计到的变化时，常常不得不变更开挖方式，新奥法施工变更开挖方式比传统法容易，但因为变更开挖方式毕竟会影响工期并造成经济损失，因此变更开挖方式应予综合考虑。下面对几种施工方法进行详细的介绍。

（一）全断面开挖

隧道断面经一次爆破成型的开挖叫全断面开挖。这种开挖的优点是：可以减少开挖对围岩的反复扰动，有利于保护围岩的天然承载力；可以采用深孔爆破法加快掘进速度；各工况之间干扰少，便于组织施工作业，便于组织大型机械化施工。这种开挖的缺点是：对地质条件要求较严，围岩自稳性要好；对大断面隧道进行喷锚作业应有专设的机械化脚手架，否则不便进行喷锚作业。

（二）台阶式开挖①

台阶式开挖包括长台阶、短台阶、小台阶、多台阶等几种，在这几种方法中，除了多台阶方式具有两个以上开挖工作面外，其他都只具有上半断面和下半断面两个开挖工作面。台阶式开挖对地质条件的适应性好，对所有岩质条件都适应，应用得较多。施工中到底应当采用哪种台阶法，主要根据下列两个条件来选择：①根据一次被覆形成闭合断面的

① 韩瑞庚．地下工程新奥法［M］．北京：科学出版社，1987．

时间要求来选择、断面的闭合时间因岩质不同而不同；②根据上半断面施工时所用的开挖、支护、出渣等机械设备对施工场地大小的要求来选择。

当在软弱地层中掘进隧道时，需尽快地构筑支护结构来形成闭合断面。这时，在确定选用哪种开挖时，需要同时考虑上述两个条件。当岩质较好时，主要考虑如何更好地发挥机械的工作效率，保证施工的经济性，这时在确定选用哪种台阶开挖时，只考虑上述第二个条件。在岩石隧道中，应用较广的是长台阶开挖和短台阶开挖，现将这两种开挖方式分述如下。

1. 长台阶开挖

这种开挖方式把隧道断面分成上半断面和下半断面两部分进行开挖，台阶长度通常取100～150m，上半断面和下半断面交替进行开挖。但在交替开挖中，上、下两断面间应当保留台阶长度最少50m，这样才能保证在台阶上布置施工机械。

长台阶开挖方式的适应范围比全断面开挖方式广泛，全断面开挖施工中，当遇到岩质条件变坏、开挖工作面自稳性较差时，可以考虑使用长台阶开挖。

长台阶开挖的优点是：在隧道长度比较短时，可以优先完成隧道全长的上半断面施工，然后进行下半断面施工。因此，上半和下半断面可以使用同一套机械设备，使施工组织简化。

长台阶开挖的缺点是：当隧道长度较长时，上、下两个半断面分开施工或者交替施工都会使施工工期延长，而采用上、下两个半断面并行施工，虽然可以缩短工期，但由于两套机械相互干扰，使施工组织工作变得复杂。

2. 短台阶开挖

短台阶开挖比长台阶更早地使支护结构形成闭合断面，更利于控制地表沉降量。因此，在岩质条件更差时，采用短台阶开挖比长台阶法更有利。短台阶开挖也是分成上、下两个断面进行开挖，上下两个断面并行施工。在并行施工中，上、下两个断面间保留的台阶长度一般为20～50m。在保证施工机械正常工作的前提下，为尽早形成支护结构的闭合断面，台阶长度应取最小限度。

这种开挖方式使用一般的机械，对地质的适应范围较广，从硬质围岩到土砂质围岩以及膨胀性围岩都可以采用。短台阶开挖的缺点是，由于台阶短，上半断面和下半断面施工不能全部并行进行，而只能部分平行进行（这里主要是指上断面出渣时对下半断面施工的影响）。

3. 临时仰拱开挖

临时仰拱开挖是短台阶开挖方式的一种变形，在城市隧道施工中为减少地表下陷量有时采用此种开挖。

临时仰拱开挖的特点是把上半断面的底板开挖成仰拱形曲面，并在曲面上做钢筋混凝土层，以使上半断面形成闭合断面。由于上半断面的底板是仰拱形曲面，机械设备运行不方便，且由于构筑喷射混凝土仰拱和构筑重型机械运行的路面而使开挖作业不能正常进行，整个工程的施工速度都要受影响，使工期延长。临时喷射混凝土仰拱只起临时支护作用，施工中还要不断开挖，工程造价较高。

4. 侧壁导洞开挖

新奥法的侧壁导坑开挖与传统的侧壁导坑不同，它结合了隧道侧墙部分一次被覆，在隧道两侧用混凝土构筑两个管状导坑承受荷载；为使侧墙部分能承受较大的荷载，做完一次被覆之后还要二次被覆。管状的承载能力比较高，在软弱地层亦可承受很大的荷载。同时，由于管体与隧道核心部的土、砂贴的很紧，管体抵抗侧压的能力非常强。

新奥法的侧壁导坑主要适应于城市砂质地层中，构筑跨度较大的隧道侧壁导坑开挖是把隧道整个断面分成两个侧壁导坑、上、下半断面、仰拱等几个部分分块进行开挖的。各个部分开挖后都可以随时形成一个临时闭合断面，因此，这种开挖可以使内空变位量和地表下陷量减少。根据施工经验，在相同的岩质条件下，采用新奥法侧壁导坑开挖隧道引起的地表下陷量，是采用短台阶开挖方式的一半。在隧道的上半断面、下半断面、仰拱等部分开挖后，要把导坑内侧壁清除掉，因此导坑的内侧壁与外侧壁（应保留的隧道侧壁）的结点应当做成容易拆除的结点。

上面的开挖方式的断面如图 4 - 25 所示。

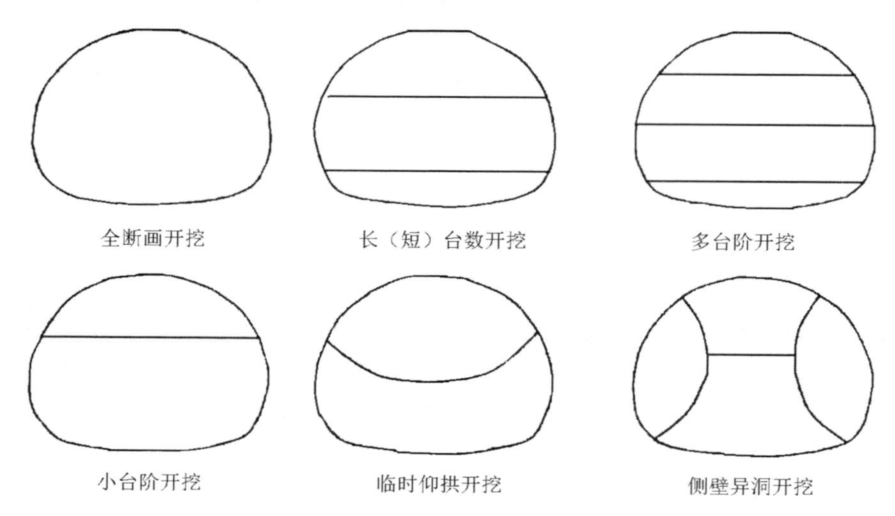

图 4 - 25　新奥法隧道的开挖方式

隧道施工的方式还有由上述方式变化来的一些开挖方式，如二分步法等。总之隧道的开挖方式是很灵活的，要根据隧道的开挖断面尺寸、岩体情况的变化、环境变形要求等进行综合考虑适当选择，往往在同一隧道也会采用不同的开挖方式。

（三）新奥法施工工序

当前新奥法主要应用于岩石隧道的开挖，在岩石隧道的开挖中，一般采用如下的施工顺序：①钻孔，设计包括孔位布置、孔深、孔径；②装药（设计要考虑装药量）、爆破、通风；③排除险石，清理飞散岩渣；④出渣；⑤钻锚杆孔埋设锚杆、喷射混凝土形成初次支护（岩质较差时挂钢筋网后再喷射混凝土）；⑥下一轮爆破开挖。对于不同的开挖方式，上述工序可能要做相应的调整和增加。

（四）新奥法开挖程序的选择

开挖是实施新奥法的重要环节之一，其中关键是努力减少对围岩的扰动和破坏，以谋求围岩在开挖过程中的稳定。制订开挖程序、选择爆破方法和支护方案，都应该从这一基本观点出发来考虑。不同的开挖步骤，对围岩的强度有不同的影响。应该在综合考虑地质条件、洞室规模和施工设备等因素的基础上选择一种较好的开挖程序。所谓开挖程序，就是洞室各部分开挖的先后顺序，既包括横断面上分块的先后顺序，也包括总剖面上导洞领先长度的安排。

新奥法认为，开挖对围岩的扰动越小越好。因此，当围岩具有足够的自稳时间（开挖后到完成支护这段时间内围岩是稳定的），洞室断面尺寸不大时，应争取一次开挖成洞（即采用全断面开挖的方法）。因为开挖次数过多，围岩将要遭受多次的应力扰动和爆破振动的不良影响，它们或者把瞬时作用的应力值提高了，或者削弱了围岩的强度。但是，当洞室断面过大无法实现全断面开挖，或者遇到松散软弱的围岩必须实行分部开挖时，应尽量减少分部的次数，同时要对横断面上的分块顺序和洞形作好选择，而且在纵剖面上领先导洞的长度也要加以控制。①

选择一种好的开挖程序对保护围岩带来的好处甚至超过衬砌层的作用，这一点是值得引起重视的。隧洞的开挖，特别是松软岩层中隧洞的开挖，其纵剖面方向上的开挖方式也应进行一定的控制。也就是说，要把爆破开挖进尺与支护作业协调一致，尽可能减少“空顶距离”（指已支护段到掌子面之间的距离）和“空顶时间”（开挖后到完成支护这一段时间的间隔），因为这种距离越大，时间越长，对围岩的自稳越不利。对松软岩层来说，上述要求尤为重要，因为它的承载能力低，自稳时间短，一般宜采用“步步为营”的办法来开挖。

另外，若采用上导洞领先的方法开挖，导洞的长度不宜过长（视施工安排的具体情况尽量缩短），否则，就无法进行仰拱的施工。而在松软围岩中采用全断面封闭的支护措施，对平息围岩的变形发展和维护围岩稳定来说，是至关重要的。

三、新奥法工程实例②

隧道建设中已广泛采用新奥法进行隧道设计及施工，而现场监控测量是新奥法隧道施工的三大支柱之一，监控量测数据的采集、处理和分析本身就是新奥法的重点和难点，也是评价设计、施工建设是否合理的重要方面，是对新奥法进行继续研究探讨发展的方向之一。在隧道施工中进行监控量测能够及时掌握隧道围岩动态和支护结构的使用情况，对施工进度、工程质量以及经济投入都有非常重要的影响。在施工安全方面，通过对支护状态进行评价，能够做到及时预测隧道施工中存在的险情，保障施工者的人身安全。

（一）现场监控量测流程

隧道施工采用新奥法时，现场监控量测就是对隧道围岩和支护结构体系的稳定性和使

① 黄玉芳，李建星，刘兴柱. 新奥法在隧洞工程快速施工中的应用［J］. 科技信息，2008（4）：98.

② 孟岩. 新奥法隧道施工中的监控量测技术研究［J］. 企业技术开发，2013，32（14）：151－153.

用情况做出判断，从而保证施工安全、指导施工、选择及修正支护参数、进行施工管理。同样现场监控量测是隧道设计、施工中不可或缺的一个重要步骤，它对于隧道施工前的初始设计和施工建设过程中进行再设计都有着重要的指导意义。监控设计的流程图如图 4－26所示。

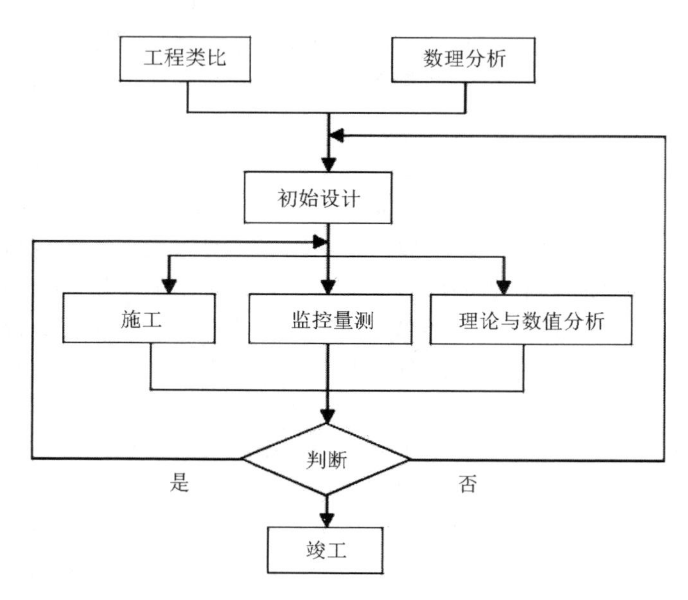

图 4－26　监控设计流程图

综合考虑，现场监控量测并非只是最初施工设计时进行初勘和各项静态测试，最重要的是在整个施工阶段进行隧道地质情况的详勘和各项动态测试。判断循环存在于整个施工过程中，并不断进行设计的修正完善和优化。

（二）隧道监控量测中的内容、方法和目的

1. 隧道监控量测中的必测项目

（1）地质及支护状况的观察。在每次完成爆破后和初喷后，为了对隧道围岩的稳定性进行正确评价，判断围岩的类别是否与预设计相符，需要通过施工者进行肉眼观察、地质罗盘及锤击检查隧道中各个掌子面的方法，描述、记录围岩地质、岩性、岩层产状、结构面、裂隙、溶洞、地下水情况以及衬砌支护效果，必要时地下水流量也应进行拍照、测量。对开挖面附近进行初期支护状态进行观察、描述、记录，从而对判断围岩、隧道稳定性、支护结构参数的合理性有着非常重要的作用。

（2）围岩周边收敛量测。周边收敛量测是对隧道周边相对方向两个固定点连线上的相对位移值进行测量。了解周边收敛和断面变形状况，直观表现隧道开挖所引起围岩的变形情况，大多采用收敛计进行接触量测或高精度全站仪进行非接触式量测。隧道开挖爆破后应尽早在隧道两侧边墙及拱腰水平方向进行钻孔，钻孔直径 40～50mm，并埋设深度为20～30mm的测杆或球头测桩，使用快凝水泥固定，测桩球头应设有保护罩。测点位置如图 4－27 所示。

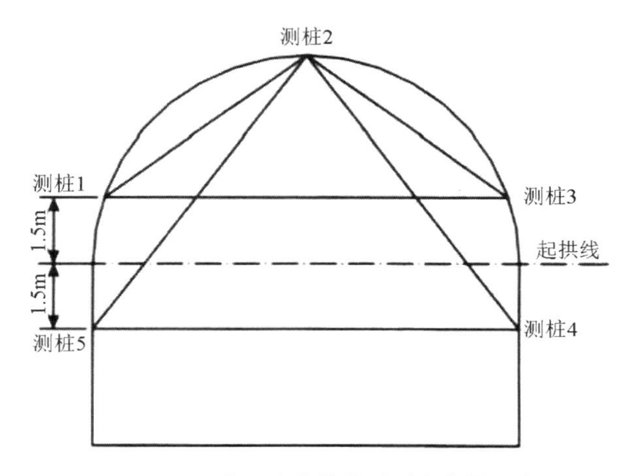

图 4-27 围岩周边收敛量测测点布置示意图

（3）拱顶下沉量测。大多浅埋隧道里判断围岩稳定性的必要依据就是拱顶下沉和地表下沉。地表的下沉是由于隧道拱顶发生下沉造成的，地表点所发生的下沉位移值一般比拱顶点发生的下沉位移值要小，两者发生下沉的时间不同，拱顶点下沉要比地表点下沉早。特殊情况下两者下沉同时发生，当隧道埋深很浅、围岩发生破碎时，地表下沉位移值逼近拱顶下沉位移值。所以，根据不同隧道开挖面上拱顶点的垂直位移的变化情况，就可以对隧道的稳定性做出判断。隧道拱顶下沉量测时可采用精密水准仪及钢卷尺进行接触式量测。在量测时先在周边收敛量测断面拱顶处埋设一个测桩，再在测桩上焊接一弯钩，弯钩上挂上钢卷尺，使用精密水准仪进行测量。

（4）地表下沉。是通过地表下沉位移量来判断隧道开挖施工对地表下沉造成的影响，从而最终确定隧道支护结构。量测过程中基准点埋设在以隧道开挖横向各 3～5 倍洞径外的区域为地表测试有效范围，在此范围内埋设地表沉降观测基点，再使用水准仪量测观测基点下沉位移值。

2. 隧道监控量测的选测项目

（1）围岩内部位移量测。进行该量测是了解隧道围岩松弛区、位移量及围岩应力的分布情况，使之能够为判断隧道围岩变形情况提供数据。量测时使用多点位移计，埋入隧道锚杆内，量测隧道围岩内部不同深度发生的位移值。

（2）锚杆轴力量测。锚杆轴力量测是为了判断锚杆的布置是否合理，依据为锚杆所承受的压力。量测时使用测力锚杆，埋入隧道锚杆孔内，从而量测隧道围岩内部的不同深度锚杆所受的压力。

（3）衬砌应力量测。是根据喷射混凝土层内轴向应力及衬砌内应力，记录支护衬砌内受力情况。量测工具：应力计。施工进行喷射混凝土的同时，把应力计埋入其中，量测喷射混凝土层内的轴向应力。施工进行浇筑混凝土模筑时，把应力计埋入其中，量测衬砌内应力。

（4）围岩压力及支护压力量测。利用围岩压力及支护压力量测得围岩压力及层间支护压力的大小，计算复合衬砌的围岩压力大小，用以判断隧道围岩给予初期支护和二次衬砌各自压力情况。量测使用压力盒，在围岩与初期支护间，在初期支护与二次衬砌间埋设压力盒，各自量测围岩与初期支护间接触压力及初期支护与二次衬砌间的接触压力。

（5）型钢支撑应力量测。型钢支撑应力量测是量测作用在型钢支撑上的压力，用来对型钢支撑的几何尺寸、间距以及是否使用型钢支撑做出判断。量测时在型钢支撑上焊接钢筋计，量测型钢支撑上的压力。

（6）弹性波测试。弹性波测试主要是勘察围岩松动区的大小以及裂隙的变化情况。量测时采用单孔法/跨孔法，使用 HF－D 型智能声波仪来测定围岩中不同深度的岩体波速，以确定围岩松动区域大小、岩体内部裂缝大小。

3. 数据处理与分析

现场量测采集的数据由于受环境和人为因素的影响存在不可避免的偶然误差，所以现场量测所得的数据都要经过数理回归分析。根据实测位移值，来选择曲线函数，再用回归分析来处理数据，制定出实测值散点曲线图及回归函数曲线图，同时再绘制位移—时间曲线（U—T 曲线），对最大位移值做出预测，使之正确地指导施工。从绘制得到的周边水平位移曲线中可以了解到围岩净空变化值的大小，对围岩是否进入稳定状态做出相应判断；从拱顶下沉曲线中可以测量出拱顶下沉量，使之对现有初期支护是否能有效约束围岩变形增长做出判断。在实践中，通常采用四种非线性函数进行回归试算。

双曲线函数：

$$U = T/(a + b \cdot T) \tag{4-89}$$

幂函数：

$$U = a \cdot T^{b} \tag{4-90}$$

指数函数：

$$U = a \cdot e^{-(b/T)} \tag{4-91}$$

对数函数：

$$U = a + b/\lg(1 + T) \tag{4-92}$$

式中，a、b 为回归常数；U 为位移值（mm）；T 为初读数后的时间（d）。

监控量测是对隧道围岩动态监控，判断其稳定性的重要手段，在新奥法施工中占据着非常重要的地位。但在具体施工实践中，常常会出现监控量测只注重量测数据的采集、处理和分析，而与信息的传递和反馈脱节，工程建议过程有名无实，致使监控量测失去其原有的意义。再有施工者在施工中如漠视监控量测的重要性，浮躁马虎，所采集的数据不能反映真实情况，致使量测工作停留于表面。所以在隧道施工工作中要以求真务实的态度认真对待量测工作，认真采集、处理、分析量测数据，及时反馈信息优化设计，以使隧道施工能安全有效进行。

第五章

岩土加固新技术

第一节　柱锤冲扩桩加固技术

复合地基指的是在土中采取一定的措施，将其制作成加固体，然后其余承担建筑物荷载的地基共同组成复合地基。在此过程中，为了保证所构成的复合地基能够很好地满足建筑物的荷载要求，就要保证其中的加固体能够与土体很好的结合，从而发挥良好的承担建筑物载荷的作用。通常情况，开展工程建设的过程中，若通过考察发现，天然的地基难以很好地满足建筑物的变形与承载要求，就会应用灌注桩基础来解决这一问题，但是这会导致工程造价大大提升。对于此种情况，若能够将加固体复合地基应用于工程施工当中，就能够很好地解决上述问题。柱锤冲扩桩法复合地基就是其中之一。这种方法开挖土方少、施工速度快，且为干作业，施工不受季节限制，近年来，其加固效果和综合效益越来越得到承认，在全国范围内得到了广泛的应用。[①]

一、柱锤冲扩桩法概论

（一）柱锤冲扩桩法简介[②]

柱锤冲扩桩技术由河北工业大学、沧州市机械施工有限公司等单位从1989年开始开发研究，并先后通过河北省和建设部的鉴定。1996年列入建设部科技成果重点推广计划。1997年正式颁布了河北省工程建设标准《柱锤冲孔夯扩桩复合地基技术规程》DB13（J）10—97。行业标准《建筑地基处理技术规范》JGJ 79—91修订时增加了这一内容，并首次将该工法最终命名为“柱锤冲扩桩法”，编入《建筑地基处理技术规范》JGJ 79—2002，同时，对其定义、适用范围、设计、施工、质量检验等作出明确规定。

该工法是在土桩、灰土桩、强夯置换等工法的基础上发展起来的。实施柱锤冲扩桩复合地基主要是采用直径300～500mm、长2～6m、质量1～8t的柱状细长锤（长径比L/d＝7～12，简称柱锤）、提升5～10m高，将地基土层冲击成孔，反复几次达到设计深度，边填料边用柱锤夯实形成扩大桩体，并与桩间土共同工作形成复合地基。

---

① 盖海涛. 柱锤扩桩地基处理浅析［J］. 智能城市，2016（1）：122-124.

② 王思远，刘熙媛. 柱锤扩桩加固机理研究［J］. 建筑科学，2008（9）：63-68.

(二) 柱锤冲扩桩法的特点

柱锤冲扩桩法地基处理技术和其他技术相比，具有以下的特点。

(1) 柱锤冲扩桩法能够用于各种复杂地层的加固处理，适用于各类软弱土地基。特别是对人工填筑的沟、坑、洼地、浜塘等欠固结松软土层和杂填土的处理，更显示出特有的优越性。

(2) 冲击成孔与补充勘察相结合，可发现工程勘察中没有探测到的局部软弱土层，消除工程隐患。

(3) 桩身直径随土的软硬自行调整，土软处桩径大，桩身成串珠状，与桩间土呈咬合抱紧的镶嵌挤密状态，使处理后的地基均匀密实。

(4) 用料广泛，桩身填料可以采用各种无污染的无机固体材料，设计可依据工程需要及材料来源就地取材。

(5) 柱锤冲扩桩复合地基施工过程使用的设备简单，便于控制。由于锤底面积小，锤底静接地压力大，所以采用低能级夯击可以达到中能级至高能级夯击的效果。

(6) 工程造价低，与混凝土灌注桩相比，一般可减少地基处理费用50%以上。当采用渣土、碎砖三合土作为桩身填料时，可以大量消耗建筑垃圾，减少污染、保护环境，经济及社会效益较好。

(7) 柱锤底面积小，冲孔夯击以冲切为主，振动很小。填料夯实在孔内进行时振动也不大，但是在桩顶填料夯实成桩时，会有轻微振动及噪声。在饱和软土地区施工时，由于孔隙水应力来不及消散，成桩时会发生隆起，造成邻桩位移上浮及桩间土松动，从而影响表层加固效果，设计施工时应采取必要措施。

(三) 工程应用概况①

(1) 初期（1994 年以前）主要用于浅层松软土层（≤4m），桩身填料主要是渣土或2∶8灰土，建筑物多为 4～6 层砖混住宅，加固机理以挤密为主。

(2) 20 世纪 90 年代中期引进天津，多用于沟、坑、洼地、水塘等松软土层或杂填土等地基的处理。为解决坍孔及提高地基处理效果，开发出复打成孔及套管成孔工艺。借鉴生石灰桩的加固机理，在桩身填料中加入生石灰（即碎砖三合土），实践证明加固效果良好。其加固机理主要是置换及生石灰的水化胶凝反应。在这一时期还曾用于基坑（4～5m）护坡，效果也较好。

(3) 20 世纪末，柱锤冲扩桩桩身填料除了渣土、碎砖三合土及灰土以外，级配砂石、水泥土、干硬性水泥砂石料、低标号混凝土等也开始采用。柱锤冲孔静压沉管—分层填料柱锤夯扩成桩工艺及中空锤振动沉管—分层填料柱锤夯扩成桩工艺的采用，使得地基处理深度大大加深，桩身强度及复合地基承载力也大大提高。除建筑工程外，公路工程地基处理、堆场等也开始采用这一地基处理方法。

(4) 到 21 世纪，柱锤冲扩桩法应用领域进一步扩大。实践表明，柱锤冲扩挤密灰土（土）桩可用于湿陷性黄土地区。通过合理确定设计参数，并经试桩施工及桩间土检测，

① 代国忠，林峰. 柱锤扩桩法地基加固机理与施工工艺 [J]. 常州工学院学报，2009，22 (4)：1-4.

证明该技术可以有效地消除黄土的湿陷性，处理深度可达 15～20m。当桩身填料采用干硬性水泥砂石料时，可使一桩两用，既可消除黄土湿陷性又可大大提高地基承载力。

此外，北京周边地区广泛采用柱锤冲扩挤密砂石桩消除砂土液化，效果良好，处理深度达 6～8m。在山区不均匀地基处理中，柱锤冲扩桩法也得到了广泛应用。

二、柱锤冲扩桩法加固机理①

柱锤冲扩桩法加固机理与桩间土性状、桩身填料类型、加固深度、成桩工艺、柱锤类型等密切相关，与一般桩体复合地基的加固机理有共同之处，也有其自身的特点。如复合地基的桩体作用，柱锤冲扩桩也同样存在。特别是桩体采用黏结材料时，如水泥土、水泥砂石料等，其桩体作用更加明显。而柱锤冲扩桩法自身的特点主要是冲孔及填料成桩过程中对桩底及桩间土的夯实挤密作用（二次挤密）。由于柱锤的质量比以往灰土桩、挤密碎石桩所用夯锤大，底面积比强夯又小得多，所以锤底单位面积夯击能大大提高，因此，本工法还具有高动能、高压强、强挤密的作用。此外，当柱锤冲扩桩法处理浅层松软土层时，通过填料复打置换挤淤可形成柱锤冲扩换填垫层，起到类似垫层的换土、均匀地基应力及增大应力扩散的作用。

（一）冲击荷载作用

柱锤冲扩桩法施工中，其冲孔、填料夯实的作用可看作重复性（短脉冲）冲击荷载，如图 5－1 所示。柱锤对土体的冲击速度可达 1～25m/s。这种短时冲击荷载对地基土是一种撞击作用，冲击次数愈多，成孔愈深，累积的夯击能就愈大。

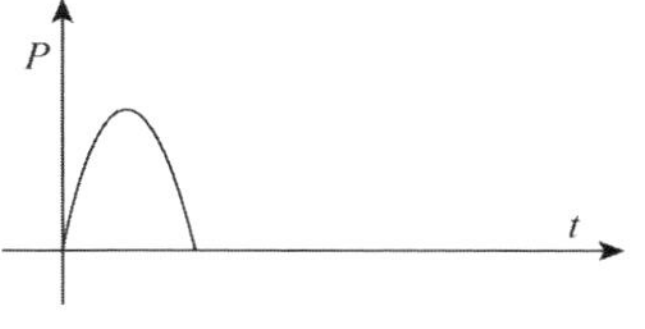

图 5－1 冲击荷载

由于本工法所使用柱锤的底面积小，因此不同锤型的锤底静接地压力值普遍大于 100kPa，最高可达 500kPa 以上，而强夯锤底静接地压力值仅为 25～40kPa。在相同锤重及落距情况下，柱锤冲扩地基土的单位面积夯击能量比强夯大很多。对比计算结果如表 5－1、表 5－2 所示。

表 5－1 常用柱锤单位面积夯击能计算

序号	柱锤直径（mm）	柱锤底面积（m^2）	柱锤质量（t）	锤底静压力（kPa）	单位面积夯击能（kN·m/m^2）	
					落距 5m	落距 10m
1	325	0.083	1.0～4.0	121～482	591～2 364	1 182～4 728
2	377	0.112	1.5～5.0	134～446	659～2 196	1 318～4 392
3	500	0.196	3.0～9.0	153～459	749～2 247	1 498～4 494

注：目前柱锤质量已达 15～20t，单位面积夯击能高达 18 000kN/m^2。

① 袁维红. 新型柱锤扩冲桩法地基处理技术应用探讨 [J]. 工程与建设，2010，24（3）：378－380.

表 5-2 强夯单位面积夯击能（$kN \cdot m/m^2$）

锤底静压力（kPa）	落距（m）			
	10	20	30	40
25	250	500	750	1 000
30	300	600	900	1 200
35	350	700	1 050	1 400
40	400	800	1 200	1 600

注：强夯法夯锤质量一般为 10～40t，落距 10～40m，锤底单位面积静压力为 25～40kPa。

由表中数据可知，柱锤冲扩桩法柱锤的单位面积夯击能可达 600～5 000$kN \cdot m/m^2$，与同等条件下强夯比较，是一般强夯单位面积夯击能的 10～20 倍。用柱锤冲击成孔时，冲击压力远远大于土的极限承载力，从而使土层产生冲切破坏。柱锤向土中侵彻过程中，孔侧土受冲切挤压，孔底土受夯击冲压，对桩间及桩底土均起到夯实挤密的效应。

柱锤冲孔时，地基土受力情况如图 5-2 所示。图 5-2 中，q_s 为冲孔时柱锤作用在孔壁上的侵彻切应力（kPa）；P_x 为冲孔时侧向挤压力（kPa）；P_d 是由柱锤冲孔引起的锤底冲击压力（kPa）；P_d 的大小与夯击能、成孔深度、土质等有关。

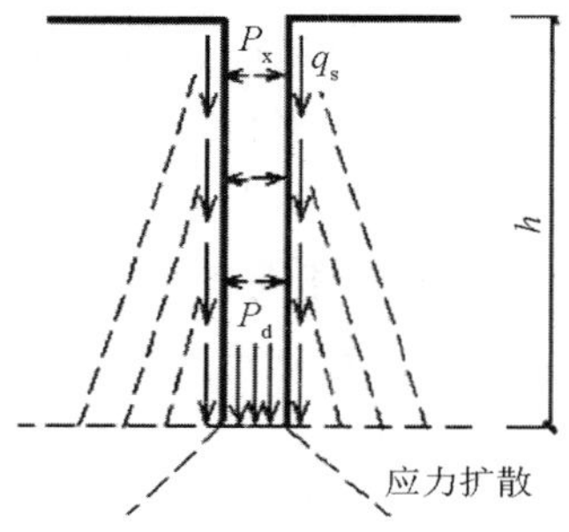

图 5-2 柱锤冲孔时地基土受力示意图

柱锤对土体不仅产生侧向的挤压，而且对锤底的地基土产生冲击压力。柱锤冲扩产生冲击波及应力扩散的双重效应，可使土产生动力密实。当冲扩深度较小时，对于饱和软土及中密以上土层，由于埋深浅、桩孔周围土层覆盖压力小，冲击压力较大时可能会产生隆起，造成局部土体松动破坏。因此，采用柱锤冲扩桩法时，桩顶以上应有一定覆盖土重。

（二）柱锤冲孔的侧向挤密作用机理（一次挤密）

柱锤冲孔对桩间土的侧向挤密作用可采用圆筒形孔扩张理论来描述。

圆筒形孔扩张理论来自于魏西克关于孔扩张的理论。孔扩张的理论以摩尔—库仑条件为依据，在具有内聚力 c、内摩擦角 φ 的无限土体中，给出了圆筒形孔扩张的一般解。如图 5-3 所示，具有初始半径为 R_i 的圆筒形孔，被均匀分布的内压力 P_x 所扩张。当这个压力增加时，围绕着孔的圆筒形区将成为塑性区。这个塑性区将随着内压力 P_x 的增加而不断的扩张，一直达到最终值 P_u 为止。这时，孔的半径为 R_u；而围绕着孔的塑性区的半径则扩大到 R_p，该塑性区内土体可视为可压缩的塑性固体。在半径 R_p 以外的土体仍保持为弹性平衡状态。因此，塑性区半径 R_p 即可看作圆孔扩张的影响半径，其表达式为

$$R_p = R_u \sqrt{\frac{I_r \sec\varphi}{1 + I_r \Delta \sec\varphi}} \tag{5-1}$$

$$I_r = \frac{G}{S} = \frac{E}{2(1+\upsilon)(C + q\tan\varphi)} \tag{5-2}$$

式中，R_p 为塑性区半径；R_u 为扩张孔的半径；I_r 为地基土的刚度指标；Δ 为塑性区内土体积应变的平均值；G 为地基土的剪切模量；S 为地基土的抗剪强度；E 为土的变形模

量；μ 为土的泊松比；q 为地基中原始固结压力；C 为土黏聚力；φ 为内摩擦角。

当塑性区体积应变平均值 $\Delta=0$ 时，塑性区半径 R_p 的表达式为

$$R_p = R_u = \sqrt{\frac{E}{2(1+\mu)(c\cos\varphi + q\sin\varphi)}} \tag{5-3}$$

由式19）可知，塑性区半径与桩孔半径成正比，并与土的变形模量、泊松比、抗剪强度指标有关。

根据上述理论，在扩张应力的作用下，柱锤冲扩挤压成孔，桩孔位置原有土体被强制侧向挤压，塑性区范围内的桩侧土体产生塑性变形，因此使桩周一定范围内的土层密实度提高。实践证明，柱锤冲击成孔时，柱锤冲扩桩法桩间土挤密影响范围约为（1.5～2.0）d_0（成孔直径）。对于松散填土以及达到最优含水量的黏性土，挤密效果最佳。当土的含水量偏低，土呈坚硬状态时，有效挤密区减小；当含水量过高时，由于挤压引起超孔隙水应力，土难以挤密，提锤时，由于应力释放，易出现缩颈甚至坍孔。对于非饱和的黏性土、松散粉土、砂土以及人工填土，冲孔挤密效果佳。而对淤泥、淤泥质土及地下水位下的饱和软黏土冲孔挤密效果差，同时，孔壁附近土强度因受扰动反而会降低，且极易出现缩颈、坍孔和地表隆起。不同土层冲孔时地表土体变形情况如图5－4所示。

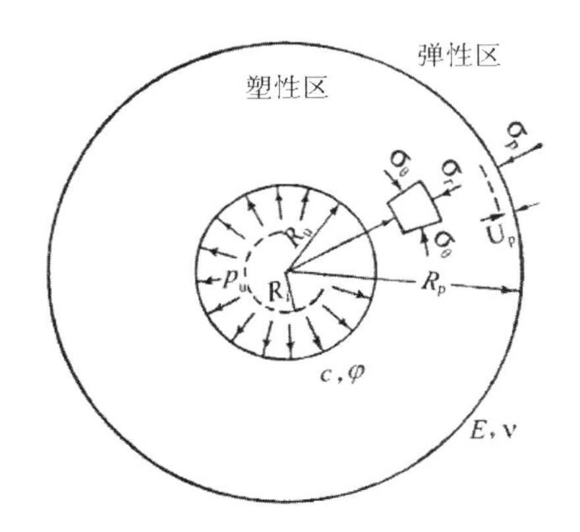

图5－3　圆筒形孔扩张理论示意图

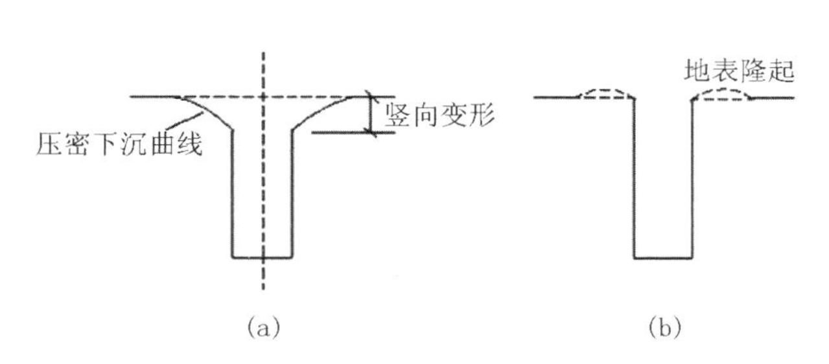

图5－4　柱锤冲孔时地表土体变形示意图

（a）松土、可挤密土；（b）饱和软土

（三）孔内强力夯实的作用机理[①]

随着柱锤冲扩深度的不断增长，上覆土压力不断增加，其夯实效果不断增强。柱锤孔内夯实的作用机理与强夯不同。强夯是在地表对土层进行夯实，夯实效果与深度直接相关，夯实挤密效果随深度增加逐渐减弱。柱锤冲扩是在地表一定深度以下对土层（或通过填料）进行强力夯击。当成孔达到一定深度以后，由于上覆土压力及桩侧土的约束，夯实压密效果较好。

柱锤冲孔时，孔内土体发生冲切破坏，产生较大的瞬时沉降，柱锤底部土体形成锥形弹性土楔向下运动。此时土体的受力情况可用土力学中梅耶霍夫关于地基极限承载力的理论来描述。梅耶霍夫假定的滑动面图形如图5－5所示，孔底 AB 面以下形成一锥形压密

① 代国忠，吴晓松．地基处理［M］．2版．重庆：重庆大学出版社，2014．

核。结合魏西克空洞扩张理论，柱锤在孔内强力夯击时，锤底形成的压密核将土向四周挤出，如图 5－6 所示，则 BD 及 AE 面上的土必须向外侧移动，柱锤才能继续贯入，从而对柱锤底部及四周的地基土起到强力夯实挤密的作用。

对于松散填土、粉土、砂土及低饱和度黏性土层等，随着冲孔（自上而下）夯击及填料（自下而上）夯击，桩底及桩间土不断被动力挤密，且范围不断扩大。但是，柱锤在不同深度冲扩时，土体的变形模式是不同的。如图 5－7 所示，在地面下浅层处，柱锤冲孔夯扩时，土体是以剪切变形为主。随着冲孔深度不断增加，土的侧向约束应力增大，因此，剪切机理已失去主导地位，并逐渐让位于压缩机理。

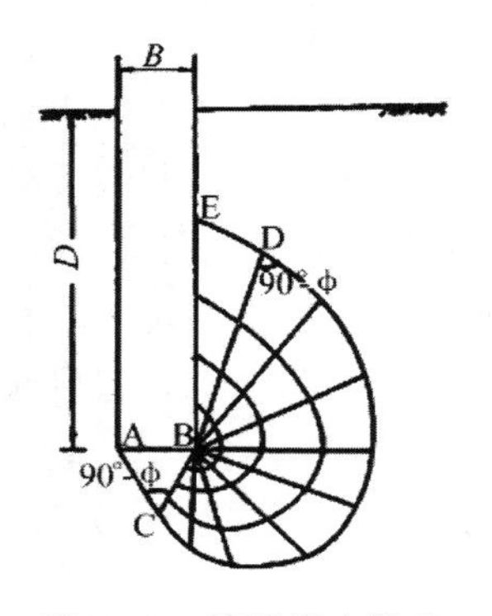

图 5－5　梅耶霍夫假定的滑动面图形

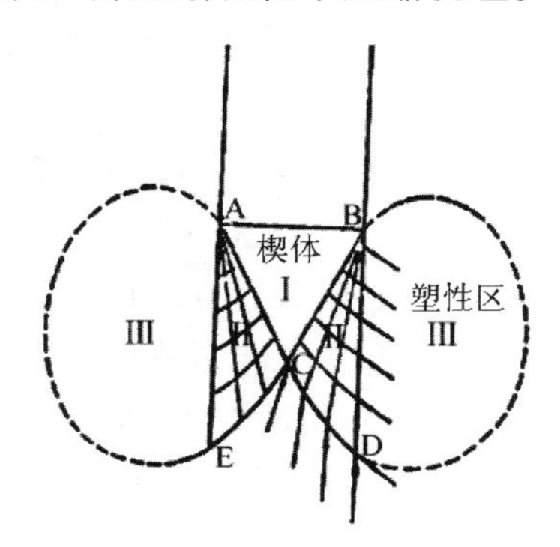

图 5－6　柱锤冲孔孔内夯击示意图

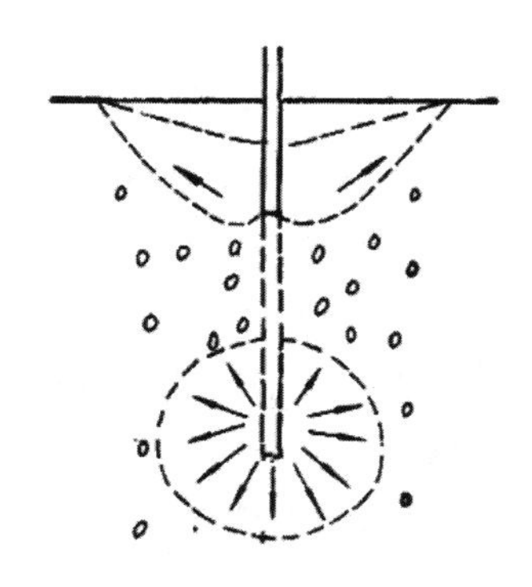

图 5－7　柱锤在不同深度冲扩时的土体变形模式

在压缩机理的作用下，柱锤对孔底及其四周的土体进行夯实挤密。夯实程度与土体的种类有关。不同土体中，柱锤底部土体的位移场如图 5－8 所示。由图可知，在较松散的土中，柱锤夯击所引起的位移场主要集中在柱锤的正下方，侧向影响范围不大。随着密度的增大，侧向及正下方影响范围逐渐扩大。

综上所述，柱锤冲扩夯击的地基加固模式如图 5－9 所示。在浅层，桩孔中的土在剪切作用下被侧向挤出，形成被动破坏区。表层桩间土在被动土压力作用下隆起。随着冲扩深度的加大，柱锤在孔内形成强力夯实作用，孔底下土体在压缩机理的作用下形成主压实区、次压实区。冲孔深度越大，则压实范围越大。

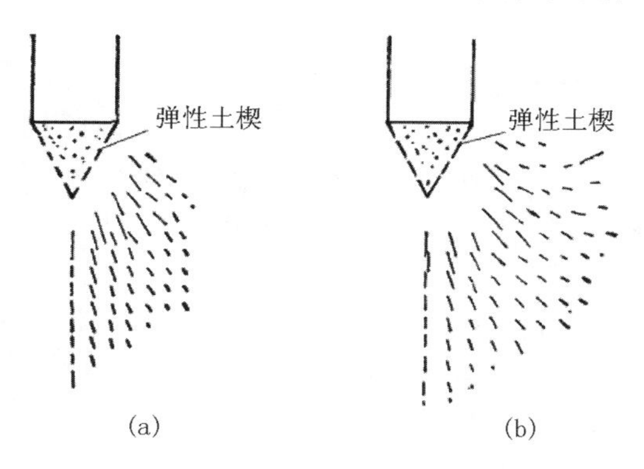

图 5－8　柱锤冲扩时在土中引起的位移场

（a）松软土；（b）密实土（或夯实挤密土）

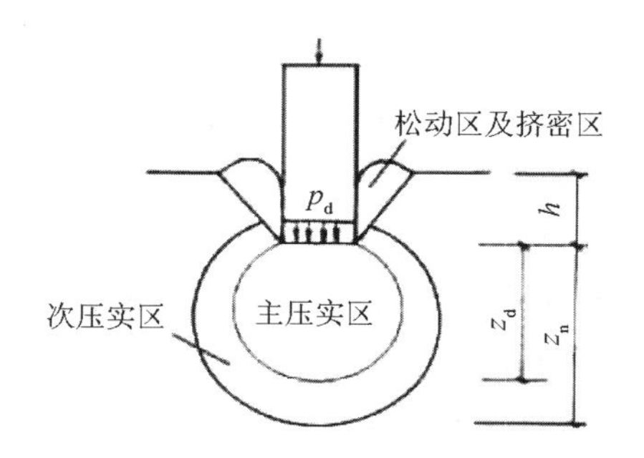

图 5－9　柱锤冲扩地基加固示意图

此外，对于地下水位以下饱和松软土层，其冲孔及填料夯扩的动力密实作用虽不明显，但在孔内强力夯击过程中会产生动力固结效应（这也是一般挤密桩法不具备的）。施工时，桩孔及附近地表开裂出现涌水冒砂现象，表明这一现象是客观存在的。柱锤冲扩桩法对各种不同土层均有夯实挤密效应，仅程度有所不同。对饱和松软土层应待超静孔隙水应力消散，土层强度恢复后再进行基础施工，修建上部结构。

（四）填料冲扩的二次挤密效应及镶嵌作用

一般散体材料挤密桩的桩间土挤密主要发生在成孔过程中的横向挤密，桩身填料夯实采用的锤重及落距较小，如采用偏心轮夹杆式夯实机或提升式夯实机，锤重一般是0.5～2.0t（有的甚至更少），落距1～2m。由于夯击能量较小，所以填料夯实主要为保证桩身密实度，而对桩间土挤密效果并不明显。

柱锤冲扩桩法与其他挤密桩（灰土桩、土桩、砂石桩）相比较，虽然成孔挤密效应相近，但由于柱锤冲扩桩夯击能量远比冲击成孔的灰土（土）桩、砂石桩大（见表5-1及表5-3），因此，其加固机理特别是填料夯扩挤密效应并不相同。

表5-3　灰土（土）桩单位面积夯击能计算示例

序号	夯锤直径（mm）	夯锤底面积（m^2）	夯锤质量（t）	单位面积夯击能（$kN\cdot m/m^2$）	
				落距1m	落距2m
1	340	0.091	0.5～2.0	55～220	110～440
2	426	0.142	0.5～2.0	35～141	70～282

柱锤冲扩桩法在填料夯实挤密过程中，由于夯击能量很大，桩径不断扩大，迫使填料向周边土体中强制挤入，桩间土也被强力挤密加固，即二次挤密。如成孔直径400mm，成桩后桩径d可达600～1 000mm，甚至更大，最大可达2.5m，这是其他挤密桩所不具备的。在湿陷性黄土地区，利用螺旋钻引孔，然后填料用柱锤夯扩挤密桩间土，也可达到消除湿陷性的目的。当被加固的地基土软硬不均时，在相同夯击能量及填料量情况下成桩直径会有很大不同。土软部分成桩直径增大，且会有部分粗骨料挤入桩间土，使桩身与桩间土镶嵌咬合、密切接触，共同受力。经过填料夯击二次挤密作用后，柱锤冲扩桩对地基土的加固效果如图5-10所示。

通过对柱锤冲扩桩法地基处理技术的理论分析及工程应用实践，可将其加固机理概括为以下几点。

（1）柱锤冲孔及填料夯实过程中的侧向挤密和镶嵌作用，这一作用在软弱土地基中发挥显著。同时，冲孔过程中，圆形柱锤对孔壁有涂抹效应，从而起到止水作用。

（2）在冲孔及填料成桩过程中，柱锤在孔内有深层强力夯实的动力挤密及动力固结作用。在饱和软黏土中，动力固结作用尤为突出。桩身的散体材料可起到排水固结的作用。

（3）柱锤冲扩桩对原有地基土进行动力置换，形成的柱锤冲扩桩具有一定桩身强度，起到桩体效应。这种桩式置换依靠桩身强度和桩间土的侧向约束维持桩体的平衡，桩与桩间土共同形成柱锤冲扩桩复合地基。当桩身填料采用干硬性水泥砂石料等黏结性材料时，桩体效应更加明显。

(4) 当饱和土层较厚且极其松软时，柱锤冲扩桩的侧向挤压作用范围扩大，桩身断面自上而下逐渐增加，至一定深度后基本连成一体，桩与桩间土已没有明显界限，形成整式置换。

(5) 桩身填料的物理化学反应。在含水量较高的软土地基中，当桩身填料采用生石灰或碎砖三合土时，碎砖三合土中的生石灰遇水后消解成熟石灰，生石灰固体崩解，孔隙体积增大；从而对桩间土产生较大的膨胀挤密作用。由于这种胶凝反应随龄期增长，所以可提高桩身及桩间土的后期强度。此外，当桩身填料含有水泥时，水泥的水化胶凝作用也会增加桩身强度。

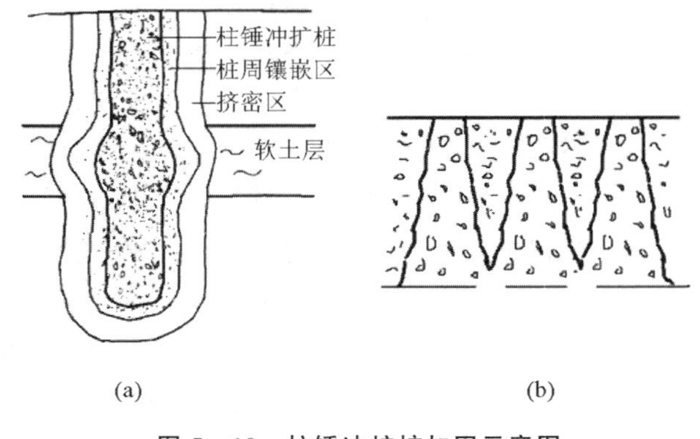

图 5-10　柱锤冲扩桩加固示意图

(a) 局部软土；(b) 深厚软土

(6) 不同锤形加固机理及效果也不尽相同，应依土质及设计要求进行选择。

第二节　高喷插芯组合桩加固技术

高喷插芯组合桩是在高压旋喷水泥土中插入预应力混凝土桩（或沉管桩、钢桩等）作为芯桩而形成的一种新型组合桩。由高压旋喷水泥土桩与强度很高的芯桩两部分组成。首先用高压水泥浆通过钻杆由喷嘴中喷出，形成喷射流，边旋转边喷射，以此切割土体并与土拌合形成水泥土，在土体中形成大于芯桩直径的水泥土桩，然后插入一根（或数根）芯桩（预制桩、沉管桩、钢桩等）组合成桩，如图 5-11 所示。利用旋喷工艺加固桩周土、穿透硬土夹层或对桩端土进行加固，提高桩侧摩阻力和端阻力，芯桩（预制桩、沉管桩、钢桩等）具有足够的桩身截面强度，能满足承载要求，通过高压旋喷水泥土桩和芯桩的有效结合，使单桩承载力显著提高。①

高喷插芯组合桩适用地层广泛，可应用于淤泥、黏土、粉土、砂层、卵石层等。其组合形式和芯桩选型应根据地质条件、上部结构承载力和变形的要求综合确定。试验证明在黏土粉土层中旋喷桩侧摩阻力明显好于淤泥和淤泥质土。针对土层上软下硬情况，宜优先考虑选用高喷插芯组合桩，其效果更好。

针对较厚硬夹层的情况，预应力管桩等预制桩普遍存在沉桩困难问题，采用在硬夹层厚度范围内进行高压旋喷，既解决了沉桩难题，又提高了单桩承载力，仅就这一点，高喷插芯组合桩就有相当大的优势。针对桩端持力层较硬不匀情况，在桩端进行高压旋喷固底可有效地解决问题。

---

① 任连伟，刘希亮，王光勇．高喷插芯组合单桩荷载传递简化计算分析［J］．岩土力学与工程学报，2010，29(6)：1279-1287.

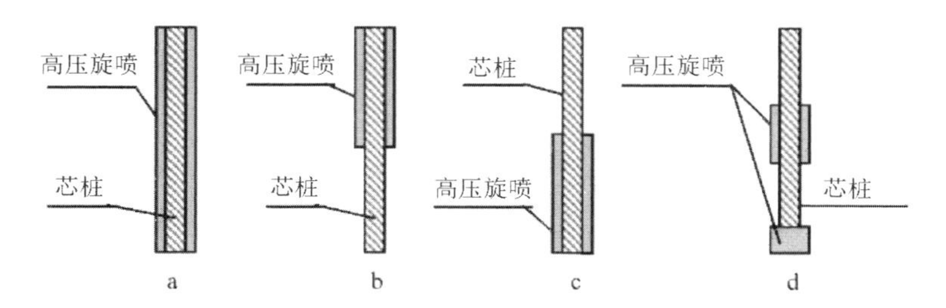

图 5-11 高喷插芯组合桩的主要组合形式

一、高喷插芯组合桩试验模型及计算分析

高喷插芯组合桩（简称 JPP）是一种复合材料桩，是在高压旋喷水泥土中插入预应力混凝土桩（或沉管桩、钢桩等）作为芯桩而形成的一种新型组合桩。无论采用哪种方法来分析 JPP 桩荷载传递过程，高压旋喷水泥土桩与芯桩界面、水泥土或芯桩与桩周土界面的合理模拟是能否取得合理分析结果的关键因素之一。

（一）简化计算[①]

在 JPP 桩桩顶施加竖向荷载时，桩顶荷载由水泥土外侧摩阻力、芯桩桩端阻力和水泥土桩端阻力共同承担，JPP 桩全组合形式下力学简化模型如图 5-12 所示。

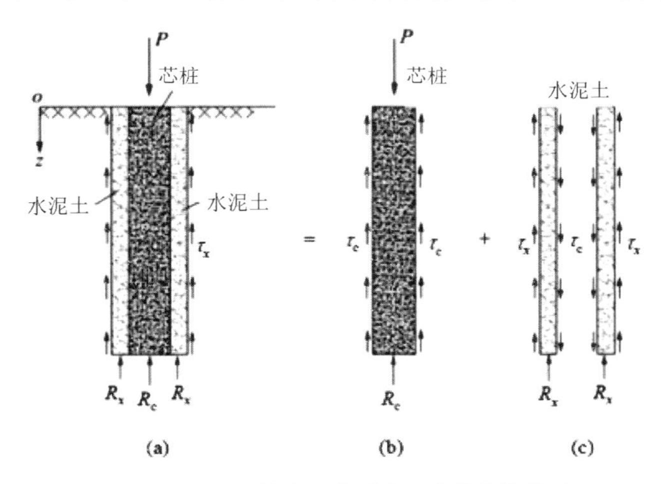

图 5-12 JPP 桩全组合形式下力学简化模型

芯桩和水泥土界面相互作用采用线性模型，水泥土或芯桩与桩周土界面采用理想弹塑性荷载传递函数，芯桩和水泥土桩底与桩端土的相互作用采用双折线传递函数，力学模型如图 5-13 所示。芯桩与水泥土之间的界面称为第一界面，水泥土或芯桩与桩周土之间的界面称为第二界面。

① 任连伟，刘希亮，王光勇. 高喷插芯组合单桩荷载传递简化计算分析［J］. 岩石力学与工程学报，2010，29（6）：1279-1287.

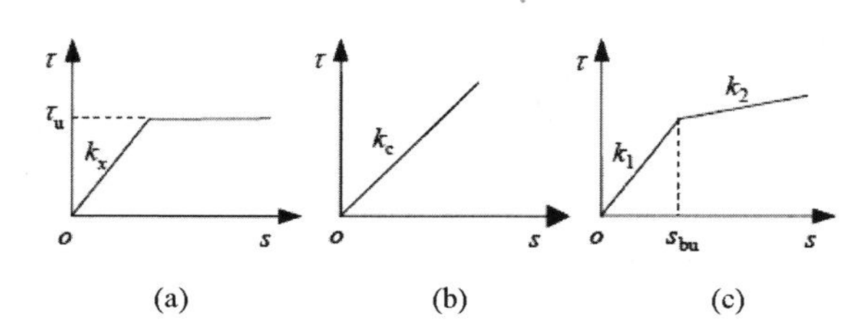

图 5-13　JPP 桩桩侧和桩端荷载传递简化力学模型

(a) 第二界面；(b) 第一界面；(c) 桩端

(二) 影响因素分析[①]

影响 JPP 桩的荷载-沉降曲线的参数主要包括不同组合形式、桩长 L、旋喷水泥土弹性模量 E_x、旋喷水泥土厚度 h、芯桩与水泥土之间的弹簧刚度 k_c、水泥土或芯桩与桩周土体之间的弹簧刚度 k_x、芯桩与底部土体之间的弹簧刚度和水泥土与底部土体之间的弹簧刚度 k_1、k_2 等。

假设典型桩：桩长 $L=20$m，芯桩半径 $r_c=0.2$m，水泥土桩半径 $r_x=0.3$m；芯桩弹性模量 $E_c=38$GPa，高压旋喷水泥土弹性模量 $E_x=900$MPa；土体 $\gamma'=15\text{kN/m}^3$，$\phi'=15°$，$k_0=0.5$；芯桩与水泥土之间（第一界面）弹簧刚度 $k_c=1\ 000$kPa/mm，水泥土或芯桩与桩周土之间（第二界面）弹簧刚度 $k_x=10$kPa/mm；桩端土对应的弹性极限位移 $s_u=6$mm，桩端土达到弹性极限前后的弹簧刚度 $k_1=50$kPa/mm，$k_2=5$kPa/mm。

1. 不同组合形式

图 5-14 为 4 种常见的组合形式，为便于对比分析，非全组合形式水泥土长 12m，分段组合形式分 3 段，每段长 4m，每段间隔 2m。图 5-15 为不同组合形式下荷载-沉降曲线比较。

由图 5-15 可见，上组合极限承载力为 800kN，其他 3 种极限承载力为 900kN。下组合曲线在全组合和分段组合曲线下部，全组合和分段组合曲线最接近，分段组合沉降偏小，尤其在极限荷载 1 000kN 作用下，分段组合形式下沉降最小，从承载力、沉降控制、经济角度综合考虑，分段组合承载效果最好，实际工程施工中 JPP 桩宜采用分段组合形式。

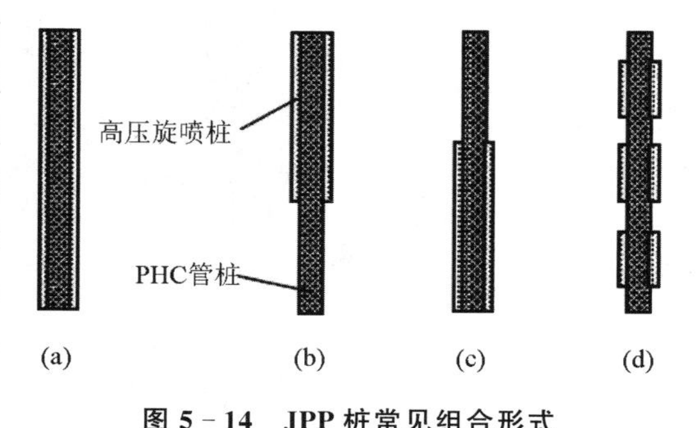

图 5-14　JPP 桩常见组合形式

(a) 全组合；(b) 上组合；(c) 下组合；(d) 分段组合

图 5-16 为 4 种不同组合形式下芯桩轴力分布图。由图可见，4 种不同组合形式下芯桩轴力上大下小的总体趋势是一致的，到达极限荷载后，曲线近似平行分布，组合段的曲线斜率稍大于非组合段的曲线斜率，在组合段和非组合段交接处轴力有较小的突变，这是

① 任连伟，刘汉龙，张华东，等. 高喷插芯组合桩承载力计算及影响因素分析 [J]. 岩土力学，2010，37 (7)：2219-2225.

因为与非组合段相比，组合段所提供的桩侧摩阻力较大，芯桩轴力曲线上表现为曲线斜率偏大，组合段和非组合段交接处轴力变化明显。

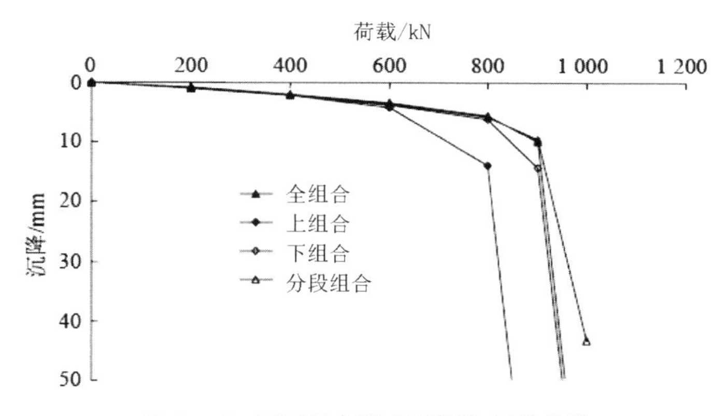

图 5－15　不同组合形式下荷载-沉降曲线

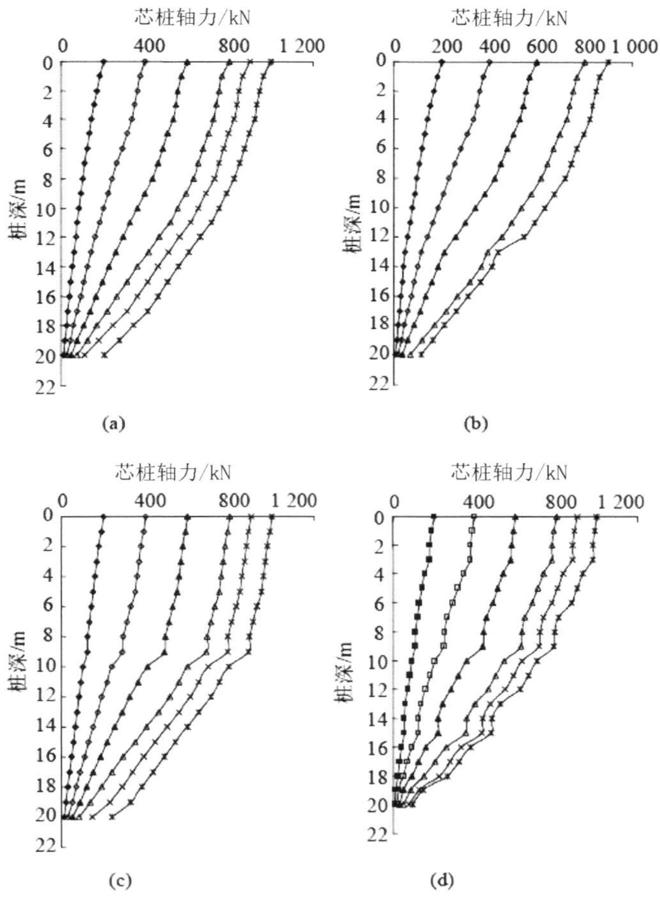

图 5－16　不同组合形式下芯桩轴力分布

(a) 全组合；(b) 上组合；(c) 下组合；(d) 分段组合

图 5－17 为 4 种组合形式下水泥土轴力分布图。由图可见，在极限荷载之前，水泥土轴力基本随桩身逐步减小，水泥土底部单元轴力增加不是很明显，但极限荷载后，底部单元轴力迅速增加，上组合和分段组合形式情况下底部单元轴力甚至高于顶部单元轴力，这反映了桩侧摩阻力已达到极限，增加的荷载全部由桩端承担，桩端阻力反作用于水泥土底部单元，导致底部单元轴力突增。

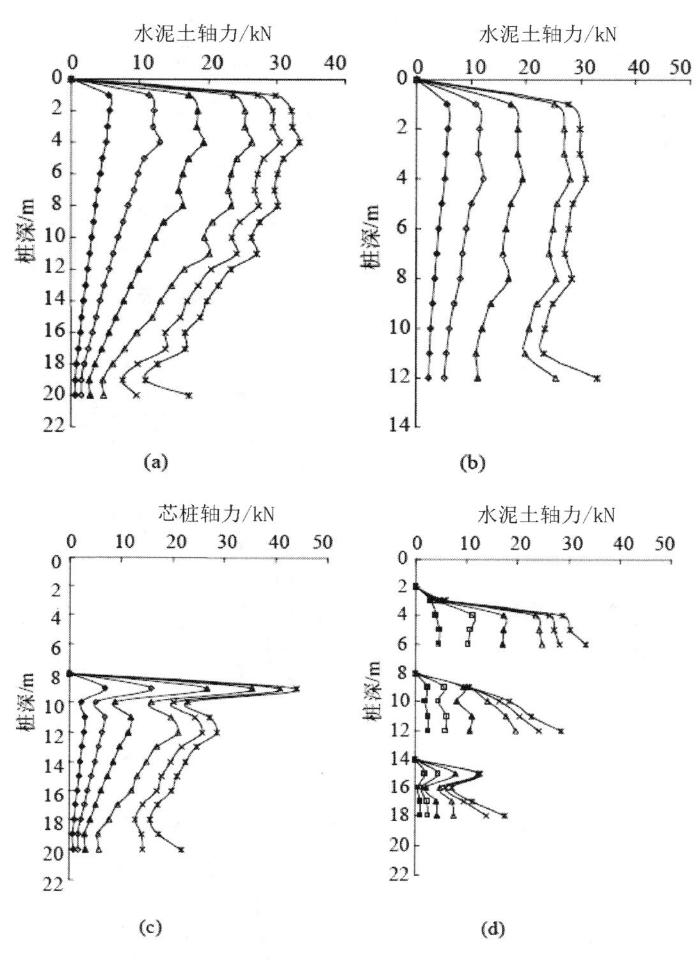

图 5－17　不同组合形式下水泥土轴力分布

（a）全组合；（b）上组合；（c）下组合；（d）分段组合

图 5－18 为 4 种不同组合形式下第一界面（芯桩与水泥土）摩阻力随桩深的分布曲线。由图可见，全组合和上组合摩阻力曲线变化趋势一致，由于桩顶荷载和桩端阻力的作用，界面顶部和底部摩阻力发挥的比较充分，中间摩阻力随着荷载的增加有类似梯形的增加。界面底部摩阻力在极限荷载后发展较快，数值明显大于界面顶部摩阻力，这是因为极限荷载后桩端土体承担所增加的荷载，桩端阻反作用于芯桩桩端和水泥土桩端，使得芯桩和水泥土相对位移明显增大，导致底部摩阻力有明显的增加。组合形式下界面顶部摩阻力发挥的更加充分，中间摩阻力变化较小。分段组合形式下界面摩阻力分布呈现上大下小的

趋势，规律明显，并且越靠近桩顶，界面摩阻力越大，可见 JPP 桩由于组合形式的不同，第一界面的摩阻力发展规律有所不同。

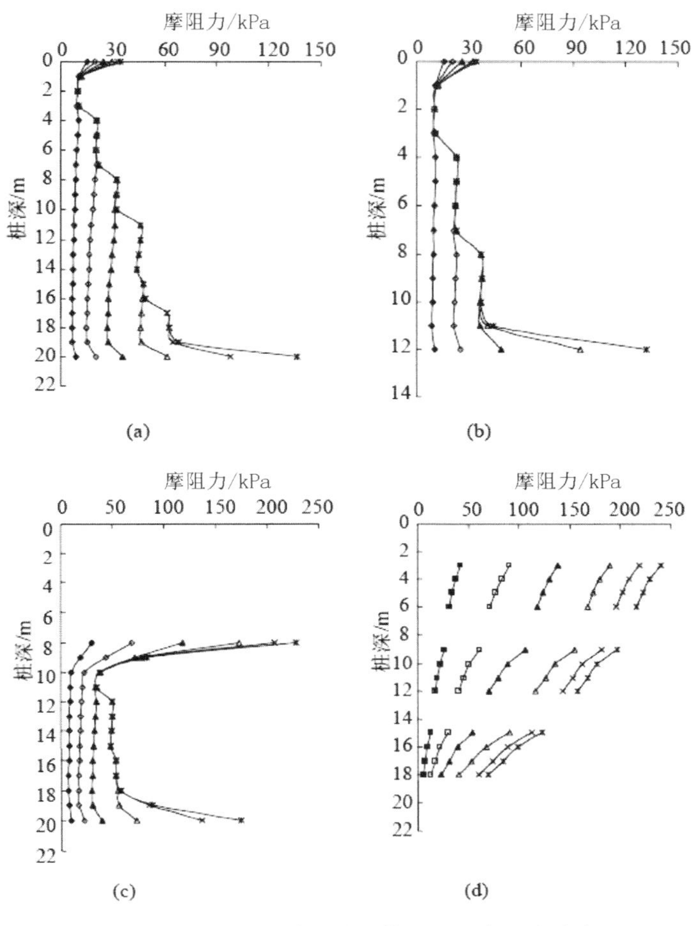

图 5-18　不同组合形式下第一界面摩阻力分布

(a) 全组合；(b) 上组合；(c) 下组合；(d) 分段组合

图 5-19 为不同组合形式下第二界面（水泥土或芯桩与桩周土）摩阻力的分布曲线。由图可见，与第一界面摩阻力分布规律不同，4 种组合形式下第二界面摩阻力分布规律基本一致，界面摩阻力随着荷载的增加向中间直线靠近，到达极限荷载后摩阻力分布曲线与直线重合，摩阻力达到极限摩阻力。

在组合段和非组合段界面摩阻力有稍微的变化，组合段摩阻力较大，非组合段摩阻力较小。离桩顶越近的界面摩阻力首先达到极限摩阻力，相应的界面模型刚度系数为 0，随着荷载的增加，所增加的荷载由刚度系数不为 0 的界面来承担，界面摩阻力叠加，也逐步达到极限摩阻力，相应的界面模型刚度系数为 0，直到界面摩阻力全部达到极限摩阻力，界面模型刚度系数全为 0，相应的摩阻力曲线变为一条直线。

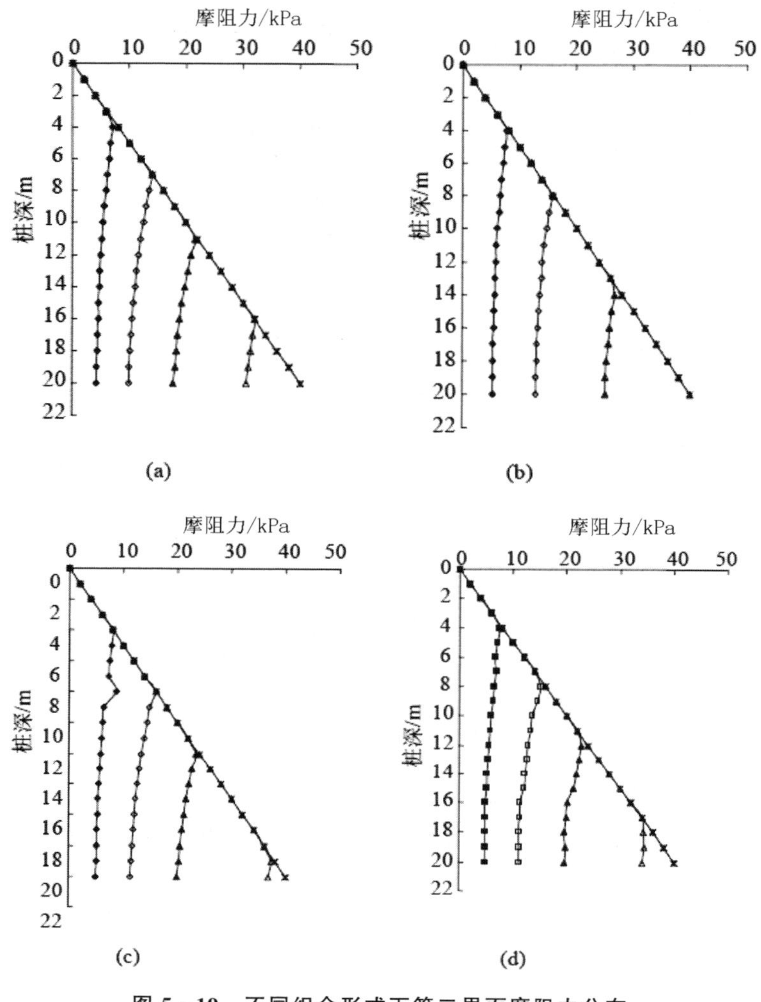

图 5-19 不同组合形式下第二界面摩阻力分布

(a) 全组合；(b) 上组合；(c) 下组合；(d) 分段组合

2. 不同水泥土厚度

采用全组合标准桩对不同水泥土厚度进行分析，选取 4 种不同的水泥土厚度分别为 50、100、150、200mm，即为 0.25rc、0.5rc、0.75rc、1.0rc（rc 为芯桩半径，为 200mm），不同水泥土厚度下荷载-沉降对比曲线如图 5-20 所示。由图可见，随着水泥土厚度的增加，JPP 桩极限承载力明显提高，这是因为水泥土厚度增加，相对应 JPP 桩直径增加，所提供的桩侧摩阻力增加。另外，由于桩端面积增加，桩端阻力也略有增加。这两方面的原因导致极限承载力随着水泥土厚度的增加而增加。

图 5-21 为不同水泥土厚度下芯桩轴力沿桩深的分布对比图。由图可以看出，不同水泥土厚度下芯桩轴力沿桩身的分布规律基本一致，都随着桩身逐渐递减的趋势，到达极限荷载后，芯桩轴力分布曲线近似平行分布，并且，桩端轴力有明显的增加。随着荷载的增加，桩侧摩阻力从上到下逐步发挥，逐渐达到极限摩阻力，芯桩轴力由于桩侧摩阻力的逐

步发挥从上到下呈递减的趋势，并且芯桩轴力随着荷载的增加而增加。摩阻力达到极限摩阻力后，第二界面的刚度系数全变为0，再增加的荷载都由桩端土体承担，桩端阻力增大，导致芯桩桩端轴力在极限荷载后有一个明显的增加。

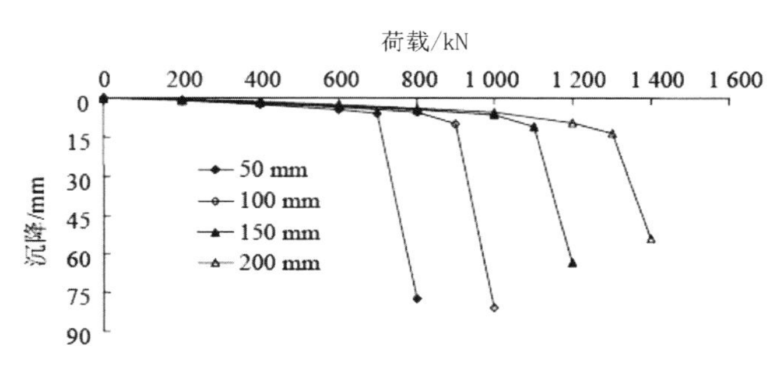

图 5－20 不同水泥土厚度下荷载-沉降曲线

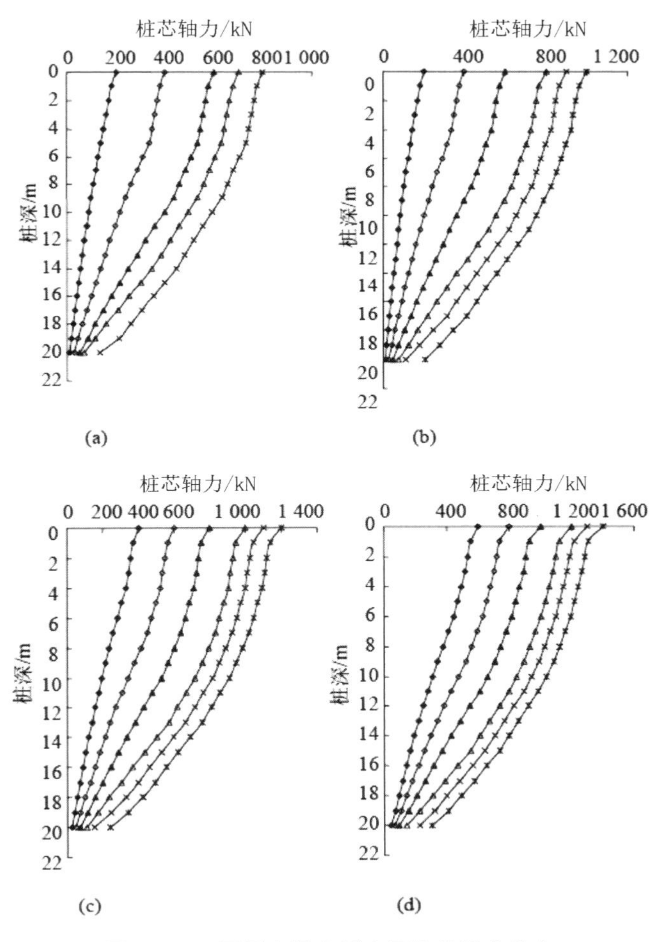

图 5－21 不同水泥土厚度下芯桩轴力分布

(a) 水泥土厚度 50mm；(b) 水泥土厚度 100mm；(c) 水泥土厚度 150mm；(d) 水泥土厚度 200mm

图 5－22 为不同水泥土厚度下水泥土轴力分布曲线对比图。由图可见，水泥土轴力分布规律基本相同，总体上呈现上大下小的趋势，并且，水泥土桩端轴力在极限荷载后有一个明显的增加。不过，在水泥土厚度为 50mm 的情况下，由于水泥土厚度较薄，再加上极限荷载后桩端位移较大，导致水泥土桩端轴力有一个向外的拐点。在实际的 JPP 桩工程施工中，水泥土厚度不宜太薄，这是因为①水泥土太薄，不能提供较高的承载力，“性价比”不能保证；②水泥土太薄，芯桩与水泥土容易产生脱离特别是桩端段。另外，水泥土厚度也不宜过厚，这是因为①水泥土过厚要求高压旋喷设备较高；②水泥土过厚时承载力较高，容易出现芯桩与水泥土的脱离破坏。因此，水泥土厚度宜控制在一定的范围内，才能取得较好的承载效果。

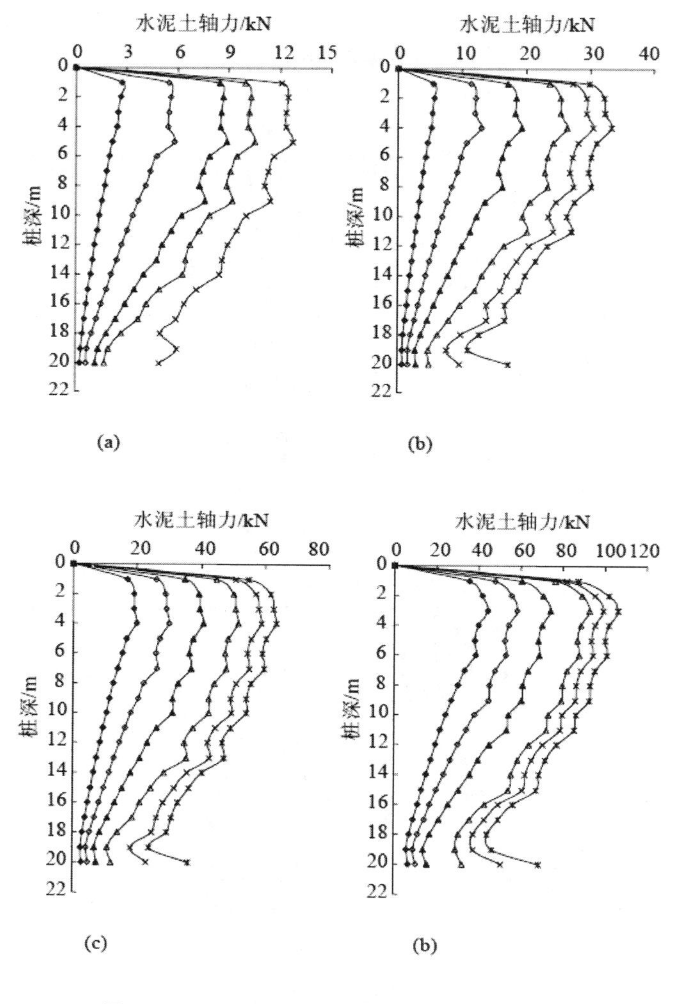

图 5－22　不同水泥土厚度下水泥土轴力分布

（a）水泥土厚度 50mm；（b）水泥土厚度 100mm；

（c）水泥土厚度 150mm；（d）水泥土厚度 200mm

图 5－23 为不同水泥土厚度下第一界面（芯桩与水泥土界面）摩阻力分布曲线对比图。由图可见，第一界面摩阻力分布规律基本相同，但随着水泥土厚度的增加，JPP 桩所能承担的荷载增大，第一界面摩阻力也随之增大，特别是极限荷载后。在荷载初期，由于荷载较小，第一界面摩阻力近似直线分布，桩顶摩阻力由于桩顶水泥土与芯桩相对位移较大而较大，但随着荷载的增加，第一界面摩阻力呈台阶分布，特别是极限荷载后，台阶分布比较明显，桩端第一界面摩阻力明显大于桩顶摩阻力，这与第二界面极限摩阻力随深度的增加而线性增加有关。

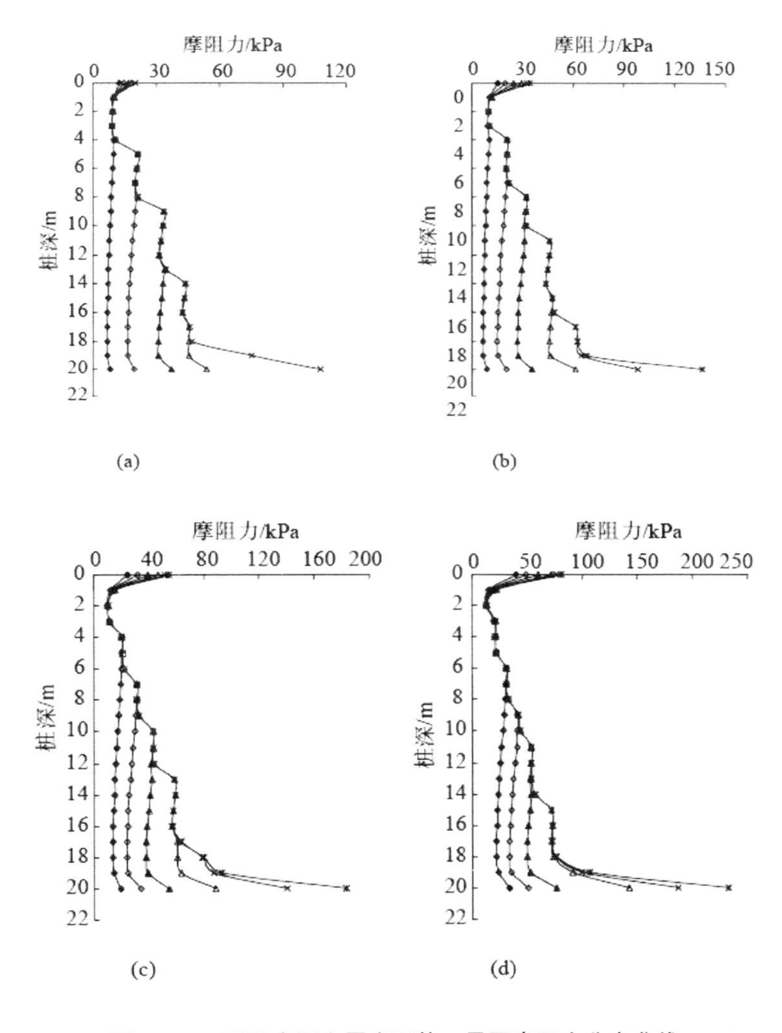

图 5－23　不同水泥土厚度下第一界面摩阻力分布曲线

（a）水泥土厚度 50mm；（b）水泥土厚度 100mm；

（c）水泥土厚度 150mm；（d）水泥土厚度 200mm

图 5－24 为不同水泥土厚度下第二界面（JPP 桩与桩周土界面）摩阻力分布曲线对比图。由图可见，4 种情况下第二界面摩阻力分布规律基本一致，随着荷载的增加第二界面

摩阻力逐步达到极限荷载，图中表现为折线逐步变为直线，即第二界面摩阻力随着荷载的增加沿桩身逐步达到极限荷载，可见水泥土厚度的改变不影响第二界面摩阻力的分布规律。但是，由于水泥土厚度增加相对应的是JPP桩直径增加，第二界面摩阻力的极限值随着水泥土厚度增加而增加。

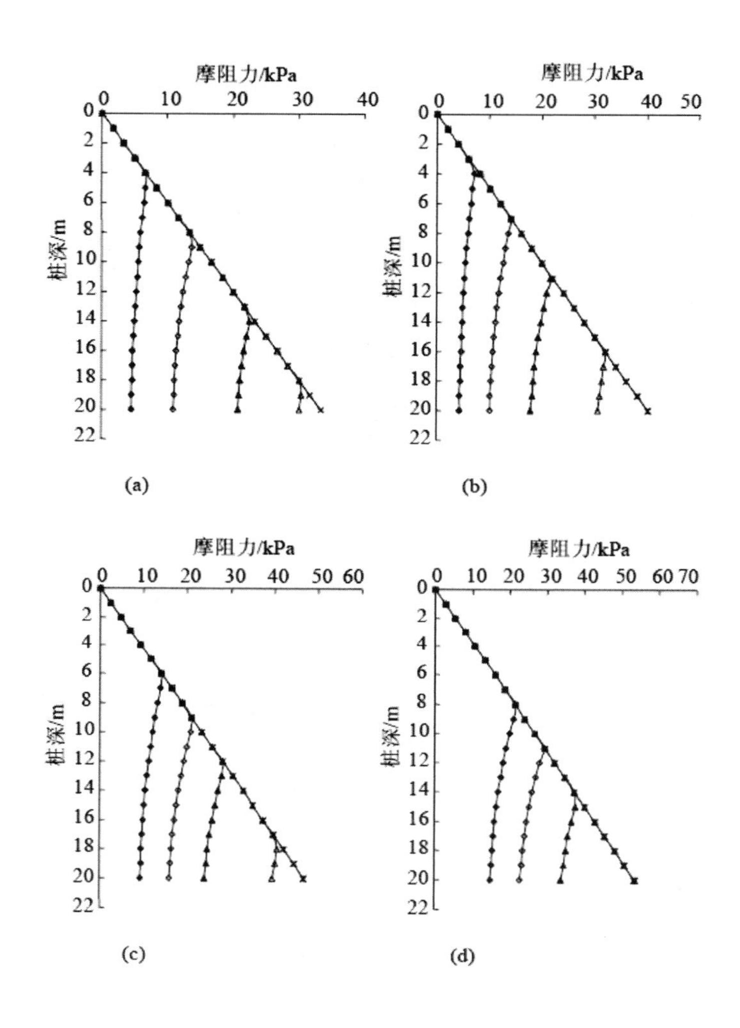

图5-24　不同水泥土厚度下第二界面摩阻力分布

(a) 水泥土厚度50mm；(b) 水泥土厚度100mm；

(c) 水泥土厚度150mm；(d) 水泥土厚度200mm

3. 不同水泥土弹性模量

图5-25为不同水泥土弹性模量下芯桩轴力分布对比图。由图可见，水泥土弹性模量增加，芯桩桩顶轴力有一定幅度的减小，但幅度不大。可见，水泥土弹性模量的增加，可以减小芯桩桩顶轴力，但幅度不大。水泥土弹性模量的增加对减小芯桩轴力贡献是有限的，是不明显的。

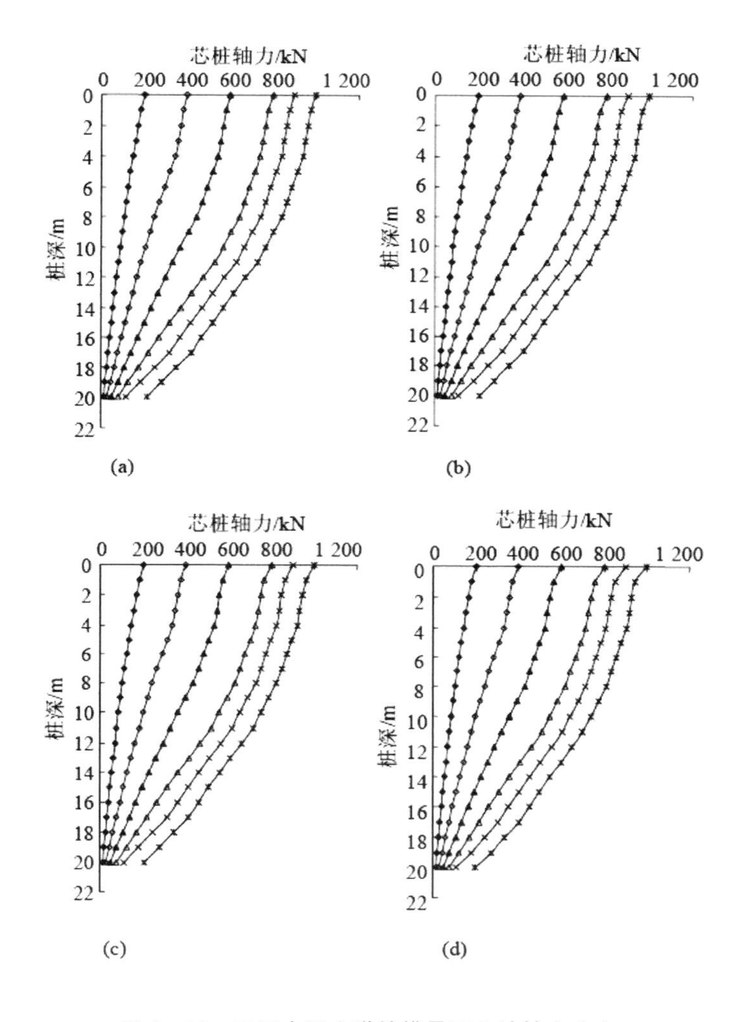

图 5-25　不同水泥土弹性模量下芯桩轴力分布

(a) 弹性模量 300MPa；(b) 弹性模量 600MPa；

(c) 弹性模量 900MPa；(d) 弹性模量 1 5000MPa

图 5-26 为不同水泥土弹性模量下第一界面摩阻力的分布。由图可见，在不同水泥土弹性模量下，第一界面摩阻力分布规律基本一致，但随着水泥土弹性模量增加，第一界面摩阻力略有减小，但减小幅度不大。比如 800kN 荷载作用下桩端处第一界面摩阻力（括号内数据为水泥土弹性模量）为：63.6kPa（300MPa），62.4kPa（600MPa），61.2kPa（900MPa），59.1kPa（1 500MPa），可见水泥土弹性模量的改变对第一界面摩阻力影响较小，第一界面摩阻力分布规律基本一致。

图 5-27 为不同水泥土弹性模量时第二界面摩阻力的分布情况。由图可见，4 种水泥土弹性模量下第二界面摩阻力分布一致，水泥土弹性模量的改变对第二界面摩阻力分布几乎没有影响。第二界面摩阻力分布反映的是水泥土与桩周土的相对滑移情况，简化分析

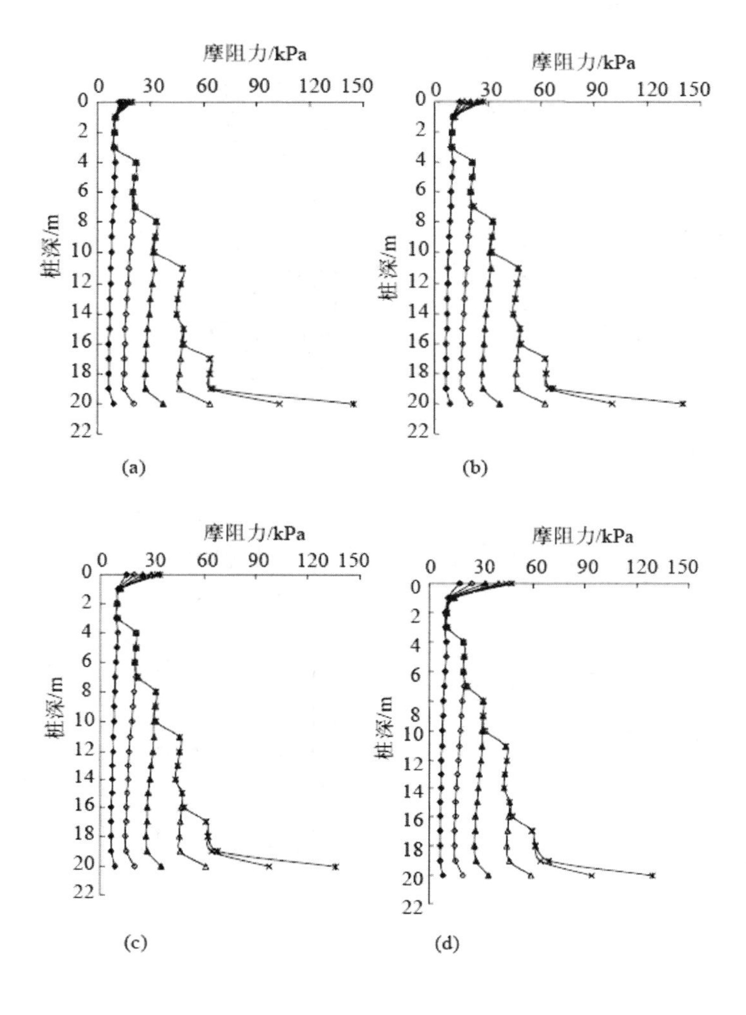

图 5－26　不同水泥土弹性模量下第一界面摩阻力分布

（a）弹性模量 300MPa；（b）弹性模量 600MPa；

（c）弹性模量 900MPa；（d）弹性模量 1 5000MPa

中，假定桩周土不产生位移，水泥土和桩周土的相对滑移就是水泥土的沉降位移，再加上水泥土沉降位移由芯桩控制，也就是水泥土与芯桩近似变形协调，从而第二界面摩阻力几乎也不受水泥土弹性模量的影响。

图 5－28 为不同水泥土弹性模量下水泥土轴力分布规律。由图可见，在不同水泥土弹性模量下，水泥土轴力变化还是比较明显的，总体来讲，水泥土轴力随着水泥土弹性模量的增加而增加。可见随着水泥土弹性模量的增加，水泥土受到的轴力也会增加，这样就会为芯桩分担小部分的荷载。从以上的分析可知，JPP 桩变形由芯桩控制，水泥土与芯桩近似变形协调，可见水泥土变形由芯桩控制，水泥土变形随着水泥土弹性模量的改变基本没有变化，这样水泥土轴力就会随着水泥土弹性模量的增加而增加。

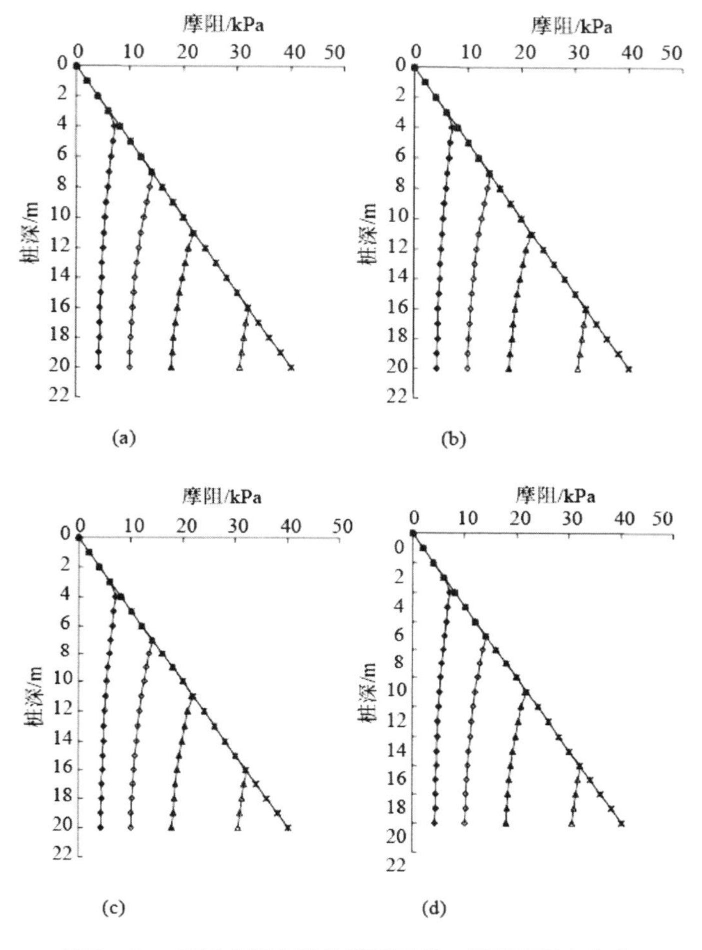

图 5－27　不同水泥土弹性模量下第二界面摩阻力分布

（a）弹性模量 300MPa；（b）弹性模量 600MPa；

（c）弹性模量 900MPa；（d）弹性模量 1 5000MPa

4. 不同刚度系数比

刚度系数比就是第一界面刚度 K_c 和第二界面刚度 K_x 的比值。这时对刚度系数比分别为 1、10、100、1 000（K_x 不变，增大 K_c）时分析 JPP 单桩竖向荷载传递特性，并对比分析 4 种情况下的区别和联系。

图 5－29 为不同刚度系数比情况下荷载-沉降曲线对比图。由图可见，900kN 桩顶荷载下，刚度系数比为 1 时桩顶沉降为 16.24mm，为 10 时桩顶沉降为 10.38mm，为 100 时桩顶沉降为 9.97mm，为 1 000 时桩顶沉降为 9.92mm，可见刚度系数比是影响沉降的一个重要指标。如果从桩基控制沉降这个设计角度考虑，刚度系数比不宜过小，即高压旋喷水泥土与芯桩黏结强度不宜过小，这样才能达到 JPP 组合桩提高承载力和减小沉降的目的。提高芯桩与水泥土黏结强度可以从水泥土强度和芯桩表面粗糙度两个方面进行改进。提高水泥土强度可以采取如下措施：①满足正常施工的前提下可以适当降低水灰比，也就是提

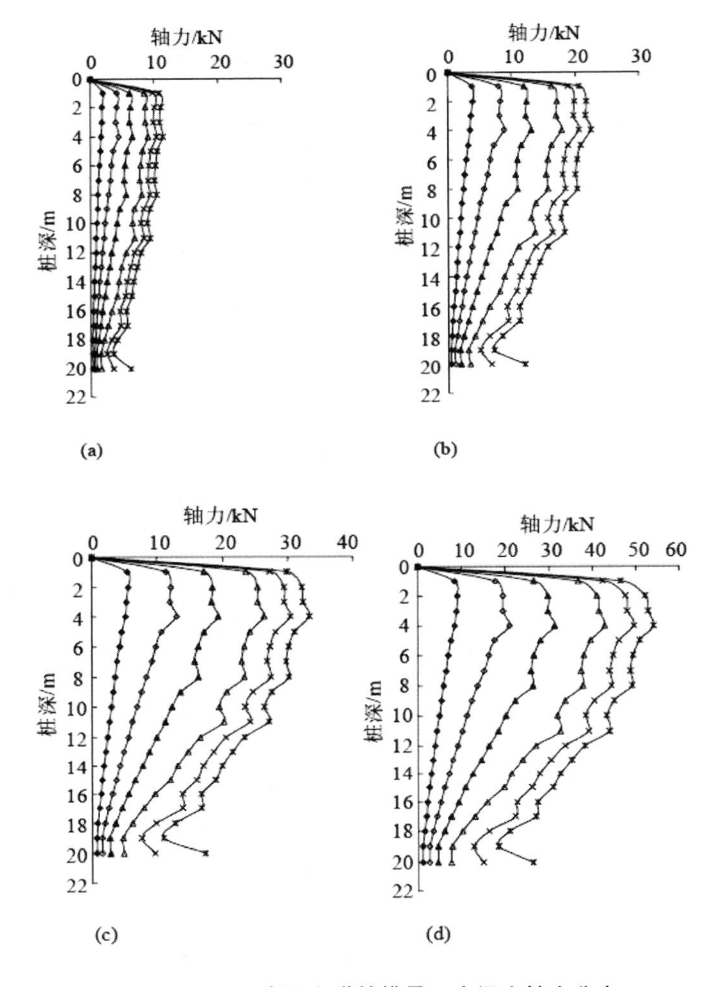

图 5-28　不同水泥土弹性模量下水泥土轴力分布

(a) 弹性模量 300MPa；(b) 弹性模量 600MPa；

(c) 弹性模量 900MPa；(d) 弹性模量 1 5000MPa

高掺灰量；②高压旋喷钻杆提升速度不要太快，保证水泥浆与土搅拌均匀，另外还要采用复喷的施工作业方式进行施工。增大芯桩表面粗糙度可以采用如“带肋钢筋”一样的表面，在 PHC 管桩制作时，增加一套表面的制作工艺，生产出如“带肋钢筋”相似的“带肋 PHC 管桩”，这样可以很大程度上提高水泥土与芯桩的黏结强度，从而更好地发挥 JPP 组合桩的整体性能。

图 5-30 为不同刚度系数比情况下芯桩轴力分布曲线。由图可见，总体上来看芯桩轴力分布规律近似。但仔细来看，芯桩上半部分轴力分布有些区别，随着刚度系数比的增加，芯桩轴力分布曲线越不平滑，芯桩轴力递减越快。这是因为刚度系数比越大，第一界面刚度系数就越大，相对来说，第一界面摩阻力就会越大，这样芯桩轴力就会衰减越快，表现出芯桩上半部分轴力曲线越来越不平滑的现象。

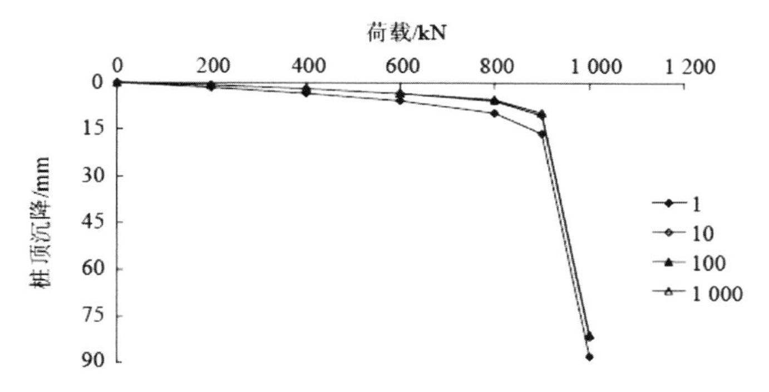

图 5－29 不同刚度系数比下荷载-沉降曲线

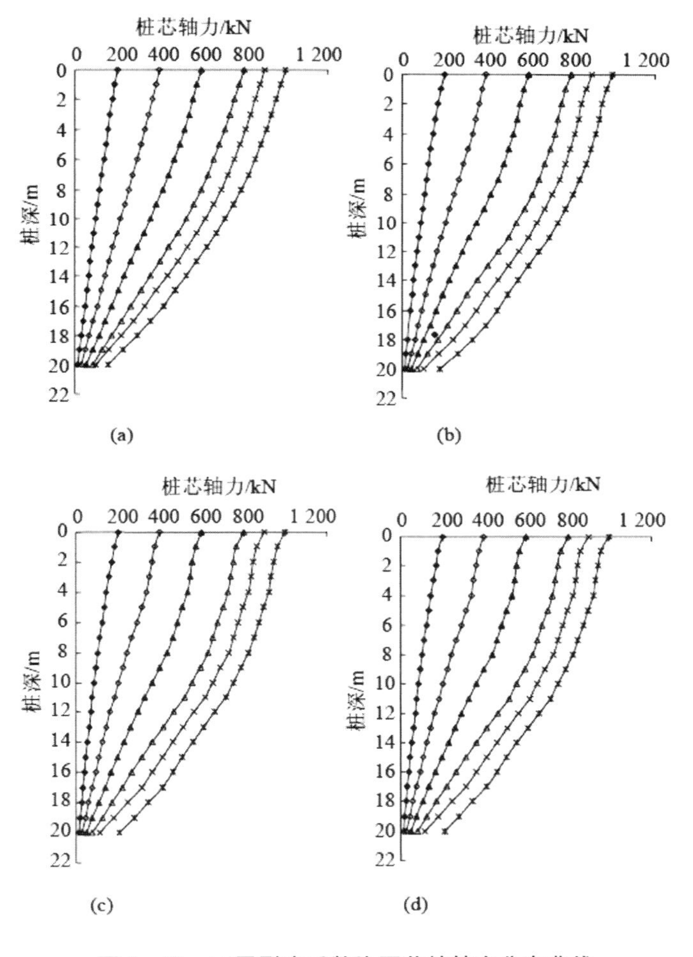

图 5－30 不同刚度系数比下芯桩轴力分布曲线

（a）刚度系数比为 1；（b）刚度系数比为 10；

（c）刚度系数比为 100；（d）刚度系数比为 1 000

图 5－31 为不同刚度系数比情况下水泥土轴力分布曲线。由图可见，不同刚度系数比情况下水泥土轴力分布差别较大，刚度系数比为 1、10 时，水泥土轴力没有明显的分布规律，比较杂乱；刚度系数比为 100、1 000 时，水泥土轴力分布大体一致。可见，刚度系数比较小时（小于 100），芯桩和水泥土位移相差较大，芯桩所承受的荷载不能有效地传递给水泥土，导致水泥土轴力分布规律不明显；刚度系数比较大时（大于 100），芯桩和水泥土位移相差较小，近似变形协调，芯桩承受的荷载可以有效地传递给水泥土，然后，水泥土再传递给桩周土，这样水泥土轴力分布就比较有规律，呈现出上大下小的趋势。因此，刚度系数比不宜过小，也就是不宜小于 100，这样可使水泥土与芯桩有足够黏聚力来保证芯桩与水泥土变形协调，从而达到扩大直径提高承载力的目的。

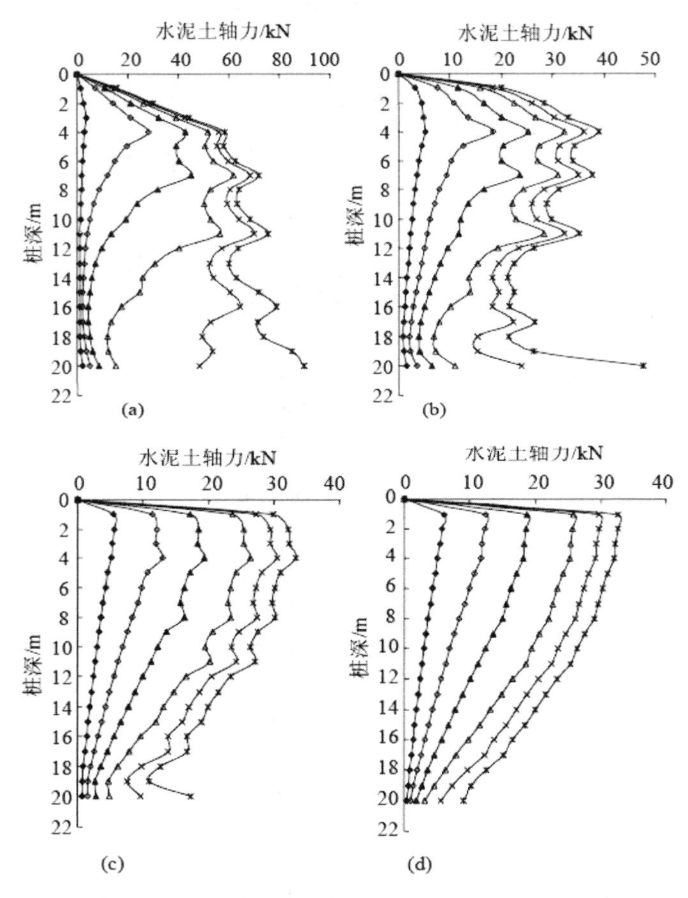

图 5－31　不同刚度系数比下水泥土轴力分布曲线

（a）刚度系数比为 1；（b）刚度系数比为 10；
（c）刚度系数比为 100；（d）刚度系数比为 1 000

图 5－32 为不同刚度系数比情况下第一界面摩阻力分布情况。由图可见，不同刚度系数比情况下，第一界面摩阻力分布不尽相同。从总体上来看，随着刚度系数比的增加，第一界面所受到的摩阻力也越来越大，分布规律越来越趋于一致，当刚度系数比为 100 和 1 000时，第一界面摩阻力大小几乎相等。可见，当刚度系数比大于 100 时，芯桩所承受的

荷载可以有效地传递给水泥土，水泥土与芯桩近似变形协调，因此刚度系数比不宜过小，不宜小于100。

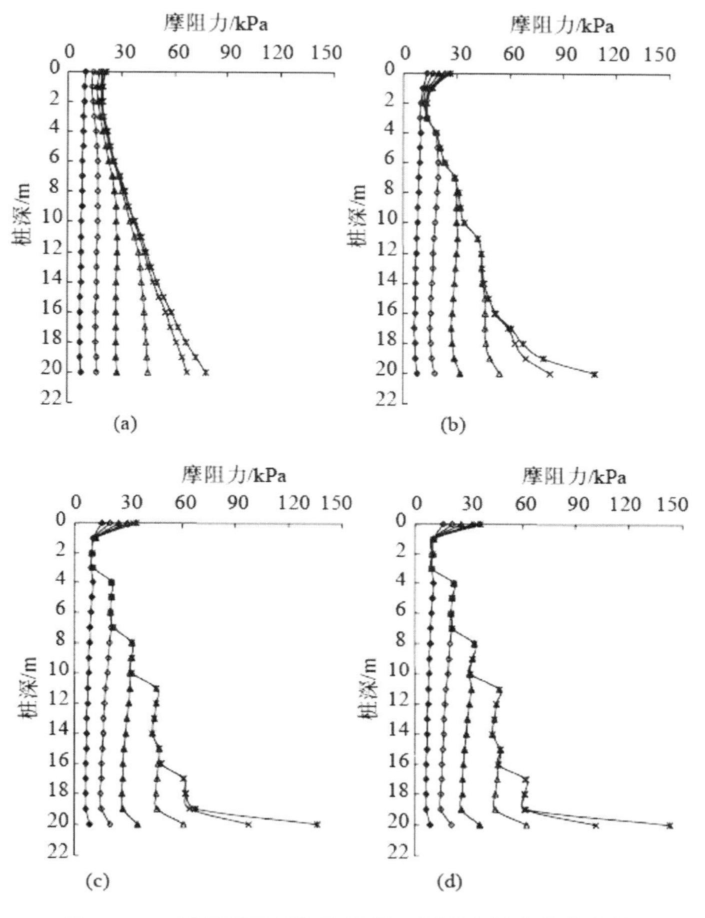

图5-32　不同刚度系数比下第一界面摩阻力分布曲线

(a) 刚度系数比为1；(b) 刚度系数比为10；

(c) 刚度系数比为100；(d) 刚度系数比为1 000

图5-33为不同刚度系数比情况下第二界面摩阻力的分布。由图可见，第二界面摩阻力分布近似一致，这是因为由于保持第二界面刚度系数不变，并且，不同刚度系数比情况下，JPP桩整体变形差别并不是很大（图5-29），就导致第二界面摩阻力分布也近似一致，所以刚度系数比对第二界面摩阻力分布几乎没有影响。

二、高喷插芯组合桩荷载传递机制[①]

高喷插芯组合桩作为一种新型桩，需要通过实验检验其荷载传递机制，为此，进行了

① 刘汉龙，任连伟，郑浩，等. 高喷插芯组合桩荷载传递机制足尺模型试验研究［J］. 岩土工程，2010，31（5）：1395-1401.

JPP 桩足尺模型试验，通过预埋的钢筋应力计和土压力盒以及粘贴的应变片等监测仪器对相关内容进行了直接测量，得出了JPP桩荷载传递规律。

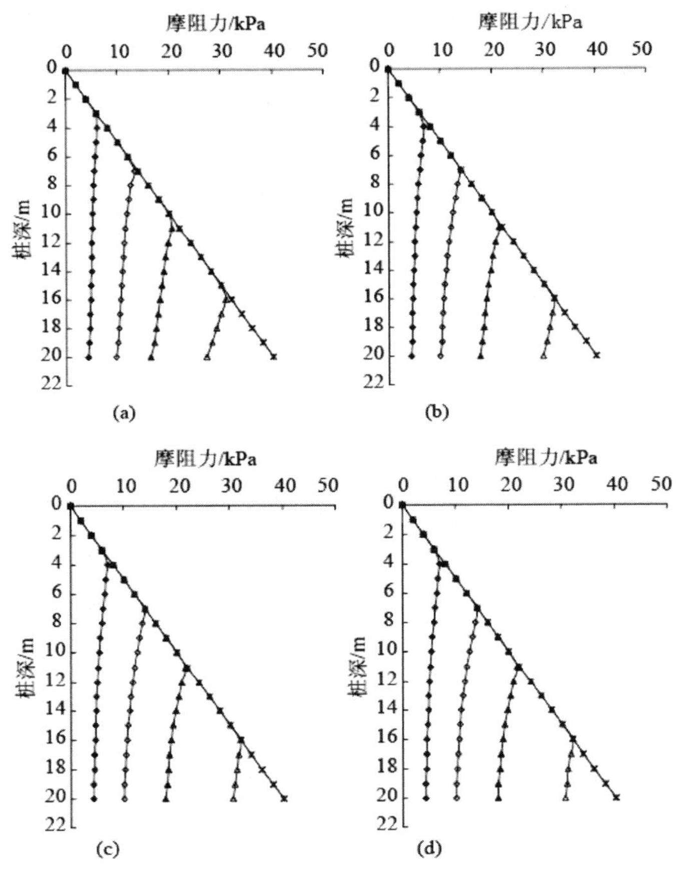

图 5－33　不同刚度系数比下第二界面摩阻力分布曲线

(a) 刚度系数比为 1；(b) 刚度系数比为 10；

(c) 刚度系数比为 100；(d) 刚度系数比为 1 000

(一) 足尺模型试验

1. 模型槽

模型槽的尺寸为 4m×5m×7m。该系统主要包括试验场所（模型槽）、加载系统、测量系统等。图 5－34 为模型槽全景图。模型槽采用钢筋混凝土结构，在模型槽 4 根对称的柱子中分别插入提供反力传递途径的槽钢，在槽钢顶部用钢梁连接，形成提供加载反力的反力架。

2. 土料

为更真实地反映 JPP 桩实际工作状态和避免过多因素的干扰，试验采用土层布置为：桩身范围内上部 3m 为黏土，下部 2m 和桩底下 0.5m 为砂土，再往下是 0.5m 厚的黏土。此外，考虑到土体的固结排水，在模型槽底部铺设了 0.2m 厚的碎石层。试验所用黏土选自南京河西地区，属于粉质黏土，砂土采购于南京的砂厂，属于细砂。在模型槽内通过人工分层填筑、整平压实的方法来填筑土料。填土完成后让其在自重下固结沉降，通过土压力值的变化来判断土体固结稳定与否。在填土结束2个月后，土压力值基本稳定，孔隙水也基本不再排出。然后，在模型槽取土进行室内物理力学性质试验，试验结果见表5－4。对模型槽内土层还进行了CPT原位测试，从CPT试验结果（图5－35）可以看出，土体分层情况明显，砂土强度明显高于黏土强度，表明本次试验用土达到了在双层土中分析JPP桩受力机制的目的。

图5－34　模型槽全景图

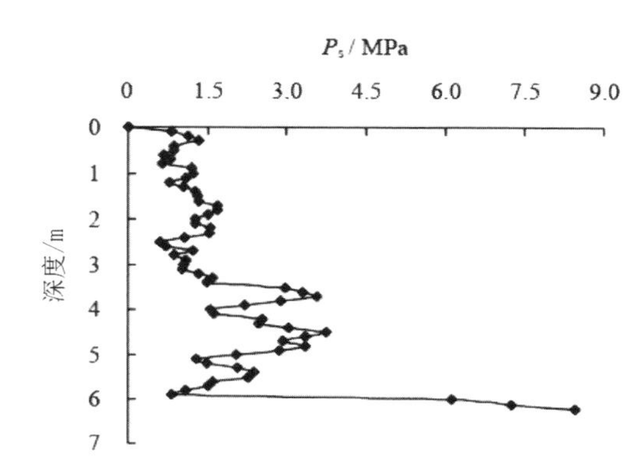

图5－35　CPT试验结果

表5－4　模型槽土料基本物理力学性质

项目	实测含水率/%	天然密度/(g/cm³)	黏聚力/kPa	摩擦角/(°)	压缩模量/MPa	弹性模量/MPa	
黏土	29.3	1.92	24.7	28.2	4.69	黏土水泥土	901
砂土	5.49	1.55	9.76	24.3	14.7	砂土水泥土	2 191

3. 水泥土室内配比试验

高压旋喷桩现场取芯试验表明，加固桩体的强度为1～10MPa不等，是与土层性质、注浆压力、水灰比、喷嘴直径等有关。由于模型槽试验的局限，用高压旋喷设备来施工不现实，所以用强度指标控制来近似模拟高压旋喷桩。试验高压旋喷桩桩身强度设计为2MPa以上，为了找到符合这个强度的水泥土的合理配比，在试验前先做了水泥土室内配比试验。

取模型槽内的黏土用10mm筛盘筛选。水泥是普通的硅酸盐水泥（标号为325R），用自来水按不同水灰比和不同灰土比进行试样制作，共12组，每组3个。试验结果见表5－5。考虑到模型槽水泥土搅拌施工时可能出现搅拌不均匀、颗粒偏大等原因，一般取0.3～0.5倍的折减系数，本次试验取0.4。模型槽试验中水泥土强度设计为2MPa以上。从表5－5可以看出，水灰比为2∶3和灰土比为1∶4配比组合所达到的抗压强度可以满足设计要求（5.60×0.4＝2.24MPa），即水∶灰∶土＝2∶3∶12，考虑水泥土搅拌的和易性，模型槽试验时高压旋喷桩近似用这个配比来进行浇注施工。

4. 水泥土弹性模量试验

水泥土配比确定后，进行此配比的黏土和砂土的水泥土的弹性模量试验。

表 5-5　无侧限抗压强度试验结果

水灰比	灰土比			
	1∶3	1∶4	1∶5	1∶6
6∶5		3.26	2.23	2.14
2∶2	3.97	2.46	1.92	1.99
2∶3	6.80	5.60	3.10	1.96
2∶4	6.73			

注：水灰比=水∶水泥，灰土比=水泥∶土。

5. 桩体制作

高喷插芯组合桩有多种组合形式，本次试验 JPP 桩采用的是全组合形式。制作了直径为 500mm、长度为 5m 的高喷插芯组合桩，芯桩是 φ300mm 的 PHC 管桩，水泥土厚度为 100mm。按水∶灰∶土=2∶3∶12 这个配比搅拌水泥土，采用与室内配比试验同标号的水泥。为了作对比试验分析，与此同时也制作了同直径、同长度的灌注桩和高压旋喷桩。3 根桩在模型槽的平面布置如图 5-36 所示。

由于模型槽操作空间有限，为了近似模拟 JPP 桩施工时芯桩插入高压旋喷水泥土桩这一挤土效应，采取了两种措施：一种是先浇注 1m 高的水泥土桩，然后再把芯桩压入水泥土桩中；另一种是水泥土浇注钢模上拔出土层后，振捣水泥土，使水泥土向周围水泥土挤压。

具体施工（见图 5-37）方法如下：①钢模定位，钢模直径为 500mm，高 1.1m，填土高 1m，整平压实；②往钢模里浇注按已知配比搅拌好的水泥土，浇注 1m 高；③钢模上拔出土层，芯桩定位（与水泥土桩同心，并保持垂直），然后压入水泥土桩中；④钢模定位，填土高 1m，整平压实；⑤浇注水泥土，钢模上拔出土层，振捣水泥土，使水泥土与土充分接触，来近似模拟高压旋喷桩桩土粗糙的接触面，并起到密实水泥土的作用；⑥重复步④、⑤，直至浇注成桩。

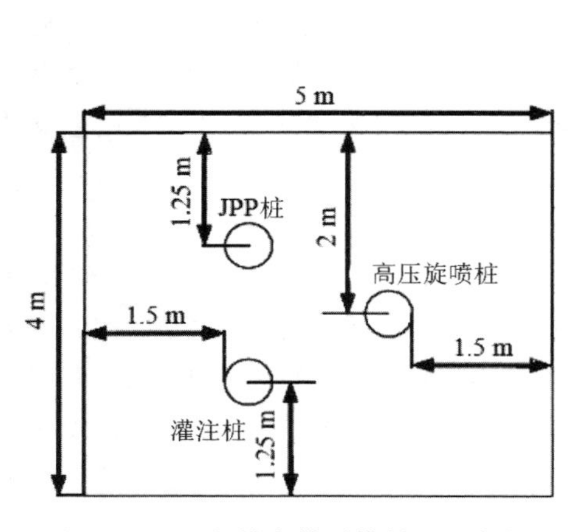

图 5-36　3 根桩在模型槽的平面布置

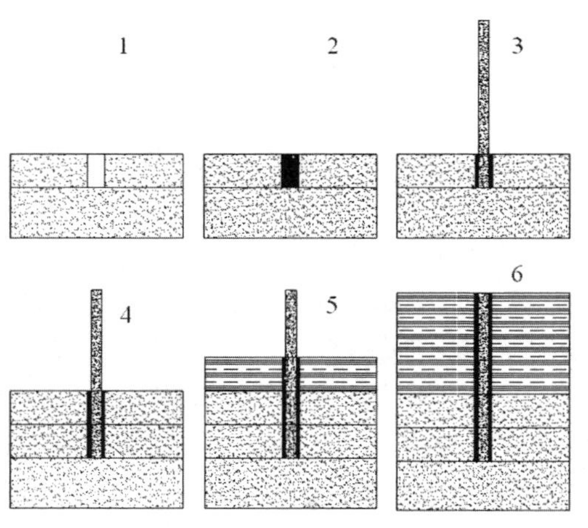

图 5-37　模型槽中 JPP 桩的施工示意图

（二）试验内容

为检测管桩轴力，在管桩中对称布设 2 排钢筋计，参考钢筋计使用取得成功的试验经验，用高标号混凝土（C40 以上）浇注振捣密实，使钢筋计与管桩同步工作，变形协调一致。如图 5－38 所示，钢筋计每隔 0.5m 焊接到 ϕ16mm 的螺旋钢筋上，共计 22 个。另外，为了检测 JPP 桩中的水泥土在各级荷载作用下轴力的变化，参考相关文献，用弹性模量与水泥土相近的 PPR 管（800MPa，ϕ20mm）上粘贴应变片来实现，具体做法如下：用刀具将 2 根 PPR 管沿长度方向剖开，在剖开的管壁内侧的设计位置贴上电阻应变片后，将其重新合拢、粘结、固定并用钢丝把两者拧紧。

由于要进行水平承载试验，桩头用混凝土代替水泥土浇注 0.4m 高，所以 PPR 管 4.6m 长，从桩顶到桩底 PPR 管应变片粘贴的位置与钢筋计的位置对应，每根 PPR 管上粘贴 18 个应变片，2 根共计 36 个。把 PPR 管放到指定的位置，然后再浇注水泥土，水泥土经充分振捣与塑料管密切接触。试验采用 502 胶作为应变片的粘结剂，一般室温下固化 1 天，检验贴片质量后，用 704 胶做防潮层。图 5－38为 JPP 桩中钢筋计、应变片以及土压力盒布置示意图。

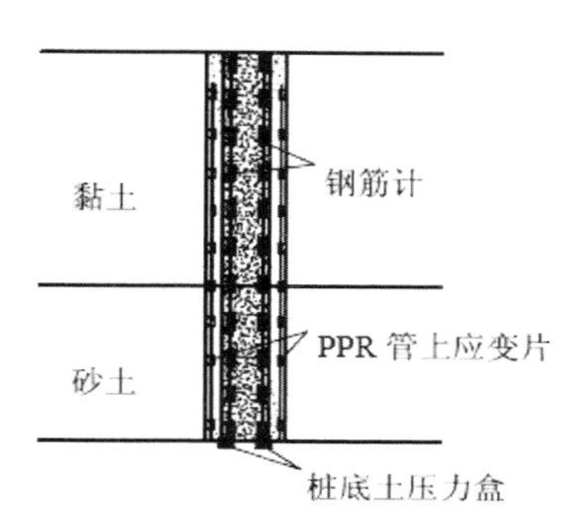

图 5－38 JPP 桩检测仪器布置立面图

另外，为了检测桩端阻力，特在 3 根桩底都布设了土压力盒来检测桩端荷载分担情况。采用慢速维持荷载法分级加载，各级荷载沉降稳定标准以及终止加载条件都参照《建筑桩基技术规范》中关于静载荷试验的内容确定。在试验中每级加载后，在维持荷载不变以及桩体沉降稳定的前提下，进行桩顶沉降、桩身应力计以及应变片、土压力的测量，然后再加下一级荷载，直到试验终止条件出现。

（三）试验结果分析

1. 承载力分析

高压旋喷桩、灌注桩和 JPP 桩静载荷 Q－S 曲线如图 5－39 所示。由图 5－40 可以看出，高压旋喷桩 Q－S 属于缓变形，取 40mm 所对应的荷载作为极限荷载；灌注桩和 JPP 桩 Q－S 曲线属于陡降型，取陡降点的前一级荷载作为极限荷载；3 根桩的极限荷载见表 5－6。由表 5－6 可以看出，高喷插芯组合桩承载力是混凝土灌注桩的 1.33 倍，JPP 桩的极限侧摩阻力是灌注桩的 1.47 倍。可见与灌注桩相比，JPP 桩可以提供较高的承载力，相对应的，桩侧摩阻力也较高。

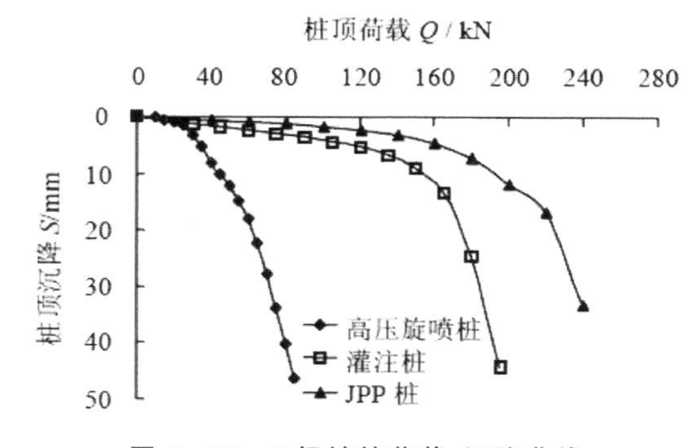

图 5－39 3 根桩的荷载-沉降曲线

表 5-6　3根桩的试验结果对比分析

项目	高压旋喷桩 ①	灌注桩 ②	JPP 桩 ③	比值	
				③/①	③/②
极限承载力/kN	80	150	200	2.50	1.33
极限侧摩阻力平均值/kPa		14.35	21.02		1.47

2. 桩身轴力

图 5-40 为 JPP 桩内芯（PHC 管桩）和管桩周围水泥土轴力沿桩身的分布。由于 0.5、1.0、2.0、2.5m 深处的钢筋计读数不稳定且变化较大，采集数据无效。由图 5-40 可以看出，管桩轴力沿深度方向递减。

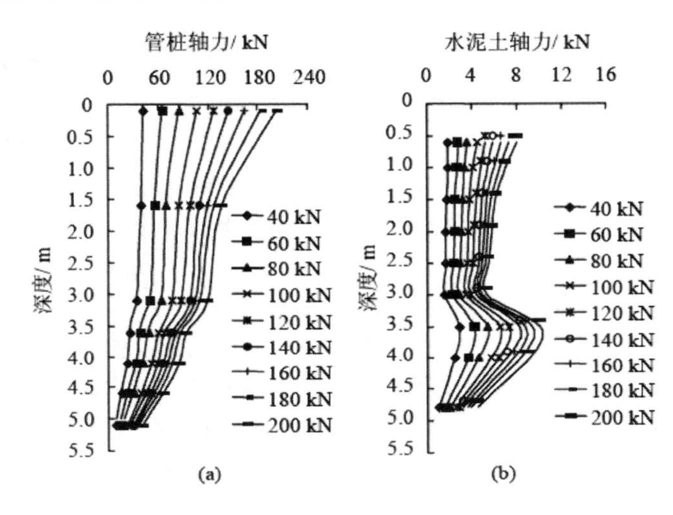

图 5-40　PHC 管桩与水泥土轴力沿桩身的分布

在竖向荷载作用下土体为了阻止桩体下沉对桩体产生了向上的抗力，桩侧摩阻力得到发挥，管桩轴力沿桩身向下不断减小。随着上部荷载的不断增加，桩体进一步下沉，这就使得桩侧摩阻力得到进一步的发挥，同时，管桩的轴力也在增加，通过桩体这个荷载传递通道，更多的荷载被传递到桩底，桩端承载力也得到发挥。从图中还可以看出，每一级荷载下管桩轴力变化曲线在两土层交界面处（3.0～3.5m）会出现拐点，这是由于两土层不同抗剪强度性质造成的。水泥土轴力与管桩轴力分布不同，不是沿深度方向递减，而是在土层分界处有一个突变的过程。水泥土轴力在黏土层逐渐递减，到砂土层后，轴力突然增加，然后再递减。由钢筋计以及应变片所检测的数据可以得出，同一深度管桩应变与水泥土应变相差在 9%范围内，可见 JPP 本身的变形主要由管桩所控制，水泥土与管桩近似变形协调。

由于管桩的强度较大（C80），所以 5m 长桩身范围内桩顶与桩底的变形相差不多，又砂土水泥土弹性模量是黏土水泥土的 2.43 倍，因此就出现了如图 5-41 所示的水泥土轴力分布情况。从图 5-40 中也可以看出，JPP 桩同一截面上管桩和水泥土轴力比值约为其弹性模量的比值，说明 JPP 桩上部荷载主要由高强度的预应力管桩内芯承担，该荷载逐步向下传递的同时，也逐步通过管桩周围的水泥土向桩周土中扩散，这样就形成了荷载扩散的双层模式：管桩内芯向水泥土外芯的扩散和水泥土外芯向桩周土的扩散。这种双层的荷载传递体系使上部荷载有效地传递到比一般高压旋喷桩影响范围大得多的土体中。

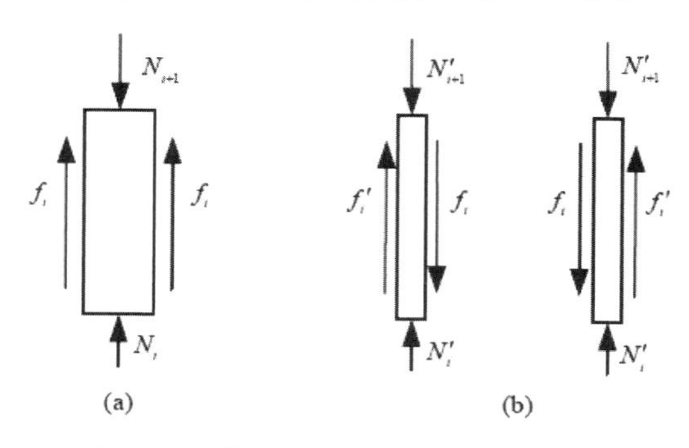

图 5－41　管桩和水泥土微单元受力分析

(a) 管桩微单元受力示意图；(b) 水泥土微单元受力示意图

PHC 管桩和水泥土界面上的摩阻力定义为内摩阻，水泥土与桩周围土体界面上的摩阻力定义为外摩阻。JPP 桩中管桩和水泥土取微单元受力分析（忽略水泥土和管桩微单元的重量）。

图 5－41 中，f_i 为内摩阻力；f'_i 为外摩阻力；N_i、N'_i 分别为 i 断面管桩轴力和水泥土轴力；N_{i+1}、N'_{i+1}分别为 $i+1$ 断面管桩轴力和水泥土轴力，分别由钢筋计和应变片算出。根据桩体的受力平衡，可以得出管桩和水泥土受力平衡方程：

$$\left.\begin{aligned} \pi d_1 L_i f_i &= N_{i+1} - N_i \\ \pi d_2 L_i f'_i + N'_i &= N'_{i+1} + \pi d_1 L_i f_i \end{aligned}\right\} \tag{5-4}$$

式中，d_1为管桩直径（mm）；d_2为 JPP 桩直径（mm）；L_i为第 i 断面和 $i+1$ 断面之间的桩长（m）。由式（1）可以算出第 i 断面的内外摩阻力，得出内外侧摩阻力沿桩身的分布如图 5－42 示（取一段的中点位置来代表这一段的摩阻力）。

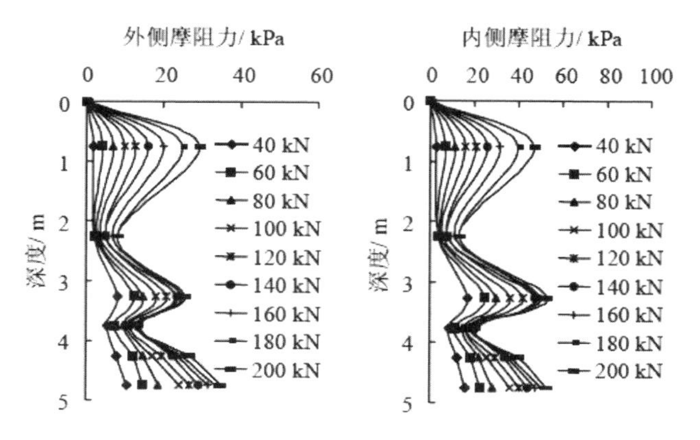

图 5－42　内外摩阻力沿桩身的分布

由图 5－42 可以看出，内外摩阻沿桩身的分布规律类似，内摩阻是外摩阻的 1.62 倍左右，约为管桩和 JPP 桩直径比（d_2/d_1）。另外，图中显示表层 0.5m 左右和土层交界面处摩阻力较大，这是由于表层桩土相对位移较大，摩阻力发挥比较充分；在土层交界面处，砂土抗剪强度高于黏土，所提供的摩阻力较大。从图中也可以看出，桩底摩阻力也发挥的比较充分，说明 JPP 桩具有类似刚性桩的性质。

根据桩顶实测沉降减去桩身的压缩量，可以得到测试截面的位移。桩身各测试截面的位移 s_j 由公式（5－5）来计算。

$$s_j = s - \sum_{i=1}^{j} l_i(\varepsilon_{i+1} + \varepsilon_i)/2 \quad (5-5)$$

式中，s 为桩顶位移实测值（mm）；l_i 为第 i 断面和 $i+1$ 断面之间的桩长（m）；ε_i 为第 i 断面应变，由相应的钢筋计和应变片读数得出。桩侧各段摩阻力与桩土相对位移关系以及桩端阻与桩端位移关系如图 5－43 所示。总体上看，桩侧摩阻力与相对位移、桩端阻力与桩端位移均近似双曲线分布，可用公式 $\tau=s/(a+bs)$ 来表示。式中，τ 为桩侧或桩端摩阻力（kPa），s 为相对位移（mm），a、b 为拟合系数。

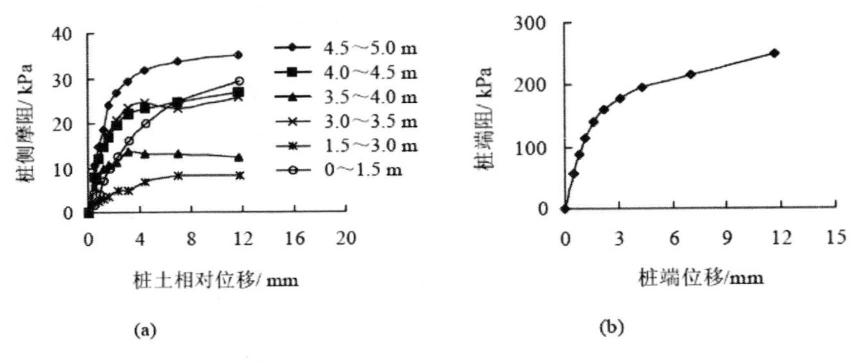

图 5－43 桩侧和桩端摩阻力与位移关系曲线

（a）摩阻-桩土位移；（b）摩阻-桩端位移

（四）荷载分担

JPP 桩的承载力是由桩端阻力、桩侧摩阻力组成，那么桩侧和桩端阻力是如何分担是需要进一步研究的问题。图 5－44 反映出各级荷载下桩端阻力和外摩阻力各自承担荷载的比例。

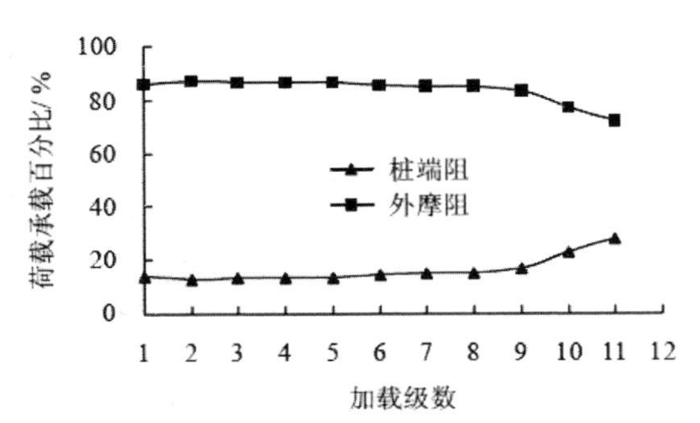

图 5－44 外摩阻力及端阻力荷载分担比随加载级数的变化

在第一级加载时，外侧摩阻力承担了接近87%的总荷载，随着荷载的增加，外侧摩阻力是不断减小的，但减小的幅度不大，在最后两级荷载时，外摩阻承担的荷载比例明显下降，最后一级荷载时外摩阻占总荷载的比例降到72%左右。与此同时，桩端阻力所承担的荷载比例是不断上升的，但上升的幅度不大，直到最后两级荷载，才有明显的增加，比例由14%左右增长到最后一级荷载的30%左右。加载初期，荷载主要是由桩侧摩阻力来承担，随着荷载的增加，特别是最后两级荷载，即达到了极限荷载时，JPP桩与桩周土界面由于荷载的增加而产生剪切破坏，桩侧土体承担的荷载减小，有更多的荷载由桩端土承担。可见，JPP桩由于自身构造的特点，承载力主要是依靠桩侧摩阻力来承担，桩端阻力需要更多的沉降位移才能发挥。

三、高喷插芯组合桩在工程实际中的应用

（一）高喷插芯组合桩加固原理

1. 荷载传递机制

在上部结构的竖向荷载 P 作用下，H型钢（劲性芯材）和水泥土桩通过握裹力共同工作，由水泥土桩侧摩阻力、芯桩桩端阻力和水泥土桩端阻力承担。由于H型钢的刚度和强度远远大于水泥土，所以承担着绝大多数的竖向力。组合桩的内外芯存在着相对位移和剪切，内芯受力压缩而产生向上的侧摩阻力。由静力平衡可知，H型钢承受的侧摩阻力和水泥土桩内部的侧摩阻力大小相等，方向相反。作用在桩顶的竖向力，一部分沿着内芯向下传递，另一部分则通过组合桩内外侧摩阻力传递到桩周土层中。高喷插芯组合桩的力学简化模型如图5-45所示。

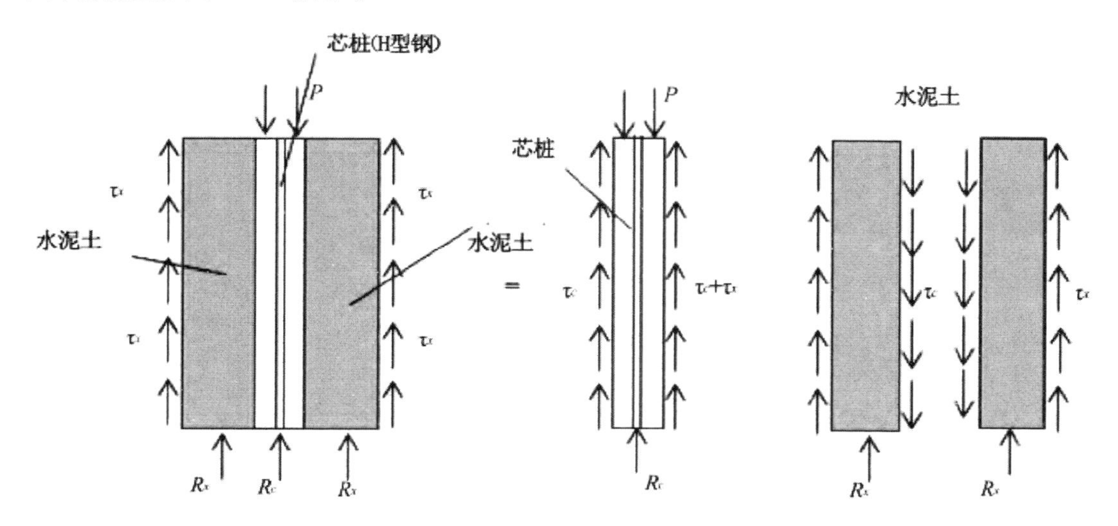

图5-45　高喷插芯组合桩力学简化模型示意图

2. 加固原理

当土质为粉质黏土时，在地层深处通过高压喷射水泥浆液来冲切土体，使土粒与水泥浆液相互混合，形成劲芯水泥土圆柱加固体。高喷插芯组合桩是以水泥土搅拌桩为主体，

后插入的刚性桩则是提供较高的桩身材料强度，以充分发挥土的抗力。周围土体中充满了土和水泥水化物反应的结晶，进一步加大了桩土接触面积，从而达到了加固地基、提高承载力和减少建筑物不均匀沉降的目的。

此外，由于H型钢抗弯刚度大，本身具有较大的水平承载力，弥补了水泥土桩抗剪能力的不足，从而控制了地基土的侧向变形与稳定。

（二）高喷插芯组合桩工程应用①

下面以高喷插芯组合桩在高层建筑纠倾加固中的应用为例进行说明。

1. 工程及地质概况

此处以位于沈阳市沈北新区的高层住宅楼为例说明。该楼采用现浇剪力墙结构，建筑总面积为8 911m^2，平面呈“凹”字形。由监测数据可知，建筑物西北角的沉降量达到114.6mm，倾斜率为3.23‰，超过了国家规定的2.5‰的要求。

根据详勘报告和后期补勘资料可知，建筑场区处于蒲河水系的冲洪积阶地上，地势相对平坦，由人工填土和第四系冲积层组成，各土层相关指标见表5-7。场地地下水位为第四系黏性土层中的上层滞水，埋深3.10～3.40m。

表5-7　各土层的工程特性

层序	材料名称	厚度（m）	E_s（MPa）	φ（°）	C（kPa）	γ（kN/m^3）
①	人工填土	—	—	—	—	17.2
②	粉质黏土	2.50～3.20	3.34	7.8	17.4	17.8
③	粉质黏土	3.30～4.90	4.60	12.8	27.3	18.2
④	粉质黏土	2.60～4.70	5.15	15.2	37.4	18.4
⑤	粉质黏土	1.70～3.40	6.25	19.4	49.1	18.6
⑥	粉质黏土	2.30～3.60	5.89	19.0	45.8	18.7
⑦	粉质黏土	6.00～8.30	6.46	20.7	51.1	19.0
⑧	砾砂	1.60～3.20	27.5	35.8	—	20.3
⑨	粉质黏土	1.50～2.10	7.53	21.8	53.9	19.1
⑩	粗砂	2.20～3.80	27.0	32.7	—	20.2

2. 建筑物倾斜原因分析

在工程中，地基不均匀沉降的现象时有发生，其现象非单一因素所致，而是由多种不利因素共同作用的结果。通过对2号住宅楼的工程地质条件、施工环境、结构形式等影响因素的分析得出以下几点：

（1）该地基主要为粉质黏土，变形模量较低，易受周围施工条件的影响。

（2）施工单位在住宅楼的西北侧进行地下车库及通道的修建，对建筑物产生一定的扰动，从而导致褥垫层溢出较多，改变了桩与桩间土的荷载比例，应力集中加速了建筑物向

① 田朝阳，梁玉国．高喷插芯组合桩在高层建筑纠倾加固中的应用［J］．工程质量，2017（1）：30-33.

西北侧沉降。

（3）地下室西北侧土体的开挖，使得建筑物的侧向应力不平衡，挤压作用导致了复合地基向该侧下沉。

3. 高喷插芯组合桩的设计

针对该楼具体情况，工程通过在建筑物西北侧外增加阻沉桩，并与扩宽的筏板基础相连来阻止沉降的进一步加剧。在建筑物的外围布置部分侧限桩，防止建筑物达到纠倾目标后再产生新的不均匀沉降。此外，需在侧限桩和扩宽筏板之间留有一定的安全距离。

（1）设置阻沉桩。设计桩径为800mm的高喷插芯组合桩，芯桩通长配置，芯桩尺寸为HW150×150×7×10（mm），阻沉桩的设计桩长为20m，桩端选粉质黏土⑦，桩距为1.2m，桩顶设计标高为－5.32m，阻沉桩的单桩承载力特征值不小于1 200kN，其桩身构造如图5－46所示。

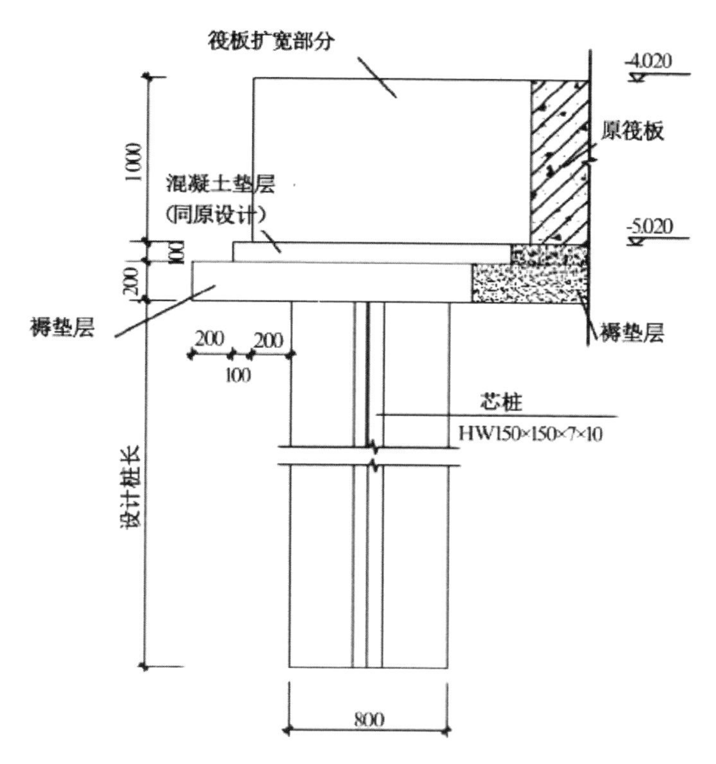

图5－46 阻沉桩的桩身构造示意图（单位：mm）

（2）地基土开挖。将建筑物西北侧部分区域的室外地基土开挖至基础底面标高。按设计要求将部分筏板向外扩宽，其细部构造如图5－47所示。

（3）设置侧限桩。设计桩径为800mm的高喷插芯组合桩，芯桩通长配置，芯桩为HW350×350×12×19（mm）。侧限桩的设计桩长为20m，桩距为1.2m，桩顶设计标高为－5.32m，侧限桩的单桩承载力特征值不小于1 300kN，其构造与阻沉桩相同，施工顺序采用间隔方式进行。

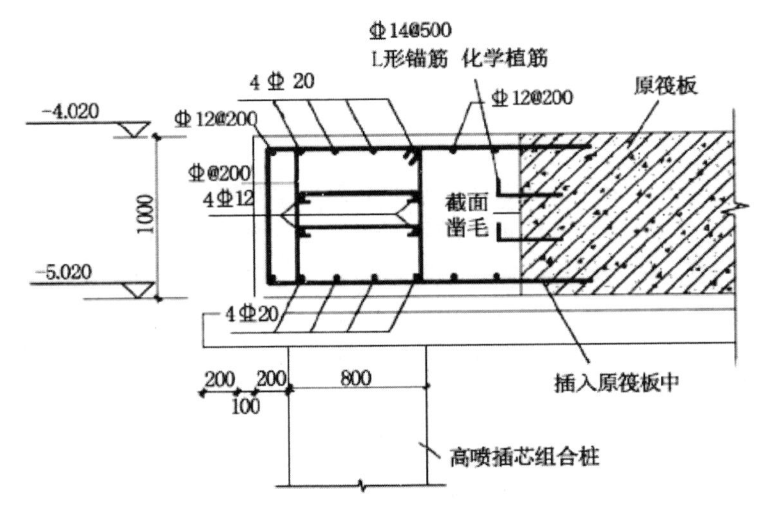

图 5－47 筏板扩宽部分详图示意图（单位：mm）

4. 高喷插芯组合桩的施工

本工程采用静压芯桩，其施工流程可分为高压旋喷桩施工和芯桩施工两个阶段。

高压旋喷桩阶段的施工包括：①在桩顶和筏板基础之间设置 200mm 的褥垫层，褥垫层采用级配砂石，最大粒径不大于 20mm，褥垫层的夯填度不大于 0.9，水泥浆液的水灰比为 0.8～1.2；②施工前，根据施工环境和地下埋设物的位置等情况，复核旋喷桩的设计孔位；③旋喷注浆采用强度等级为 42.5 级的普通硅酸盐水泥，由于该工程的地下水位较高，采用速凝早强浆液，浆液中用水玻璃为早强剂；④喷射孔与高压注浆泵的距离不大于 50m，钻孔位置的允许偏差为±50mm，垂直度允许偏差为±1%；⑤将喷射注浆管贯入土中，当喷嘴达到设计标高时喷射注浆，在喷射注浆参数达到规定值后，提升喷射管，由下而上旋转喷射注浆，喷射管分段提升的搭接长度不得小于 100mm；⑥在喷射注浆过程中出现压力骤然变化或冒浆异常时，查明原因并采取措施；⑦喷射注浆完毕，迅速拔出喷射管，并及时将施工中的废泥浆运出。

预制芯桩阶段的施工包括：①压桩前将高压旋喷桩附近泥浆清理干净，经核对确认桩中心位置无误后沉桩；②为确保桩身垂直度，在沉桩前复查压桩机导向架垂直度，确定桩身垂直度后继续沉桩，芯桩插入时垂直度偏差不超过 0.5%；③芯桩沉入地表以下后，用送桩器将芯桩压至预定深度，芯桩顶标高不低于设计标高 50mm，考虑到水泥浆液的凝结时间和现场施工条件，每节桩长取为 6m；④沉桩后允许有少量泥浆挤出，如遇大量水泥浆外溢时减小水灰比；⑤预制芯桩接桩时采用焊接，尽量减少焊接时间并保证接桩后桩身的垂直度。

除上述阶段的施工外，高喷插芯组合桩的施工还包括筏板基础扩宽。筏板基础扩宽包括：①采用 C35 防水细石混凝土，抗渗等级为 P6；②在灌注混凝土前，将原筏板基础边缘凿毛并刷洗干净，涂刷一层混凝土界面剂，以增加新老混凝土基础的黏结力；③对加宽部分，地基上铺设厚度和材料均为与原基础垫层相同的夯实材料；④钢筋采用 HPB300 级和 HPB400 级，新加受力钢筋采用植筋的方式与原结构相连，植筋深度不小于 20d，植筋前对原有钢筋除锈，且除锈长度大于植筋长度；⑤沿基础高度每隔一定距离设置锚固钢筋，采用钻孔穿钢筋，再用改性环氧树脂胶黏剂填封穿孔，穿孔钢筋与加固钢筋焊接，使新旧基础可靠连接；⑥扩宽部分下地基土按 GB 50007—2011《建筑地基基础设计规范》的要求夯实。

5. 阻沉桩加固前后效果对比

在建筑物沉降最大的西北侧布置 1、2 号监测点，通过记录沉降数据对加固前后效果做出具体判断，如图 5－48、图 5－49 所示。

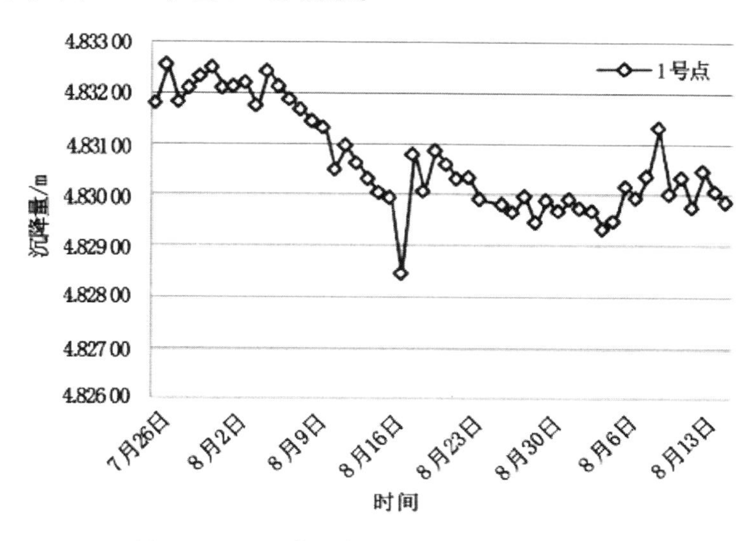

图 5－48　1 号点沉降量随时间变化情况示意图

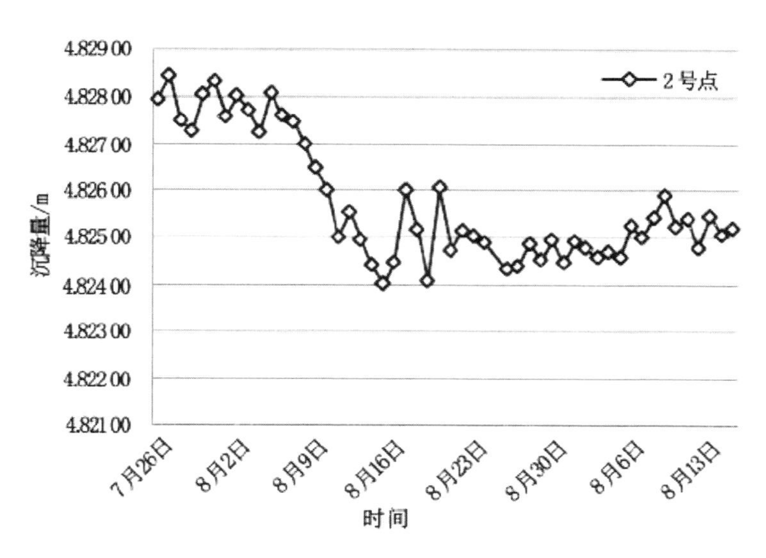

图 5－49　2 号点沉降量随时间变化情况示意图

从图中可以看出，自阻沉桩开始施工后直至完成的一个月内，1、2 号点的沉降量差达到了 2mm 左右，沉降速率为 0.5mm/d。住宅楼西北侧的沉降量没有出现较大的波动，沉降逐渐趋于稳定，从而达到了预期的目的和要求，为下一步的纠倾创造了有利条件。此外，在1、2号点的开始阶段出现了回倾现象，这主要由于该住宅楼为新建建筑，地基的最终沉降尚未完成，处于动态平衡阶段；建筑物外围施工对地基土的扰动作用；褥垫层具有协调桩与桩间土荷载分配的作用，地下车库及通道的施工对其造成的影响还未消除。

第三节　大直径现浇混凝土薄壁筒桩加固技术

大直径现浇混凝土薄壁筒桩又称沉管灌注筒桩。就目前沉桩能力及性状而言，筒桩适用于饱和软土、一般黏土和粉土中。筒桩施工采用振动沉模、现场浇筑混凝土的一次性成桩技术，可快速加固较软弱地基使其满足各类工程设计要求。这项技术在我国东南沿海软黏性土地区已得到较为广泛的应用，如海洋工程（温州鹿西岛双排桩防浪堤）、道路交通工程（杭州绕城高速公路、杭宁高速公路软基处理）、民用建筑工程（杭州市罗马公寓）和水利工程（上海浦南东片出海闸导流堤）等。

一、大直径现浇混凝土薄壁筒桩加固的基本原理①

大直径现浇混凝土薄壁筒桩（CTP），简称筒桩，是指采用专用施工机械在地基中形成大直径筒形孔，然后配置钢筋并就地灌注混凝土而成型的筒形桩，如图5－50所示。不配置钢筋笼的称为大直径现浇素混凝土薄壁筒桩。筒桩采用振动沉管法施工，可用于建筑桩基础、支护结构、防波堤结构以及复合地基中的竖向增强体。

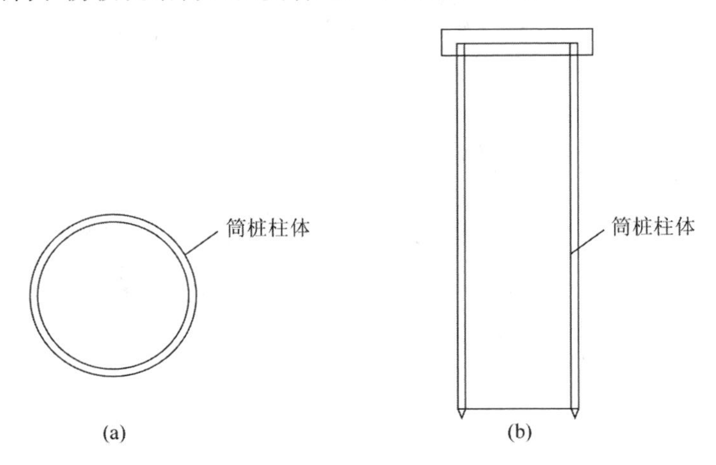

图5－50　大直径现浇混凝土薄壁筒桩示意图

（a）筒桩平面示意图；（b）筒桩断面示意图

现浇薄壁筒桩常用外径800～2 000mm，壁厚100～250mm，中心充满地基土，现浇灌注而形成的混凝土筒形桩体。它的施工原理是利用高频液压振动锤将双层钢护筒沉入地

① 陈小霖，汪波，刘继民．大直径现浇混凝土薄壁筒桩工艺［J］．科技信息，2011（21）：307．

下，向夹层中灌入混凝土，启动振动锤拔出双层钢护筒，便形成了一根现浇薄壁筒桩。筒桩主要分为单体筒桩和联体筒桩，单体筒桩主要用作承载桩，也可用于基坑支护；联体筒桩主要用于具有止水功能的挡土墙。

现浇混凝土薄壁筒桩独特的技术构想是以弥补现有的预制类桩、沉管类桩和钻孔灌注桩的缺陷为出发点，因而与上述桩相比具有如下的优势。

（1）筒桩可以减少挤土效应，保证了桩身质量。预制类桩和沉管类桩打入土层时，会产生严重的挤土效应，导致邻近的已施工桩的桩身受施工桩的挤土效应的作用而变形、断裂、错位、上浮，使工程质量出现严重问题，尤其是预制类桩的接头处更易破坏而导致严重的质量问题。与预制类桩和沉管类桩相比，现浇薄壁筒桩在施工过程中，原位土不是被挤向桩的周围而是被双层钢护筒的内筒套入其中，部分原位土可从内筒溢出，减少了桩身的挤土效应，桩身质量连续且有保证。

（2）筒桩直径可以突破限制，桩身整体刚度好：由于挤土效应严重，预制类桩和沉管类桩在打入过程中阻力很大。目前这两种桩在应用中的设计口径局限于600mm以内，而现浇薄壁筒桩减少了施工中的挤土效应，相应的使桩身允许直径扩大，充分发挥了大直径桩稳定和强度较大的优势。同时，薄壁筒桩是连续浇注而成，桩身的整体刚度较预制类桩要好，且成桩可以全部在现场完成，施工方便快捷。

（3）筒桩既可制成钢筋混凝土桩，也可制成素混凝土桩，用于软土地基处理。如果将筒桩制成钢筋混凝土桩，既可承受巨大的压应力，也可承受巨大的剪应力；如果将筒桩制成强度较低的素混凝土桩，组成复合地基的增强体，除能承受较大压应力外，还可有效地控制土的侧向变形，减少工后沉降，非常适用于高速铁路及公路的软土地基处理。

（4）与灌注桩相比，薄壁筒桩可以大幅降低工程投资。筒桩可以用较少的混凝土材料获得更有效的结构效应。在抗弯强度相同的情况下，单节薄壁筒桩比单节混凝土灌注桩节约混凝土40％～50％，可以大幅降低工程投资。同时，由于筒桩的外表面面积远大于灌注桩，因此，筒桩承载力要高出很多；钻孔灌注桩是水下浇注大坍落度水下混凝土，混凝土的设计强度要高于容许强度一个等级以保证水下浇注混凝土的强度，同时所用水泥要求为水下作业专用的特种水泥，因此，混凝土灌注桩造价十分高昂。而薄壁筒桩在节约混凝土的同时，不必使用水下混凝土，这也降低了工程投资。

（5）桩身混凝土经过振动密实，强度更高。筒桩利用高频液压振动锤施工，成桩时桩身混凝土处于高频振动状态，使混凝土分布更均匀密实，提高了桩身混凝土强度，确保了桩身质量。

二、单体筒桩沉降有限元分析

采用数值分析方法可以很方便地模拟桩和桩周土的几何形状、本构模型、边界条件、桩土接触，展示整个区域的应力场和应变场，从而揭示筒桩的承载机理和变形机理。①

有限元法是利用电子计算机的一种有效的数值分析方法，是数值分析方法的重大突破。其基本思想是将连续的求解区域离散为一组有限个且按一定方式相互连结在一起的单

① 姜陈钊. 现浇钢渣混凝土薄壁管桩材料试验与单桩承载特性研究 [D]. 广州：河海大学，2004.

元的组合体，由于单元能按不同的联结方式进行组合，且单元本身又可以有不同的形状，因此可以模拟几何形状复杂的求解域。由于有限单元法在计算时速度快、精度高、成本低，现在已成为桩基性状分析中最广泛的数值计算方法。

（一）模型建立

筒桩的几何图形见图 5－51，图中 L 为桩长，D 为桩径，d 为土芯直径，h 为桩端进入持力层深度，P 为桩顶总荷载，E_s、E_b、E_P 分别为桩周土压缩模量、桩端土压缩模量和桩身弹性模量。

建模和计算时采用以下基本假定。

（1）单桩按空间轴对称问题进行分析。

（2）桩身为线弹性材料，土体为莫尔—库伦弹塑性材料，服从 Mohr－Columb 屈服准则。

（3）采用有效应力分析法，假设在整个加载过程中产生的超孔隙水压有足够的时间消散，分析过程中桩土之间的摩擦系数保持不变。

（4）为更好地分析单个因素对单桩沉降的影响，假设桩周土为均质土体，且土体在自重应力下的固结已经完成。

（5）考虑土的自重应力场，将其作为初始应力进行计算分析。

（二）网格划分

为避免边界条件约束影响分析的正确性和精度，有限元计算中选取的边界离桩要有一定的距离。已有有限元分析结果表明：当计算区域径向取 25D，纵向取 2.5L 时，对计算结果精度几乎没有影响。有限元网格划分如图 5－52 所示。

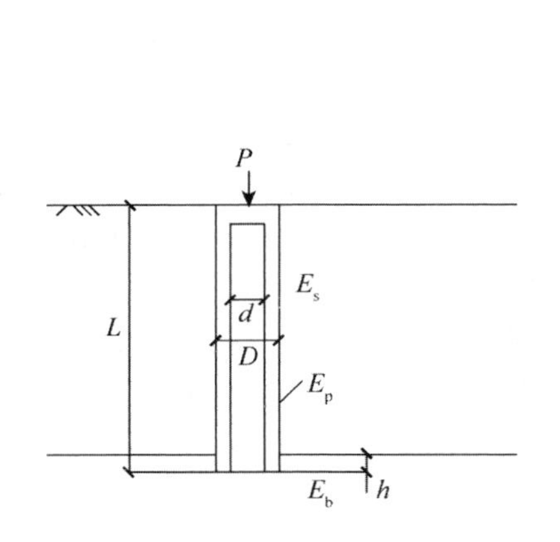

图 5－51　筒桩模型图

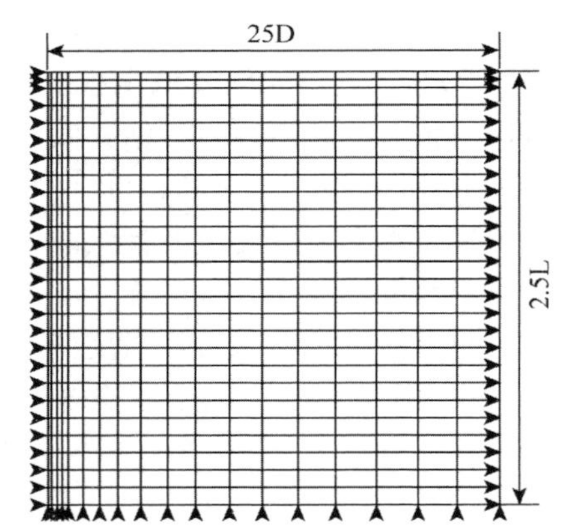

图 5－52　筒桩的有限元网格划分图

（三）基本模型几何参数和材料参数

实际应用中，筒桩顶部均有盖板或压顶梁，且大多数情况下土芯为满芯状况，因此这里的研究对象为有盖板的筒桩，并且土芯顶部与盖板接触。桩长 10m，直径 Φ1 000mm，壁厚 120mm，桩身混凝土标号为 C25。桩端土与桩侧土相同，即筒桩未完全打穿软弱土层（注：除桩侧土压缩模量和桩端土压缩模量计算方案外，其余方案都属此情况），计算参数见表 5－8。

表 5－8　基本算例有限元计算参数

类别 \ 参量	弹性模量 E（MPa）	泊松比 u	重度 γ（kN/m^2）	黏聚力 c'（kPa）	内摩擦角 ϕ'（°）
桩	2.8×10^4	0.17	24.5	—	—
土	6.0	0.35	17.6	20	15

（四）地下水位

根据工程情况，为便于有限元分析，取地下水位与地面齐平。

（五）边界条件

该区域底面有垂直方向的位移约束，左侧边界为水平位移为零的轴对称约束，右侧边界则为水平位移约束。

（六）初始条件

为得到合理的初始应力场，计算时先将桩视为和土具有相同的重度，得到初始应力场，再将桩多出来的那部分重度作为二次荷载加载到初始应力场上，得到真实的初始应力场，将计算得到的位移场作为初始零位移场，从而可以较好地模拟桩、地基土的初始状态。

（七）计算方案

为便于清楚地分析各因素对单桩沉降的影响，首先基于工程情况选取一基本算例，然后仅改变一个参数，即桩长 L、桩径 D、壁厚 t、桩侧土压缩模量 E_S 或桩端土压缩模量 E_b，分别探讨这些因素对筒桩沉降的影响。

（八）单桩极限承载力的确定

为得到极限承载力下的单桩沉降，必须确定出单桩极限承载力。参照桩基规范，计算中筒桩承载力的极限情况按以下方法确定。

（1）荷载—沉降曲线若出现陡降段，即后一级荷载引起的沉降量是前一级荷载引起沉降量的 5 倍以上，则取前一级荷载为其极限荷载。

（2）对于缓变型荷载—沉降曲线，当桩顶总沉降量超过 60mm 时，认为此时桩顶作用的荷载为极限荷载。

（3）不满足前两项时，如果桩顶作用荷载达到桩身材料强度，此时的荷载为桩所承受的极限荷载。

三、施工工艺要求

（一）勘察要求

大直径现浇混凝土薄壁筒桩在设计和施工前，应进行岩土工程勘察，其内容主要包括以下几点。

(1) 详细查明对桩有影响的各土层的成因类型、工程特性、物理力学性质，及其在深度方向和水平方向的变化规律。

(2) 查明水文地质条件，评价地下水或海水对筒桩设计和施工的影响，判定地基土和地下水或海水水质对桩体材料的腐蚀性，并提出防治措施。

(3) 查明可液化土层和特殊岩土层的性质、分布及评价其对和筒桩的影响程度。

(4) 工程场地在海域时，应查明场地的自然地理环境，包括水文、气象、波浪、潮汐、海流变化等，评价成桩的可能性，论证桩的施工条件及对环境的影响。

(5) 对重大的海洋工程，除钻探以外，尚需配合地球物理勘探。

(二) 设计要求

1. 筒桩壁厚和外径要求

(1) 筒桩壁厚不小于 180mm，素混凝土筒桩壁厚不小于 120mm。

(2) 筒桩外径不小于 800mm。

2. 配筋长度要求

(1) 端承型筒桩沿桩身通长配筋，摩擦型筒桩配筋长度不小于 2/3 桩长。

(2) 受水平荷载的筒桩按计算内力图分段配置。

(3) 抗拔筒桩通长配筋。

3. 筒桩箍筋要求

(1) 箍筋直径不小于 8mm；受水平荷载的筒桩，箍筋采用直径 8～10mmHPB235 钢筋，且做成封闭式。

(2) 当钢筋长度超过 4m 时，应设置加劲箍筋，箍筋间距不大于 400mm，对承受水平荷载的筒桩，桩顶 3～5D 范围内箍筋适当加密至间距为 100～150mm。

4. 筒桩桩身混凝土及混凝土保护层厚度

(1) 复合地基筒桩增强体混凝土强度等级不低于 C15，建筑筒桩混凝土强度等级不低于 C30。

(2) 主筋的混凝土保护层厚度不小于 35mm，水下灌注的混凝土厚度不小于 50mm，海洋工程中筒桩主筋的混凝土保护层厚度不小于 65mm。

5. 单桩竖向极限承载力标准值的确定

(1) 设计等级为甲级的建筑桩基，应通过单桩静载荷试验确定，试验方法执行《建筑基桩检测技术规范》JGJ 106—2014。

(2) 设计等级为乙级的建筑桩基，应通过单桩静载荷试验确定，当地质条件简单时，可参照地质条件相同的试桩资料，结合静力触探、标准贯入和经验参数综合确定。

(3) 设计等级为丙级的建筑桩基，可根据原位测试和经验参数确定。

设计等级为乙、丙级的建筑桩基可按下式确定单桩竖向极限承载力：

$$Q_{uk}=\xi_1 Q_{sk}+\xi_2 Q_{pk}+\xi_3 Q_{psk}=\xi_1 U_p \Sigma q_{sik} l_i+\xi_2 q_{pk} A_p+\xi_3 q_{pk} A_{ps} \quad (5-6)$$

式中，Q_{uk}为单桩竖向极限承载力标准值；Q_{sk}、Q_{pk}为单桩总极限侧阻力、总极限端阻力标准值；Q_{psk}为单桩总极限桩芯端阻力标准值；ξ_1、ξ_2 为桩侧阻力和桩端阻力修正系数；ξ_3 为桩芯土桩承载力发挥系数；U_p 为桩身外截面周长；q_{sik}为第 i 层土的极限侧阻力标准值；

l_i 为桩身穿越第 i 层土的厚度；q_{pk} 为单桩极限端阻力标准值；A_p 为桩端环形截面积；A_{ps} 为桩端内径计算的横截面积。

(4) 单桩竖向承载力标准值 R 可按下式计算：

$$R=\frac{Q_{uk}}{K} \tag{5-7}$$

式中，K 为单桩竖向承载力安全系数。

(三) 施工工艺

筒桩施工工艺流程如图 5-53 所示。

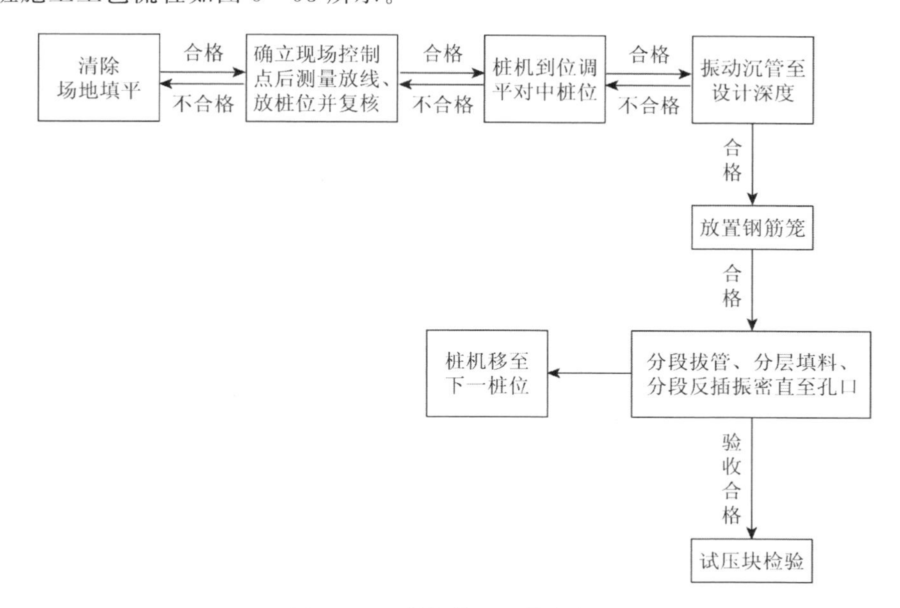

图 5-53 筒桩施工工艺流程图

1. 施工准备

(1) 施工前应进行施工图会审、设计交底；编制施工组织设计及审核确定；组织施工人员进行技术和安全交底。

(2) 打桩前应处理高空和地下障碍物。施工场地应平整处理，桩机移动的范围内除应保证桩机的垂直度的要求外，还应考虑地面的承载力，施工场地及周围应保持排水畅通，以保证施工机械正常作业。

(3) 桩基轴线的控制点和水准点应设在不受打桩影响的地方，开工前经复核后妥善保护，施工中应经常复测。桩基轴线位置的允许偏差不得超过 20mm。

(4) 打桩锤应根据工程地质条件、桩径及施工条件等选择合适的高频激振锤。

2. 桩尖制作

(1) 桩尖表面应平整、密实，掉角深度不超过 20mm，且局部蜂窝和掉角的缺损总面积不超过该桩尖表面积的 1%。

(2) 桩尖内外面圆度偏差不得大于桩尖直径的 1%，桩尖上端内外支承面高度差不超过 5mm。

（3）桩尖混凝土强度不得小于 C30，养护时间应达到 28 天，使用前混凝土强度达到设计要求。

3. 成孔

（1）桩机就位对中后，应根据地质条件在桩尖上端设置止水材料，再用成孔器压紧桩尖，桩尖中心应与成孔器中心线重合。

（2）开始激振时应使机架和成孔器均保持垂直，垂直度偏差不大于 1%。

（3）成孔终止条件：①桩端位于坚硬、硬塑的黏性土、卵砾石、中密以上的砂土或风化岩等土层时，以贯入度控制为主，桩端设计标高控制为辅；②桩端标高未达到设计要求时，应连续激振 3 阵，每阵持续时间 1 分钟，再根据其平均贯入度大小研究确定；③桩端位于软土层时，以桩端设计标高控制为主；④成孔达到设计要求后，应验收深度并做好记录。

4. 安放钢筋笼、灌注混凝土

（1）钢筋笼制作偏差：主筋间距±10mm，箍筋间距±20mm，钢筋笼直径±10mm，钢筋笼长度±50mm；主筋净间距必须大于混凝土粗骨料粒径 3 倍以上；搬运、吊装时应防止钢筋笼变形，安装后应固定钢筋笼位置。

（2）钢筋保护层允许偏差±10mm。

（3）检查成孔质量合格后应尽快灌注混凝土。灌注混凝土前，必需检查成孔器内有无桩尖或进泥、进水现象。

（4）混凝土粗骨料可选用卵石或碎石，其最大粒径不大于 50mm，且不大于钢筋间最小净距的 1/3。

（5）混凝土灌注应连续进行，筒桩混凝土的充盈系数不小于 1.1。

（6）混凝土灌注应根据选用混凝土、工程条件适当超灌，使桩顶混凝土强度在凿除桩顶浮浆后满足设计要求。

（7）在施工过程中做好施工记录。

5. 质量检测

（1）桩身完整性检测：采用低应变检测，大于总桩数的 30%。

（2）筒桩承载力检测：采用单桩静载荷试验检测筒桩承载力，检测数量由设计单位结合具体工程确定。

（3）桩身内应力测试：检测数量由设计单位结合具体工程确定。

四、工程应用①

由于筒桩具有施工速度快、挤土效应小、设计桩径大、桩身质量有保证、无泥浆污染等优点，在高速公路软基处理、海洋工程及建筑物的基础处理方面得到了广泛的应用。

---

① 刘曰飞. 大直径现浇混凝土薄壁筒桩技术及应用［J］. 探矿工程—岩土钻掘工程，2007，34（6）：21-23.

（一）海洋工程中的应用

筒桩结构直立式海堤是一种上部结构与下部桩基结合的新型结构形式的混凝土海堤，能够解决传统海堤工程软土地基处理方法施工时间长、工后质量难以保证等难题。此项技术在国内已成功地运用于多项深软地基海洋工程中，如温州鹿西岛的海湾防浪堤、上海金山卫海岸疏导堤、上海浦南东片出海闸导流堤和广东惠州大亚湾石化工业区海堤等。筒桩作为围堤结构，可以根据实际需要及工程地质情况组合成多种型式，围堤结构型式可分为以下2类：联体结构（图5－54为单排直接咬合情况。图5－55为组合结构，即2排单体咬合桩中间回填共同组成一组合结构）和双排框架结构（图5－56、图5－57）。

图5－54　单排筒桩布置示意图

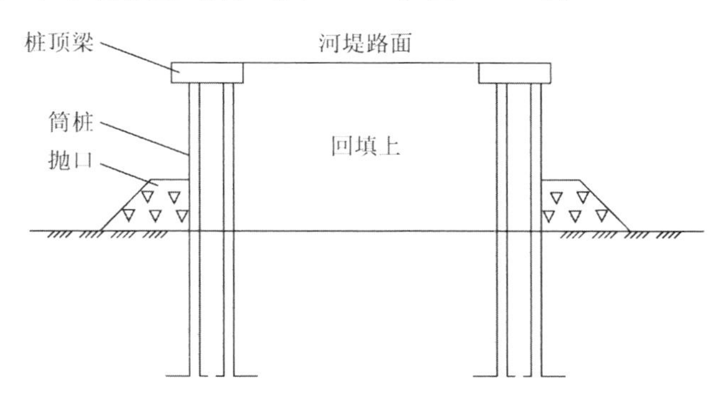

图5－55　双排联体大排距筒桩布置示意图

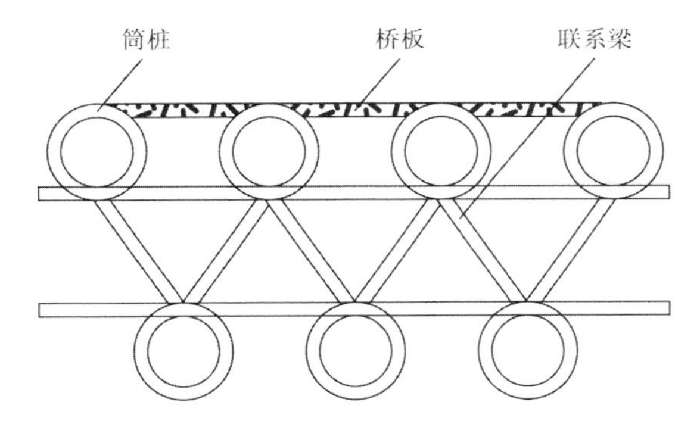

图5－56　双排筒桩梅花形布置示意图

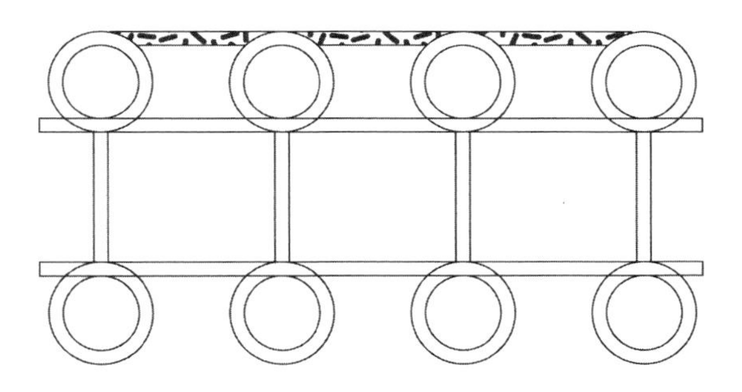

图5－57　双排筒桩矩形布置示意图

从筒桩的实际应用效果看，筒桩海堤具有如下优点：结构合理、抗弯能力强；设计断面小，结构稳定性好；沉降稳定期短，工后沉降及不均匀沉降小；开孔双筒群结构，对减小波浪力和靠海侧海堤波面高度有很大作用；施工工期短，进度快；可采用分区、分段、预制拼装作业；施工无污染等。

（二）在高速公路软土地基中应用

筒桩既可承受巨大的压应力，也可承受较大的水平力，素混凝土筒桩作为复合地基的增强体可有效地控制土的侧向变形、减少工后沉降，在高速公路软基处理中得到了广泛的应用。

杭州—南京高速公路二期工程长兴段，采用筒桩加固桥头软基6.16km。设计桩径均为1 000mm，壁厚120mm，混凝土等级为C25。接桥路段25m，设计桩长18m，桩端持力层为④$_1$层；过渡带25m范围内，桩长依次设计为17、16、15m，桩端持力层为②$_1$层，场地各土层物理力学参数见表5－9。加固区筒桩按梅花形布置，共布桩419根。

表5－9　杭宁高速公路二期长兴段地基土性指标表

层号	土名	层厚（cm）	ω（%）	e	I_p（%）	E_s（MPa）
①$_2$	黏土	1.3	35.4	1.06	15.2	3.26
①$_3$	粉砂	2.7	34.7	0.96		7.81
②$_1$	淤泥质黏土	13.5	46.1	1.27	13.57	1.94
④$_1$	粉质黏土	2.2	23.0	0.63	10.95	5.85
⑤$_1$	粉质黏土	3.1	21.5	0.61		8.13

对采用筒桩与相同条件下17.5m塑料排水板、13.0m粉喷桩两种加固方案的加固效果进行比较，采用筒桩加固的路堤，施工期间的沉降速率、沉降值和工后沉降分别为其上两种方法的13%、25%、13.4%、36.9%和4.6%、16.7%。表明用筒桩进行软土地基处理可以显著降低沉降速率，减少施工期沉降及路基总沉降量。

（三）施工中常见问题及处理措施

1．混凝土用量偏大

在淤泥或淤泥质土中，内外钢管振动提升过快，混凝土灌注扩散，或挤向土心内部，或挤向外侧，致使其充盈系数增大；或者遇到地下溶洞、枯井等，使混凝土灌注时流失。在粉砂土地层中施工时，有时由于振动挤密作用，形成土塞效应，致使内部顶部土心缺失，灌注混凝土时充盈系数增大。

解决办法是在淤泥或淤泥质土中施工时，放缓施工速度，并且设置补投料口；了解施工现场的地下孔洞情况，做好预先回填等处理工作。

2．断桩缩颈现象

出现此现象的原因是套管中进水，造成夹泥断桩；或者在淤泥质地层中，钢套管起拔速度过快，由于孔壁土体应力释放以及混凝土成型不稳定不规则等作用，造成混凝土被淤泥土挤压缩颈，或者断桩现象发生。

解决办法是为防止混凝土下落太快，补充混凝土灌注量；注意邻桩的施工影响，宜采取跳打法或者控制施工时间间隔；在流态淤泥质地层中施工时，应控制套管的提升速度，一般控制在60cm/min。

第六章

岩土加固技术的发展分析

第一节　岩土加固技术的发展与展望

近几十年来，我国的岩土加固技术发展迅猛，在地质勘探、隧道桥梁建设以及建筑工程等领域都得到了广泛的应用。随着大型隧道、高层建筑的建设以及材料科学的不断发展与更新，岩土加固技术也朝着更为先进的方向发展。[①]

一、岩土加固技术的应用发展

岩土加固技术最主要的方向即为岩土注浆技术和岩土锚固技术，这两项技术与多门学科交叉结合，相辅相成，相互渗透，因此，这里将主要对这两项技术的应用发展做详细介绍。

（一）岩土注浆技术应用发展

1. 高压旋喷注浆技术

（1）振孔高喷。振孔高喷注浆技术是一种新型的地基处理方式，主要是利用常规高压喷射注浆技术来提高凿孔与高喷综合效果。振孔高喷注浆技术是将高喷技术、大功率高频振动造孔与专门机具相结合的一种处理技术，具有成孔速度快、锤击振力高等优点。在岩土工程施工中，多采用三管高压喷射注浆工艺，将振动成孔与喷射注浆都一次性完成。此类注浆技术主要适用于黏性土、淤泥质土、砂土、粉土以及碎石含量较大的地层。在施工时，选择的注浆材料多为普通硅酸盐水泥，水压应控制在25～40MPa，在水利工程的建设中已经得到了广泛的应用。

（2）双高压高喷注浆RJP技术。高压旋喷注浆技术在我国岩土工程施工中应用的比较多，但是从软基加固要求来看，还存在一定的缺陷，并不能完全满足1.8m以上桩径的工程需求，并且在应用过程中存在水泥用量大、搅拌不均匀、水泥浆被带出等施工问题。而RJP技术的提出，可以利用高压水与高压水泥浆同时喷射的方式，来改正传统技术中存在的缺点，可以将桩径的需求扩大到2～3m，现在已经被正式应用到工程建设中，对于增大

① 刘华云. 岩土加固技术浅析［J］. 地球，2015（2）：42-44.

高喷注浆法的应用范围，降低施工成本，提高工程建设效益具有重要意义。

2. 特殊注浆技术

（1）煤层灭火注浆。在煤层开采过程中，为了更好地控制煤层自燃现象，可以采用煤层灭火注浆的方式将矿体与空气做隔绝处理，即通过不同种类浆液的喷洒来对煤矿存在的裂缝进行覆盖，降低空气与煤层的接触面来达到阻燃灭火的目的。煤层灭火浆材料具有很强的吸水性，材料不具备燃烧性能，并且造价较低，在煤矿中的应用整体效率比较高。

（2）桩基扩底注浆。桩基扩底注浆技术的应用，主要目的就是提高桩底地基的稳定性、抗震性以及承载能力。与传统桩底技术相比，此种注浆技术的应用可以提高浆液与岩土体的固结程度，不但能够提高桩基的稳定性，同时还可以降低混凝土的用量，对节省资金具有重要意义，再加上良好的稳固效果，已经被广泛地应用到高层建筑桩基施工中。

（二）岩土锚固技术应用发展①

1. 预应力锚索

预应力锚索是一种在岩土工程加固中应用比较多的技术，常应用于桥梁、水利、隧道等工程，可以有效地解决岩土加固工程中存在的难题，对于改善与调整地基强度与稳定性具有重要意义，能够有效地避免山体滑坡以及大规模工程坍塌现象的发生。预应力锚索加固技术很早以前就被应用到桥梁工程的施工建设中，可以提高工程结构内部应力的合理性，起到减小截面尺寸、防止混凝土开裂、提高力学性能以及减少用钢量等作用。例如在地形地貌相对险峻的盘山公路修建中，通过采取此种技术，能够分散公路对山体造成的压力，降低山体滑坡现象的发生。另外，此种加固技术也经常被应用到核电站深基坑施工中，主要与工程当地地质以及水利条件相互联系，以达到稳定山体的目的。此种加固技术，在降低施工难度的基础上，保证了工程的施工质量，提高了加固体的力学性能，保证了周边建筑以及人员的安全。

预应力锚固技术发展比较迅速，在科学技术快速发展的背景下，逐渐发展出体外预应力技术，为加固钢筋混凝土与刚体结构的一种新型加固技术，将预应力锚索与物件体进行混合，如现在比较常用的桥梁的拉索机构以及索道等。体外预应力技术在工程施工中的应用效果更佳，可以更大程度地增加工程结构的承重能力。预应力锚索加固技术，除了具备很好的加固功能外，也具有成本高、技术复杂等特点。

2. 化学锚固技术

与传统机械锚固技术相比，化学锚固技术具有更好的抗震、抗老化以及抗疲劳等性能，现在已经被广泛地应用到煤矿支护工程以及高速公路的路基维护中。化学锚固技术的应用，实质上就是通过化学黏合剂将钢板固定在需要加固的建筑表面，以此来提高工程结构的抗弯能力，尤其是在地震频发地区的建筑工程完全可以应用此种加固技术来提高工程结构的强度与稳定性，增强建筑墙体的承载能力。化学锚固技术在岩土工程加固技术的领域中具有广阔的发展前景。

3. 土钉墙技术

土钉墙施工技术，即在需要进行加固处理的边坡土体中，设计砂浆锚杆或者打入螺纹

① 李会杰，朱双燕．关于岩土加固技术发展的几点思考［J］．工业技术，2014（28）：103．

钢筋、角钢等作为土钉，以此来对天然土体进行就地加固处理，另外还需要将其与坡面喷射混凝土钢筋网护板连接，最终形成一个重力式的土挡土墙。土钉墙结构可以承受墙厚土压力以及其他动静荷载，对于提高建筑物基坑边坡、公路路基陡坡等的稳定性具有重要的作用。

如果选用砂浆锚杆为土钉，一般情况下需要通过钻孔、插入钢筋以及注入水泥砂浆等来完成施工。并且，在对坡面铺设钢筋网时，需要喷射混凝土来形成具有一定厚度的墙面板。土钉墙加固技术与其他加固技术相比，在形成土钉墙复合体后，可以明显提高工程边坡的整体性、稳定性以及承载能力。此种加固方式在施工工艺、施工成本、施工工期等方面都具有明显的优点。

4. 预加固技术

预加固技术主要被应用到隧道地层施工中，实质上就是将混合完全的浆液注入隧道土层中，以此来提高隧道的强度与稳定性。预加固技术现在被广泛应用到各类隧道工程中，尤其是现在隧道工程的逐渐增多，此类加固技术的应用，对提高工程施工安全性，确保工程顺利施工具有重要意义。在隧道工程正式施工前，通过预加固技术来提高岩土结构自身的稳定性，并通过改善结构内部的力学性能可以起到对岩土加固的目的。现在，预加固技术已经被成功地应用到各类工程中，对于提高岩土工程结构的稳定性具有重要意义。

二、岩土加固技术的未来发展分析①

（一）岩土注浆技术

1. 化学注浆材料的分类和发展

（1）酸性水玻璃浆材。酸性水玻璃多用于北方的碱性土质地区，是代替水泥碱性水玻璃浆液的一种新型材料，具有无毒、环保和造价低的优点，在粉细砂加固工程中得到了广泛的应用，具有较高的抗压强度和较为可靠的稳定度，可用于大坝防渗漏等工程项目中。

（2）丙烯酸盐浆材。丙烯酸盐浆材是新型的一种低毒性的化学材料。未来的岩土加固技术中将主要运用低毒或无毒材料，旨在减少化学材料对环境的污染和破坏。丙烯酸盐浆材有着良好的防渗透能力，一旦进入工业化，必将得到大规模的应用。

（3）高强木素浆材。高强木素是一种以纸浆废液为原料的环保的新型化学材料，能从亚硫酸盐造纸排出的废液中获得，具有较高的强度。无毒廉价的特点必将使其具有很大的应用前景，可以用于加固含水地层等工程。

（4）PBM 混凝土。聚合物混凝土具有水下快速固化的特点，是一种新型的聚合物材料，具有优秀的抗压抗拉性能，抗酸能力强，是岩土加固技术中应用最广泛的材料之一，广泛应用于高速公路、机场、桥梁的建设中，能快速修复渗水部位，曾应用于钱塘江大坝的修补工程，在未来也必将有着广泛的应用。

2. 水泥注浆技术的应用及发展

（1）超细水泥。从 20 世纪 80 年代开始，超细水泥在建筑工程的广泛采用极大地加速

① 陈海宾，彭辉平，魏辉．未来岩土加固技术的发展分析［J］．企业技术开发，2013（5）：156－157．

了注浆技术的发展。传统的普通水泥颗粒大，渗透系数低，因此颗粒小的超细水泥一经出现，就在地下工程施工中得到了广泛应用。

（2）高水速凝材料。我国在20世纪90年代开始在工程中使用高水速凝材料。高水速凝材料是一种新型的水硬性凝胶材料，它最突出的优点是结石体含水率高、强度高，并且能够节省用料，因此从英国引进之后就广泛应用到采矿等工程中。我国在20世纪90年代也建立了自己的高速水凝材料生产线。

（3）硅粉水泥浆材。硅粉水泥浆材也是一种新型材料。它是生产硅过程中的副产品，一般用途是将硅粉掺杂到水泥中，用来提高混凝土的受力强度，在建造地基时可以使用硅粉水泥浆材，能使基础下沉得到良好的控制。

（4）纳米水泥材料。纳米材料是20世纪90年代出现的新型学科。纳米材料的尺寸非常小，单位在纳米级，因此纳米材料的化学活性很高，易与其他材料相混合。纳米材料的力学强度也较大，常用在文物保护中，用来隔离油和水对物质的侵蚀，防污染能力强。纳米水泥材料作为一种新兴的材料在现在及未来都有着巨大的用武之地。

3. 特殊注浆技术

（1）桩基扩底注浆。桩基扩底注浆不仅能够用来提高桩底地基的稳定性和承载力，还能提高桩的抗震性能。与传统的桩底技术相比，桩基扩底注浆能与岩土体产生固结，节约混凝土的用量，节省资金，达到很好的稳固效果，特别适用于高层建筑的桩基施工中。

（2）煤层灭火注浆。为了防止煤矿材料的自燃，断绝矿体与空气的隔绝，目前国内外普遍采用的是煤层灭火注浆技术。这种技术主要是通过喷洒几种浆液，达到覆盖煤矿裂缝，断绝与空气的接触，从而达到阻燃灭火的目的。煤层灭火注浆材料的吸水性强，自身不燃烧且造价低，因此在煤矿工程中具有广泛的应用。煤层灭火注浆概念的提出以及技术的应用对西部大开发有着重要的意义。除了用煤层灭火注浆技术外，也可采用化学材料进行灭火。

（3）静压注浆。静压注浆技术的基础是高喷掏土技术。高喷掏土技术能纠正地基土层随时间的流逝引起的变形等问题，能完全解决工程中的地基下沉问题，具有很好的稳定性能，是加固地基的重要方法。罗马比萨斜塔的倾斜度的控制，就是运用的高喷掏土静压注浆技术，在未来建设概念性大楼的过程中具有至关重要的作用。

（4）粉喷加固技术。粉喷加固技术是通过化学反应生成稳定的水化物。生成的水化物强度较高，能够吸收材料周围的水分，因此广泛应用于各种软土地基岩土加固工程中。该技术中粉的配料主要为水泥生石灰和粉煤灰。

（5）高喷封桩堵水技术。我国具有广阔的海岸线，因此如何对珊瑚礁地基进行加固也成为了岩土加固技术的重要课题。珊瑚礁地基的地下水主要呈碱性，因此为了引入淡水、堵住碱性水的渗漏就引进了高喷封桩堵水技术。珊瑚礁地层主要由细砂、中粗砂和珊瑚碎屑组成，对防水防渗要求高，因此在西沙群岛等海岛的珊瑚礁地基的建设中，采用的是高喷封桩堵水技术。这种技术在国内刚开始应用就取得了巨大的好评，在未来可以广泛推广应用于珊瑚礁地层的工程建筑中，具有节约混凝土的特性。

（6）树根桩加固技术。树根桩加固技术是运用旋转法将钢筋放入地基，从而达到加固地基纠正扭偏的作用。由于树根桩加固技术中的树根桩角度可任意倾斜，因此可以最大限度地维持工程中结构物和地基的平衡状态，并且树根桩加固技术中运用的三维结构可以很好地加固地基的稳定度。树根桩加固技术的施工过程较为简单，不需要动用大型机械设备。基于其方便操作、加固性好、平衡度强和节约成本的特点，树根桩加固技术在未来必然有着广阔的发展前途。

（二）岩土锚固技术

1. 预应力锚索

预应力锚索是岩土加工技术中一项广泛应用的成熟技术。在岩土加固工程中，预应力锚固技术广泛应用于水利、桥梁和隧道的建设，能有针对性地解决岩土加固工程中的难题，较好地调整和改善地基，是防止山体滑坡和大规模工程坍塌的重要手段。预应力锚索技术的发展大大地推动了岩土加固技术的创新和改革。

预应力锚索运用于桥梁的建设中，能显著地提高工程效率，成为岩土加固技术中的新亮点。在我国西南山区的公路和铁路建筑中，预应力锚索技术得到了广泛的应用。如在西南地形险峻的盘山公路的建设中，采用预应力锚索技术很好地分散了公路对山体的压力，能有力地减少山体滑坡现象的发生。预应力锚索技术建造的加固体结构合理，寿命长，能承受较大的压力，因此广泛应用于山坡公路的维护和建筑中。

在建立核电站的深基坑时，针对当地地质和水利条件，利用预应力锚索技术稳定山体，固定地基，经济合理地完成了预设任务，施工方法较为简单，节省了大量的建筑成本，提高了加固体的力学性能，确保了周边人员和建筑物的安全，取得了良好的效果。

预应力锚索的发展非常迅速，从20世纪50年代开始应用至今，技术的发展和更新换代快，时刻跟随时代的步伐，广泛应用于公路桥梁和城市立交桥的建筑中。立交桥中加固技术的应用至关重要，采用预应力锚索技术，能使混凝土结构的刚性增强，使结构内部的内力分布合理，在减少截面尺寸的基础上大大地提高了力学性能。

体外预应力技术是一种加固钢筋混凝土和刚体结构的新方法，是一种将预应力锚索和物件体外里混合的技术。桥梁的拉索机构和索道都运用到了这种新技术。体外预应力技术使桥梁和建筑的跨越能力有了显著的提高。体外预应力技术也可以用来加固旧桥，增强桥梁的承重能力，摩擦阻力小，便于检测和维护。这种新型的技术在国外发达国家已经得到应用，但由于成本高、技术复杂等特点，我国的体外预应力技术仍在研究和推广。体外预应力技术的发展将成为未来岩土加固技术的新课题和重要发展方向。

2. 预加固技术

随着我国铁路事业的发展，隧道的建筑技术也在不断改进。为保证隧道工程的施工安全和工程的顺利进行，岩土加固技术就显得尤为重要。在隧道施工过程中，要提前运用预加固技术增加岩土自身的稳固性，通过改善其内部力学性能来达到对岩土的预加固目的。

水平注浆成拱技术是广泛应用于隧道地层施工中的一种预加固新技术，通过将混合好的浆液注入到隧道土层中，使隧道的强度和稳固性能得到提高。这种技术在应用中已经有了很多成功的案例，在未来岩土加固过程中必将得到更成功的应用。

3. 化学锚固技术

化学锚固技术与传统的机械锚固相比，具有抗震性能好、耐疲劳和不易老化的特点，广泛应用于煤矿支护工程和高速公路的路基维护中。化学锚固技术主要是将钢板用化学黏合剂固定在需要加固的建筑表面，以此来增加钢筋混凝土的抗弯能力。在地震频发地区的建筑楼房工程中可运用这项技术，加固和增强墙体的承载能力，保护重要的建筑物。化学锚固技术在未来的岩土加固技术领域有着广阔的应用前景。

4. 土钉墙技术

土钉墙技术从20世纪70年代发展至今，已成为了一个独立的岩土加固技术的学科分支，主要运用在建筑深基坑和大厦的建设中，目前国内外很多大厦的建造都运用到了土钉墙技术。

我国目前运用的众多岩土加固技术已基本满足日常建筑工程的需要，但仍需研究更为先进的建筑技术，针对不同的地质和结构体需要研究不同的加固方法。为此，我国技术工作人员应进一步加强对岩土加固技术重要性的认识，在现有的基础上不断开拓创新，研制多种专用的岩土加固设备和仪器，更有力的承担国内外岩土加固工程，提高我国岩土加固技术的综合水准。

第二节　岩土工程施工与可持续发展

一、岩土工程施工对环境的影响

（一）施工过程中产生的水污染

钻孔或桩施工过程中使用冷却水和泥浆排水，容易造成水污染。特别是泥浆水污染严重，水中 Cl^- 和 SO_4^{2-} 较高，对建筑材料等有着严重的腐蚀性。

（二）施工过程中产生的空气污染

在实际的施工中，施工过程中会产生比较多的灰尘，尤其在颗粒物比较细的情况。平常的存放和搬运过程都会带来环境的污染，土壤等物质也易产生灰尘。在混合过程中，容易造成空气污染，特别是在大风的情况下，施工现场的灰尘会随着风飘得到处都是。而且在实际的施工中，由于会使用到多种挥发性质的油漆或者稀释剂等，在一定程度上会造成空气污染的情况加重。

（三）施工过程中产生的噪音污染

工程机械施工噪声。施工噪声主要来自施工机械（打桩机、柴油机、研磨机、挖掘机等）的运行，对周边环境影响较大。

材料使用产生的噪音。主要是加工木材、碎石，加工及安装钢筋等产生的噪音，会对周围正常的生活和休息造成较大的影响。

二、岩土工程污染的种类及危害①

岩土工程在实施过程中所产生的所有污染物（包括水、空气、噪音、废弃物等）构成了重要的环境影响源。这里主要介绍岩土工程中的水污染、空气污染噪音污染及其危害。

（一）水污染及其危害

岩土工程在实施过程中，施工方法往往因地而异，因此造成水体污染途径和形式也各有差异，概括来说，主要表现为以下几种。

（1）施工过程中产生的污染物无序排放。钻探或桩基施工中冷却和护壁使用的冷却水和泥浆水随意排放，导致水体污染。

（2）施工过程中产生的污染物随意弃置。主要是工地产生的固体废物及填漏工程产生的淤泥被抛弃于农田、河流或海洋，污染了地下水、河流或海域。

建筑工程的水体污染，就其毒性和种类而言往往较其他工业活动所发生的污染物相对轻微，但由于施工工期漫长，排放的污水总量却相当庞大。

建筑施工应用的泥浆、水泥、有机化学品及清洁剂等均为易溶化学物品，这些化学品通过不同的方法和途径溶于水中，进入地表水体后会导致水体污染、水质恶化，对人类、鱼类、植物、地下建筑材料产生不同的危害。

（二）空气污染及其危害

建筑工程实施过程中会产生许多颗粒污染物和气态污染物。

（1）工地内物料的搬运与堆放。水泥、石灰料、土料等均为极易生尘的物料，在其搅拌、搬运的过程中极易扬尘造成空气污染，尤其遇风会加大污染的程度。

（2）挥发性有机化学品的使用。沥青含有多种有机物，其加热后会产生多种挥发的气体。另外，油漆稀释剂、基坑围护栏油漆模板油等挥发出的有机物气体等均会造成空气污染。

（3）内燃机机械施工污染。建筑工地内的机械（柴油发电机、空气压缩机、推土机、挖掘机、起重机等）多为燃料燃烧推动，这些机械排出的废气（一氧化碳、二氧化碳等）及未完全燃烧的碳氢化合物及碳微粒会直接造成空气污染。

空气污染对人类最直接的影响是危害健康。人们吸入或皮肤接触这些有害物后会导致多种疾病，后果严重。例如，在西北湿陷性黄土地区的地基处理中最常采用灰土垫层或灰土挤密桩法处理地基，石灰料的使用量很大，在灰土垫层和灰土挤密桩施工过程中的扬尘污染影响范围广。另外采用柴油爆发锤沉管成孔时也会产生大量的尘粒，污染工地和周边环境，对人体呼吸系统造成很大的伤害。

（三）噪音污染及其危害②

建筑施工中的噪声污染不同于其他污染，具有着自身的特殊性，主要表现在以下几个方面。

---

① 刘帅．浅谈岩土工程施工对环境的污染与可持续发展［J］．建筑工程技术与设计，2016（2）：1852．

② 李长亮．建筑施工噪声环境污染与防治对策［J］．科学与财富，2016（31）：330．

（1）建筑施工噪声污染难以禁止，因为城市要发展，建筑施工项目难以被禁止。

（2）建筑施工噪声污染具有断断续续性，建筑施工噪声污染存在时间和空间的不确定性，这主要是由其工程的性质和进程来决定的。

（3）强度比较大，影响范围广泛，从物理角度上来讲，建筑施工噪声污染有叠加的可能性，从而使得噪声强度增加，影响的范围可以辐射到很远。

（4）噪声的来源难以有效的界定，因为建筑施工环节涉及到人为的、机械的、工具的等很多方面的噪声，难以有效地分清楚是哪个环节的噪声源。

噪音严重影响人们的睡眠质量，容易造成疲倦，并会导致头晕、头痛、失眠、多梦、记忆力减退、注意力不集中等神经衰弱症状和恶心、欲吐、胃痛、腹胀、食欲呆滞等消化道症状。营养学家研究发现，噪音还能使人体中的维生素、微量元素氨基酸、谷氨酸、赖氨酸等营养物质的消耗量增加，影响健康；另外噪音还有害于人的心血管系统，使高血压、动脉硬化和冠心病的发病率比正常情况明显提高；同时噪音可使人唾液、胃液分泌减少，胃酸降低，从而患胃溃疡和十二指肠溃疡；影响人的神经系统，使人们大脑皮层的兴奋与抑制平衡失调，急噪、导致条件反射异常，使脑血管张力遭到损害。这些生理上的变化，在早期能够恢复原状，但时间一久，就会导致病理上的变化，使人产生耳鸣、失眠、记忆力衰退和全身疲乏无力等症状。噪音对视觉器官也会造成不良影响。

三、建筑工程污染防治对策①

（一）水污染防治

1. 减少施工过程中产生的污染物

采用新的施工方法和先进的施工设备，采用毒性小的有机化学物质，减小施工对环境的污染。目前最常用的是布覆盖和湿法作业。

2. 循环再利用污染物

循环再用污染物是指将工地上产生的污染物在该范围内妥善利用，将原有需要被处理的水体废物重新调配及利用，使污染物从原来的“废物”转变为“无废物”。

在现场，由于施工经常产生大量污水，如研磨、钻孔、钻井、清洗屋顶，如果污水回收，现场污染物消化吸收，不仅可以减少污染物的数量，而且可以节约水资源。

3. 集中处理污水

排污点或终点处理是污染物排放前的重要内容，是提高排污前的污水质量的重要途径，是常用的现场污水处理方法。虽然处置点方式是补救办法，但效果是及时的，经济和环境效益比较明显。

除以上对策外，还可以通过污水及弃置物的有序排放、防止液（固）态有机物的泄漏等方式减少建筑施工的水污染。

---

① 孟娟，王铮．岩土工程施工对环境的污染与可持续发展［J］．施工技术，2017：163－164．

（二）空气污染防治对策

1. 改良扬尘物料的表面性质

堆放和搬运扬尘物料时，采用植物、水、布覆盖的方法，可有效地防止扬尘物料的污染。如图 6-1 所示，城区某工地基坑开挖的土方采用布覆盖的方法防止扬尘。

图 6-1 某工地采用布覆盖的方法防止扬尘

2. 选择污染小的环保施工机械

现代的施工方法往往使用繁多的机械，这虽然提高了施工效率，亦带来了大大小小的气态及固态的空气污染物。为避免或减少空气的污染，妥善或减少使用施工机械是减少废气的良方。在施工的整体规划上，妥善安排及研究有关施工的机械数目及型号，以减少燃油的使用量。如以电力电源代替柴油发电，可避免因燃烧柴油而排放废气造成空气污染。

3. 避免使用不符合环保要求的物料

工地上物料繁多，在使用过程中往往产生污染物，如燃烧含硫的燃油及使用含哈龙的灭火筒等。为此，现场必须确定相关环境管理材料是否符合环保要求，减少或避免使用低硫燃料，减少二氧化硫排放量。例如选择含硫量低的燃油以减少二氧化硫排放，选购不含有如哈龙或 CFCs 的手提式灭火筒，以防止损耗臭氧层。

4. 围堵隔离法

围堵及隔离法是指将污染物局限在一个范围内，避免其扩散，并分隔污染物与外界环境，避免外部环境受到影响。遏制和隔离方法的实例包括把易生尘埃物料堆放在顶部和三侧面有围护、掩蔽的地方，清拆石棉时将该地区围封，在棚架上设置棚网，工地外围设置至少高 2.4m 的围档等。图 6-2 为某建筑工地外围围挡。

（三）施工噪音污染防治对策

除追求优质建筑产品外，建筑行业还需承担保护环境的义务。在完全控制噪声并受各种条件和环境限制的情况下，难以降低噪声源的噪声。因此，噪声源的总体控制方法往往侧重于技术改造的噪声源，如采用机械设备的施工现场较为平静。

图 6－2　某建筑工地外围围挡

总之，工程施工中造成的环境污染是多方面的，涉及到水和空气等。建筑业的环保工作是先了解有关“建筑工程与环境”之间的矛盾，从而使两者对立的关系加以调节、控制、利用与改造。目的是通过调整人类的社会行为，保护、发展和建设环境，使环境永远为人类社会持续、稳定、协调的发展提供良好的支持，使人类的生存环境和自然环境共存并得到持续发展。

参 考 文 献

[1] 谢强，郭永春. 土木工程地质 [M]. 第3版. 成都：西南交通大学出版社，2015.
[2] 吴圣林，姜振泉，郭建斌. 岩土工程勘察 [M]. 徐州：中国矿业大学出版社，2008.
[3] 曾召田，吕海波，尹闯，等. CFG桩复合地基加固机理及工程实例分析 [J]. 铁道建筑，2014 (1)：79-81.
[4] 郑州. 边坡锚固技术的研究与应用 [D]. 中南大学硕士学位论文，2007.
[5] 杨石扣，任旭华，张继勋，等. 碎石桩加固土质边坡的机理及稳定性评价 [J]. 三峡大学学报（自然科学版）2011 (1)：46-50.
[6] 傅鹏，贺中统. 预应力锚索抗滑桩对某滑坡治理设计 [J]. 黑龙江交通科技，2013 (7)：47-48.
[7] 王由国，李守德，仲曼，等. 土工织物加筋法加固软基边坡的效果分析 [J]. 河南科学，2014 (1)：61-67.
[8] 刘怀星. 植被护坡加固机理试验研究 [D]. 湖南大学硕士学位论文，2006.
[9] 任永胜，张志耕. 隧道浅埋破碎带地表注浆预加固技术 [J]. 内蒙古公路与运输，2009 (4)：35-37.
[10] 杨坚. 隧道Ⅲ级围岩水平岩层稳定性及施工方法研究 [J]. 铁道建筑技术，2010 (3)：44-48.
[11] 吴立，左清军，李建锋. 岩土加固技术与方法 [M]. 武汉：武汉大学出版社，2015.
[12] 赵立兵. 换填法地基加固技术 [J]. 工程科技，2013 (22)：213.
[13] 王俊祥. 建筑工程中换填法地基加固施工技术的应用分析 [J]. 城市建设理论研究，2013 (23)：46-50.
[14] 刘奇志，刘未. 砂石垫层施工技术在软弱地基基础加固处理中的应用 [J]. 广东建材，2009 (7)：160-163.
[15] 柴加兵，庄宋明. 换填垫层法加固地基设计与分析 [J]. 北方交通，2014 (5)：90-92.
[16] 米胜国. 强夯法加固机理及在工程中的应用 [D]. 天津：天津大学，2010.
[17] 高广运，时刚，冯世进. 软土地基与深基础工程 [M]. 同济大学出版社，2008.
[18] 魏新江. 地基处理 [M]. 杭州：浙江大学出版社，2007.
[19] 陈孙文，唐名富. 浅谈某国际集装箱中转站地基的强夯加固处理 [J]. 山西建筑，2007 (21)：129-130.

[20] 郑颖人，陆新．强夯加固软黏土地基的理论与工艺研究 [J]．岩土工程学报，2000 (1)：18－22.
[21] 陈健．静动力联合排水固结法在深厚软土地基加固中的工程应用 [D]．广州：华南理工大学，2012.
[22] 李军，谭锦荣．井点降水联合强夯法在某工程软基处理试验区的应用 [J]．水运工程，2010 (8)：119－125.
[23] 陈春生．高压喷射注浆技术及其应用研究 [D]．南京：河海大学，2007.
[24] 段跃平，彭清元．三峡库区奉节库岸崩积物旋喷改性试验研究 [J]．水文地质工程地质，2004，31 (5)：1－6.
[25] 彭振斌．注浆工程设计计算与施工 [M]．武汉：中国地质大学出版社，1997.
[26] 张振，李广智，窦远明，等．劲芯水泥土组合桩施工工艺及质量控制 [J]．施工技术，203，32 (5)：33－35.
[27] 江强，朱建明，张忠苗，等。劲芯水泥土复合桩的作用机理及使用效果分析 [J]．工程地质学报，2004.
[28] 胡仲春．劲性水泥土桩嵌合钻孔桩软基支护系统的稳定性研究 [D]．武汉：武汉理工大学，2011.
[29] 贾义斌．振冲法在软基处理中的应用研究 [D]．长沙：中南大学，2011.
[30] 罗顺飞．某高边坡预应力锚索抗滑桩加固优化研究 [D]．广州：广东工业大学，2013.
[31] 徐志英．岩土力学 [M]．3 版．北京：中国水利水电出版社，1993.
[32] 孙学毅．边坡加固机理探讨 [J]．岩石力学与工程学报，2004，23 (16)：2818－2824.
[33] 徐艺伦．弹性力学 [M]．第 2 版上册．北京：中国人民教育出版社，1982.
[34] 水利部西北勘测设计研究．岩质高边坡开挖及加固措施研究 [R]，1995.
[35] 程良奎，范景伦．岩土锚固 [M]．北京：中国建筑工业出版社，2003.
[36] 杨志法，张路青，祝介旺．四项边坡加固新技术 [J]．岩土力学与工程学报，2005，24 (21)：3828－3834.
[37] 武御卿．路基边坡病害分析及防护设计原则 [J]．铁道建筑，2005 (5)：61－63.
[38] 李皆淮．预应力锚索框架的作用机理及工程效果评价 [D]．北京：北京交通大学，2008.
[39] 王文灿，李传珠．论抗滑桩的受力状态 [C]．兰州滑坡泥石流学术研讨会．兰州滑坡泥石流学术研讨会论文集．兰州：兰州大学出版社，1998.
[40] 程青雷．李琳，王云燕，等．软土水平运动作用下被动双桩基础遮拦效应的三维数分析 [J]．天津城建大学学报，2016 (1)：12－16.
[41] 张景奎．抗滑桩在滑坡治理中的应用研究 [D]．合肥：合肥工业大学，2007.
[42] 何思明，田金昌，周建庭．预应力锚索抗滑挡墙设计理论研究 [J]．四川大学学报，2005，37 (3)：10－14.
[43] 罗顺飞．某高边坡预应力锚索抗滑桩加固优化研究 [D]．广州：广东工业大学，

2013.
[44] 刘怀星. 植被护坡加固机理试验研究 [D]. 长沙：湖南大学，2006.
[45] 李勇，张晴雯，李璐等. 黄土区植物根系对营养元素在土壤剖面中迁移强度的影响 [J]. 植物营养与肥料学报，2005，11 (4)：427-434.
[46] 兰明雄. 植被护坡技术及工程绿色机理研究 [D]. 泉州：华侨大学，2008.
[47] 徐干成，地下工程支护结构 [M]. 北京：中国水利水电出版社，2002.
[48] 王树理. 地下建筑结构设计 [M]. 3 版. 北京：清华大学出版社，2015.
[49] 李铁容. 岩质边坡锚喷加固的有限元分析及其工程应用 [D]. 长沙：长沙理工大学，2009.
[50] 陈建平，唐辉名，李学东. 岩质边坡锚喷加固应用中的几个问题 [J]. 地球科学(中国地质大学学报)，2001 (4)：357-361.
[51] 王运敏. 金属矿山露天转地下开采理论与实践 [M]. 北京：冶金工业出版社，2015.
[52] 程晓鸽. 化学注浆堵水技术在杭州新城浅埋暗挖隧道中的应用研究 [D]. 杭州：浙江大学，2009.
[53] 郑毅，郝冬雪. 土力学 [M]. 武汉：武汉大学出版社，2014.
[54] 崔可锐. 岩土工程师手册 [M]. 北京：化学工业出版社，2007.
[55] 张永成. 注浆技术 [M]. 北京：煤炭工业出版社，2012.
[56] 潘路星，夏建满. 两岔口隧道新奥法施工过程模拟原理及Ⅲ级围岩施工方法 [J]. 中外建筑，2008 (10)：131-132.
[57] 杨文礼. 新奥法实质与应注意的几个问题 [J]. 湖南交通科技，2004 (3)：94-97.
[58] 徐定成. 浅谈对新奥法认识 [J]. 山西交通科技，1997 (5)：24-28.
[59] 黄大明. 隧道拱形衬砌的三维空间受力分析 [D]. 上海：同济大学，2005.
[60] 吴刚. 三维有限元程序设计与新奥法施工模拟研究 [D]. 上海：同济大学，2001.
[61] 洪军. 浅谈新奥法初期支护—喷锚支护在软弱围岩的应用 [J]. 铁道勘测与设计，2005 (3)：14-17.
[62] 李晓红. 隧道新奥法及其量测技术 [M]. 北京：科学出版社，2002.
[63] 韩瑞庚. 地下工程新奥法 [M]. 北京：科学出版社，1987.
[64] 黄玉芳，李建星，刘兴柱. 新奥法在隧洞工程快速施工中的应用 [J]. 科技信息，2008 (4)：98.
[65] 孟岩. 新奥法隧道施工中的监控量测技术研究 [J]. 企业技术开发，2013，32 (14)：151-153.
[66] 盖海涛. 柱锤扩桩地基处理浅析 [J]. 智能城市，2016 (1)：122-124.
[67] 王思远，刘熙媛. 柱锤扩桩加固机理研究 [J]. 建筑科学，2008 (9)：63-68.
[68] 代国忠，林峰. 柱锤扩桩法地基加固机理与施工工艺 [J]. 常州工学院学报，2009，22 (4)：1-4.
[69] 袁维红. 新型柱锤扩冲桩法地基处理技术应用探讨 [J]. 工程与建设，2010，24 (3)：378-380.

[70] 代国忠，吴晓松．地基处理［M］．2版．重庆：重庆大学出版社，2014.
[71] 任连伟，刘希亮，王光勇．高喷插芯组合单桩荷载传递简化计算分析［J］．岩土力学与工程学报，2010，29（6）：1279－1287.
[72] 任连伟，刘汉龙，张华东，等．高喷插芯组合桩承载力计算及影响因素分析［J］．岩土力学，2010，37（7）：2219－2225.
[73] 刘汉龙，任连伟，郑浩，等．高喷插芯组合桩荷载传递机制足尺模型试验研究［J］．岩土工程，2010，31（5）：1395－1401.
[74] 田朝阳，梁玉国．高喷插芯组合桩在高层建筑纠倾加固中的应用［J］．工程质量，2017（1）：30－33.
[75] 陈小霖，汪波，刘继民．大直径现浇混凝土薄壁筒桩工艺［J］．科技信息，2011（21）：307.
[76] 姜陈钊．现浇钢渣混凝土薄壁管桩材料试验与单桩承载特性研究［D］．广州：河海大学，2004.
[77] 刘曰飞．大直径现浇混凝土薄壁筒桩技术及应用［J］．探矿工程—岩土钻掘工程，2007，34（6）：21－23.
[78] 刘华云．岩土加固技术浅析［J］．地球，2015（2）：42－44.
[79] 李会杰，朱双燕．关于岩土加固技术发展的几点思考［J］．工业技术，2014（28）：103.
[80] 陈海宾，彭辉平，魏辉．未来岩土加固技术的发展分析［J］．企业技术开发，2013（5）：156－157.
[81] 刘帅．浅谈岩土工程施工对环境的污染与可持续发展［J］．建筑工程技术与设计，2016（2）：1852.
[82] 李长亮．建筑施工噪声环境污染与防治对策［J］．科学与财富，2016（31）：330.
[83] 孟娟，王铮．岩土工程施工对环境的污染与可持续发展［J］．施工技术，2017（16）：163－164.